湖南省普通高等学校优秀教材

高等学校电子信息类系列教材

EDA 技术及应用
——Verilog HDL 版

（第 四 版）

谭会生　张昌凡　编著

西安电子科技大学出版社

内 容 简 介

全书内容分为三大部分，共七章。第一部分概括地阐述了 EDA 技术及应用的有关问题(第 1 章)；第二部分比较全面地介绍了 EDA 技术的主要内容，包括 EDA 的物质基础——Lattice、Altera 和 Xilinx 公司典型 FPGA/CPLD 的性能参数、组成结构以及 FPGA 主流设计技术及发展趋势(第 2 章)，EDA 的主流表达方式——VHDL 的编程基础(第 3 章)， EDA 的设计开发软件——Quartus Ⅱ、ISE Suite、Synplify Pro、ModelSim SE 等常用 EDA 工具软件的安装与使用(第 4 章)， EDA 的实验开发系统——通用 EDA 实验开发系统的基本组成、工作原理、性能指标及 GW48 系列 EDA 实验开发系统的结构和使用方法(第 5 章)；第三部分提供了 12 个综合性的 EDA 设计应用实例(第 6 章)和 8 个综合性、设计性的 EDA 技术实验(第 7 章)，其中综合性的 EDA 设计应用实例，包括数字信号处理、智能控制、神经网络中经常用到的高速 PID 控制器、FIR 滤波器、CORDIC 算法的应用等实例。

本书可供高等院校电子工程、通信工程、自动化、计算机应用、仪器仪表等信息工程类及相近专业的本科生或研究生使用，也可作为相关人员的自学参考书。

★本书配有电子教案，有需要者可登录出版社网站下载。

图书在版编目(CIP)数据

EDA 技术及应用：Verilog HDL 版/谭会生，张昌凡编著. --4 版. --西安：西安电子科技大学出版社，2016.8(2025.7 重印)
ISBN 978–7–5606–4257–4

Ⅰ.① E…　Ⅱ.① 谭…　② 张…　Ⅲ.① 电子电路—算机辅助设计—高等学校—教材　Ⅳ. ① TN702

中国版本图书馆 CIP 数据核字(2016)第 188898 号

策　　划　马晓娟
责任编辑　马晓娟
出版发行　西安电子科技大学出版社(西安市太白南路 2 号)
电　　话　(029)88202421　88201467　　邮　　编　710071
网　　址　www.xduph.com　　　　电子邮箱　xdupfxb001@163.com
经　　销　新华书店
印刷单位　陕西天意印务有限责任公司
版　　次　2016 年 8 月第 4 版　2025 年 7 月第 5 次印刷
开　　本　787 毫米×1092 毫米　1/16　印张　24.5
字　　数　583 千字
定　　价　56.00 元
ISBN 978 – 7 – 5606 – 4257 – 4
XDUP 4549004-5

前　言

本书脱胎于《EDA 技术及应用》，主要是为了满足以 Verilog HDL 作为系统逻辑描述的主要表达方式的读者学习 EDA 技术的需要。作为我国最早的 EDA 技术方面的教材之一，《EDA 技术及应用》自 2001 年第一版出版以来，深受到广大读者的厚爱与青睐，已累计印刷 20 多次，发行 10 多万册，先后于 2008 年被列选为"普通高等教育'十一五'国家级规划教材"，2009 年被评为"湖南省普通高等学校优秀教材"，2014 年被评为"'十二五'普通高等教育本科国家级规划教材"。本书是《EDA 技术及应用(第四版)》的配套教材。本次修订在保持了第三版的写作风格和基本内容的同时，结合 EDA 技术的最新发展成果、社会对 EDA 技术人才的更高要求以及作者近年来教学与科研实践，将 EDA 技术的内容进行了精简、更新、补充和完善。

1. 修订的指导思想

为满足 EDA 技术快速发展和广泛应用的需要，本书修订的指导思想如下：

(1) 紧跟社会对 EDA 技术应用型高级人才的需要，以实际使用 EDA 技术进行工程开发为目标，充分考虑 EDA 技术使用的综合性和实际开发芯片的多样性，进行教材内容的修改和补充；

(2) 跟踪 EDA 技术的最新发展成果，尽可能地将 EDA 技术中 FPGA/CPLD 器件、EDA 开发软件及 EDA 实验开发系统的最新共性总结反映到教材中，并兼顾个性内容的介绍；

(3) 为了使读者更好地掌握有着广阔应用前景的 EDA 技术，教材的内容不但要满足课堂教学的需要，更要注重课后深化与扩展学习的需要，注重研究性和创新性的教学需要。

2. 修订的主要内容

"第 1 章　绪论"，新增了 EDA 技术研究性教学探讨，而对原来的部分内容进行了精简或删除。

"第 2 章　大规模可编程逻辑器件"，新增了主流 FPGA 设计技术及发展趋势，而对原 Lattice、Altera 和 Xilinx 公司主流 FPGA/CPLD 的性能参数和组成结构进行了较大幅度的精简，只保留了一些典型的 FPGA/CPLD 的性能参数和组成结构。

"第 4 章　常用 EDA 工具软件操作指南"，补充完善了 Altera Quartus Ⅱ 操作指南中 SOPC 软件的设计开发，新增了高版本 Quartus Ⅱ 的仿真，考虑到篇幅的限制，忍痛删除了原 Lattice ispLEVER 操作指南。

"第 5 章　EDA 实验开发系统"，将 GW48 系统结构图信号名与芯片引脚对照表从 GW48CK 系列扩充更新到 GW48CK/GK/EK/PK2 系列，删除了 GW48 型 EDA 实验开发系统主板结构与使用的部分说明。

同时对第 3 章、第 6 章、第 7 章的少部分内容进行了补充和完善。

3. 本书的主要特点

(1) 本书从可编程逻辑器件、硬件描述语言、开发软件工具和实验开发系统"四大模块"及"一章概述+四章 EDA 基础知识+两章 EDA 技术应用"三个层次来阐述 EDA 技术及应用，突破了早期从硬件或软件某个侧面阐述 EDA 技术和开展 EDA 技术教育的局限性，既抓住了 EDA 技术教学的重点，同时也非常符合教学规律。这是本教材的主要创新。

(2) 精选内容，阐述循序渐进，来源于教学与科研实践，又在教学与科研实践中不断完善。本书以实用为主线，理论与实践紧密结合，采用了"一章概述，四章 EDA 基础知识，两章 EDA 技术应用"的三层次教材体系结构，并根据"注意系统性、注重实践性、兼顾自学性"原则精选内容。对于重点和难点问题，采用了类比对照法、表格叙述法、分层讲解法、软硬件结合法等方法讲解，尽可能简明扼要，突出重点，分层突破，通俗易懂。对于大规模可编程逻辑器件和 EDA 实验开发系统方面的内容，尽可能增加对共性的总结和提炼。对于 VHDL/Verilog HDL 综合设计应用实例的选取，尽可能举一反三，触类旁通。同时教材中的主要程序和应用实例均经过调试，可操作性强。

(3) 注重教学改革，注重研究式教学，注重实践能力和自学能力培养。无论是结构的设计，还是内容的选取，或是 EDA 实验的设计，均贯彻和体现了"抓住一个重点(硬件描述语言编程)，掌握两个工具(FPGA/CPLD 开发软件、EDA 实验开发系统的使用)，运用三种手段(案例分析、应用设计、上机实践)，采用四个结合(边学边用相结合、边用边学相结合、理论与实践相结合、课内与课外相结合)"的 EDA 技术教学思想。同时较深入地探讨了 EDA 技术的研究性教学，从课内扩展到课外，从课程学习引申到后续的深化学习和扩展学习。

在本书的出版和历次修订过程中，中国工程院院士、中南大学桂卫华教授，湖南工业大学校长、博士生导师谭益民教授，原湖南工业大学校长、博士生导师王汉青教授，原湖南工业大学副校长、博士生导师彭小奇教授，湖南工业大学副校长、博士生导师金继承教授，国防科技大学邹逢兴教授，哈尔滨工业大学博士生导师马广福教授，中南大学施荣华教授，湖南大学黎福海教授，湖南工业大学教务处、电气与信息工程学院、交通工程学院的领导，Altera 公司大学计划总经理陈卫中先生，原 Lattice 公司南中国区技术支持经理庄永军先生，西安电子科技大学出版社的领导和责任编辑马晓娟老师等许多领导和老师给予了大力支持与关心，在此一并表示衷心的感谢！同时也衷心地感谢全国各高校选用本教材的教师和学生。

由于 EDA 技术是一门发展迅速的新技术，因此 EDA 技术的研究有待于深入，教学内容有待于深化，教学方法有待于完善。鉴于作者水平有限，虽然本书经过多次修改，书中难免存在疏漏、不妥之处，敬请读者批评指正。

编 著 者

2016 年 6 月

目　　录

第1章

绪　　论

为了对 EDA 技术的基本概念、基础知识和设计流程等内容有个全面的了解，以利后续的学习，本章概括地阐述了 EDA 技术的涵义，EDA 技术的发展历程，EDA 技术的主要内容，EDA 工具的发展趋势，EDA 的工程设计流程，数字系统的设计，EDA 技术的应用展望，并对 EDA 技术研究性教学进行了探讨。

1.1　EDA 技术的涵义

什么叫 EDA 技术？由于它是一门迅速发展的新技术，涉及面广，内容丰富，因而理解各异，目前尚无统一的看法。作者认为：EDA 技术有狭义的 EDA 技术和广义的 EDA 技术之分。狭义的 EDA 技术，就是指以大规模可编程逻辑器件为设计载体，以硬件描述语言为系统逻辑描述的主要表达方式，以计算机、大规模可编程逻辑器件的开发软件及实验开发系统为设计工具，通过有关的开发软件，自动完成用软件方式设计的电子系统到硬件系统的逻辑编译、逻辑化简、逻辑分割、逻辑综合及优化、逻辑布局布线、逻辑仿真，直至对于特定目标芯片的适配编译、逻辑映射、编程下载等工作，最终形成集成电子系统或专用集成芯片的一门新技术，或称为 IES/ASIC 自动设计技术。本书讨论的对象专指狭义的 EDA 技术。广义的 EDA 技术，除了狭义的 EDA 技术外，还包括计算机辅助分析 CAA 技术(如 PSPICE、EWB、MATLAB 等)和印刷电路板计算机辅助设计 PCB-CAD 技术(如 PROTEL、ORCAD 等)。在广义的 EDA 技术中，CAA 技术和 PCB-CAD 技术不具备逻辑综合和逻辑适配的功能，因此它并不能称为真正意义上的 EDA 技术。故作者认为将广义的 EDA 技术称为现代电子设计技术更为合适。

利用 EDA 技术(特指 IES/ASIC 自动设计技术)进行电子系统的设计，具有以下几个特点：① 用软件的方式设计硬件；② 用软件方式设计的系统到硬件系统的转换是由有关的开发软件自动完成的；③ 设计过程中可用有关软件进行各种仿真；④ 系统可现场编程，在线升级；⑤ 整个系统可集成在一个芯片上，体积小、功耗低、可靠性高；⑥ 从以前的"组合设计"转向真正的"自由设计"；⑦ 设计的移植性好，效率高；⑧ 非常适合分工设计，团体协作。因此，EDA 技术是现代电子设计的发展趋势。

1.2　EDA 技术的发展历程

EDA 技术伴随着计算机、集成电路、电子系统设计的发展，经历了计算机辅助设计

(Computer Assist Design，CAD)、计算机辅助工程设计(Computer Assist Engineering Design，CAE)和电子设计自动化(Electronic Design Automation，EDA)三个发展阶段。

1. 20 世纪 70 年代的计算机辅助设计 CAD 阶段

早期的电子系统硬件设计采用的是分立元件，随着集成电路的出现和应用，硬件设计进入到发展的初级阶段。初级阶段的硬件设计大量选用中、小规模标准集成电路。人们将这些器件焊接在电路板上，做成初级电子系统，对电子系统的调试是在组装好的 PCB (Printed Circuit Board)板上进行的。

由于设计师对图形符号使用的数量有限，因此传统的手工布图方法无法满足产品复杂性的要求，更不能满足工作效率的要求。这时，人们开始将产品设计过程中高度重复性的繁杂劳动，如布图布线工作，用二维图形编辑与分析的 CAD 工具替代，最具代表性的产品就是美国 ACCEL 公司的 Tango 布线软件。20 世纪 70 年代，是 EDA 技术发展初期，由于 PCB 布图布线工具受到计算机工作平台的制约，其支持的设计工作有限且性能比较差。

2. 20 世纪 80 年代的计算机辅助工程设计 CAE 阶段

伴随着计算机和集成电路的发展，EDA 技术进入到计算机辅助工程设计阶段。20 世纪 80 年代初推出的 EDA 工具则以逻辑模拟、定时分析、故障仿真、自动布局和布线为核心，重点解决电路设计没有完成之前的功能检测等问题。利用这些工具，设计师能在产品制作之前预知产品的功能与性能，能生成制造产品的相关文件，使设计阶段对产品性能的分析前进了一大步。

如果说 20 世纪 70 年代的自动布局布线的 CAD 工具代替了设计工作中绘图的重复劳动，那么，20 世纪 80 年代出现的具有自动综合能力的 CAE 工具则代替了设计师的部分工作，对保证电子系统的设计，制造出最佳的电子产品起着关键的作用。到了 20 世纪 80 年代后期，EDA 工具已经可以进行设计描述、综合与优化和设计结果验证等工作。CAE 阶段的 EDA 工具不仅为成功开发电子产品创造了有利条件，而且为高级设计人员的创造性劳动提供了方便。

3. 20 世纪 90 年代电子系统设计自动化 EDA 阶段

为了满足千差万别的系统用户提出的设计要求，最好的办法是由用户自己设计芯片，让他们把想设计的电路直接设计在自己的专用芯片上。微电子技术的发展，特别是可编程逻辑器件的发展，使得微电子厂家可以为用户提供各种规模的可编程逻辑器件，使设计者通过设计芯片实现电子系统功能。EDA 工具的发展，又为设计师提供了全线 EDA 工具。

20 世纪 90 年代，设计师逐步从使用硬件转向设计硬件，从单个电子产品开发转向系统级电子产品开发(即片上系统集成，System on a chip)。因此，EDA 工具是以系统级设计为核心，包括系统行为级描述与结构综合、系统仿真与测试验证、系统划分与指标分配、系统决策与文件生成等一整套的电子系统设计自动化工具。这时的 EDA 工具不仅具有电子系统设计的能力，而且能提供独立于工艺和厂家的系统级设计能力，具有高级抽象的设计构思手段。例如，提供方框图、状态图和流程图的编辑能力，具有适合层次描述和混合信号描述的硬件描述语言，同时含有各种工艺的标准元件库。只有具备上述功能的 EDA 工具，才可能使电子系统工程师在不熟悉各种半导体工艺的情况下，完成电子系统的设计。

未来的 EDA 技术将向广度和深度两个方向发展，EDA 将会超越电子设计的范畴进入其他领域，随着基于 EDA 的 SOC(片上系统)设计技术的发展，软、硬核功能库的建立，以及基于 VHDL 的所谓自顶向下设计理念的确立，未来的电子系统的设计与规划将不再是电子工程师们的专利。有专家认为，21 世纪将是 EDA 技术快速发展的时期，并且 EDA 技术将是对 21 世纪产生重大影响的十大技术之一。

1.3 EDA 技术的主要内容

EDA 技术涉及面广，内容丰富，从教学和实用的角度看，究竟应掌握些什么内容呢?

作者认为，主要应掌握如下四个方面的内容：① 大规模可编程逻辑器件；② 硬件描述语言；③ 软件开发工具；④ 实验开发系统。其中，大规模可编程逻辑器件是利用 EDA 技术进行电子系统设计的载体；硬件描述语言是利用 EDA 技术进行电子系统设计的主要表达手段；软件开发工具是利用 EDA 技术进行电子系统设计的智能化的自动化设计工具；实验开发系统是利用 EDA 技术进行电子系统设计的下载工具及硬件验证工具。为了使读者对 EDA 技术有一个总体印象，下面对 EDA 技术的主要内容进行概要的介绍。

1.3.1 大规模可编程逻辑器件

可编程逻辑器件(简称 PLD)是一种由用户编程以实现某种逻辑功能的新型逻辑器件。FPGA 和 CPLD 分别是现场可编程门阵列和复杂可编程逻辑器件的简称。现在，FPGA 和 CPLD 器件的应用已十分广泛，它们将随着 EDA 技术的发展成为电子设计领域的重要角色。国际上生产 FPGA/CPLD 的主流公司，并且在国内占有市场份额较大的主要是 Xilinx、Altera、Lattice 三家公司。典型 CPLD 产品有：Lattice 公司的 ispMACH4A5、ispMACH4000、ispXPLD5000 等系列；Altera 公司的 MAX3000A、MAX7000 等系列；Xilinx 公司的 CoolRunner-Ⅱ、CoolRunner XPLA3、XC9500/XL/XV 等系列。典型 FPGA 产品有：Lattice 公司的 MachXO、ispXPGA、EC/ECP、ECP2/M(含 S 系列)、ECP3、SC/SCM、XP/XP2、FPSC 等系列；Altera 公司的 MAXⅡ、Cyclone、CycloneⅡ、CycloneⅢ、Arria GX、ArriaⅡGX、STRATIX、STRATIXⅡ、STRATIXⅢ、STRATIXⅣ、FLEX10K、FLEX8000、APEX20K、APEXⅡ、ACEX1K 等系列；Xilinx 公司的 XC3000、XC4000、XC5200、SpartanⅡ、SpartanⅡE、Spartan-3、Spartan-3A、Spartan-3E、Spartan-3L、Spartan-6、Virtex、Virtex-E、Virtex-Ⅱ、Virtex-4、Virtex-5、Virtex-6 等系列。近年来，随着集成电路制造技术的飞速发展，这些公司不断地推出集成度更高、性能更好的产品系列和品种，现在一块 CPLD/FPGA 芯片上其等效逻辑门数可从几千到几百万。

FPGA 在结构上主要分为三个部分，即可编程逻辑单元、可编程输入/输出单元和可编程连线三个部分。CPLD 在结构上主要包括三个部分，即可编程逻辑宏单元、可编程输入/输出单元和可编程内部连线。

高集成度、高速度和高可靠性是 FPGA/CPLD 最明显的特点，其时钟延时可小至 ns 级。结合其并行工作方式，在超高速应用领域和实时测控方面，FPGA/CPLD 有着非常广阔的应用前景。在高可靠性应用领域，如果设计得当，将不会存在类似于 MCU 的复位不可靠和 PC 可能跑飞等问题。FPGA/CPLD 的高可靠性还表现在几乎可将整个系统下载于同一芯片中，实现所谓片上系统，从而大大缩小了体积，易于管理和屏蔽。

由于 FPGA/CPLD 的集成规模非常大,因此可利用先进的 EDA 工具进行电子系统设计和产品开发。由于开发工具的通用性、设计语言的标准化以及设计过程几乎与所用器件的硬件结构无关,因而设计开发成功的各类逻辑功能块软件有很好的兼容性和可移植性。它们几乎可用于任何型号和规模的 FPGA/CPLD 中,从而使得产品设计效率大幅度提高,可以在很短时间内完成十分复杂的系统设计,这正是产品快速进入市场最宝贵的特征。

与 ASIC 设计相比,FPGA/CPLD 显著的优势是开发周期短、投资风险小、产品上市速度快、市场适应能力强和硬件升级回旋余地大,而且当产品定型和产量扩大后,可将在生产中充分检验过的 VHDL 设计迅速投产。

对于一个开发项目,究竟是选择 FPGA 还是选择 CPLD 呢? 主要看开发项目本身的需要。对于普通规模,且产量不是很大的产品项目,通常使用 CPLD 比较好。对于大规模的逻辑设计、ASIC 设计,或单片系统设计,则多采用 FPGA。另外,FPGA 掉电后将丢失原有的逻辑信息,所以在实用中需要为 FPGA 芯片配置一个专用 ROM。

1.3.2　硬件描述语言(HDL)

常用的硬件描述语言有 VHDL、Verilog 和 ABEL。

VHDL:作为 IEEE 的工业标准硬件描述语言,在电子工程领域已成为事实上的通用硬件描述语言。

Verilog:作为 IEEE 的工业标准硬件描述语言,支持的 EDA 工具较多,适用于 RTL 级和门电路级的描述,其综合过程较 VHDL 稍简单,但其在高级描述方面不如 VHDL。

ABEL:一种支持各种不同输入方式的 HDL,被广泛用于各种可编程逻辑器件的逻辑功能设计,由于其语言描述的独立性,因而适用于各种不同规模的可编程器件的设计。

有专家认为,在新世纪中,VHDL 与 Verilog 语言将承担几乎全部的数字系统设计任务。

1.3.3　EDA 软件开发工具

1. 主流厂家的 EDA 软件工具

目前比较流行的、主流厂家的 EDA 软件工具有 Altera 公司的 Quartus II、Xilinx 的 ISE/ISE-WebPACK Series 和 Lattice 公司的 ispLEVER。这些软件的基本功能相同,主要差别在于:① 面向的目标器件不一样;② 性能各有优劣。

(1) Quartus II:是 Altera 公司新近推出的 EDA 软件工具,其设计工具完全支持 VHDL、Verilog 的设计流程,其内部嵌有 VHDL、Verilog 逻辑综合器。第三方的综合工具,如 Leonardo Spectrum、Synplify Pro、FPGA Compiler II 有着更好的综合效果,因此通常建议使用这些工具来完成 VHDL/Verilog 源程序的综合。Quartus II 可以直接调用这些第三方工具。同样,Quartus II 具备仿真功能,但也支持第三方的仿真工具,如 Modelsim。此外,Quartus II 为 Altera DSP 开发包进行系统模型设计提供了集成综合环境,它与 MATLAB 和 DSP Builder 结合可以进行基于 FPGA 的 DSP 系统开发,是 DSP 硬件系统实现的关键 EDA 工具。Quartus II 还可与 SOPC Builder 结合,实现 SOPC 系统开发。

(2) ISE/ISE-WebPACK Series:是 Xilinx 公司新近推出的 EDA 集成软件开发环境 (Integrated Software Environment,ISE)。Xilinx ISE 操作简易方便,其提供的各种最新改良功能能解决以往各种设计上的瓶颈,加快了设计与检验的流程,如 Project Navigator(先进的设计流程导向专业管理程式)让顾客能在同一设计工程中使用 Synplicity 与 Xilinx 的合成工具，混合使用 VHDL 及 Verilog HDL 源程序，让设计人员能使用固有的 IP 与 HDL 设计资源，达至最佳的结果。使用者亦可链接与启动 Xilinx Embedded Design Kit (EDK)XPS 专用管理器，以及使用新增的 Automatic Web Update 功能来监视软件的更新状况，也可让使用者下载更新档案，以令其 ISE 的设定维持最佳状态。各版本的 ISE 软件皆支持 Windows 2000、Windows XP 操作系统。

(3) ispLEVER：是 Lattice 公司最新推出的一套 EDA 软件。提供设计输入、HDL 综合、验证、器件适配、布局布线、编程和在系统设计调试。设计输入可采用原理图、硬件描述语言、混合输入三种方式。能对所设计的数字电子系统进行功能仿真和时序仿真。软件中含有不同的工具，适用于各个设计阶段。软件包含 Synplicity 公司的"Synplify"、Exemplar Logic 公司的"Leonardo"综合工具和 Lattice 公司的 ispVM 器件编程工具。ispLEVER 软件提供给开发者一个有力的工具，用于设计所有 Lattice 公司可编程逻辑产品。软件不仅支持所有 Lattice 公司的 ispLSI、MACH、ispGDX、ispGAL、GAL 器件，还支持 Lattice 公司新的 FPGA、FPSC、ispXPGA^{TM} 和 ispXPLD^{TM} 产品系列。这使得 ispLEVER 的用户能够设计所有 Lattice 公司的业界领先的 FPGA、FPSC、CPLD 产品而不必学习新的设计工具。

2. 第三方 EDA 工具

在基于 EDA 技术的实际开发设计中，由于所选用的 EDA 工具软件的某些性能受局限或不够好，为了使自己的设计整体性能最佳，往往需要使用第三方工具。业界最流行的第三方 EDA 工具有：逻辑综合性能最好的 Synplify 和仿真功能最强大的 ModelSim。

(1) Synplify：是 Synplicity 公司(该公司现在是 Cadence 的子公司)的著名产品，是一个逻辑综合性能最好的 FPGA 和 CPLD 的逻辑综合工具。它支持工业标准的 Verilog 和 VHDL 硬件描述语言，能以很高的效率将它们的文本文件转换为高性能的面向流行器件的设计网表；它在综合后还可以生成 VHDL 和 Verilog 仿真网表，以便对原设计进行功能仿真；它具有符号化的 FSM 编译器，以实现高级的状态机转化，并有一个内置的语言敏感的编辑器；它的编辑窗口可以在 HDL 源文件高亮显示综合后的错误，以便能够迅速定位和纠正所出现的问题；它具有图形调试功能，在编译和综合后可以以图形方式(RTL 图、Technology 图)观察结果；它具有将 VHDL 文件转换成 RTL 图形的功能，这十分有利于 VHDL 的速成学习；它能够生成针对 Actel、Altera、Lattice、Lucent、Philips、Quicklogic、Vantis(AMD)和 Xilinx 公司器件的网表；它支持 VHDL 1076—1993 标准和 Verilog 1364—1995 标准。

(2) ModelSim：是 Model Technology 公司(该公司现在是 Mentor Graphics 的子公司)的著名产品，支持 VHDL 和 Verilog 的混合仿真。使用它可以进行三个层次的仿真，即 RTL(寄存器传输层次)、Functional(功能)和 Gate-Level(门级)。RTL 级仿真仅验证设计的功能，没有时序信息；功能级仿真是经过综合器逻辑综合后，针对特定目标器件生成的 VHDL 网表进行的仿真；门级仿真是经过布线器、适配器后，对生成的门级 VHDL 网表进行的仿真，此时在 VHDL 网表中含有精确的时序延迟信息，因而可以得到与硬件相对应的时序仿真结果。ModelSim VHDL 支持 IEEE 1076—1987 和 IEEE 1076—1993 标准。ModelSim Verilog 基于 IEEE 1364—1995 标准，在此基础上针对 Open Verilog 标准进行了扩展。此外，ModelSim 支持 SDF1.0、2.0 和 2.1，还有 VITAL 2.2b 和 VITAL'95。

1.3.4 EDA 实验开发系统

实验开发系统提供芯片下载电路及 EDA 实验/开发的外围资源(类似于用于单片机开发的仿真器),以供硬件验证用。一般包括:① 实验或开发所需的各类基本信号发生模块,包括时钟、脉冲、高低电平等;② FPGA/CPLD 输出信息显示模块,包括数码显示、发光管显示、声响指示等;③ 监控程序模块,提供"电路重构软配置";④ 目标芯片适配座以及上面的 FPGA/CPLD 目标芯片和编程下载电路;⑤ 其他转换电路系统及各种扩展接口。

目前从事 EDA 实验开发系统研究的院校有:清华大学、北京理工大学、复旦大学、西安电子科技大学、东南大学、杭州电子科技大学等。

1.4 EDA 工具的发展趋势

1. 设计输入工具的发展趋势

早期 EDA 工具设计输入普遍采用原理图输入方式,以文字和图形作为设计载体和文件,将设计信息加载到后续的 EDA 工具中,完成设计分析工作。20 世纪 80 年代末,电子设计开始采用新的综合工具,设计描述开始由原理图设计描述转向以各种硬件描述语言为主的编程方式。在 20 世纪 90 年代各 EDA 公司相继推出了一批图形化免编程的设计输入工具,它们允许设计师用他们觉得最方便并熟悉的设计方式,如框图、状态图、真值表和逻辑方程建立设计文件,然后由 EDA 工具自动生成综合所需的硬件描述语言文件。

2. 具有混合信号处理能力的 EDA 工具

目前,数字电路设计的 EDA 工具远比模拟电路的 EDA 工具多。模拟集成电路 EDA 工具开发的难度较大,但是,由于物理量本身多以模拟形式存在,因此实现高性能的复杂电子系统的设计离不开模拟信号。20 世纪 90 年代以来,EDA 工具厂商都比较重视数/模混合信号设计工具的开发。对数字信号的语言描述,IEEE 已经制定了 VHDL 标准,对模拟信号的语言正在制定 AHDL 标准,此外,还提出了对微波信号的 MHDL 描述语言。具有混合信号设计能力的 EDA 工具能处理含有数字信号处理、专用集成电路宏单元、数/模变换和模/数变换模块及各种压控振荡器在内的混合系统设计。

3. 更为有效的仿真工具的发展

通常,可以将电子系统设计的仿真过程分为两个阶段:设计前期的系统级仿真和设计过程的电路级仿真。系统级仿真主要验证系统的功能;电路级仿真主要验证系统的性能,决定怎样实现设计所需的精度。在整个电子设计过程中,仿真是花费时间最多的工作也是占用 EDA 工具资源最多的一个环节。通常,设计活动的大部分时间在做仿真,如验证设计的有效性、测试设计的精度、处理和保证设计要求等。仿真过程中仿真收敛的快慢同样是关键因素之一。提高仿真的有效性一方面是建立合理的仿真算法,另一方面是系统级仿真中系统级模型的建模及电路级仿真中电路级模型的建模。预计在下一代 EDA 工具中,仿真工具将有一个较大的发展。

所谓逻辑综合，就是将电路的高级语言描述(如 HDL、原理图或状态图形的描述)转换成低级的，可与 FPGA/CPLD 或构成 ASIC 的门阵列基本结构相映射的网表文件。逻辑映射的过程，就是将电路的高级描述，针对给定硬件结构组件，进行编译、优化、转换和综合，最终获得门级电路甚至更底层的电路描述文件的过程。网表文件就是按照某种规定描述电路的基本组成及如何相互连接的文件。

由于 VHDL/Verilog 仿真器的行为仿真功能是面向高层次的系统仿真，只能对 VHDL/Verilog 的系统描述作可行性的评估测试，不针对任何硬件系统，因此基于这一仿真层次的许多 VHDL/Verilog 语句不能被综合器所接受。这就是说，这类语句的描述无法在硬件系统中实现(至少是现阶段)，这时，综合器不支持的语句在综合过程中将被忽略掉。综合器对 VHDL/Verilog 源文件的综合是针对某一 PLD 供应商的产品系列的，因此，综合后的结果是可以为硬件系统所接受的，具有硬件可实现性。

3. 目标器件的布线/适配

所谓逻辑适配，就是将由综合器产生的网表文件针对某一具体的目标器进行逻辑映射操作，其中包括底层器件配置、逻辑分割、逻辑优化、布线与操作等，配置于指定的目标器件中，产生最终的下载文件，如 JEDEC 格式的文件。

适配所选定的目标器件(FPGA/CPLD 芯片)必须属于原综合器指定的目标器件系列。对于一般的可编程模拟器件所对应的 EDA 软件来说，一般仅需包含一个适配器就可以了，如 Lattice 的 PAC-DESIGNER。通常，EDA 软件中的综合器可由专业的第三方 EDA 公司提供，而适配器则需由 FPGA/CPLD 供应商自己提供，因为适配器的适配对象直接与器件结构相对应。

4. 目标器件的编程/下载

如果编译、综合、布线/适配和行为仿真、功能仿真、时序仿真等过程都没有发现问题，即满足原设计的要求，则可以将由 FPGA/CPLD 布线/适配器产生的配置/下载文件通过编程器或下载电缆载入目标芯片 FPGA 或 CPLD 中。

5. 设计过程中的有关仿真

设计过程中的仿真有三种，分别是行为仿真、功能仿真和时序仿真。

所谓行为仿真，就是将 VHDL/Verilog 设计源程序直接送到 VHDL/Verilog 仿真器中所进行的仿真。该仿真只是根据 VHDL/Verilog 的语义进行的，与具体电路没有关系。在这种仿真中，可以充分发挥 VHDL/Verilog 中的适用于仿真控制的语句及有关的预定义函数和库文件。

所谓功能仿真，就是将综合后的 VHDL/Verilog 网表文件再送到 VHDL/Verilog 仿真器中所进行的仿真。这时的仿真仅对 VHDL/Verilog 描述的逻辑功能进行测试模拟，以了解其实现的功能是否满足原设计的要求，仿真过程不涉及具体器件的硬件特性，如延时特性。该仿真的结果与门级仿真器所做的功能仿真结果基本一致。综合之后的 VHDL/Verilog 网表文件采用 VHDL/Verilog 语法，首先描述了最基本的门电路，然后将这些门电路用例化语句连接起来。描述的电路与生成的 EDIF/XNF 等网表文件一致。

所谓时序仿真，就是将布线器/适配器所产生的 VHDL/Verilog 网表文件送到 VHDL/Verilog 仿真器中所进行的仿真。该仿真已将器件特性考虑进去了，因此可以得到精确的时序仿真结果。布线/适配处理后生成的 VHDL/Verilog 网表文件中包含了较为精确的延时信息，网表文件中描述的电路结构与布线/适配后的结果是一致的。

需要注意的是，图 1.1 中有两个仿真器，一个是 VHDL/Verilog 仿真器，另一个是门级仿真器，它们都能进行功能仿真和时序仿真。所不同的是仿真用的文件格式不同，即网表文件不同。所谓的网表(Netlist)，是特指电路网络，网表文件描述了一个电路网络。目前流行多种网表文件格式，其中最通用的是 EDIF 格式的网表文件。Xilinx XNF 网表文件格式也很流行，不过一般只在使用 Xilinx 的 FPGA/CPLD 时才会用到 XNF 格式。VHDL/Verilog文件格式也可以用来描述电路网络，即采用 VHDL/Verilog 语法描述各级电路互连，称之为VHDL/Verilog 网表。

6. 硬件仿真/硬件测试

所谓硬件仿真，就是在 ASIC 设计中，常利用 FPGA 对系统的设计进行功能检测，通过后再将其 VHDL/Verilog 设计以 ASIC 形式实现的过程。

所谓硬件测试，就是把 FPGA 或 CPLD 直接用于应用系统的设计中，将下载文件下载到 FPGA 后，对系统设计进行功能检测的过程。

硬件仿真和硬件测试的目的，是为了在更真实的环境中检验 VHDL/Verilog 设计的运行情况，特别是对于设计上不是十分规范、语义上含有一定歧义的 VHDL/Verilog 程序。一般的仿真器包括 VHDL/Verilog 行为仿真器和 VHDL/Verilog 功能仿真器，它们对于同一VHDL/Verilog 设计的"理解"，即仿真模型的产生，与 VHDL/Verilog 综合器的"理解"，即综合模型的产生，常常是不一致的。此外，由于目标器件功能的可行性约束，综合器对于设计的"理解"常在一有限范围内选择，而 VHDL/Verilog 仿真器的"理解"是纯软件行为，其"理解"的选择范围要宽得多。这种"理解"的偏差势必导致仿真结果与综合后实现的硬件电路在功能上的不一致。当然，还有许多其他的因素也会产生这种不一致。由此可见，VHDL/Verilog 设计的硬件仿真和硬件测试是十分必要的。

1.5.2 ASIC 工程设计流程

ASIC(Application Specific Integrated Circuits，专用集成电路)是相对于通用集成电路而言的，ASIC 主要指用于某一专门用途的集成电路。ASIC 大致可分为数字 ASIC、模拟 ASIC和数/模混合 ASIC。对于数字 ASIC，其设计方法有多种。按版图结构及制造方法分，有半定制(Semi-custom)和全定制(Full-custom)两种方法。

全定制方法是一种基于晶体管级的，手工设计版图的制造方法。设计者需要使用全定制版图设计工具来完成。设计者必须考虑晶体管版图的尺寸、位置、互连线等技术细节，并据此确定整个电路的布局布线，以使设计的芯片的性能、面积、功耗、成本达到最优。但全定制设计中，人工参与的工作量大，设计周期长，而且容易出错。全定制方法在通用中小规模集成电路设计、模拟集成电路，包括射频级集成器件的设计，以及有特殊性能要求和功耗要求的电路或处理器中的特殊功能模块电路的设计中被广泛采用。

半定制法是一种约束设计方式，约束的目的是简化设计，缩短设计周期，降低设计成本，提高设计正确率。半定制法按逻辑实现的方式不同，可再分为门阵列法、标准单元法和可编程逻辑器件法。

门阵列(Gate Array)法是较早使用的一种 ASIC 设计方法，又称为母片(Master Slice)法。它预先设计和制造好各种规模的母片，其内部成行成列，并等间距地排列着基本单元的阵列。除金属连线及引线孔以外的各层版图图形均固定不变，只剩下一层或两层金属铝连线及孔的掩膜需要根据用户电路的不同而定制。每个基本单元是以三对或五对晶体管组成，基本单元的高度、宽度都是相等的，并按行排列。设计人员只需要设计到电路一级，将电路的网表文件交给 IC 厂家即可。IC 厂家根据网表文件描述的电路连接关系，完成母片上电路单元的布局及单元间的连线。然后对这部分金属线及引线孔的图形进行制版、流片。这种设计方式涉及的工艺少、模式规范、设计自动化程度高、设计周期短、造价低，且适合于小批量的 ASIC 设计。门阵列法的缺点是芯片面积利用率低，灵活性差，对设计限制得过多。

标准单元(Standard Cell)法必须预建完善的版图单元库，库中包括以物理版图级表达的各种电路元件和电路模块"标准单元"，可供用户调用以设计不同的芯片。这些单元的逻辑功能、电性能及几何设计规则等都已经过分析和验证。在设计布图时，从单元库中调出标准单元按行排列，行与行之间留有布线通道，同行或相邻行的单元相连可通过单元行的上、下通道完成。隔行单元之间的垂直方向互连则必须借用事先预留在"标准单元"内部的走线道或单元间设置的"走线道单元"或"空单元"来完成。标准单元设计 ASIC 具有布图灵活、自动化程度高、设计周期短、设计效率高等优点，是目前 ASIC 设计中应用最广泛的设计方法之一。但标准单元法存在的问题是，当工艺更新之后，标准单元库要随之更新，这是一项十分繁重的工作。

门阵列法或标准单元法设计 ASIC 共存的缺点是无法避免冗杂繁复 IC 制造的后向流程，而且与 IC 设计工艺紧密相关，最终的设计也需要集成电路制造厂家来完成，一旦设计有误，将导致巨大的损失。另外还有设计周期长、基础投入大、更新换代难等方面的缺陷。

可编程逻辑器件法是用可编程逻辑器件设计用户定制的数字电路系统。它实质上是门阵列及标准单元设计的延伸和发展。可编程逻辑器件是一种半定制的逻辑芯片，但与门阵列标准单元法不同，芯片内的硬件资源和连线资源是由厂家预先制定好的，可以方便地通过编程下载获得重新配置。这样，用户就可以借助 EDA 软件和编程器在实验室或车间中自行进行设计、编程或电路更新。如果发现错误，则可以随时更改，完全不必关心器件实现的具体工艺。用可编程逻辑器件法设计 ASIC(或称可编程 ASIC)，设计效率大为提高，上市的时间大为缩短。

目前，为了降低单位成本，可以在用可编程逻辑器件实现设计后，用特殊的方法转成 ASIC 电路，如 Altera 的部分 FPGA 器件在设计成功后可以通过 HardCopy 技术转成对应的门阵列 ASIC 产品。

一般的 ASIC 从设计到制造，其工程设计流程如下。

1. 系统规格说明

系统规格说明(System Specification)就是分析并确定整个系统的功能、要求达到的性能、物理尺寸，确定采用何种制造工艺、设计周期和设计费用，最终建立系统的行为模型，进行可行性验证。

2. 系统划分

系统划分(System Division)就是将系统分割成各个功能子模块，给出子模块之间的信号连接关系，并验证各个功能块的模型，确定系统的关键时序。

3. 逻辑设计与综合

逻辑设计与综合(Logic Design and Synthesis)就是将划分的各个子模块用文本(网表或

硬件描述语言)、原理图等进行具体逻辑描述。对于硬件描述语言描述的设计模块,需要用综合器进行综合,以获得具体的电路网表文件,对于原理图等描述方式描述的设计模块,经简单编译后可得到逻辑网表文件。

4. 综合后仿真

综合后仿真(Simulate after Synthesis)就是根据逻辑综合后得到网表文件,并进行仿真验证。

5. 版图设计

版图设计(Layout Design)就是将逻辑设计中每一个逻辑元件、电阻、电容等以及它们之间的连线转换成集成电路制造所需要的版图信息。可手工或自动进行版图规划(Floorplanning)、布局(Placement)、布线(Routing)。这一步由于涉及逻辑设计到物理实现的映射,又称为物理设计(Physical Design)。

6. 版图验证

版图验证(Layout Verification)主要包括:版图原理图比对(LVS)、设计规则检查(DRC)、电气规则检查(ERC)。在手工版图设计中,这是非常重要的一步。

7. 参数提取与后仿真

版图验证完毕后,需进行版图的电路网表提取(NE)和参数提取(PE),把提取出的参数反注(Back-Annotate)至网表文件,进行最后一步仿真验证工作。

8. 制版、流片

将设计结果送 IC 生产线进行制版、光罩和流片,进行实验性生产。

9. 芯片测试

测试芯片是否符合设计要求,并评估成品率。

1.6 数字系统的设计

1.6.1 数字系统的设计模型

数字系统指的是交互式的、以离散形式表示的,具有存储、传输、信息处理能力的逻辑子系统的集合。用于描述数字系统的模型有多种,各种模型描述数字系统的侧重点不同。下面介绍一种普遍采用的模型。这种模型根据数字系统的定义,将整个系统划分为两个模块或两个子系统:数据处理子系统和控制子系统,如图 1.2 所示。

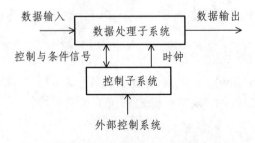

图 1.2 数字系统的设计模型

数据处理子系统主要完成数据的采集、存储、运算和传输。数据处理子系统主要由存储器、运算器、数据选择器等功能电路组成。数据处理子系统与外界进行数据交换，在控制子系统(或称控制器)发出的控制信号作用下，数据处理子系统将进行数据的存储和运算等操作。数据处理子系统将接收由控制器发出的控制信号，同时将自己的操作进程或操作结果作为条件信号传送给控制器。应当根据数字系统实现的功能或算法设计数据处理子系统。

　　控制子系统是执行数字系统算法的核心，具有记忆功能，因此控制子系统是时序系统。控制子系统由组合逻辑电路和触发器组成，与数据处理子系统共用时钟。控制子系统的输入信号是外部控制信号和由数据处理子系统送来的条件信号。控制子系统按照数字系统设计方案要求的算法流程，在时钟信号的控制下进行状态的转换，同时产生与状态和条件信号相对应的输出信号，该输出信号将控制数据处理子系统的具体操作。应当根据数字系统功能及数据处理子系统的需求设计控制子系统。

　　把数字系统划分成数据处理子系统和控制子系统进行设计，这只是一种手段，不是目的。它用来帮助设计者有层次地理解和处理问题，进而获得清晰、完整、正确的电路图。因此，数字系统的划分应当遵循自然、易于理解的原则。

　　但采用该模型设计一个数字系统时，必须先分析和找出实现系统逻辑的算法，根据具体的算法要求提出系统内部的结构要求，再根据各个部分分担的任务划分出控制子系统和数据处理子系统。算法不同，系统的内部结构不同，控制子系统和数据处理子系统电路也不同。有时，控制子系统和数据处理子系统的界限划分也比较困难，需要反复比较和调整才能确定。

1.6.2　数字系统的设计方法

　　数字系统设计有多种方法，如模块设计法、自顶向下设计法和自底向上设计法等。

　　数字系统的设计一般采用自顶向下、由粗到细、逐步求精的方法。自顶向下是指将数字系统的整体逐步分解为各个子系统和模块，若子系统规模较大，则还需将子系统进一步分解为更小的子系统和模块，层层分解，直至整个系统中各子系统关系合理，并便于逻辑电路级的设计和实现为止。采用该方法设计时，高层设计进行功能和接口描述，说明模块的功能和接口，模块功能的更详细的描述在下一设计层次说明，最底层的设计才涉及具体的寄存器和逻辑门电路等实现方式的描述。自顶向下设计方法是一种模块化设计方法，适合多个设计者同时进行设计。

　　针对具体的设计，实施自顶向下的设计方法的形式会有所不同，但均需遵循两条原则：逐层分解功能和分层次进行设计。同时，应在各个设计层次上，考虑相应的仿真验证问题。

1.6.3　数字系统的设计准则

　　进行数字系统设计时，通常需要考虑多方面的条件和要求，如设计的功能和性能要求，元器件的资源分配和设计工具的可实现性，系统的开发费用和成本等。虽然具体设计的条件和要求千差万别，实现的方法也各不相同，但数字系统设计还是具备一些共同的方法和准则的。

1. 分割准则

自顶向下的设计方法或其他层次化的设计方法，需要对系统功能进行分割，然后用逻辑语言进行描述。分割过程中，若分割过粗，则不易用逻辑语言表达；若分割过细，则带来不必要的重复和繁琐。因此，分割的粗细需要根据具体的设计和设计工具情况而定。掌握分割程度需遵循的原则为：分割后最底层的逻辑块应适合用逻辑语言进行表达；相似的功能应该设计成共享的基本模块；接口信号尽可能少；同层次的模块之间，在资源和 I/O 分配上，尽可能平衡，以使结构匀称；模块的划分和设计，应尽可能做到通用性好，易于移植。

2. 系统的可观测性

在系统设计中，应该同时考虑功能检查和性能的测试，即系统观测性的问题。一些有经验的设计者会自觉地在设计系统的同时设计观测电路，即观测器，指示系统内部的工作状态。

建立观测器，应遵循的原则为：具有系统的关键点信号，如时钟、同步信号和状态等信号；具有代表性的节点和线路上的信号；具备简单的"系统工作是否正常"的判断能力。

3. 同步和异步电路

异步电路会造成较大延时和逻辑竞争，容易引起系统的不稳定，而同步电路则是按照统一的时钟工作，稳定性好。因此，在设计时应尽可能采用同步电路进行设计，避免使用异步电路。在必须使用异步电路时，应采取措施来避免竞争和增加稳定性。

4. 最优化设计

由于可编程器件的逻辑资源、连接资源和 I/O 资源有限，器件的速度和性能也是有限的，用器件设计系统的过程相当于求最优解的过程，因此，需要给定两个约束条件：边界条件和最优化目标。

所谓边界条件，是指器件的资源及性能限制。最优化目标有多种，设计中常见的最优化目标有：器件资源利用率最高；系统工作速度最快，即延时最小；布线最容易，即可实现性最好。具体设计中，各个最优化目标间可能会产生冲突，这时应满足设计的主要要求。

5. 系统设计的艺术

一个系统的设计，通常需要经过反复的修改、优化才能达到设计的要求。一个好的设计，应该满足"和谐"的基本特征，对数字系统可以根据几点做出判断：① 设计是否总体上流畅，无拖泥带水的感觉；② 资源分配、I/O 分配是否合理，设计上和性能上是否有瓶颈，系统结构是否协调；③ 是否具有良好的可观测性；④ 是否易于修改和移植；⑤ 器件的特点是否能得到充分的发挥。

1.6.4 数字系统的设计步骤

1. 系统任务分析

数字系统设计中的第一步是明确系统的任务。在设计任务书中，可用各种方式提出对整个数字系统的逻辑要求，常用的方式有自然语言、逻辑流程图、时序图或几种方法的结合。当系统较大或逻辑关系较复杂时，系统任务(逻辑要求)逻辑的表述和理解都不是一件容易的工作。所以，分析系统的任务必须细致、全面，不能有理解上的偏差和疏漏。

2. 确定逻辑算法

实现系统逻辑运算的方法称为逻辑算法，也简称为算法。一个数字系统的逻辑运算往往有多种算法，设计者的任务不但是要找出各种算法，还必须比较优劣，取长补短，从中确定最合理的一种。数字系统的算法是逻辑设计的基础，算法不同，则系统的结构也不同，算法的合理与否直接影响系统结构的合理性。确定算法是数字系统设计中最具创造性的一环，也是最难的一步。

3. 建立系统及子系统模型

当算法明确后，应根据算法构造系统的硬件框架(也称为系统框图)，将系统划分为若干个部分，各部分分别承担算法中不同的逻辑操作功能。如果某一部分的规模仍嫌大，则需进一步划分。划分后的各个部分应逻辑功能清楚，规模大小合适，便于进行电路级的设计。

4. 系统(或模块)逻辑描述

当系统中各个子系统(指最低层子系统)和模块的逻辑功能和结构确定后，则需采用比较规范的形式来描述系统的逻辑功能。设计方案的描述方法可以有多种，常用的有方框图、流程图和描述语言。

对系统的逻辑描述可先采用较粗略的逻辑流程图，再将逻辑流程图逐步细化为详细逻辑流程图，最后将详细逻辑流程图表示成与硬件有对应关系的形式，为下一步的电路级设计提供依据。

5. 逻辑电路级设计及系统仿真

电路级设计是指选择合理的器件和连接关系以实现系统逻辑要求。电路级设计的结果常采用两种方式来表达：电路图方式和硬件描述语言方式。EDA 软件允许以这两种方式输入，以便作后续的处理。

当电路设计完成后必须验证设计是否正确。在早期，只能通过搭试硬件电路才能得到设计的结果。目前，数字电路设计的 EDA 软件都具有仿真功能，先通过系统仿真，当系统仿真结果正确后再进行实际电路的测试。由 EDA 软件验证的结果十分接近实际结果，因此，可极大地提高电路设计的效率。

6. 系统的物理实现

物理实现是指用实际的器件实现数字系统的设计，用仪表测量设计的电路是否符合设计要求。现在的数字系统往往采用大规模和超大规模集成电路，由于器件集成度高、导线密集，因而一般在电路设计完成后即设计印刷电路板，在印刷电路板上组装电路进行测试。需要注意的是，印刷电路板本身的物理特性也会影响电路的逻辑关系。

1.7 EDA 技术的应用展望

1. EDA 技术将广泛应用于高校电类专业的实践教学工作中

用 VHDL 语言可以对各种数字集成电路芯片进行方便的描述，生成元件后可作为一个标准元件进行调用。同时，借助于 VHDL 开发设计平台，可以进行系统的功能仿真和时序仿真；借助于实验开发系统可以进行硬件功能验证等，因而，可大大地简化数字电子技术的实验，并可根据学生的设计不受限制地开展各种实验。

对于电子技术课程设计，特别是数字系统性的课题，在 EDA 实验室不需添加任何新的东西，即可设计出各种比较复杂的数字系统，并且借助于实验开发系统可以方便地进行硬件验证，如设计频率计、交通控制灯、秒表等。

自 1997 年全国第三届电子技术设计竞赛采用 FPGA/CPLD 器件以来，FPGA/CPLD 已被越来越多的选手选用，并且如果不借助于 FPGA/CPLD 器件可能根本无法实现给定的课题。因此，EDA 技术将成为各种电子技术设计竞赛选手必须掌握的基本技能与制胜的法宝。

现代电子产品的设计离不开 EDA 技术，作为信息工程类专业的毕业生，借助于 EDA 技术在毕业设计中可以快速、经济地设计各种高性能的电子系统，并且很容易实现、修改及完善。

在整个大学学习期间，信息工程类专业的学生可以分阶段、分层次地进行 EDA 技术的学习和应用，从而迅速掌握并有效利用这一新技术，大大提高动手实践能力、创新能力和计算机应用能力。

2．EDA 技术将广泛应用于科研工作和新产品的开发中

由于可编程逻辑器件性能价格比的不断提高，开发软件功能的不断完善，因此 EDA 技术具有用软件的方式设计硬件，可用有关软件进行各种仿真，系统可现场编程、在线升级，整个系统可集成在一个芯片上等特点，这将使其广泛应用于科研工作和新产品的开发工作中。

3．EDA 技术将广泛应用于专用集成电路的开发中

可编程器件制造厂家可按照一定的规格以通用器件形式大量生产，用户可按通用器件从市场上选购，然后按自己的要求通过编程实现专用集成电路的功能。因此，对于集成电路制造技术与世界先进的集成电路制造技术尚有一定差距的我国，开发具有自主知识产权的专用集成电路，已成为相关专业人员的重要任务。

4．EDA 技术将广泛应用于传统机电设备的升级换代和技术改造中

如果利用 EDA 技术进行传统机电设备的电气控制系统的重新设计或技术改造，则不但设计周期短、设计成本低，而且将提高产品或设备的性能，缩小产品体积，提高产品的技术含量，提高产品的附加值。

1.8　EDA 技术研究性教学探讨

1.8.1　开展 EDA 技术研究性教学的意义

研究性教学是一种新的教育理念、一种新的现代学习观，强调学习的自主性和开放性，在教师的研究性教学理念的引导下，在教学设计上将教学看成是一项系统工程，从研究思想、研究手段、研究策略等各方面进行教学过程的全新设计，激发学生的研究及探索科学问题的兴趣。通过让学生运用探索的方法，对问题进行研究，最终获得知识。研究性教学理念要求教师通过自己的教学，培养学生做事和做人的能力和素质。

开展本科生研究性教学，作者认为其必要性如下：① 大众化高等教育的差异化教育的需要；② 提高大学生综合应用能力的需要；③ 提高大学生实践动手能力的需要；④ 提高大学生专业创新能力的需要；⑤ 提高大学生专业综合素养的需要；⑥ 改变大学生被动学习学风的需要。随着我国经济社会的发展和高等教育的大力发展，我国高等教育已由精英化教育转向大众化教育，学生群体出现多样化的趋势，学生学习兴趣、学习能力、学习需求的差异性日显突出。为了提高大众化高等教育的质量，更好地满足市场经济条件下对人才的高要求，我们按一般水平组织大学基本教育的同时，对一些优秀和比较优秀的学生，应根据社会发展的需求、学生的兴趣爱好、学生的职业规划等，进行加深与扩展，实现优才优教。

开展本科生研究性教学，作者认为其主要条件如下：① 提高教师研究性教学的能力；② 激发学生研究性学习的积极性；③ 提供研究性教学资源与教学场地；④ 选择一个合适的有效平台；⑤ 构建有效的研究性教学评价与评估体系。其中作为电类专业研究性教学的有效平台，应该能方便学生进行软件仿真和硬件设计与制作，并具有综合性强、创新性强、成本低廉、灵活性强等优点。

1.8.2 开展 EDA 技术研究性教学的方法

使用 EDA 技术作为研究性教学的平台，它具有以下优点：技术先进、社会急需，综合性强、创新性强、成本低廉。

为描述基于 EDA 技术的研究性教学的研究背景、主要研究目标、主要研究内容以及主要研究期望，图 1.3 给出了基于 EDA 技术的研究性教学模型。现将主要内容具体阐述如下：

1. 利用 EDA 技术开展研究性教学的研究目标

利用 EDA 技术开展研究性教学的研究目标，主要包括三个方面：① 基于 EDA 技术的系统设计与实现基础训练；② 基于 EDA 技术的系统设计与实现相关研究；③ 基于 EDA 技术的系统设计与实现课题研究。

2. 利用 EDA 技术开展研究性教学的研究内容

利用 EDA 技术开展研究性教学的研究内容，主要包括三个方面的内容：

(1) 基于 EDA 技术的系统设计与实现基础训练：包括大规模可编程逻辑器件 FPGA/CPLD；硬件描述语言 VHDL/Verilog HDL；EDA 实验开发软件；EDA 实验开发系统等系统设计与开发基础理论、基本方法、基本工具的学习与使用；流水线、并行处理、重定时、展开、折叠、脉动结构等各种 VLSI 结构设计优化技术的基本理论、分析比较和实际应用；强度消减、超前或驰豫超前等 FPGA 系统性能优化技术。

(2) 基于 EDA 技术的系统设计与实现相关研究：主要是与课题设计与开发有关的数字信号处理、数字图像处理、工业智能控制、网络通信控制、 数字家电控制等基础理论、实现算法和系统仿真等研究，重点是实现算法的设计、选择和仿真。

(3) 基于 FPGA 实现的系统设计与课题实现研究：包括系统控制算法的选择；系统控制模型的确定；FPGA 实现结构的设计；FPGA 系统性能的优化；FPGA 系统实现及测试等。

3. 利用 EDA 技术开展研究性教学的主要形式

利用 EDA 技术开展研究性教学的主要形式，包括组建 EDA 技术学习兴趣小组、课题系统设计与实现研究小组和选拔教师科研项目助理等，通过专题训练、分散研究、定期讨论、按需答疑、总结汇报等形式开展研究活动。

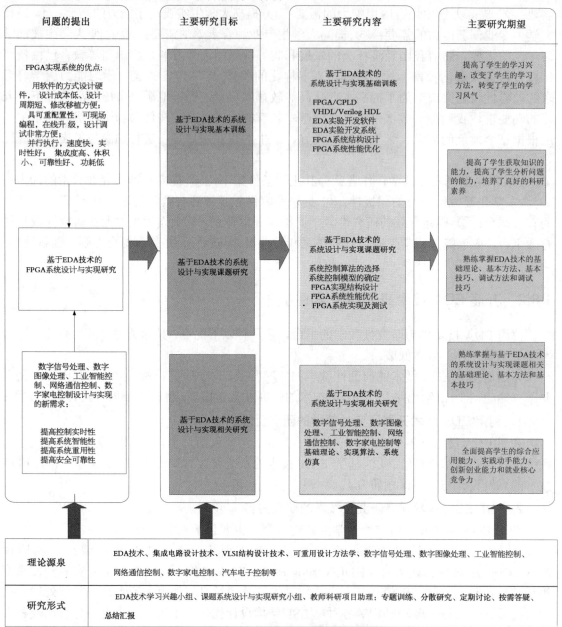

图 1.3　基于 EDA 技术的研究性教学模型

1.8.3　开展 EDA 技术研究性教学的成效

开展 EDA 技术研究性教学，依作者 10 多年的实践证明，可达到以下效果：

(1) 能熟练掌握 EDA 技术的基础理论、基本方法、基本技巧、调试方法和调试技巧。

进行了研究性学习训练的学生，通过毕业设计论文的质量可以看出，他们能熟练掌握 EDA 技术的基础理论、基本方法、基本技巧、调试方法和调试技巧，能够尽快地适应基于 EDA 技术的系统设计与开发工作。

(2) 能熟练掌握与 EDA 技术的系统设计开发课题相关的基础理论、基本方法、基本技巧。

进行了研究性学习训练的学生，在与课题相关的基础理论、基本方法、基本技巧方面，无论是以前学习过并且掌握的，还是以前学过但似是而非的，或是以前根本没接触过需重新学习的，都能将之熟练掌握。

(3) 能全面提高学生的综合应用能力、实践动手能力、创新创业能力和就业核心竞争力。

进行了研究性学习训练的学生，不但具有良好的参考文献查找能力、分析利用和文档处理能力，同时综合应用能力、实践动手能力、创新创业能力大为提高，就业核心竞争力显著提高，绝大部分的学生毕业时能找到从事 EDA 技术方面的设计与开发的工作，并且工资待遇也相当不错。

习 题

1.1 EDA 的英文全称是什么？EDA 的中文含义是什么？

1.2 什么叫 EDA 技术？利用 EDA 技术进行电子系统的设计有什么特点？

1.3 从使用的角度来讲，EDA 技术主要包括几个方面的内容？这几个方面在整个电子系统的设计中分别起什么作用？

1.4 什么叫可编程逻辑器件(PLD)？FPGA 和 CPLD 的中文含义分别是什么？国际上生产 FPGA/CPLD 的主流公司，并且在国内占有较大市场份额的主要有哪几家？其产品系列有哪些？

1.5 FPGA 和 CPLD 各包括几个基本组成部分？

1.6 FPGA/CPLD 有什么特点？二者在存储逻辑信息方面有什么区别？在实际使用中，在什么情况下选用 CPLD？在什么情况下选用 FPGA？

1.7 常用的硬件描述语言有哪几种？这些硬件描述语言在逻辑描述方面有什么区别？

1.8 目前比较流行的、主流厂家的 EDA 的软件工具有哪些？这些开发软件的主要区别是什么？

1.9 第三方 EDA 软件工具有哪些？这些第三方 EDA 软件工具的主要作用是什么？

1.10 对于目标器件为 FPGA/CPLD 的 VHDL 设计，其工程设计包括几个主要步骤？每步的作用是什么？每步的结果是什么？

1.11 名词解释：逻辑综合、逻辑适配、行为仿真、功能仿真、时序仿真。

1.12 谈谈你对 EDA 技术应用的展望。

第2章

大规模可编程逻辑器件

大规模可编程逻辑器件是利用 EDA 技术进行电子系统设计的载体。本章以超大规模可编程逻辑器件的主流器件 FPGA 和 CPLD 为主要对象，首先概述可编程逻辑器件的发展历程、分类方法和常用标识的含义，其次阐述了主流 FPGA 设计技术及发展趋势，接着详细地阐述了 Lattice、Altera 和 Xilinx 公司的典型 FPGA 和 CPLD 的性能参数、基本结构，最后概括地介绍了 FPGA 和 CPLD 的编程与配置的有关概念、硬件电路，FPGA/CPLD 开发应用中的选择方法。

2.1 可编程逻辑器件概述

可编程逻辑器件(Programmable Logic Devices，PLD)是一种由用户编程以实现某种逻辑功能的新型逻辑器件。它诞生于 20 世纪 70 年代，在 20 世纪 80 年代以后，随着集成电路技术和计算机技术的发展而迅速发展。自问世以来，PLD 经历了从 PROM、PLA、PAL、GAL 到 FPGA、ispLSI 等高密度 PLD 的发展过程。在此期间，PLD 的集成度、速度不断提高，功能不断增强，结构趋于更合理，使用变得更灵活方便。PLD 的出现，打破了由中小规模通用型集成电路和大规模专用集成电路垄断的局面。与中小规模通用型集成电路相比，用 PLD 实现数字系统，有集成度高、速度快、功耗小、可靠性高等优点。与大规模专用集成电路相比，用 PLD 实现数字系统，有研制周期短、先期投资少、无风险、修改逻辑设计方便、小批量生产成本低等优势。可以预见，在不久的将来，PLD 将在集成电路市场占统治地位。

随着可编程逻辑器件性能价格比的不断提高，EDA 开发软件的不断完善，现代电子系统的设计将越来越多地使用可编程逻辑器件，特别是大规模可编程逻辑器件。如果说一个电子系统可以像积木块一样堆积起来的话，那么现在构成许多电子系统仅仅需要三种标准的积木块——微处理器、存储器和可编程逻辑器件，甚至只需一块大规模可编程逻辑器件。

2.1.1 PLD 的发展进程

最早的可编程逻辑器件出现在 20 世纪 70 年代初，主要是可编程只读存储器(PROM)和可编程逻辑阵列(PLA)。20 世纪 70 年代末出现了可编程阵列逻辑(Programmable Array Logic，PAL)器件。20 世纪 80 年代初期，美国 Lattice 公司推出了一种新型的 PLD 器件，称为通用阵列逻辑(Generic Array Logic，GAL)，一般认为它是第二代 PLD 器件。随着技术进步，生产工艺不断改进，器件规模不断扩大，逻辑功能不断增强，各种可编程逻辑器件如雨后春笋般涌现，如 PROM、EPROM、EEPROM 等。

随着半导体工艺不断完善，用户对器件集成度要求不断提高，1985 年，美国 Altera 公司在 EPROM 和 GAL 器件的基础上，首先推出了可擦除可编程逻辑器件 EPLD(Erasable PLD)，其基本结构与 PAL/GAL 器件相仿，但其集成度要比 GAL 器件高得多。而后 Altera、Atmel、Xilinx 等公司不断推出新的 EPLD 产品，它们的工艺不尽相同，结构不断改进，形成了一个庞大的群体。但是从广义来讲，可擦除可编程逻辑器件(EPLD)可以包括 GAL、EEPROM、FPGA、ispLSI 或 ispEPLD 等器件。

最初，一般把器件的可用门数超过 500 门的 PLD 称为 EPLD。后来，器件的密度越来越大，许多公司把原来称为 EPLD 的产品都称为复杂可编程逻辑器件 CPLD(Complex Programmable Logic Devices)。现在，一般把所有超过某一集成度的 PLD 器件都称为 CPLD。

当前 CPLD 的规模已从取代 PAL 和 GAL 的 500 门以下的芯片系列，发展到 5000 门以上，现已有上百万门的 CPLD 芯片系列。随着工艺水平的提高，在增加器件容量的同时，为提高芯片的利用率和工作频率，CPLD 从内部结构上作了许多改进，出现了多种不同的形式，功能更加齐全，应用不断扩展。在 EPROM 基础上出现的高密度可编程逻辑器件称为 EPLD 或 CPLD。

在 20 世纪 80 年代中期，美国 Xilinx 公司首先推出了现场可编程门阵列 FPGA(Field Programmable Gate Array)器件。FPGA 器件采用逻辑单元阵列结构和静态随机存取存储器工艺，设计灵活，集成度高，可无限次反复编程，并可现场模拟调试验证。FPGA 器件及其开发系统是开发大规模数字集成电路的新技术。它利用计算机辅助设计，绘制出实现用户逻辑的原理图、编辑布尔方程或用硬件描述语言等方式作为设计输入；然后经一系列转换程序、自动布局布线、模拟仿真的过程；最后生成配置 FPGA 器件的数据文件，对 FPGA 器件初始化。这样就实现了满足用户要求的专用集成电路，真正达到了用户自行设计、自行研制和自行生产集成电路的目的。由于 FPGA 器件具有高密度、高速率、系列化、标准化、小型化、多功能、低功耗、低成本，设计灵活方便，可无限次反复编程，并可现场模拟调试验证等优点，因此使用 FPGA 器件，一般可在几天到几周内完成一个电子系统的设计和制作，可以缩短研制周期，达到快速上市和进一步降低成本的要求。

在 20 世纪 90 年代初，Lattice 公司又推出了在系统可编程大规模集成电路(ispLSI)。所谓"在系统可编程特性"(In System Programmability，ISP)，是指在用户自己设计的目标系统中或线路板上，为重新构造设计逻辑而对器件进行编程或反复编程的能力。在系统编程器件的基本特征是利用器件的工作电压(一般为 5 V)，在器件安装到系统板上后，不需要将器件从电路板上卸下，可对器件进行直接配置，并可改变器件内的设计逻辑，满足原有的 PCB 布局要求。采用 ISP 技术之后，硬件设计可以变得像软件设计那样灵活而易于修改，硬件的功能也可以实时地加以更新或按预定的程序改变配置。这不仅扩展了器件的用途，缩短了系统的设计和调试周期，而且还省去了对器件单独编程的环节，因而也省去了器件编程设备，简化了目标系统的现场升级和维护工作。

在系统可编程的概念，首先由美国的 Lattice 公司提出，而且，该公司已将其独特的 ISP 技术应用到高密度可编程逻辑器件中，形成了 ispLSI(in system programmable Large Scale Integration，在系统可编程大规模集成)和 pLSI(可编程大规模集成)逻辑器件系列。ispLSI 在功能和参数方面都与相对应的 pLSI 器件相兼容，只是增加了 5 V 在系统可编程与反复可编程能力。ispLSI 和 pLSI 产品既有低密度 PLD 使用方便、性能可靠等特点，又有 FPGA

器件的高密度和灵活性，具有确定可预知的延时、优化的通用逻辑单元、高效的全局布线区、灵活的时钟机制、标准的边界扫描功能、先进的制造工艺等优势，其系统速度可达 154 MHz，逻辑集成度可达 1000～14 000 门，是一种比较先进的可编程专用集成电路。

自进入 21 世纪以来，可编程逻辑集成电路技术进入飞速发展时期，器件的可用逻辑门数超过了百万门甚至达到上千万门，器件的最高频率超过百兆赫兹甚至达到四五百兆赫兹，内嵌的功能模块越来越专用和复杂，比如出现了乘法器、RAM、CPU 核、DSP 核和 PLL等，同时出现了基于 FPGA 的可编程片上系统 SOPC(System On a Programmable Chip)，有时又称为基于 FPGA 的嵌入式系统。

2.1.2 PLD 的分类方法

目前生产 PLD 的厂家有 Lattice、Altera、Xilinx、Actel、Atmel、AMD、AT&T、Cypress、Intel、Motorola、Quicklogic、TI(Texas Instrument)等。常见的 PLD 产品有：PROM、EPROM、EEPROM、PLA、FPLA、PAL、GAL、CPLD、EPLD、EEPLD、HDPLD、FPGA、pLSI、ispLSI、ispGAL 和 ispGDS。PLD 的分类方法较多，也不统一，下面简单介绍四种。

1. 从结构的复杂度分类

从结构的复杂度上一般可将 PLD 分为简单 PLD 和复杂 PLD(CPLD)，或分为低密度 PLD和高密度 PLD(HDPLD)。通常，当 PLD 中的等效门数超过 500 门时，则认为它是高密度PLD。传统的 PAL 和 GAL 是典型的低密度 PLD，其余(如 EPLD、FPGA 和 pLSI/ispLSI 等)则称为 HDPLD 或 CPLD。

2. 从互连结构上分类

从互连结构上可将 PLD 分为确定型和统计型两类。

确定型 PLD 提供的互连结构每次用相同的互连线实现布线，所以，这类 PLD 的定时特性常常可以从数据手册上查阅而事先确定。这类 PLD 是由 PROM 结构演变而来的，目前除了 FPGA 器件外，基本上都属于这一类结构。

统计型结构是指设计系统每次执行相同的功能，却能给出不同的布线模式，一般无法确切地预知线路的延时。所以，设计系统必须允许设计者提出约束条件，如关键路径的延时和关联信号的延时差等。这类器件的典型代表是 FPGA 系列。

3. 从可编程特性上分类

从可编程特性上可将 PLD 分为一次可编程和重复可编程两类。一次可编程的典型产品是 PROM、PAL 和熔丝型 FPGA，其他大多是重复可编程的。其中，用紫外线擦除的产品的编程次数一般在几十次的量级，采用电擦除方式的产品的编程次数稍多些，采用 E^2CMOS工艺的产品，擦写次数可达上千次，而采用 SRAM(静态随机存取存储器)结构产品，则被认为可实现无限次的编程。

4. 从可编程元件上分类

最早的 PLD 器件(如 PAL)大多采用的是 TTL 工艺，但后来的 PLD 器件(如 GAL、EPLD、FPGA 及 pLSI/ISP 器件)都采用 MOS 工艺(如 NMOS、CMOS、E^2CMOS 等)。目前，一般有五种编程元件：① 熔丝型开关(一次可编程，要求大电流)；② 可编程低阻电路元件(多次可编程，要求中电压)；③ EPROM 的编程元件(需要有石英窗口，紫外线擦除)；④ EEPROM 的编程元件；⑤ 基于 SRAM 的编程元件。

2.1.3　常用 CPLD 和 FPGA 标识的含义

FPGA/CPLD 生产厂家多，系列、品种更多，各生产厂家命名、分类不一，给 FPGA/CPLD 的应用带来了一定的困难，但其标识也是有一定的规律的。

下面对常用 CPLD/FPGA 标识进行说明。

1. CPLD 和 FPGA 标识概说

CPLD/FPGA 产品上的标识大概可分为以下几类：

(1) 用于说明生产厂家的。如 Lattice、Altera、Xilinx 是其公司名称。

(2) 注册商标。如 MAX 是为 Altera 公司其 CPLD 产品 MAX 系列注册的商标。

(3) 产品型号。如 EPM7128SLC84-15，是 Altera 公司的一种 CPLD(EPLD)的型号，是需要重点掌握的。

(4) 产品序列号。用于说明产品生产过程中的编号，是产品身份的标志，相当于人的身份证。

(5) 产地与其他说明。由于跨国公司跨国经营，世界日益全球化，有些产品还有产地说明，如：Made in China(中国制造)。

2. CPLD/FPGA 产品型号标识组成

CPLD/FPGA 产品型号标识通常由以下几部分组成：

(1) 产品系列代码。如 Altera 公司的 FLEX 器件系列代码为 EPF。

(2) 品种代码。如 Altera 公司的 FLEX10K，10K 即是其品种代码。

(3) 特征代码。也即集成度，CPLD 产品一般以逻辑宏单元数描述，而 FPGA 一般以有效逻辑门来描述。如 Altera 公司的 EPF10K10 中后一个 10，代表典型产品集成度是 10 k。要注意有效门与可用门不同。

(4) 封装代码。如 Altera 公司的 EPM7128SLC84 中的 LC，表示采用 PLCC 封装(Plastic Leaded Chip Carrier，塑料方形扁平封装)。PLD 封装除 PLCC 外，还有 BGA(Ball Grid Array，球形网状阵列)、C/JLCC(Ceramic/J-Leaded Chip Carrier)、C/M/P/TQFP(Ceramic/Metal/Plastic/Thin Quard Flat Package)、PDIP/DIP(Plastic Double In line Package)、PGA(Ceramic Pin Grid Array)等，多以其缩写来描述，但要注意各公司稍有差别，如 PLCC，Altera 公司用 LC 描述，Xilinx 公司用 PC 描述，Lattice 公司用 J 来描述。

(5) 参数说明。如 Altera 公司的 EPM7128SLC84 中的 LC84-15，84 代表有 84 个引脚，15 代表速度等级为 15 ns (注意该等级的含义各公司有所不同)。也有的产品直接用系统频率来表示速度，如 ispLSI1016-60，60 代表最大频率 60 MHz。

(6) 改进型描述。一般产品设计都在后续进行改进设计，改进设计型号一般在原型号后用字母表示，如 A、B、C 等按先后顺序编号，有些不按 A、B、C 先后顺序编号，则有特定的含义，如 D 表示低成本型(Down)，E 表示增强型(Enhanced)，L 表示低功耗型(Low)，H 表示高引脚型(High)，X 表示扩展型(eXtended)等。

(7) 适用的环境等级描述。一般在型号最后以字母描述，C(Commercial)表示商用级(0℃～85℃)，I(Industrial)表示工业级(-40℃～100℃)，M(Material)表示军工级(-55℃～125℃)。

(8) 附加后缀。如 ES: Engineering Sample，工程样品；N: Lead-free devices，无铅器件。

3. 几种典型产品型号举例

1) Lattice 公司 CPLD 和 FPGA 系列器件

Lattice 公司的 CPLD 产品以其发明的 isp 开头，系列有 ispLSI、ispMACH、ispPAC 及新开发的 ispXPGA、ispXPLD 等。其中，ispPAC 为模拟可编程器件，除 ispLSI、ispMACH4A 系列外，型号编排时 CPLD 产品以 LC 开头；FPGA 产品以 LF 开头(MachXO 系列除外)；SC 系列产品以 LFSC 开头；EC 系列产品以 EC 开头。具体举例如下：

ispLSI1032E-125 LJ：ispLSI1000E 系列 CPLD，通用逻辑块 GLB 数为 32 个(相当于逻辑宏单元数 128)，工作频率最大为 125 MHz，PLCC84 封装，低电压型商用产品。

LFEC20E-4F484C：EC 系列 FPGA，20 k 个查找表，1.2 V 供电电压，速度等级为 4 级，fpBGA484 封装，适用温度范围为商用级(0℃~85℃)。

LFE2-50E-7F672C：ECP2 系列 FPGA，50 k 个查找表，1.2 V 供电电压，速度等级为 7 级，fpBGA672 封装，适用温度范围为商用级(0℃~85℃)。

2) Altera 公司的 FPGA 和 CPLD 系列器件

Altera 公司的产品一般以 EP 开头，代表可重复编程。

(1) Altera 公司的 MAX 系列 CPLD 产品和 MAX Ⅱ 系列 FPGA 产品的系列代码为 EPM。具体举例如下：

EPM7128SLC84-15：MAX7000S 系列 CPLD，逻辑宏单元数为 128 个，采用 PLCC 封装，84 个引脚，引脚间延时为 15 ns。

EPM240GT100C3ES：MAX Ⅱ 系列 FPGA 产品，逻辑单元数为 240 个，TQFP 封装，100 个引脚，速度等级为 3 级，适用温度范围为商用级(0℃~85℃)，ES 表示是工程样品(Engineering Sample)。

(2) Altera 公司的 FPGA 产品系列代码为 EP 或 EPF。具体举例如下：

EP3C25F324C7N：CYCLONE Ⅲ 系列 FPGA，逻辑单元数为 25 k 个，FBGA 封装，324 个引脚，速度等级为 7 级，适用温度范围为商用级(0℃~85℃)，无铅。

EP4SGX230KF40C2ES：Stratix Ⅳ GX 系列 FPGA，逻辑单元数为 230 k 个，带 36 个收发器，FBGA 封装，1517 个引脚，速度等级为 2 级，适用温度范围为商用级(0℃~85℃)，工程样品。

EP1AGX20CF484C6N：Arria GX 系列 FPGA，逻辑单元数为 20 k 个，带 4 个收发器，FBGA 封装，484 个引脚，速度等级为 6 级，适用温度范围为商用级(0℃~85℃)，无铅。

(3) Altera 公司的 FPGA 配置器件系列代码为 EPC。具体举例如下：：

EPC1：1 型 FPGA 配置器件。

3) Xilinx 公司的 CPLD 和 FPGA 系列器件

Xilinx 公司的产品一般以 XC 开头，代表 Xilinx 公司的产品。具体举例如下：

XC95108-7 PQ 160C：XC9500 系列 CPLD，逻辑宏单元数为 108 个，引脚间延时为 7 ns，采用 PQFP 封装，160 个引脚，商用。

XCS10：Spartan 系列 FPGA，典型逻辑规模是 10 k 个。

XCS30：Spartan 系列 FPGA，典型逻辑规模是 XCS10 的 3 倍。

XC3S50A-4FT256C：Spartan 3A 系列 FPGA，典型逻辑规模是 XCS10 的 5 倍，速度等级为 4 级，采用 FTBGA256 脚封装，适用温度范围为商用级(0℃~85℃)。

XC6VLX240T-1FFG1156C：Virtex-6 LX 系列 FPGA，典型逻辑规模是 240 k 个，速度

等级为 1 级，采用 1156 脚封装，适用温度范围为商用级(0℃～85℃)。

2.2　FPGA 主流设计技术及发展趋势

2.2.1　FPGA 主流设计技术

1．可编程技术

可编程技术是 FPGA 的核心，采用不同类型的存储器实现可编程功能对 FPGA 器件的结构和性能有着巨大的影响。SRAM 使用标准 CMOS 工艺设计加工，在 FPGA 中应用最为广泛；Flash/E^2PROM 可编程技术和反熔丝结构具有其独特的优点。下面将分别介绍这 3 种可编程技术，分析其优劣势。

(1) SRAM 编程技术。最基本的 5 管 SRAM 单元结构如图 2.1 所示，通过传输管控制存储信息的读写。当传输管导通时，SRAM 单元内存储的信息可由数据端读取或改写；当传输管截止时，存储的信息被首尾相连的两个反相器锁定，由 Q 和 Q' 端输出。理论上，SARM 单元可被配置无数次。

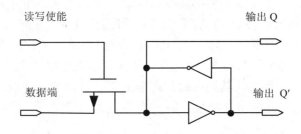

图 2.1　5 管 SRAM 单元结构图

FPGA 中的 SRAM 单元主要实现以下功能：作为多路开关、交叉开关、互连通道等可编程结构的控制端，对信号的传输路径进行编程；对片内相对独立的逻辑功能模块(如可编程触发器、用户可编程 I/O)进行配置；作为查找表(LookUp-Table，LUT)的存储单元，用来实现 FPGA 的逻辑功能；使用 SRAM 存储阵列作为嵌入式存储器，实现复杂的数字信号处理和存储功能。

基于 SRAM 单元的可编程技术存在一系列需要解决的问题：① 断电后，SRAM 存储的信息将全部丢失，所以通常使用外部非易失性存储器来存储相关配置信息，如 Flash 或 E^2PROM 等；② 上电复位后，配置信息需从外部存储器写入器件，配置信息有可能被截取；③ SRAM 单元用来控制传输管的导通或截止，对 FPGA 内的信号传输路径进行编程，传输管并不是一种理想开关元件，对信号传输会带来相当大的阻性和容性负载，降低信号完整性。

(2) Flash/E^2PROM 编程技术。Flash 和 E^2PROM 存储结构都具有非易失性的特点，即使关闭电源，内部的存储信息也不会丢失。Flash 存储单元取消了 E^2PROM 隧道型存储单元的选择管，结构更简单有效，可通过一个信号一次性擦除一个区域的存储信息，集成密度更高。基于 Flash 存储结构的可编程开关电路如图 2.2(a)所示，配置晶体管和开关晶体管的浮栅连接在一起，通过控制配置晶体管的栅极和源/漏极之间的电压，向其浮栅注入电荷，就可改变开关晶体管的导通或截止状态。基于浮栅结构的开关晶体管截面图如图 2.2(b)所示。

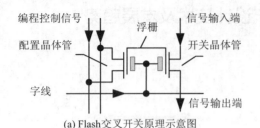

(a) Flash交叉开关原理示意图

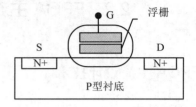

(b) 基于浮栅结构的开关晶体管截面图

图 2.2　Flash 和 E^2PROM 存储结构图

与 SRAM 相比，Flash 结合了非易失性和可重复编程的特点，上电后无需配置时间。用 Flash 结构替代 FPGA 中的 5 管或 6 管 SRAM 存储单元，可大大减少晶体管数量，降低静态功耗，整个器件的静态电流可低至微安量级，而基于 SRAM 存储结构的主流商用 FPGA 产品，静态电流普遍在毫安量级。

基于 Flash 结构的 FPGA 具有其自身局限性：① Flash 存储单元擦写寿命是有限的，如 Actel 公司的 PorASIC3 系列产品，只能编程 500 次左右，这个次数对于大多数 FPGA 开发应用来说是远远不够的；② Flash 结构需要特殊的半导体工艺，无法在第一时间应用最新工艺技术，器件规模和密度也远低于基于 SARM 可编程技术的 FPGA，目前基于 Flash 结构的最大规模的商用 FPGA 器件，只有约 300 万系统门容量，而最新基于 SRAM 存储单元的产品，容量可达数千万系统门；③ 同样具有传输管带来的信号完整性问题。

(3) 反熔丝编程技术。反熔丝结构在编程之前通常是开路的，通过编程，使反熔丝结构局部的小区域内具有相当高的电流密度，瞬间产生巨大的热功耗，将薄绝缘层介质融化形成永久性通路。

反熔丝结构有两种，一种是多晶—扩散反熔丝，具有氧—氮—氧(Oxide-Nitride-Oxide，ONO)的介质夹层，简称 ONO 反熔丝，结构如图 2.3(a)所示；另一种是金属-金属(Metal-to-Metal，M2M)反熔丝，简称 M2M 反熔丝，结构如图 2.3(b)所示。二者相比，M2M 技术采用无源结构，具有更低编程电压和更小的电阻(20～100 Ω)，是目前主流反熔丝工艺。

采用反熔丝结构的 FPGA 具有非易失性，版图面积小，信号传输路径具有较小寄生电阻和电容，可上电后直接使用，信息安全性高等优点。由于不能重复编程，就没有系统级相关配置电路，相对于其他两种编程方式，开发成本更低。

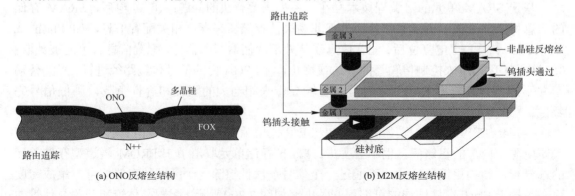

(a) ONO反熔丝结构　　　　　　　　　　(b) M2M反熔丝结构

图 2.3　反熔丝结构图

反熔丝技术的局限性非常明显：① 无法重复编程，不适用于新产品开发；② 一次性编程不利于器件可靠性检测，编程后器件良率低于另外两种技术；③ 在不同工艺下，反熔丝材料的电性能具有相当大的差异，在最新工艺节点下实现反熔丝结构非常困难。采用反熔丝结构的 FPGA 在工艺上往往要落后于最新的工艺节点，规模和密度也低于采用 SRAM 可编程技术的 FPGA，目前最大规模的商用反熔丝 FPGA 产品也只有约 400 万系统门容量。

2. 逻辑模块结构

FPGA 中逻辑模块的主要功能是为数字系统提供最基本的逻辑运算操作和数据存储功能，研究者们曾经提出过多种结构：基于传输管、与非门、多路开关(MUX)、查找表和多输入门阵列等。综合考虑功能、版图面积、速度和功耗等因素，目前 FPGA 中普遍采用的是基于 LUT 结构和基于 MUX 结构的逻辑模块。基于 LUT 结构的逻辑模块主要应用于 SRAM 存储结构的 FPGA，基于 MUX 结构的逻辑模块主要应用于反熔丝和 Flash 存储结构的 FPGA。

LUT 可被认为是一个具有 1 位输出端的存储器阵列，存储器的地址线就是 LUT 的输入信号线，一个具有 K 输入的 LUT 就对应 2^K bit 的存储器。在 FPGA 中，LUT 通常由 SRAM 实现，用户将逻辑功能的真值表通过编程的方式写入 LUT 中，可实现任意 K 输入的组合逻辑。

FPGA 中的基本逻辑单元(BLE)由多输入的 LUT 组成，用以实现用户的逻辑功能。一个可行的提高 FPGA 逻辑密度的方法是将多个 BLE 组成一列，构成逻辑模块，如图 2.4 所示。在一个逻辑模块中共具有 N 个 BLE，所有的 LUT 的输入端连接到局部互连总线，整个逻辑模块通过局部互连总线与其他逻辑模块传输信号 。

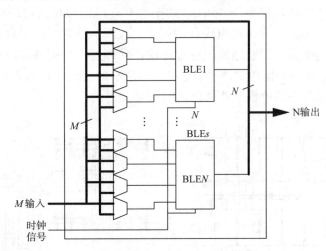

图 2.4　逻辑模块构成示意图

LUT 输入端数量与 BLE 延时、版图面积结构设计复杂度等因素相互影响，相互制约，在 FPGA 结构设计过程中应综合考虑。研究者们对 LUT 输入端的数量和 FPGA 功能、性能之间的相互影响以及对 FPGA 逻辑结构的优化进行了大量的探索和试验，其中，Ahmed 给出了同一个电路在采用不同规模 LUT 的 FPGA 下经综合、映射、布局布线后，延时特性和版图面积的比较——增大 LUT 输入端的数量将使得同一个逻辑电路中关键路径上使用的 BLE 数量减少，能够更容易实现复杂逻辑功能，但 BLE 的延时却呈增大的趋势；同时具有

K 个输入的 LUT 对应 2^K 个存储单元，意味着随着 LUT 输入端数量的增长，使得单个 BLE 的版图面积将呈现指数增长(Cluster 呈平方增长)。此外，LUT 输入信号的互连线复杂度也随 LUT 的规模相应增长。

基于 MUX 结构的逻辑模块通过对一个 2 输入 MUX 的输入端和信号选择端进行控制，可实现多种逻辑功能。一般来说，基于 MUX 结构逻辑模块的 FPGA 产品具有细颗粒度的特点，由于其布线的灵活性，其资源利用率相当高，但器件的规模和密度要远远小于基于 LUT 结构的 FPGA。

3. 互连结构

互连结构为 FPGA 中逻辑模块之间、逻辑模块与 I/O 模块之间提供可编程的信号通路。在 FPGA 的发展历史上，出现过多种互连结构：通道型互连结构(Channel-Style Routing Architecture)、层次化互连结构(Hierarchical Routing Architecture)和孤岛型互连结构(Island-Style Routing Architecture)。

通道型互连结构如图 2.5 所示：水平通道在横轴方向上穿越整个芯片，提供水平信号通路；垂直通道在纵轴方向上为逻辑模块的输入和输出信号提供通路，或为处于不同层的水平通道之间提供信号通路；水平和垂直通道间通过交叉开关进行信号传递。

这种互连结构在通道交叉点处需要大量交叉开关进行信号路由，早期半导体技术条件下，只有反熔丝结构的开关能够满足这种密度要求，故 Actel 公司推出的大部分基于反熔丝技术的 FPGA，如 ACT 系列、SX 系列、MX 系列等，都采用了这种通道型互连结构。用户根据设计需要，通过编程，将需要连接的通路上的反熔丝开关导通，不需要的信号通路则保持关断状态。

层次化的互连结构就是将整个 FPGA 的全局互连结构按层次进行划分。如图 2.6 所示，只有最底层的互连线段与逻辑模块直接相连，版图上位置靠近的底层互连线段组成局部数据通道，并通过更高层的互连线段进行连接，而顶层的数据通道具有最大宽度和数据吞吐能力，作为最主要的数据传输路径。这样，各层次的互连结构具有可预测的延时特性，理想状态下同一个层次中的每根互连线段延时都是一样的。

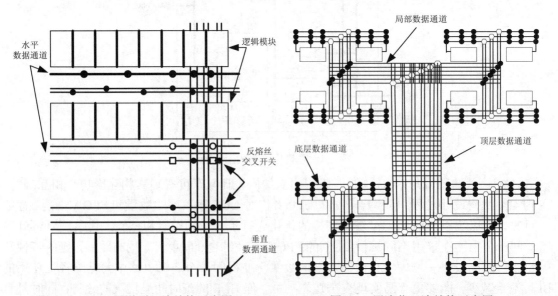

图 2.5 FPGA 通道型互连结构示意图   图 2.6 层次化互连结构示意图

凭借在商用 CPLD 器件领域取得的巨大成功，Altera 公司将 CPLD 中层次化的互连结构引入其早期的商用 FPGA 产品中，如 Flex 10K 系列、Apex 和 Apex II 系列等。

　　这种层次化互连结构具有很大的局限性：每根互连线段的延时在理论上都是相等的，用户无法通过改变信号路由调整时序电路中关键路径的延时。由于存在工艺偏差，实际每根线段的阻容参数总会存在差异，也就引起数据通道间延时的相对差别，使大规模时序逻辑电路的设计变得非常困难和复杂。当用户的设计使用了多个逻辑模块时，这些逻辑模块处于不同的局部数据通道之内，数据必须经过多个层次的互连线段才能进行传递，加大了整个设计的延时。基于上述原因，商业 FPGA 逐渐放弃了层次化互连结构，而大多采用孤岛型互连结构。

　　孤岛型互连结构是目前 FPGA 中使用最为广泛的，其结构示意图如图 2.7 所示。这种结构大多具有以下特点：多个完全相同的逻辑模块组成一个阵列，用以实现逻辑功能；每个逻辑模块在上下左右 4 边都具有输入/输出端口,通过连接模块与数据通道进行信号传递；数据通道具有不同长度的互连线段，并且交错排布，经过多个逻辑模块，每个逻辑模块都可连接到不同互连线段的起点和终点；数据通道之间通过交叉开关进行信号传递。

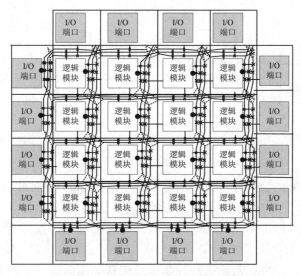

图 2.7　孤岛型互连结构示意图

　　可编程逻辑器件在实现一个具体的用户电路时，无论连线交叉开关处的缓冲器是单向的，还是双向的，信号最终都只是往一个固定的方向传输。也就是说，任意一条互连线段上的信号流向都是确定的。从统计角度来说，要实现的用户电路越大，一个数据通道内往正、反两个方向传输信号的互连线段数目越接近。有鉴于此，研究者们提出可将数据通道内互连线段等分为两部分，每部分互连线段具有相同且固定的信号传输方向，两部分互连线段之间的信号传输方向则正好相反。如此设计不会降低数据通道内可传输信号的数量，还可在交叉开关处用单向缓冲器替代双向缓冲器，使实现数据通道互连的交叉开关模块所需要的晶体管数目与采用双向缓冲器实现方式相比减少一半，具有较好的面积特性。

　　由于孤岛型互连结构中的数据通道采用了具有不同长度的互连线段，使 FPGA 在信号延时、布通率、布线灵活程度和布线资源的利用率上较采用固定长度的互连结构都有很大提高。短线段用来满足相邻逻辑模块之间较小延时的传输要求，长线段则用来在距离较远的逻辑模块之间传递信号。

数据通道的互连线段采用何种长度的组合才是最优设计，一些研究证明，采用大量中等长度的互连线段，通常为 4~6 个逻辑模块长度，可有效提高电路的速度和布通率，如图 2.8 所示。这一研究成果被随后推出的 Stratix 系列 FPGA 的结构所验证——在其数据通道中，包含了大量长度为 4 和长度为 8 的互连线段。

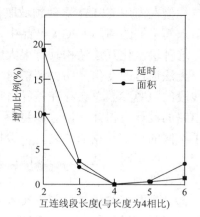

图 2.8 互连线段长度与面积和延时特性的关系

在过去若干年中出现了多种不同的交叉开关设计，其中最典型的如图 2.9 所示。不相交(disjoint)型早期被广泛采用。由图 2.9(a)可看出，信号经过不相交型交叉开关后，输入和输出的互连线段编号没有改变，即不相交型交叉开关无法在不同编号的互连线段之间进行信号传递，降低了布线的灵活性。

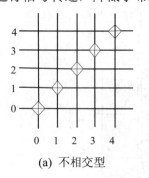

(a) 不相交型

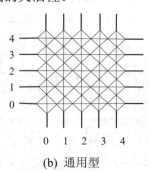

(b) 通用型

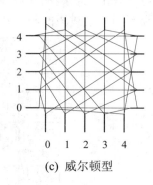

(c) 威尔顿型

图 2.9 不同的交叉开关结构

如图 2.9(b)和(c)所示，通用(universal)型和威尔顿(Wilton)型对此进行了改进，对固定长度的数据通道来说，这两种结构与不相交型相比，使用了相同晶体管数，却提供了不同编号的互连线段之间的信号传递，大大提高了布线的灵活程度。设计者们还提出了伊姆兰(Imran) 和变化(shifty)型交叉开关：交叉开关被要求在互连线段的起始点、中间点、结束点都要提供信号的跳转。试验表明，这两种交叉开关在版图面积和延时特性上与前面所述的结构类似，却提供了更大的布线灵活性。

2.2.2 FPGA 前沿设计技术与未来发展趋势

半导体产品的集成度和成本迄今一直按照摩尔定律(Moore's Law) 所预见的规律变化，作为半导体器件的重要一部分——可编程逻辑器件也不例外，每一次工艺升级带来的优势，都会在 FPGA 产品的功耗、频率、密度及成本方面得到体现。

下面简要阐述目前深亚微米工艺下集成电路设计领域内传统设计方法面临的困境和挑战，并从研究和开发 FPGA 的角度分析 FPGA 前沿设计技术的演变，讨论未来可能对 FPGA 设计产生重大影响的新技术，同时对未来发展趋势进行大胆预测。

1. 深亚微米工艺下半导体设计所面临的挑战

在深亚微米制造工艺下，晶体管的特征尺寸从 130 nm、90 nm、65 nm、45 nm 发展到更新的 32 nm 及 22 nm 等，FPGA 器件的密度和速度不断攀升，片上集成功能更加复杂，静态功耗也在不断增加，传输线延时已大大超过单元电路的门延时，这些因素对传统半导体设计技术带来了巨大的挑战。

(1) 器件的良率。FPGA 密度和速度的不断提高，纳米级的加工而带来的生产良率的问题变得不容忽视。半导体制造工艺造成的影响来自多种原因，包括光刻效应、化学机械抛光(CMP)导致的金属层厚度变化、掺杂波动、逻辑门尺寸和氧化层厚度的变化等。为了解决工艺所导致的性能偏离问题，必须在设计中引入新的方法和流程，以减小这种不稳定性对器件生产良率的影响。

(2) 功耗。半导体器件中的功耗包含两种：静态功耗和动态功耗。静态功耗是指由器件中所有晶体管的漏电流引起的功耗，包括从源极到漏极之间漏往衬底的电流、栅极直接漏至衬底的电流，以及任何其他恒定功耗之和。FPGA 的漏电流很大程度上取决于供电电压、结温、晶体管尺寸和自身可编程的冗余结构，静态功耗问题随着工艺节点的进步变得越来越严峻。

动态功耗是由器件内部容性负载充放电所产生的，其主要影响因素是充电电容、供电电压和时钟频率等。随着工艺节点的进步，由于 FPGA 的密度和容量在不断扩大，时钟频率不断提高，整个器件的动态功耗仍是需要考虑的重要问题。

(3) 互连线延时。由于在纳米级工艺下，逻辑设计必须结合物理特性才能精确给出时延、功耗、可布性、面积等，使得设计中前后端延时的偏差越来越大，互连线变成时延主要因素。同时，互连线的最小宽度和间距不断减小，使生产后的器件性能波动范围也越来越大，成为限制芯片性能的瓶颈。

在这种超大规模的系统级芯片中实现高速信号的传输以满足时序要求、实现一个低抖动和偏差的时钟树结构，成为目前 FPGA 设计所需考虑的首要问题。

(4) 信号完整性。高速信号带来的电磁兼容(EMI)问题也越来越突出：随着金属线宽和间距的不断减小，互连线之间的串扰现象更加严重，交叉耦合电容、耦合电感、IR 压降、信号反射等现象带来的影响都可能是致命的。信号完整性问题对 EDA 工具提出了更多的挑战，对于芯片设计者、IP 厂商、半导体加工厂等也提出了更为严格的要求。

(5) 可测性设计。测试在集成电路设计中所占的比重越来越大，FPGA 本身复杂的通道结构特点决定了其测试的复杂度。此外，主流商用 FPGA 器件中大量复用 IP 模块，而这些预先设计好的 IP 模块会影响片上系统的测试，所以要求设计者在设计前期从整体上考虑验证和测试技术的实施，并寻找能使用较少测试矢量覆盖更多芯片故障的方法。

2. 基于传统设计技术的 FPGA 发展趋势

在深亚微米半导体工艺下，传统的设计技术面临困难和挑战，但 FPGA 在过去几年内仍保持高速的发展——基于传统设计技术的 FPGA 的主流发展方向呈现出高密度、高性能、低功耗的特点，片上资源的集成度得到进一步提高，向 SOPC(可编程片上系统)方向发展，FPGA 器件也从最早的通用型半导体器件向平台化的系统级器件发展。

1) FPGA 器件向高密度、高性能方向发展

自 FPGA 问世以来，半导体制造工艺的发展和市场的多样化需求不断推动 FPGA 设计技术的创新，目前最先进的半导体技术往往都会在第一时间内应用于 FPGA 产品中：Altera 公司于 2008 年 12 月发布业界第一款 40 nm FPGA 芯片 Stratix IV GX，Xilinx 公司于 2009 年 2 月 6 日发布了 40 nm 的 Virtex-6 系列和 45 nm 的 Spartan-6 系列。FPGA 由最初的 64

个逻辑单元和 58 个可编程 I/O 的规模，发展到现有的 758784 个逻辑单元，1200 个可编程 I/O 的规模。

同时，FPGA 中 LUT 表的规模也呈现出不断增大的趋势。Xilinx 公司早期推出的 XC3000 系列，采用一个 5 输入的 LUT 结构，用户可实现一个 5 输入的组合逻辑功能，也可通过共用输入端的方式来实现两个 4 输入逻辑组合功能。这个看起来稍显复杂的结构，以当时 EDA 工具的水平，很难对复杂的数字电路实现高效率的综合和布局。

在后来很长一段时间内，各大 FPGA 公司推出的产品都采用了 4 输入 LUT 的结构(如 Xilinx 公司的 XC4000 系列、Virtex 至 Virtex IV 系列，Altera 公司的 Flex、Apex、Cyclone I 和 Stratix I 系列等)，这个选择可看作是性能和面积的折衷。基于 SRAM 存储单元的 FPGA 产品，逐渐采用了逻辑模块阵列和局部互连总线的架构，整体规模也由最初的细颗粒度向粗颗粒度转变。

在最新的 FPGA 产品中，又重新出现了多输入 LUT 结构的基本逻辑单元，这与半导体工艺的进步和 EDA 软件的发展密不可分。Xilinx 公司的 Virtex-5 系列和 Virtex-6 系列 FPGA 产品，都采用了基于 6 输入 LUT 结构的逻辑单元。Altera 公司则从 Stratix II 系列产品开始就采用更为灵活的 8 输入 ALM 结构(Adaptive Logic Module)。

两大公司所采用的 LUT 结构还引发了一系列争论：Altera 公司在资料中宣称，ALM 结构与 Xilinx 公司 Virtex-5 系列器件采用的固定 6 输入 LUT 结构相比更具优势，每个 ALM 的性能平均为固定 6 输入 LUT 结构的 1.8 倍；Xilinx 公司承认 6 输入 LUT 结构的性能处于劣势，但认为 ALM 结构的性能仅相当于固定 6 输入 LUT 结构的 1.2 倍，同时认为 ALM 结构的版图面积较大，Virtex-5 器件的整体逻辑容量仍大于具有可比型号的 Stratix III 器件。但无论争论的结果如何，采用多输入的 LUT 结构作为基本逻辑单元，已经成为 FPGA 发展的主流趋势。

2) 片上集成资源不断丰富

随着半导体技术的进步，各大厂商在不断地扩充 FPGA 片上集成资源，包括嵌入式处理器、可编程存储器、高速收发器、嵌入式逻辑分析仪、复杂数字信号处理模块等，这些片上集成资源都经过 FPGA 设计厂商的验证和优化，可确保其功能和性能。

目前主流 FPGA 可通过配置在片内实现软核处理器，或直接在 FPGA 中集成硬核处理器。集成软核还是硬核取决于对系统的性能、功能、应用和可重构性的平衡考虑。硬核处理器一般作为独立的专用模块集成于 FPGA 中，与软核相比具有更高的性能，但在可重构性和灵活性上有所不足。

在 FPGA 中实现软核处理器具有较大的优势，其灵活的总线结构、可扩展性、并行处理能力等都是硬核处理器无法比拟的，用户可根据具体设计的需要灵活配置软核处理器，选择外围 IP 模块，还可以通过编程使用多个处理器实现并行运算。

研究者们对嵌入式软核处理器进行了一系列的优化：通过 HW/SW 分割(Partioning)技术提高软核处理器的性能；利用 FPGA 器件提供的低功耗技术降低软核处理器的动态功耗；还有一些研究者提出了自行定制设计的嵌入式软核处理器。

在 FPGA 中嵌入可编程的低功耗、高速收发器成为目前主流 FPGA 的发展趋势，具有嵌入式高速收发器的 FPGA 为数据传输提供了可行的单芯片解决方案，克服了多芯片解决方案中出现的互操作、布线和功率问题，用户能够快速地解决协议和速率的变化问题，以及为了提高性能和为产品增加新功能时所做的设计修改所需的重新编程问题。

高速收发器在 FPGA 中作为独立的专用电路模块存在，由多个混合信号模块组成，包括锁相环(PLL)、CDR、预加重、均衡器、速率匹配器、字对准器、8B/10B 编码器/解码器、模式检测器和状态机等模块。将高速收发器嵌入 FPGA 中，相当于把接口问题从板级电路设计者转移给了 FPGA 设计者，对 FPGA 芯片的版图布局、信号完整性、电路设计和功耗等方面都带来了巨大的挑战。高速收发器具有严格的抖动产生和容差规范，必须与 FPGA 中其他数字电路部分隔开来以避免其噪声耦合到敏感的 PLL 和 CDR 等电路，通常需要设计者对版图上的高速信号传输路径进行手工布线，以保证高速信号的完整性。

随着 FPGA 器件的规模和复杂程度的不断增加，其设计和调试工作日益复杂。在传统的设计中，一般采用接入外部逻辑分析仪的方式进行调试。使用外部的逻辑分析仪进行调试具有极大的局限性：在复杂系统设计中，一般可用测试的 I/O 很少或很难引出；外接的逻辑分析仪由于探针引入的负载，很可能对高速系统设计的信号带来影响。为了解决上述问题，设计者们提出利用 FPGA 的资源实现嵌入式逻辑分析仪对系统进行调试。

嵌入式逻辑分析仪通常在 FPGA 中以软核的形式实现，其构成如图 2.10 所示。其中 ELA(Embedded Logic Analyzer)模块的采样时钟和触发逻辑均可根据实际需要进行编程设定。在嵌入式逻辑分析器工作时，待测信号在时钟的上升沿被 ELA 实时捕获，经 FPGA 嵌入式存储器缓冲后，通过 JTAG 端口传送至 EDA 软件中显示。

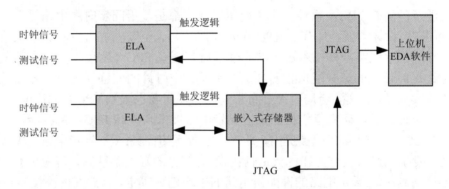

图 2.10　嵌入式逻辑分析仪原理图

相对于传统逻辑分析仪，嵌入式逻辑分析仪具有极大的优势：无需进行任何的外部探测或修改便可获取设计中任意的内部节点或 I/O 引脚的状态，在整个设计过程中以零成本和系统级的速度实时捕获和显示 FPGA 中的信号，对系统进行观测和调试。

3) 低功耗成为 FPGA 的设计目标

制造工艺的发展使 FPGA 静态的漏电流不断增大，这个问题从 90 nm 开始尤其显著。为降低静态功耗，设计者们在 FPGA 中对速度不关键的晶体管，通过提高阈值、增大栅氧层厚度，增大沟道长度的方式，减小其漏电流。相反，对于关键时序路径上的晶体管，则降低其阈值，减小栅氧层厚度，减小沟道长度，以提高晶体管的传输速度，满足时序要求。

电路设计者们也提出多种解决方案：采用冗余的 SRAM 位控制多输入 MUX，将不使用的 MUX 信号通路关闭，降低动态功耗；对晶体管采用不同的体偏置，改善亚阈值翻转漏电流现象，降低静态功耗；在速度不关键的路径，采用晶体管堆叠的电路结构，降低静态功耗等。

在 FPGA 设计的综合和布局布线过程中,主流 EDA 软件可通过多种手段对电路进行优化,以降低动态功耗:合理规划逻辑模块布局,选择合适的逻辑输入,降低逻辑模块总面积和连线要求,降低布线的动态功耗;修改布局,降低时钟功耗;对时序不重要的数据信号进行布线时,可降低其速率以减小动态功耗。

目前主流 FPGA 产品还普遍提供了功耗分析工具(如 Altera 公司的 PowerPlay,Xilinx 公司的 Xilinx Power Estimator,Actel 公司的 SmartPower 等),可根据器件类型、封装类型、工作条件以及器件的使用情况来进行早期的功耗估算。这种软件工具一般是基于表格结构的,其中具有精确的功能元件模型,能够根据实际设计的逻辑配置信息,布局布线信息以及仿真波形对器件的静态和动态功耗进行估算。

从应用角度看,无需将 FPGA 中所有的逻辑门都置于高性能、高动态功耗的状态,基于这一考虑,Altera 公司提出了可编程功耗技术:EDA 工具能够根据设计的需求,在不改变设计流程的情况下,自动调整晶体管的偏置电压,将少量的关键时序逻辑模块设置成高性能模式,满足设计中的时序约束;将时序不重要的电路设置为低功耗模式,减小器件的漏电流;对不使用的资源,则关闭其电源,进一步减小静态功耗。

3. 未来 FPGA 设计技术的关注热点

1) 基于异步电路的 FPGA

前文涉及的所有 FPGA 设计技术和商用器件,都是基于同步时序电路原理。同步时序电路概念简单,设计方便,具有主流的 EDA 工具支持,至今一直占据着数字集成电路设计领域的主导地位。在半导体技术进入深亚微米后,随着 FPGA 密度增大、电路复杂度的提高,互连线延时带来的影响越来越明显,同步设计中时钟的偏移问题变得难以处理,时序收敛成为首要问题。此外,全局时钟分布带来的功耗问题也限制 FPGA 的速度进一步提高。

为解决上述问题,研究者们提出采用异步电路技术来提高 FPGA 的性能。异步电路的概念最早在 20 世纪 50 年代就被提出,具有非常显著的优势:① 异步电路的模块化特性突出,在设计复杂电路时具有内在的灵活性;② 对信号的延迟不敏感,可避免同步电路带来的时钟偏移问题;③ 异步电路的性能由电路的平均延迟决定,有潜在的高性能特性;④ 异步电路主要由数据驱动,具有低功耗的特性;⑤ 异步电路的辐射频谱含能量少且分散性好,有电磁兼容性好的优点。

由于结构复杂,缺乏自动化设计工具等问题,异步电路设计技术一直没有像同步时序电路那样得到迅速发展,但随着传统 FPGA 设计方法面临困难,人们又开始探索异步电路技术在 FPGA 中的应用。然而设计基于异步电路的 FPGA 芯片,需解决其设计方法和设计流程、EDA 工具、可测性理论、性能评估及仿真验证等一系列关键技术。

Hauck 基于同步 FPGA 结构的基础,最早提出了异步 FPGA 设计的概念,但直到 2008 年,FPGA 领域的初创公司 Achronix 才推出了号称业内第一款基于异步电路设计技术的商用 FPGA 产品。实际上 Achronix 公司的 FPGA 基本体系结构与传统 FPGA 类似:都基于 SRAM 存储结构,采用孤岛型互连结构,采用 LUT 作为最基本的逻辑单元,所以并不能说这款 FPGA 器件是完全基于异步电路设计技术的 FPGA。这款器件与传统 FPGA 不同的是,其数据通道放弃了传统的并行结构,而增加额外的电路模块,采用基于握手协议的串行收发器结构,在通道上实现握手协议和流水线结构来高效地控制数据流,提高了数据的传输速率,降低了信号传输的绝对延时。

2) 基于 3-D 集成技术的 FPGA

随着 FPGA 规模的增大，互连线长度和寄生效应逐渐成为限制 FPGA 性能的瓶颈。为解决这一问题，有设计者提出使用 3-D 集成技术可以有效减小 FPGA 中 20%～40%的互连线长度，简化互连资源的结构，减小 FPGA 芯片的面积，改善器件性能。

传统的 2-D 芯片设计技术中，所有有源器件都处于同一个平面上，器件与器件之间通过不同层的金属互连线进行连接，而 3-D 集成技术通过堆叠的方式，使有源器件可以处于不同高度的平面内，通过垂直方向上的金属互连线进行连接。

在实现 3-D 集成技术的方案中，wafer bonding 被认为是最有前途的技术：将两块或多块加工完成的芯片通过 face-to-face(f2f)或 face-to-back(f2b)的方式键合到一起，通过内层金属通孔(Inter-layer VIA)进行垂直方向上的互连。在 f2f 方式中，如图 2.11(a)所示，一块芯片倒置，与另一块芯片进行键合，由于内层金属通孔不能通过衬底，故这种方式仅能将两块芯片进行键合。而在 f2b 方式中，如图 2.11(b)所示，所有芯片保持一致的方向，内层金属通孔可以通过衬底，对多块芯片进行互连。

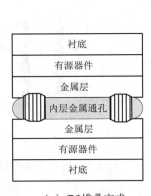

（a）f2f 堆叠方式　　　　（b）f2b 堆叠方式

图 2.11　wafer bonding 的两种堆叠方式

3-D FPGA 的交叉开关模块简单的原理如图 2.12 所示，3-D 交叉开关与普通 2-D 交叉开关不同，在 6 个方向上与附近的逻辑模块互连，而不是 2-D FPGA 的 4 个方向。关于 3-D 交叉开关的具体结构，可参考有关文献。

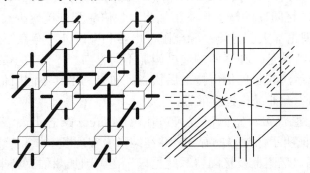

图 2.12　3-D FPGA 交叉开关示意图

尽管 3-D FPGA 技术与传统 2-D 结构 FPGA 相比在面积、性能和功耗等方面具有优势，但堆叠的 3-D 结构增大了单位面积上的功耗，不利于散热，使器件的结温更高。克服的方法包括尝试通过改变封装形式，加入分布式温度传感器对结温进行监控，改善芯片布局等。

　　3) 基于新型半导体结构的 FPGA

　　(1) 碳纳米管交叉开关结构。为解决 FPGA 功耗增大的问题，一些研究人员探讨将碳纳米管(CNT)的微机械结构用于 FPGA 中的交叉开关矩阵：图 2.13 是由 3 个 CNT 构成的纳米继电器结构。通过对 CNT1 和 CNT2 施加电压，使两个 CNT 互相吸附，当除去外接电压后，由于范德华力的存在，互相吸附的 CNT 仍然保持接触；此时，若对 CNT1 和 CNT3 施加电压，中间的 CNT1 会与 CNT2 脱离，与 CNT3 接触。

　　上述碳纳米继电器的工作原理可用于 FPGA 的交叉开关和多路开关设计，仿真结果表明，这种基于微机械结构的 FPGA，其平均功耗与传统设计相比大约低 30%左右。

　　但是这种结构导致水平方向上的 CNT 加工难度变大，同时由于依靠碳纳米管的接触导电进行数据信号的传递，其电阻较大，势必影响高速信号的传输。由此，基于半导体 CVD 工艺，垂直方向的碳纳米继电器结构被提出，如图 2.14 所示。由一个 CNT 和两个接触点构成，通过施加电压使 CNT 与不同的接触点吸附实现可编程的目的。同样由于范德华力的存在，这种结构在除去外接电压后，碳纳米管与接触点依然保持吸附。

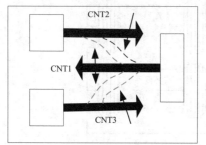
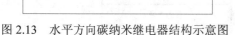
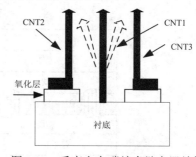

图 2.13　水平方向碳纳米继电器结构示意图　　　　图 2.14　垂直方向碳纳米继电器结构

　　这种结构便于加工，但其通路电阻仍然较大，约为 6.5 kΩ。针对这一问题，有文献提出了一种使用垂直碳纳米继电器结构作为 FPGA 交叉开关的方法。这种交叉开关结构与水平方向的碳纳米继电器的用途不同，垂直的碳纳米继电器被用来控制开关管的栅极，通过外界施加电压控制 CNT 吸附的方向，来控制开关管栅极的电平为 "1" 或 "0"，实现对信号通路的控制。由于不直接影响信号通路的电阻，因此能够实现高速信号的传输，同时保持了基于碳纳米管开关结构的 FPGA 较低静态功耗的特点。

　　(2) 忆阻器结构。忆阻器的概念最早由加州大学伯克利分校蔡少棠教授(Leon Chua)于 1971 年提出。他从理论上大胆预测：除电阻、电容和电感外，存在第 4 种基本无源器件——忆阻器，其基本特性是，在其两端通过施加不同方向、不同大小的电压能够改变其阻值，并且在切断电源后，其阻值仍保持最后状态。如果利用其不同阻值代表数字信号，忆阻器将是一种理想的无源非易失性存储器。

　　2008 年 3 月，惠普实验室的研究人员在《Nature》杂志上发表名为《The missing memristor》的论文，证明了忆阻器的存在，并在纳米级实现了二氧化钛薄膜结构的忆阻器。2008 年 11 月，首届 "忆阻器及忆阻器系统论坛" 在美国加州伯克利举行，惠普实验室在会议上展示了首个使用忆阻器作为存储单元的 3-D FPGA 芯片。研究人员通过在一块采用 CMOS 工艺加工的 FPGA 芯片表面堆叠交叉开关矩阵结构的忆阻器存储单元，作为 FPGA 的配置位，从而论证基于忆阻器存储单元的电路功能。

忆阻器的出现无疑具有划时代的意义。从理论上说，无源忆阻器一旦替代 SRAM 存储单元，能够有效降低 FPGA 中晶体管的数量和功耗，提高器件的密度，同时兼有可重构性和非易失性。但目前忆阻器的实现流程较为复杂，还处于实验室阶段，离大规模制造还有相当长的距离，预计在未来几年后，才可能会有忆阻器存储元件进入商业应用领域。

2.3　Lattice 公司的 CPLD 和 FPGA 器件

2.3.1　Lattice 公司的 CPLD 和 FPGA 概述

1. CLPD 器件概述

Lattice 公司始建于 1983 年，是最早推出 PLD 的公司之一，GAL 器件是其成功推出并得到广泛应用的 PLD 产品。20 世纪 80 年代末，Lattice 公司提出了 ISP(在系统可编程)的概念，并首次推出了 CPLD 器件，其后，将 ISP 与其拥有的先进的 EECMOS 技术相结合，推出了一系列具有 ISP 功能的 CPLD 器件，使 CPLD 器件的应用领域又有了巨大的扩展。所谓 ISP 技术，就是不用从系统上取下 PLD 芯片，就可进行编程的技术。ISP 技术大大缩短了新产品研制周期，降低了开发风险和成本，因而推出后得到了广泛的应用，几乎成了 CPLD 的标准。Lattice 公司的 CPLD 器件主要有 ispLSI 系列、ispMACH 系列、ispXPLD 系列，现在主流产品是 ispMACH 系列和 ispXPLD 系列。

1) ispLSI 系列 CPLD

ispLSI 系列是 Lattice 公司于 20 世纪 90 年代以来推出的，有 ispLSI1000、ispLSI2000、ispLSI3000、ispLSI4000、ispLSI5000 和 ispLSI8000 六个系列，分别适用于不同场合，前三个系列是基本型，后三个系列是 1996 年后推出的。ispLSI 系列集成度从 1000 门至 60000门，引脚到引脚之间(Pin To Pin)延时最小为 3 ns，工作速度可达 300 MHz，支持 ISP 和 JTAG边界扫描测试功能，原来广泛应用于通信设备、计算机、DSP 系统和仪器仪表中，但现在已逐渐退出历史舞台，被 ispMACH 系列和 ispXPLD 系列替代。

2) ispMACH 系列 CPLD

ispMACH 系列包括 5 V 的 ispMACH4A5 系列和主流的 ispMACH4000 系列，包括ispLSI4000/4000B/4000C/4000V/4000Z/4000ZE 等品种，主要区别是供电电压不同，ispMACH4000V、ispMACH4000B 和 ispMACH4000C 器件系列供电电压分别为 3.3 V、2.5 V和 1.8 V。Lattice 公司还基于 ispMACH4000 的器件结构开发出了低静态功耗的 CPLD 系列——ispMACH4000Z 和超低功耗的 CPLD 系列——ispMACH4000ZE。该系列 CPLD 的主要参数见表 2.1。

表 2.1　ispMACH 4000 V/B/C 系列 CPLD 主要参数

器　件	ispMACH 4032V/B/C	ispMACH 4064V/B/C	ispMACH 4128 V/B/C	ispMACH 4256 V/B/C	ispMACH 4384 V/B/C	ispMACH 4512 V/B/C
宏单元数	32	64	128	256	384	512
频率 f_{MAX}/MHz	400	350	333	322	322	322
电源电压/V	3.3/2.5/1.8	3.3/2.5/1.8	3.3/2.5/1.8	3.3/2.5/1.8	3.3/2.5/1.8	3.3/2.5/1.8
最大用户 I/O 数	48	100	144	256	256	256

ispMACH 4000 系列产品提供 SuperFAST(400 MHz,超快)的 CPLD 解决方案。ispMACH 4000 V 和 ispMACH 4000Z 均支持车用温度范围：-40℃～130℃(Tj)。ispMACH 4000 系列支持介于 3.3 V 和 1.8 V 之间的 I/O 标准,既有业界领先的速度性能,又能提供最低的动态功耗。

　　ispMACH 4000 V/B/C 系列器件的宏单元个数从 32～512 个不等,速度最大达到 400 MHz (对应引脚至引脚之间的传输延迟 t_{PD} 为 2.5 ns)。ispMACH 系列提供 44～256 个引脚、具有多种密度 I/O 组合的 TQFP、fpBGA 和 caBGA 封装。

　　ispMACH 4000Z 的宏单元数为 32～256 个,速度最大达到 267 MHz(对应 t_{PD} 为 3.5 ns),供电电压为 1.8 V,可提供很低的动态功率。1.8 V 的 ispMACH 4000Z 器件系列适用于从 3.3 V、2.5 V 至 1.8 V 的宽泛围的 I/O 标准,在使用 LVCMOS3.3 V 接口时,它还可以兼容 5 V 的电压。该系列有商用、工业用和车用等不同的温度范围。ispMACH 4000ZE 是 ispMACH4000Z 器件系列的第二代,非常适用于超低功耗、大批量便携式的应用。在典型情况下,ispMACH 4000ZE 提供低至 10 μA 的待机电流。经过成本优化且功能繁多的 ispMACH 4000ZE 器件提供超小的、节省面积的芯片级球栅阵列(csBGA)封装、一种能够实现超低系统功耗的新的 Power Guard™ 特性以及包含片上用户振荡器和定时器的新的系统集成功能。ispMACH 4000ZE 器件采用 1.8 V 核心电压并提供高层次的功能和低系统功耗。ispMACH 4000ZE 系列支持 3.3 V、2.5 V、1.8 V 和 1.5 V I/O 标准,并且当采用 LVCMOS 3.3 接口时,具有兼容 5 V 的 I/O 性能。此外,所有输入和 I/O 都是 5 V 兼容的。

　　ispMACH4000 器件包括 3.3 V、2.5 V 和 1.8 V 三个系列。4000C 是世界上第一款 1.8 V 在系统可编程 CPLD 系列。ispMACH 4000 系列器件集业界领先的速度性能和最低动态功耗于一身,其支持的 I/O 电压标准为：3.3 V、2.5 V 和 1.8 V。

　　3) ispXPLD 系列 CPLD

　　ispXPLD™ 5000MX 系列代表了 Lattice 半导体公司全新的 XPLD(eXpanded Programmable Logic Devices)器件系列,包括 ispXPLD™5000MB/5000MC/5000MV 等品种。这类器件采用了新的构建模块——多功能块(Multi-Function Block,简称 MFB)。这些 MFB 可以根据用户的应用需要,被分别配置成 SuperWIDETM 超宽(136 个输入)逻辑、单口或双口存储器、先入先出堆栈或 CAM。

　　ispXPLD 5000MX 器件将 PLD 出色的灵活性与 sysIO™ 接口结合了起来,能够支持 LVDS、HSTL 和 SSTL 等最先进的接口标准以及用户比较熟悉的 LVCMOS 标准。sysCLOCK™ PLL 电路简化了时钟管理。ispXPLD 5000MX 器件采用拓展了的在系统编程技术,也就是 ispXP 技术,因而具有非易失性和无限可重构性。编程可以通过 IEEE 1532 业界标准接口进行,配置可以通过 Lattice 的 sysCONFIG™ 微处理器接口进行。该系列器件有 3.3 V、2.5 V 和 1.8 V 供电电压的产品可供选择(对应 MV、MB 和 MC 系列),最多 1024 个宏单元,最快为 300 MHz。该系列 CPLD 主要参数见表 2.2。

表 2.2　ispXPLD 5000MX CPLD 主要参数

器　件	多功能块 MFB	宏单元数	存储器/Kb	用户 I/O 数	锁相环 PLL	系统门数
LC5256MX	8	256	128	141	2	75 k
LC5512MX	16	512	256	253	2	150 k
LC5768MX	24	768	384	317	2	225 k
LC51024MX	32	1024	512	381	2	300 k

　　ispLSI/MACH 器件都采用 EECMOS 和 EEPROM 工艺结构,能够重复编程万次以上,

内部带有升压电路，可在 5 V、3.3 V 逻辑电平下编程，编程电压和逻辑电压可保持一致，给使用带来很大方便；具有保密功能，可防止非法拷贝；具有短路保护功能，能够防止内部电路自锁和 SCR 自锁。此器件推出后受到了极大的欢迎，曾经代表了 CPLD 的最高水平，但现在 Lattice 公司推出了新一代的扩展在系统可编程技术(ispXP)，在新设计中推荐采用 ispMACH 系列产品和 ispXPLD 器件。

2. FPGA 器件概述

Lattice 公司的 FPGA 器件主要有 EC/ECP(含 S 系列)系列、ECP2/M(含 S 系列)系列、ECP3 系列、SC/M 系列、XP/XP2 系列、MachXO 系列和 ispXPGA 系列。其中，ispXPGA 系列是最早采用 ispXP 技术的 FPGA 器件，EC/ECP 等是经济型 FPGA 器件，XP/XP2 系列是将 EC/ECP2 系列 FPGA 和低成本的 130 nm/90 nmFlash 技术合成在单个芯片上的非易失性 FPGA。SC/M 系列是其最高性能 FPGA 产品，该系列根据当今基于连结的高速系统的要求而设计，推出了针对诸如以太网、PCI Express、SPI4.2以及高速存储控制器等高吞吐量标准的最佳解决方案。

另外，Lattice 公司还推出了集成 ASIC 宏单元和FPGA门于同一片芯片的产品，将该技术称为单片现场可编程系统(FPSC)。与带有嵌入式FPGA门的 ASIC 相比，FPSC 器件具有广泛的应用范围。嵌入式宏单元拥有工业标准 IP 核，诸如 PCI、高速线接口和高速收发器。当这些宏单元与成千上万的可编程门结合起来时，它们可应用在各种不同的高级系统设计中。

1) LatticeECP/EC 系列 FPGA

LatticeECP/EC 系列 FPGA 是经过优化、低成本的主流 FPGA 产品。为获得最佳的性能和最低的成本，LatticeECP(ECconomy Plus)FPGA 产品结合了高效的 FPGA 结构和高速的专用功能模块。按这种方法实现的第一个系列是 LatticeECP-DSP(ECconomy Plus DSP)系列，它提供了片内的专用高性能 DSP 块。LatticeEC™(ECconomy)系列支持除了专用高性能 DSP 块以外的 LatticeECP 器件所具有的所有通用功能，因此它非常适用于低成本的解决方案。基于低成本的思路，LatticeECP/EC 器件含有所有必需的 FPGA 单元：基于 LUT 的逻辑功能、分布式和嵌入式存储器、PLL、并支持主流的 I/O 标准。器件的专用 DDR 存储器接口支持对成本敏感的工程应用。Lattice 还提供许多用于 LatticeECP/EC 系列的预先设计的 IP(Intellectual Property，知识产权)ispLeverCORE™ 模块。采用这些 IP 标准模块，设计者可以将精力集中于自己设计中的特色部分，从而提高工作效率。该系列 FPGA 的主要参数见表 2.3。

表 2.3　Lattice ECP/EC 系列 FPGA 主要参数

器　件	LFEC1	LFEC3	LFEC6/ LFECP6	LFEC10 /LFECP10	LFEC15/ LFECP15	LFEC20/ LFECP20	LFEC33/ LFECP33
PFU/PFF 行数	12	16	24	32	40	44	64
PFU/PFF 列数	16	24	32	40	48	56	64
PFU/PFF 总数	192	384	768	1280	1920	2464	4096
查找表数/k	1.5	3.1	6.1	10.2	15.4	19.7	32.8
分布式 RAM/Kb	6	12	25	41	61	79	131
EBR SRAM/Kb	18	55	92	277	350	424	535
EBR SRAM 块	2	6	10	30	38	46	58
SysDSP 块	—	—	4	5	6	7	8
18*18 乘法器	—	—	16	20	24	28	32
VCC 电压/V	1.2	1.2	1.2	1.2	1.2	1.2	1.2
锁相环数	2	2	2	4	4	4	4
最大 I/O 数	112	160	224	288	352	400	496

2) ispXPGA 系列 FPGA

ispXPGA 系列 FPGA 器件采用扩展在系统可编程技术(ispXP)，能够实现同时具有非易失性和无限可重构性的高性能逻辑设计。改变了只能在可编程性、可重构性和非易失性之间寻求妥协的情况。无需外部的配置存储单元，上电后几微秒内自动配置 FPGA，可在几毫秒内完成在系统重构，可在系统工作状态下重新编程器件，通过芯片内的 E2 或 CPU 进行配置，通过对安全位进行设置防止回读。139 k 至 1.25 M 的系统门，I/O 数多达 496 个，多达 414 Kb 的内嵌存储单元。ispXPGA FPGA 系列有两种选择：标准的器件支持用于超高速串行通信的 sysHSI 功能，而高性能、低成本的 FPGA 器件——"E-系列"则不含 sysHSI 功能。从而提高工作效率。

3) MachXO 系列 FPGA

MachXO 系列非易失性无限重构可编程逻辑器件(PLD)是专门为传统的用 CPLD 或低密度的 FPGA 实现的应用而设计的。广泛采用需要通用 I/O 扩展、接口桥接和电源管理功能的应用，通过提供嵌入式存储器、内置的 PLL、高性能的 LVDS I/O、远程现场升级(TransFRTM 技术)和一个低功耗的睡眠模式，MachXO 可编程逻辑器件拥有提升系统集成度的优点，所有这些功能都集成在单片器件之中。该器件系列专为广泛的低密度应用而设计，它被用于各种终端市场，包括消费、汽车、通信、计算机、工业和医疗。

2.3.2 ispMACH 系列 CPLD 结构

ispMACH4000 系列器件由全局布线区(GRP)、通用逻辑块(GLB)、输出布线区(ORP)及 I/O 块组成，如图 2.15 所示。它可提供从 2 个 GLB 的 ispMACH4032 到 32 个 GLB 的 ispMACH4512 多种器件。每个 GLB 由可编阵列(从 GRP 来的 36 个输入和 83 个输出乘积项)、逻辑分配器、16 个宏单元和 GLB 时钟发生器组成。每个与阵列有 36 个输入，83 个乘积项输出。

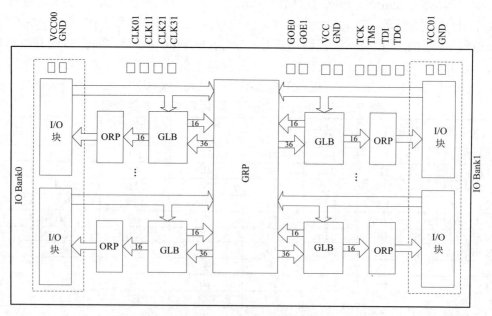

图 2.15 ispMACH4000 功能块框图

图 2.16 是 GLB 结构框图，图 2.17 是可编程与阵列(And Array)，图 2.18 是逻辑宏单元(Macrocell)结构图，图 2.19 是逻辑分配器结构图，图 2.20 是输入输出(I/O)单元结构图。

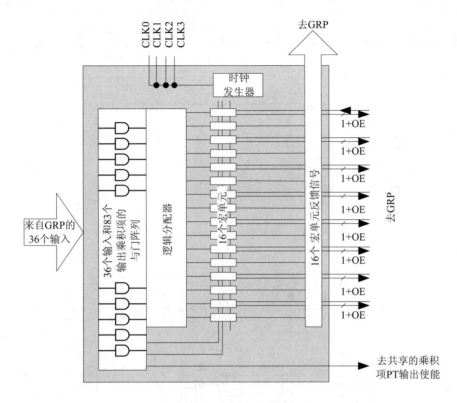

图 2.16   通用逻辑块 GLB 结构框图

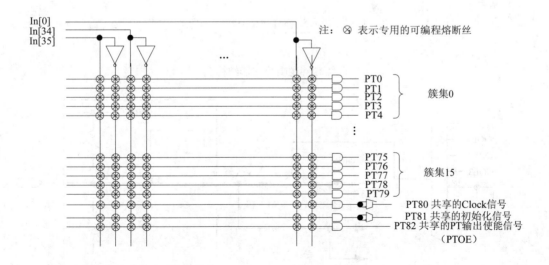

图 2.17   可编程与阵列(And Array)

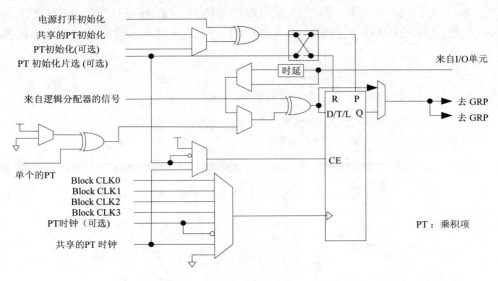

图 2.18   逻辑宏单元 Macrocell 结构图

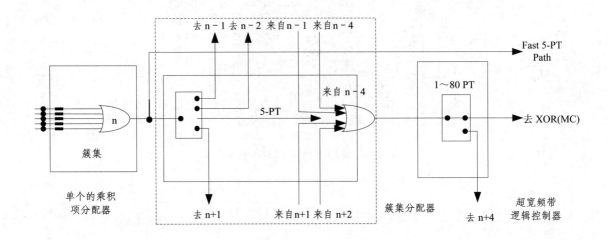

图 2.19   逻辑分配器结构图

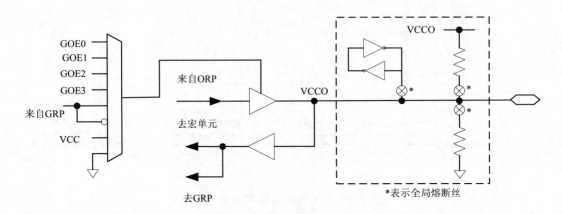

图 2.20   输入输出(I/O)单元结构图

2.3.3　EC/ECP 系列 FPGA 结构

1．器件的总体结构

LatticeECP™-DSP 和 LatticeEC™器件的中间是逻辑块阵列，器件的四周是可编程 I/O 单元(Program I/O Cell，PIC)。在逻辑块的行之间分布着嵌入式 RAM 块(sysMEM Embedded Block RAM，EBR)。对于 LatticeECP-DSP 器件而言，它还有额外的由 DSP 块组成的行。LatticeECP-DSP 的结构如图 2.21 所示。LatticeEC 的结构与 LatticeECP-DSP 的结构基本相同，主要区别就是没有 sysDSP Block。

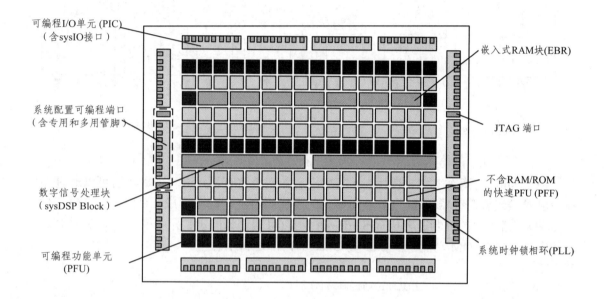

图 2.21　简化的 LatticeECP-DSP 器件总体结构图

器件中有两种逻辑块：可编程功能单元(Programmable Function Unit，PFU)；无 RAM 的可编程功能单元(Programmable Function Unit without RAM，PFF)。PFU 包含用于逻辑、算法、RAM/ROM 和寄存器的积木块。PFF 包含用于逻辑、算法、ROM 的积木块。优化的 PFU 和 PFF 能够灵活、有效地实现复杂设计。器件中每行为一种类型的积木块，每三行 PFF 间隔就有一行 PFU。

每个 PIC 块含有两个具有 sysIO 接口的 PIO 对。器件左边和右边的 PIO 对可配置成 LVDS 发送、接收对，sysMEM EBR 是大的专用快速存储器块，可用于配置成 RAM 或 ROM。

PFU、PFF、PIC 和 EBR 块以行和列的形式分布呈二维网格状，如图 2.21 所示。这些块与水平的和垂直的布线资源相连。软件的布局、布线功能会自动地分配这些布线资源。

系统时钟锁相环(PLL)在含有系统存储器块行的末端，这些 PLL 具有倍频、分频和相移功能，用于管理时钟的相位关系。每个 LatticeECP/EC 器件提供多达 4 个 PLL。

2．PFU 和 PFF 块

LatticeECP/EC 器件的核心是 PFU 和 PFF。PFU 可以通过编程实现逻辑、算法、分布式 RAM、分布式 ROM 功能。PFF 可以通过编程实现逻辑、算法、ROM 功能。除非特别说明，本文接下来不再区分 PFU 和 PFF，都简称为 PFU。

每个 PFU 由四个互连的集成电路片(Slice)组成，如图 2.22 所示。所有与 PFU 的互连都来自布线区。每个 PFU 有 53 个输入，25 个输出。

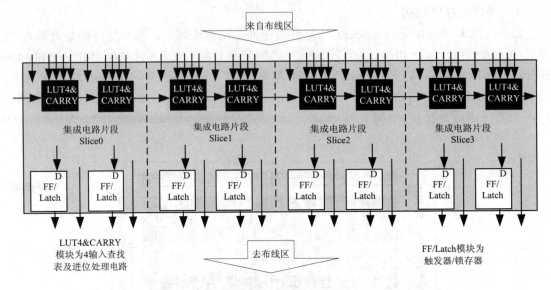

图 2.22　PFU 的结构

　　每个 Slice 有两个 LUT4 查找表，其输出送入两个寄存器，这两个寄存器可以通过编程成为触发器或者锁存器模式。LUT 与相关的逻辑组合在一起可形成 LUT5、LUT6、LUT7 和 LUT8。器件中的控制逻辑执行 Set/Reset 功能(可编程为同步、异步模式)、时钟选择、片选和多种 RAM/ROM 功能。图 2.23 为 Slice 的内部逻辑示意图。

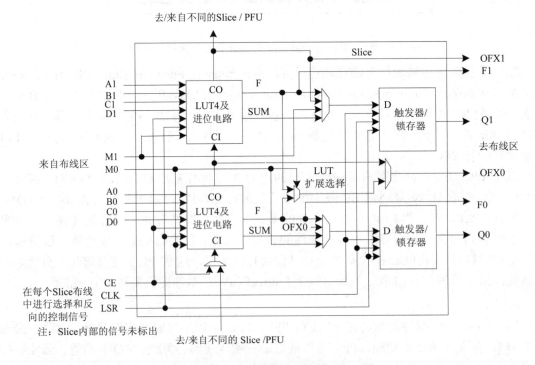

图 2.23　Slice 的内部逻辑示意图

Slice 内的寄存器可配置成正/负和边沿/电平时钟。每个 Slice 都能实现四种工作模式：逻辑、行波、RAM 和 ROM。在 PFF 中的 Slice 可实现除 RAM 外的其余模式。

3. sysDSP 块

LatticeECP-DSP 系列提供了一个非常适用于低成本、高性能数字信号处理(DSP)应用的 sysDSP 块。这些应用中的典型功能是有限脉冲响应(FIR)滤波器、快速傅立叶变换(FFT)功能、相关器以及 Reed-Solomon/Turbo/Convolution 编解码器。这些复杂的信号处理功能采用诸如乘-加法器和乘-累加器等相似的积木块。图 2.24 是串行和并行 DSP 处理方法的比较。

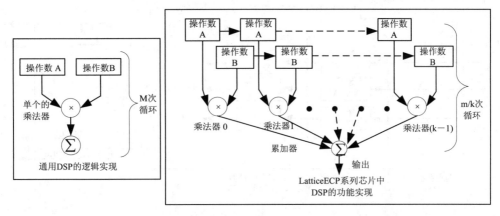

图 2.24   通用 DSP 和 LatticeECP-DSP 方法的比较

LatticeECP-DSP 系列中的 sysDSP 块支持 9、18 和 36 位数据宽度的四种功能单元。每个 sysDSP 块中的资源经过配置可支持四种功能单元： MULT sysDSP 单元实现无加法或累加节点的乘法运算，其结构如图 2.25 所示；MAC sysDSP 单元实现乘累加运算，其结构如图 2.26 所示；MULTADD sysDSP 单元实现乘加运算，其结构如图 2.27 所示；MULTADDSUM sysDSP 单元实现乘加与求和运算，其结构如图 2.28 所示。

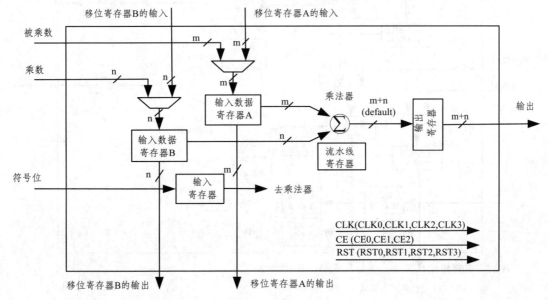

图 2.25   DSP 块中的乘法器(MULT sysDSP)单元

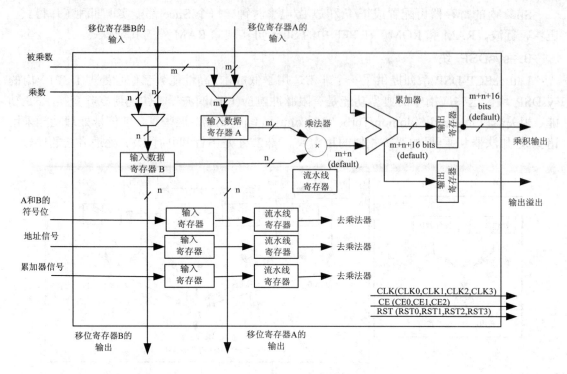

图 2.26　MAC sysDSP 单元

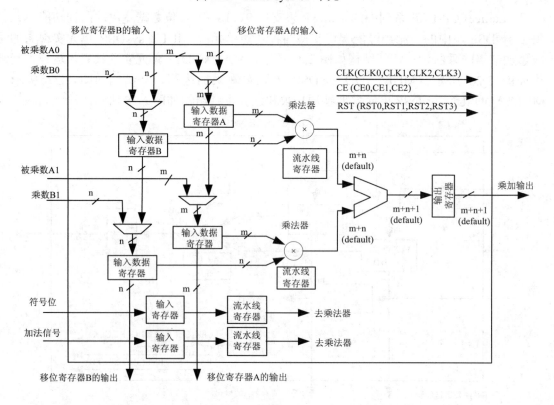

图 2.27　MULTADD sysDSP 单元

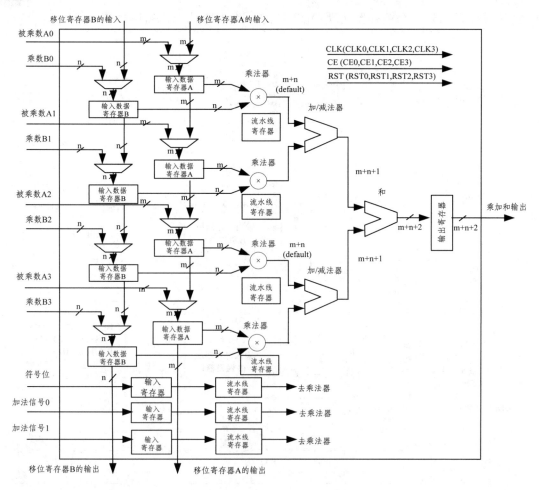

图 2.28　MULTADDSUM sysDSP 单元

4. 可编程 I/O 单元(PIC)

每个 PIC 含有两个连接至相关 sysIO 缓冲器的 PIO，再连至焊盘 PAD，如图 2.29 所示。PIO 块提供输出数据(DO)和三态控制信号(TO)至 sysIO 缓冲器，接收输入数据亦来自缓冲器。两个相邻的 PIO 可组成一个差分 I/O 对，分别用 T 和 C 标出。

PIO 内含四个块：输入寄存器块、输出寄存器块、三态寄存器块和控制逻辑块。这些块含有寄存器，用于单数据率(SDR)和双数据率(DDR)运行，且伴有必须的时钟和选择逻辑。在这些块中，还有用于调整引入时钟和数据信号的可编程延时线。控制逻辑块用于允许在 PIO 块中使用的控制信号的选择和修改。从通用布线区的多个时钟信号中选出一个时钟，时钟可以选择反相。一个 DQS 信号来自可编程 DQS 引脚。时钟使能和本地复位选自布线区，也可以反相。

输入寄存器块：含有延时单元和用来调理信号的寄存器，图 2.30 为输入寄存器块的电路图。输出寄存器块：来自器件内部信号在到达 sysIO 缓冲器前需要锁存，输出寄存器块具有锁存这些信号的功能。块内有一个寄存器用于 SDR，与另外一个锁存器组合在一起实现 DDR 功能。图 2.31 为输出寄存器块。三态寄存器块：三态寄存器块能寄存来自器件内部的三态控制信号，这些控制信号在到达 sysIO 缓冲器前被寄存。块内中有一个寄存器用于 SDR 操作,另外一个锁存器实现 DDR 功能。图 2.32 为三态寄存器块。

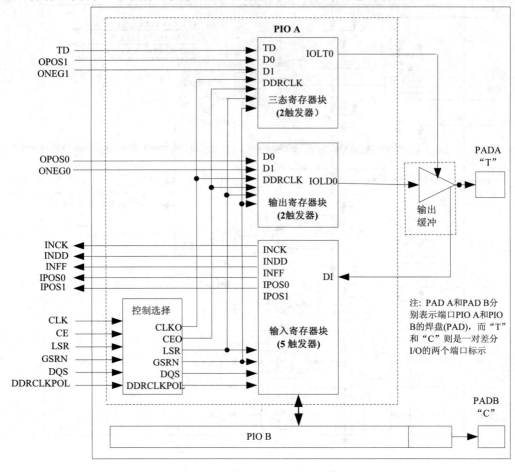

图 2.29　可编程 I/O 单元的 PIC 结构图

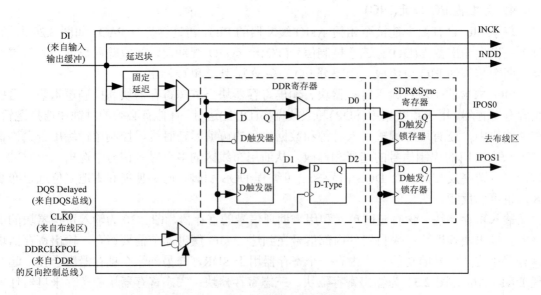

图 2.30　输入寄存器块的电路图

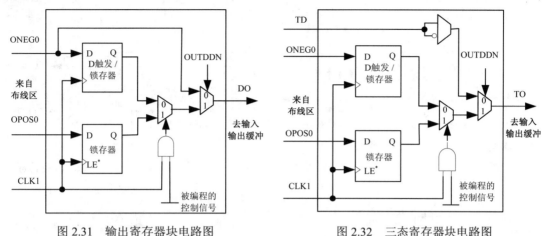

图 2.31　输出寄存器块电路图　　　　　图 2.32　三态寄存器块电路图

5. 时钟分布网络

LatticeECP/EC 器件驱动时钟来自三个主时钟源：PLL 输出、专用时钟输入和布线输出。LatticeECP/EC 器件有二至四个系统时钟 PLL，位于器件的左边和右边，总共有四个专用的时钟输入，其中器件的四边各分布一个。图 2.33 所示的是 20 个主时钟源。

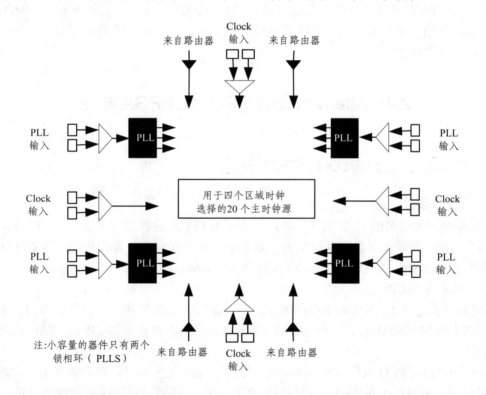

图 2.33　LatticeECP/EC 器件的时钟源

系统时钟锁相环有综合时钟频率的能力。图 2.34 为系统时钟锁相环的方框图。每个 PLL 有四个分频器：输入时钟分频器、反馈分频器、后定标分频器和次级时钟分频器。输入时钟分频器用于分频输入时钟信号，反馈分频器用于倍频输入信号，后定标分频器允许 VCO 以高于输出时钟的频率运行，因此扩展了频率范围。

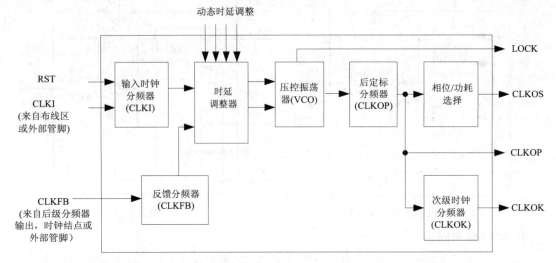

图 2.34 系统时钟锁相环的方框图

6. 系统存储器(sysMEM Memory)

LatticeECP/EC 器件含有若干个嵌入式 RAM 块(EBR)，EBR 可组成 9 Kb 的 RAM，并有专用输入和输出寄存器。系统存储器块可构成单口、双口以及准双口存储器，每个块可构成不同的深度和宽度。

2.4 Altera 公司的 CPLD 和 FPGA 器件

2.4.1 Altera 公司的 CPLD 和 FPGA 概述

1. CLPD 器件概述

Altera 公司是著名的 PLD 生产厂家，它既不是 FPGA 的首创者，也不是 CPLD 的开拓者，但在这两个领域都有非常强的实力，多年来一直占据着行业领先地位。其 CPLD 器件系列主要有 FLASHlogic 系列、Classic 系列和 MAX(Multiple Array Matrix)系列。

1) MAX 系列 CPLD

MAX 系列包括 MAX3000/5000/7000/9000 等品种，集成度在几百门至数万门之间，采用 EPROM 和 EEPROM 工艺，所有 MAX7000/9000 系列器件都支持 ISP 和 JTAG 边界扫描测试功能。

MAX3000A CPLD 系列采用成本最优化的 0.30 μm 工艺制造，四层金属加工，逻辑密度范围为 600~10 000 可用门数(32~512 个宏单元)。通用的速度等级和封装形式，3.3 V MAX3000ACPLD 系列适应于对成本比较敏感、容量比较高的应用场合。

MAX7000 CPLD 系列提供了一种高速可编程逻辑解决方案，逻辑密度范围为 600~10 000 可用门数(32~512 个宏单元)，价格便宜，使用方便。E、S 系列工作电压为 5 V，A、AE 系列工作电压为 3.3 V 混合电压，B 系列为 2.5 V 混合电压。具有可预测执行速度、上电即时配置和多种封装形式的特性，在逻辑密度类型中，MAX 7000 是最广泛的可编程解决方案。该系列中的 MAX7000B 系列 CPLD 主要参数见表 2.4。

表 2.4　MAX7000B 系列 CPLD 主要参数(3.3 V)

器　件	EPM7032B	EPM7064B	EPM7128B	EPM7256B	EPM7512B
可用门数	600	1250	2500	5000	10 000
宏单元数	32	64	128	256	512
最大用户 I/O 数	36	68	100	164	212
t_{PD}/ns	3.5	3.5	4.0	5.0	5.5
f_{CNT}/MHz	303.0	303.0	243.9	188.7	163.9

　　MAX9000 系列是 MAX7000 的有效宏单元和 FLEX8000 的高性能、可预测快速通道互连相结合的产物，具有 6000～12 000 个可用门(12 000～24 000 个有效门)，在当前的各种器件级设计中应用非常广泛，它提供了一些应用广泛、功能强大的系统级特性，包括 ISP、固定 JTAG、边界测试支持和多电压 I/O 能力。

　　MAX 系列的最大特点是采用 EEPROM 工艺，编程电压与逻辑电压一致，编程界面与 FPGA 统一，简单方便，在低端应用领域有优势。

　　2) MAX Ⅱ 系列 CPLD

　　MAX®Ⅱ 器件属于非易失、瞬时接通可编程逻辑系列，主要用于以前用 CPLD 实现的场合。由于采用了 LUT 体系结构，大大降低了系统功耗、体积和成本。1.8 V 内核电压，动态功耗，只有以前 MAX CPLD 的 1/10，使用高达 300 MHz 的内部时钟频率。MAX Ⅱ 器件提供 8 Kb 用户可访问 Flash 存储器，可用于片内串行或并行非易失存储。支持用户在器件工作时对闪存配置进行更新。支持多种单端 I/O 接口标准，如 LVTTL、LVCMOS 和 PCI。含有 JTAG 模块，可以利用并行 Flash 加载宏功能来配置非 JTAG 兼容器件，如分立闪存器件等。

　　MAX®Ⅱ系列有 MAX Ⅱ、MAX ⅡG、MAX ⅡZ 三种型号，其中 MAX Ⅱ 电源电压为 3.3 V 或 2.5 V，MAX ⅡG、MAX ⅡZ 电源电压为 1.8 V，内核电压都是 1.8 V。该系列 CPLD 主要参数见表 2.5。

表 2.5　MAX Ⅱ 系列 CPLD 主要参数

器　件	EPM240	EPM240G	EPM570	EPM570G	EPM1270	EPM1270G
宏单元数	240	570	1270	2210	240	570
等效宏单元数	192	440	980	1700	192	440
用户闪存 UFM/b	8192	8192	8192	8192	8192	8192
最大用户 I/O 数	80	160	212	272	80	160
t_{PD}/ns	4.7	5.4	6.2	7.0	7.5	9.0
f_{CNT}/MHz	304	304	304	304	152	152

　　2. FPGA 器件概述

　　Altera 公司的 FPGA 器件系列产品按推出的先后顺序有 FLEX 系列、APEX 系列、ACEX 系列和 Stratix 系列、Cyclone 系列、Arria 系列。现在的主流产品是低档的 Cyclone 系列、中档的 Arria 系列和高档的 Stratix 系列。

1) ACEX 1K 系列器件

ACEX 1K 系列基于先进的成本最优化 2.5 V SRAM 加工工艺,逻辑密度范围为 10 000~100 000 可用门数,操作电压为 2.5 V。ACEX 1K 系列器件完全适应 64 位、66 MHz 系统,具有嵌入式双端口 RAM,先进的封装技术特征。ACEX 1K 系列器件支持锁相环(PLL)电路,能驱动两个单独的 ClockLOCK 和 ClockBOOST 产生的信号,具有广泛的时钟管理能力。

2) Cyclone 系列 FPGA

(1) Cyclone FPGA:它是 Altera 公司低成本、高性价比的 FPGA,综合考虑了逻辑、存储器、锁相环(PLL)和高级 I/O 接口,但却是针对低成本进行设计的,这些低成本器件具有专业应用特性,如嵌入式存储器、外部存储器接口、时钟管理电路等。Cyclone 系列 FPGA 是成本敏感的大批量应用的首选。该系列的 FPGA 主要参数见表 2.6。

表 2.6 Cyclone 系列 FPGA 主要参数

器 件	EP1C3	EP1C6	EP1C12	EP1C20
逻辑单元数	2910	5980	12 060	20 060
M4K RAM 块数	13	20	52	64
总 RAM/b	59 904	92 160	239 616	294 912
锁相环数	1	2	2	2
最大用户 IO 数	104	185	249	301

Cyclone® FPGA 的工作电压为 1.5 V,采用 0.13 μm 全铜 SRAM 工艺,具有多达 20060 个 LE 和高达 288 Kb RAM。

(2) Cyclone Ⅱ FPGA:它提供了与 Cyclone 系列上一代产品相同的优势——用户定义的功能、领先的性能、低功耗、高密度以及低成本。Cyclone Ⅱ 器件扩展了低成本 FPGA 的密度,使之最多达到 68 416 个逻辑单元(LE)和 1.1 Mb 的嵌入式存储器。Cyclone Ⅱ 器件采用 90 nm、低 K 值电介质工艺,通过使硅片面积最小化,可以在单芯片上支持复杂的数字系统。该系列的 FPGA 主要参数见表 2.7。

表 2.7 CycloneⅡ系列 FPGA 主要参数

器 件	EP2C5	EP2C8	EP2C20	EP2C35	EP2C50	EP2C70
逻辑单元数	4608	8256	18 752	33 216	50 528	68 416
M4K RAM 块	26	36	52	105	129	250
总的 RAM/b	119 808	165 888	239 616	483 840	594 432	1 152 000
嵌入式乘法器	13	18	26	35	86	150
锁相环数	2	2	4	4	4	4
最大用户 I/O 数	142	182	315	475	450	622

(3) Cyclone Ⅲ 系列 FPGA:它具有最多 200 k 个逻辑单元、8 Mb 存储器,静态功耗不到 0.25 W,采用台积电(TSMC)的低功耗(LP)工艺技术进行制造,可以应用于通信设备、汽车、显示、工业、视频和图像处理、软件无线电设备等领域。该系列的 FPGA 主要参数见表 2.8。

表 2.8   Cyclone Ⅲ 系列 FPGA 主要参数

器 件	EP3C5	EP3C10	EP3C16	EP3C25	EP3C40	EP3C55	EP3C80	EP3C120
逻辑单元数	5136	10 320	15 408	24 624	39 600	55 856	81 264	119 088
存储器/Kb	414	414	504	594	1134	2340	2745	3888
乘法器数	23	23	56	66	126	156	244	288
锁相环数	2	2	4	4	4	4	4	4
全局时钟网络	10	10	20	20	20	20	20	20

Cyclone Ⅳ系列 FPGA 为高容量，成本比较敏感的应用提供了一个理想平台，可满足在降低系统成本的同时增加系统带宽的需要。CycloneⅣ系列 FPGA 增强了 Cyclone 系列 FPGA 提供最低成本、最低功耗的领导地位，同时又增加了一个可变的总线收发器。由于建立了一个成本和功耗的最优化处理，因此可利用更多的芯片硬 IP 核，相比于 Cyclone Ⅲ FPGA、Cyclone Ⅳ FPGA 在降低成本的同时，可提供更低的功耗。该系列 FPGA 主要有两个变化：① CycloneⅣ GX FPGA 为高带宽应用集成了一个 3.125 Gb/s 的总线收发器接口；② Cyclone Ⅳ E FPGA 为通用逻辑、控制平台和其他嵌入式控制应用提供了一个广泛的应用。该系列的 FPGA 主要参数见表 2.9。

表 2.9   Cyclone Ⅳ 系列 FPGA 主要参数

器 件	逻辑单元数	总的存储器/Kb	乘法器(18*18)	总线收发器 I/O	PCI Express Hard IP 块	用户 I/O 数
Cyclone Ⅳ E FPGAS(1.0V)	6272～114 480	270～3888	12～266	N/A	N/A	94～535
Cyclone Ⅳ GX FPGAS(1.2V)	14 400～149 760	50～6480	0～360	2～8	1	72～475

3) Arria 器件系列 FPGA

Arria 器件系列 FPGA 包括 Arria GX 和 ArriaⅡ GX 器件，分别采用 90 nm 和 40 nm 工艺制造，片内收发器支持 FPGA 串行数据在高频下的输入输出。

Arria GX 系列 FPGA 是 Altera 公司带收发器的高性价比 FPGA 系列，其收发器速率达到 3.125 Gb/s，可以连接现有的模块和器件，支持 PCI Express、千兆以太网、Serial RapidIO®、SDI、XAUI 等协议。Arria GX FPGA 采用的是 Altera 成熟可靠的收发器技术，能够确保设计具有优异的信号完整性。

Arria Ⅱ GX 系列比 Arria GX 系列器件集成度更高，性能更好，具有多达 256 500 个 LE，612 个用户 I/O，RAM 总容量高达 8550 Kb。

4) Stratix 系列 FPGA

Altera 公司自从 2002 年推出 Stratix 器件系列 FPGA 以来，几乎每年推出一个新系列，包括 Stratix、Stratix GX、Stratix Ⅱ、Stratix Ⅱ GX、Stratix Ⅲ、Stratix Ⅳ等品种。常用的 Stratix 器件系列是 Stratix Ⅱ、Stratix Ⅱ GX、Stratix Ⅲ和 Stratix Ⅳ。

Stratix 器件系列的特点是：内部结构灵活，增强的时钟管理和锁相环(PLL)，支持 3 级存储结构；内嵌三级存储单元，即可配置为移位寄存器的 512 b RAM、4 Kb 的标准 RAM 和 512 Kb 带奇偶校验位的大容量 RAM；内嵌乘加结构的 DSP 块；增加片内终端匹配电阻，简化 PCB 布线；增加配置错误纠正电路；增强远程升级能力；采用全新的布线结构。Stratix、Stratix GX 采用 0.13 μm 全铜工艺制造，集成度可达数百万门以上，工作电压为 1.5 V。

最新的 Stratix Ⅳ 采用 40 nm 工艺制造，多达 681 100 个 LE，高达 31 491 Kb/s RAM，是 Altera 公司所提供产品中密度最高、性能最好的产品，内嵌 Nios 处理器，有最好的 DSP 处理模块，大容量存储器，高速 I/O、存储器接口，11.3 Gb/s 收发器。Stratix Ⅳ FPGA 系列提供增强型(E)和带有收发器(GX 和 GT)的增强型器件，满足了无线和固网通信、军事、广播等众多市场和应用的需求。

2.4.2　MAX 系列 CPLD 结构

MAX 系列包括 MAX3000/5000/7000/9000 等品种。基于 EEPROM 的 MAX9000 系列将 MAX7000 结构的有效宏单元与 FLEX8000 结构的高性能、可预测快速通道互连相结合，使该系列器件特别适合于集成多个系统及功能。

图 2.35 是 MAX9000 器件结构图，它包括逻辑阵列块(LAB)、快速通道互连和输入输出单元(IOE)三个组成部分。

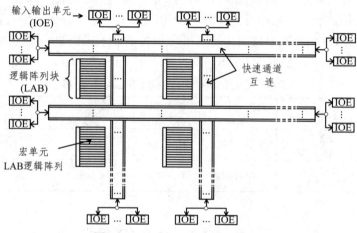

图 2.35　MAX9000 器件结构图

图 2.36～图 2.38 分别是 MAX9000 的逻辑阵列单元、宏单元和局部阵列以及输入/输出单元的组成结构图。

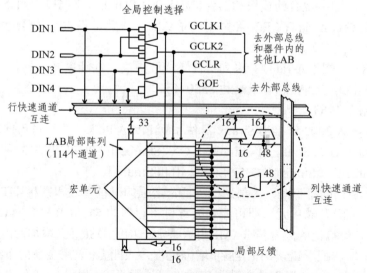

图 2.36　MAX9000 器件的逻辑阵列单元

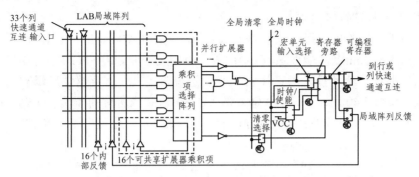

图 2.37　MAX9000 器件的宏单元和局部阵列

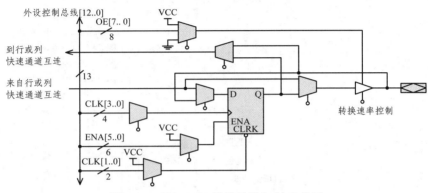

图 2.38　MAX9000 器件的输入/输出单元

2.4.3　Cyclone Ⅲ系列 FPGA 结构

Cyclone Ⅲ 系列器件是由 Altera 公司推出的一款低功耗、高性价比的 FPGA，其结构和工作原理具有典型性。

1) 器件平面结构图

Cyclone Ⅲ 器件主要由逻辑阵列块(LAB)、嵌入式存储器块、嵌入式乘法器、I/O 单元和 PLL 等模块构成，如图 2.39 所示。器件各个模块之间存在着丰富的互连线和时钟网络。

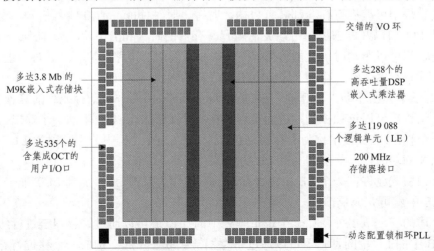

注：EP3C5和EP3C10 仅含 两个 PLL

图 2.39　Cyclone Ⅲ 器件平面结构图

2) 逻辑单元和逻辑阵列块

Cyclone III 器件的可编程资源主要来自逻辑阵列块 LAB,而每个 LAB 都由多个逻辑宏单元 LE(Logic Elememt)或 LC(Logic Cell)构成。LE 是 Cyclone III FPGA 器件中最基本的可编程单元,它主要由一个 4 输入的查找表 LUT、进位链逻辑、寄存器链逻辑和一个可编程的寄存器构成,如图 2.40 所示。其中 4 输入的 LUT 可以完成所有的 4 输入 1 输出的组合逻辑功能。每一个 LE 的输出都可以连接到行、列、直连通路、进位链、寄存器链等布线资源。

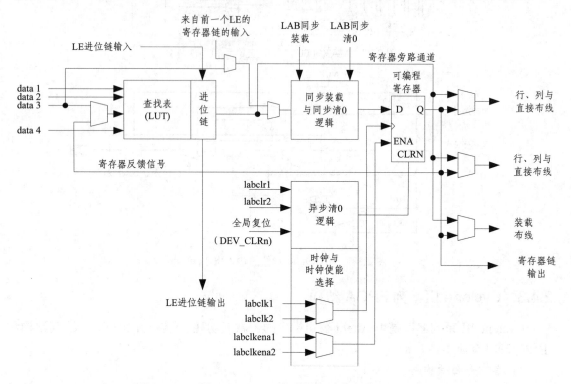

图 2.40　Cyclone III LE 结构图

每个 LE 中的可编程寄存器都可以被配置成 D 触发器、T 触发器、JK 触发器和 RS 寄存器模式。每个可编程寄存器都具有数据、时钟、时钟使能、清 0 输入信号。全局时钟网络、通用 I/O 口以及内部逻辑可以灵活配置寄存器的时钟和清 0 信号。任何一个通用 I/O 口内部逻辑都可以驱动时钟使能信号。在一些只需要组合电路的应用中,对于组合逻辑的,可将该配置寄存器旁路,LUT 的输出可作为 LE 的输出。

LE 有三个输出驱动内部互连,一个驱动局部互连,另两个驱动行或列的互连资源。LUT 和寄存器的输出可以单独控制,进而实现了在一个 LE 中,LUT 驱动一个输出,而寄存器驱动另一个输出(这种技术称为寄存器打包)。因而在一个 LE 中的寄存器和 LUT 能够用来完成不相关的功能,因此能够提高 LE 的资源利用率。

寄存器反馈模式允许在一个 LE 中将寄存器的输出作为反馈信号,加到 LUT 的一个输入上,在一个 LE 中就可完成反馈。

除上述的三个输出外,在一个逻辑阵列中的 LE 还可以通过寄存器链进行级联。在同一个 LAB 中的 LE 里的寄存器可以通过寄存器链级联在一起,构成一个移位寄存器,那些 LE 中的 LUT 资源可以单独实现组合逻辑功能,两者互不相关。

Cyclone III 的 LE 可以工作在两种操作模式下，即普通模式和算术模式。在不同的 LE 操作模式下，LE 的内部结构和 LE 之间的互连有些差异，图 2.41 和图 2.42 所示分别是 Cyclone III LE 在普通模式和算术模式下的结构和连接图。

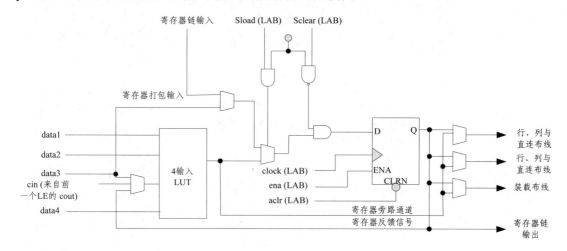

图 2.41　Cyelone III LE 普通模式

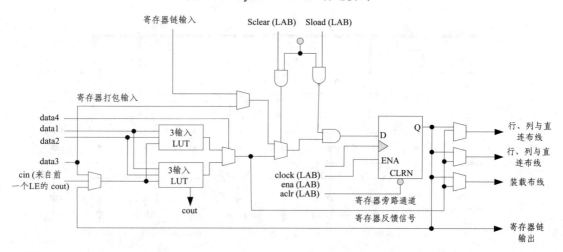

图 2.42　Cyelone III LE 算术模式

普通模式下的 LE 适合通用逻辑应用和组合逻辑的实现。在普通模式下，LE 的输入信号可以作为 LE 中寄存器的异步装载信号。普通模式下的 LE 也支持寄存器打包与寄存器反馈。

算术模式下的 LE 可以更好地实现加法器、计数器、累加器和比较器。在算术模式下，LE 支持寄存器打包与寄存器反馈。

逻辑阵列块 LAB 是由一系列相邻的 LE 构成的。每个 Cyclone III LAB 包含 16 个 LE，在 LAB 中、LAB 之间存在着行互连、列互连、直连通路互连、LAB 局部互连、LE 进位链和寄存链。图 2.43 是 Cyclone III LAB 的结构图。

每个 LAB 都由专用的逻辑来生成 LE 的控制信号，这些 LE 的控制信号包括两个时钟信号、两个时钟使能信号、两个异步清 0、同步清 0、异步预置/装载信号、同步装载和加/减控制信号。图 2.44 显示了 LAB 控制信号生成的逻辑图。

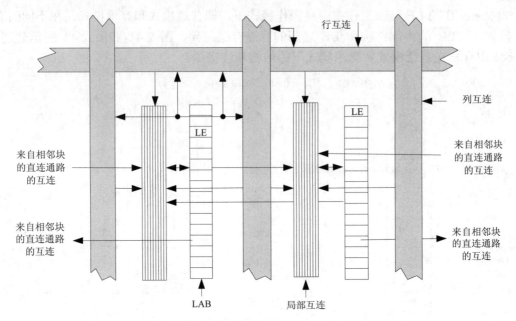

图 2.43 Cyclone Ⅲ LAB 结构

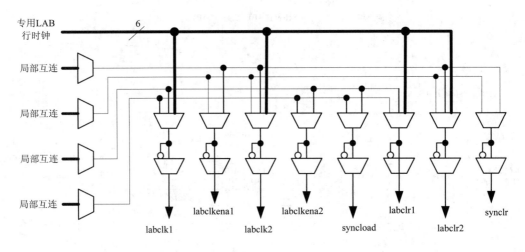

图 2.44 LAB 控制信号生成的逻辑图

3) 多轨道互连

在 Cyclone Ⅲ 中，通过多轨道互连的直接驱动技术来提供 LE、M9K 存储器、嵌入式乘法器、输入输出 I/O 引脚之间的连接。多轨道互连包括固定短距离的行互连(direct link，R4 and R24)和列互连(register chain，C4 and C16)。图 2.45 所示为 Cyclone R4 互连连接；图 2.46 所示为 LAB 阵列间互连；图 2.47 所示为 M9K RAM 块与 LAB 行的接口。

4) 嵌入式存储器

Cyclone Ⅲ FPGA 器件中所含的嵌入式存储器(Embedded Memory)由数十个 M9K 的存储器块构成，每个 M9K 存储器块都具有很强的伸缩性，可以实现 8192 位 RAM(单端口、双端口、带校验、字节使能)、ROM、移位寄存器、FIFO 等功能。嵌入式寄存器可以通过多种连线与可编程资源实现连接，大大增强了 FPGA 的功能，扩大了 FPGA 的易用范围。

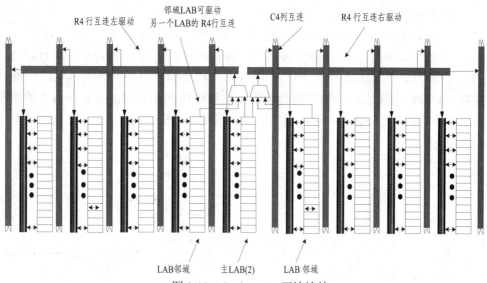

图 2.45 Cyclone R4 互连连接

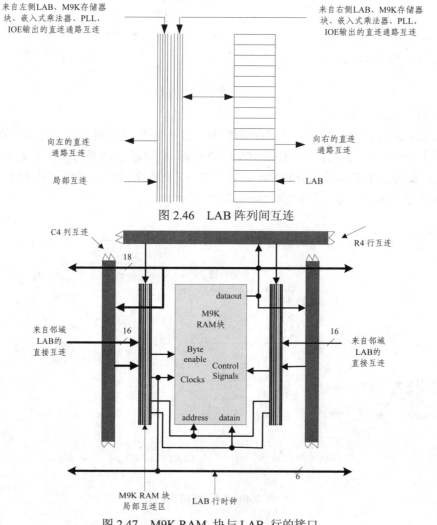

图 2.46 LAB 阵列间互连

图 2.47 M9K RAM 块与 LAB 行的接口

5) 嵌入式乘法器

除了嵌入式存储器，在 Cyclone Ⅲ系列器件中还含有嵌入式乘法器(Embedded Multiplier)，如图 2.48 所示。这种硬件乘法器的存在可以大大提高 FPGA 处理 DSP(数字信号处理)任务的能力。Cyclone Ⅲ 系列器件的嵌入式乘法器具有的特点为：可以实现 9×9 乘法器或者 18×18 乘法器；乘法器的输入与输出可以选择是寄存的还是非寄存的(即组合输入输出)；可以与 FPGA 中的其他资源灵活地构成适合 DSP 算法的 MAC(乘加单元)。

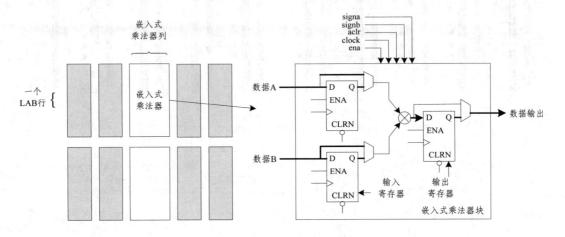

图 2.48　嵌入式乘法器

6) 时钟网络和锁相环

在 Cyclone Ⅲ 器件中设置有全局控制信号，由于系统的时钟延时会严重影响系统的性能，因此在 Cyclone Ⅲ中设置了复杂的全局时钟网络(如图 2.49 所示)，以减少时钟信号的传输延迟。另外，在 Cyclone Ⅲ FPGA 中还有 2~4 个独立的嵌入式锁相环 PLL，可以用来调整时钟信号的波形、频率和相位，如图 2.50 所示。

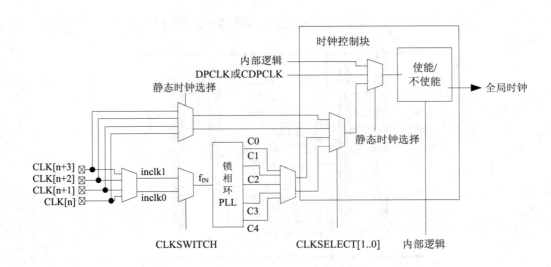

图 2.49　时钟网络的时钟控制

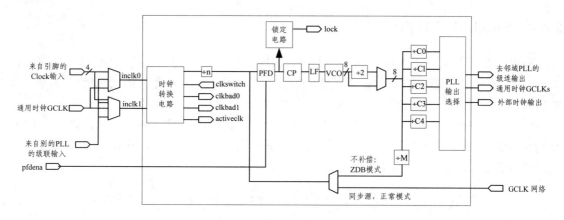

图 2.50　Cyclone Ⅲ PLL

7) I/O 接口单元

Cyclone Ⅲ 的 I/O 支持多种的 I/O 接口，符合多种的 I/O 标准，可以支持差分的 I/O 标准，比如 LVDS (低压差分串行)和 RSDS(去抖动差分信号)、SSTL-2、SSTL-18、HSTL-18、HSTL-15、HSTL-12、PPDS、差分 LVPECL，当然也支持普通单端的 I/O 标准，比如 LVTTL、LVCOMS、PCI 和 PCI-X I/O 等，通过这些常用的端口与板上的其他芯片沟通。Cyclone Ⅲ 系列器件除了片上的嵌入式存储器资源外，还可以外接多种外部存储器，如 SRAM、NAND、SDRAM、DDRSDRAM、DDR2 SDRAM 等。图 2.51 是 Cyclone Ⅲ IOE 结构图。

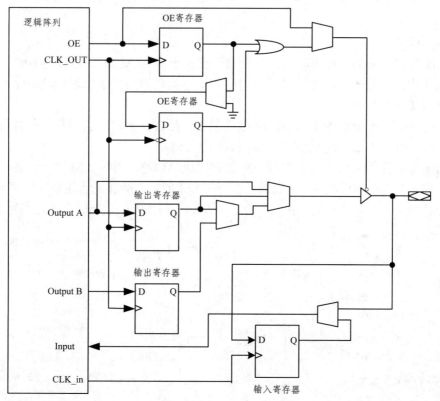

图 2.51　Cyclone Ⅲ IOE 结构

2.4.4 StratixⅡ系列 FPGA 结构

StratixⅡ器件采用了创新性的逻辑结构,如图 2.52 所示。与上一代 Stratix FPGA 相比,平均性能快 50%,逻辑容量增加了一倍,具有多达 180 k 个等效逻辑单元(LE)和 9 Mb 的 RAM,而成本比上一代 FPGA 大大降低。

StratixⅡ FPGA 支持移植至 HardCopy 的结构化 ASIC,提供了从 FPGA 原型至大批量结构化 ASIC 成品的无缝开发方式。用 HardCopy 器件进行设计能够在减小开发成本的同时,继续保持 FPGA 的灵活性和及时面市的优势。

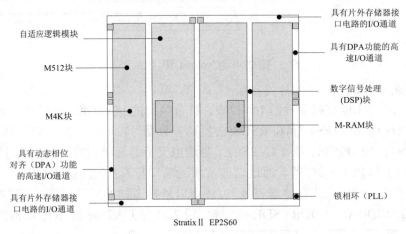

图 2.52 StratixⅡ器件平面图

1) 新型逻辑结构

StratixⅡ崭新的创新性逻辑结构基于自适应逻辑模块(ALM),它将更多的逻辑封装到更小的面积内,并赋予更快的性能;专用的算法结构可以高效地实现加法树(Adder Tree)及其他大计算量的功能。

StratixⅡ FPGA 采用先进的 90 nm 生产工艺,结合新型的逻辑结构,使性能较第一代 Stratix 器件提高了 50%,逻辑资源耗用则减少了 25%。

StratixⅡ器件采用高度灵活的自适应逻辑模块(ALM),如图 2.53 所示。这些 ALM 为达到最大的逻辑效率和性能进行了优化。单一 ALM 的输入能够灵活地分割到两个输出功能块中,以使宽输入的功能函数更快的运行,而窄输入的功能函数能够高效地利用现有资源。

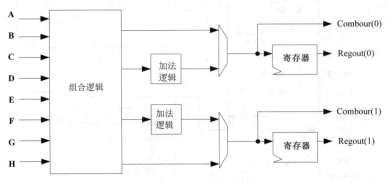

图 2.53 StratixⅡ ALM

扩展及共享 LUT 的输入能力允许每个 Stratix Ⅱ ALM 在实现等效功能方面比传统的 4 输入 LUT 架构容纳更多的逻辑。Stratix Ⅱ ALM 更大的逻辑容量不仅减少了整体逻辑的耗用，而且降低了布线资源的平均耗用率。

由于 Stratix Ⅱ 器件采用了新型扩展逻辑结构，更多的逻辑功能可以通过大大减少的逻辑和布线资源来实现。对于多路复用器、加法树、桶状移位器以及其他具有大量输入的复杂功能，现在所需要的逻辑资源比先前的架构平均降低了 25%。

2) 高速 I/O 信号和接口

Stratix Ⅱ 器件具有 152 个接收器和 156 个发送器通道,支持源同步信号进行高达 1 Gb/s 的数据传送。Stratix Ⅱ 器件支持如 SPI-4.2、HyperTransport 技术、RapidIO 标准、网络处理论坛(NPF)Streaming 接口(NPSI)、SFI-4 和 10 Gb 16 位接口(XSBI)以太网等高速 I/O 协议的需求。利用 Stratix Ⅱ 器件，设计者能够在运用这些 I/O 协议的器件之间创建高性能的桥接功能。针对工程师在设计传送高速数据时所面临的问题，Stratix Ⅱ 器件中集成了动态相位调整(DPA)电路，大大简化了 PCB 设计，消除了由偏移引发的信号对齐问题。

(1) Stratix Ⅱ DPA。DPA 电路将采样时钟和输入数据对齐，消除了时钟至通道的偏移，如图 2.54 所示。

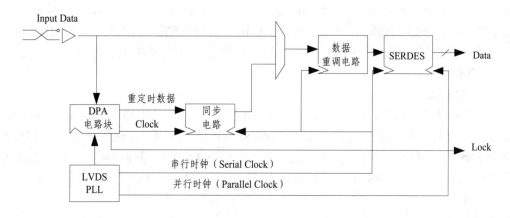

图 2.54　tratix Ⅱ DPA

动态相位对齐器使用快速 PLL 生成的 8 个相移时钟中的 1 个，对输入数据进行采样，选择最靠近输入数据中央的时钟相位来对齐数据。这种对齐是连续不断进行的，能够补偿时钟和数据信号之间实时的动态时序变化。

(2) 差分 I/O 标准。Stratix Ⅱ 源同步电路支持 LVDS 和 HyperTransport 差分 I/O 标准。设计者通常在高性能应用中使用这些标准，获得更好的噪声容限，提供更低的电磁干扰(EMI)和更低的功耗。另外，这些标准支持如 HyperTransport 接口、RapidIO、NPSI、SPI-4.2、SFI-4、10 Gb 以太网 XSBI 和 UTOPIA Level 4 等高速接口标准所需的高数据吞吐量。

3) 外部存储器接口

Stratix Ⅱ 器件支持各种最先进的存储器接口。另外，为了更好地补充 Stratix Ⅱ FPGA 的高性能逻辑架构，Altera 提供经验证的 TriMatrix 存储器结构访问片内高带宽存储器，并支持高性能存储器接口访问片外存储器。设计者使用 Stratix Ⅱ 器件上先进的器件特性和可定制的 IP，也能够快速方便地将各种大容量存储器件集成到复杂的系统设计中，而不会降低其性能。Stratix Ⅱ 器件的 I/O 电路如图 2.55 所示。

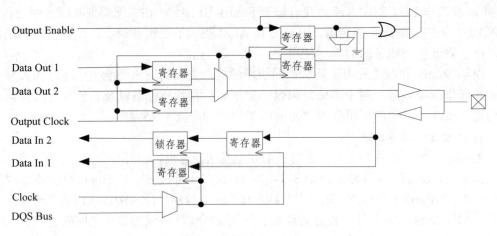

图 2.55　Stratix Ⅱ 器件的 I/O 电路

除了特有的 I/O 接口特性之外，Stratix Ⅱ 器件使用通用的可编程逻辑特性就能获得最大的存储接口性能。

4) 针对 Stratix Ⅱ 器件优化的 IP

Altera 提供由 Altera 和 Altera Megafunction 合作伙伴计划(AMPP)厂商开发和测试的完全可定制的 IP 宏功能控制器核。设计者使用 Quartus Ⅱ 软件的图形用户接口(GUI)，可以快速方便地将这些宏功能集成到 Stratix Ⅱ 中，这个过程会自动配置 Stratix Ⅱ 器件中所有的专用外部存储器支持特性。

5) 设计安全性

Stratix Ⅱ 器件可以保证设计的安全性，防止 IP 被窃，同时满足严格的设计需求。Stratix Ⅱ 器件是第一款支持使用 128 位高级加密标准(AES)和非易失密钥进行配置流加密的 FPGA。

基于 SRAM 的 FPGA 是易失性的，需要在上电时从 Flash 存储器或配置器件进行配置，配置流在传送过程中可能被截获。在 Stratix Ⅱ FPGA 中，用 128 位 AES 和非易失密钥对配置流进行加密。

6) TriMatrix 存储器

Stratix Ⅱ 器件具有 TriMatrix 存储结构，它包括三种大小的嵌入式 RAM 块：512 b 的 M512 块、4 Kb 的 M4K 块和 512 kb 的 M-RAM 块，每个都可以配置为支持各种特性，能够实现复杂设计中的各种存储功能。TriMatrix 存储器结构提供了多达 9 Mb 的 RAM，使得 Stratix Ⅱ 系列器件成为大存储量应用的可行方案。

7) 数字信号处理(DSP)块

Stratix Ⅱ 器件提供了数字信号处理(DSP)功能块、TriMatrix 存储器和自适应逻辑模块(ALM)等，并针对高性能 DSP 应用进行了优化。

DSP 块结合 TriMatrix 和 ALM，能够高效地实现 DSP 算法，如滤波、压缩、码片处理、均衡、数字中频(IF)、变换和调制。

DSP 块中提供了乘法器、加法器、减法器、累加器和求和单元，这些都是一般 DSP 算法中常用的功能。图 2.56 是 DSP 块的架构图。

每个 DSP 块能支持不同的乘法器(9×9、18×18、36×36)和操作模式(乘法、复数乘法、乘累加以及乘加)，每个 DSP 块提供了 2.8 GMACS 的 DSP 吞吐量。此外，DSP 块增加了新的舍入和饱和支持，便于将 DSP 固件代码导入 FPGA。

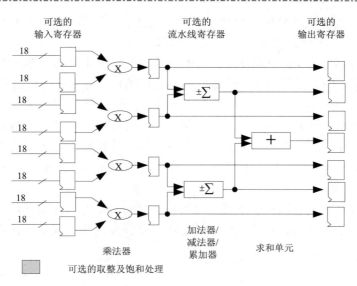

图 2.56 DSP 块构架图

另外，最新的 Quartus Ⅱ 软件为将信号处理算法映射到 Stratix Ⅱ DSP 块架构进行了进一步的优化。

Stratix Ⅱ FPGA 可实现完整的 DSP 系统，也可以作为 DSP 应用中的 FPGA 协处理器。基于 Stratix Ⅱ FPGA 的协处理器将为主处理器分担如 Turbo 译码、回音抵消、多用户检测和相关器等复杂计算，能够提升整个系统的性能。

Altera 为设计者提供了各种支持服务、工具和开发平台，来实现 Stratix Ⅱ FPGA 中的 DSP 设计。用户定义的 FPGA 协处理器可以用 DSP Builder 快速进行开发。

8) 时钟管理电路

Altera Stratix Ⅱ 器件具有多达 12 个锁相环(PLL)和 48 个独立系统时钟，可以作为中央时钟管理器满足系统的时序需求。Stratix Ⅱ 器件在 Stratix 器件架构基础上提供了先进的片内 PLL 特性，如扩频时钟、时钟切换、频率合成、可编程相移、可编程延迟、外部反馈和可编程带宽。Stratix Ⅱ 器件还提供 PLL 重配置功能，允许用户无需重新编程整个器件，只需改变 PLL 的配置。另外，Stratix Ⅱ 快速 PLL 也支持动态相位调整(DPA)特性，它能够动态地纠正高速系统中的通道至通道偏移。图 2.57 是 Stratix Ⅱ PLL 的原理框图。

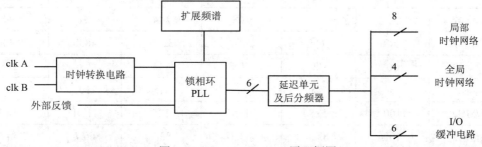

图 2.57 Stratix Ⅱ PLL 原理框图

Stratix Ⅱ 有两类通用 PLL：增强 PLL 和快速 PLL。增强 PLL 是功能丰富的通用 PLL，支持诸如外部反馈、时钟切换、PLL 重配置、扩频时钟和可编程带宽等先进的特性。快速 PLL 为高速差分 I/O 接口进行了优化，提供了如 DPA 等特性，也可用于一般的 PLL 定时。

每个 Stratix Ⅱ 器件有两个具有专用输出的 PLL，能够管理板级系统时序。它总共有 24

个单端或 12 个差分输出，这些输出可为系统中的其他器件提供时钟。用户可以组合 Stratix Ⅱ PLL 提供的功能，如可编程相移、外部反馈和延迟，来补偿板级偏移和延迟。

每个 Stratix Ⅱ 器件有 48 个高性能、低偏移的时钟。这个高速时钟网络和丰富的 PLL 紧密地耦合在一起，确保了最复杂的设计能够在最优的性能和最小的时钟偏移下运行。

9) 片内匹配

随着系统速度和时钟速率的不断增加，信号完整性在数字设计中变得越来越关键。为了改善信号的完整性，应适当地匹配单端和差分信号。匹配可以用板上的外部电阻实现，也可以用片内匹配技术实现。Stratix Ⅱ 器件支持片内匹配和外部匹配方案。

10) 远程系统升级

Stratix Ⅱ FPGA 系列继续提供远程实时系统升级特性，允许使用任何通信网络传输远程系统升级数据。另外，Stratix Ⅱ 器件中内建的专用恢复电路确保了设计者可进行安全而可靠的远程更新。

2.5 Xilinx 公司的 CPLD 和 FPGA 器件

2.5.1 Xilinx 公司的 CPLD 和 FPGA 概述

1. CLPD 器件概述

Xilinx 公司以其提出现场可编程的概念和 1985 年生产出世界上首片 FPGA 而著名，其 CPLD 产品也很不错。

Xilinx 公司的 CPLD 器件系列主要有 XC7200 系列、XC7300 系列、XC9500 系列和 CoolRunner 系列。

1) XC9500 系列

XC9500 系列有 XC9500/9500XV/9500XL 等品种，主要是芯核电压不同，分别为 5 V、2.5 V 和 3.3 V。XC9500 系列 CPLD 主要参数见表 2.10。

表 2.10 XC9500 系列 CPLD 主要参数

器　件	XC9536	XC9572	XC95108	XC95144	XC95216	XC95288
宏单元数	36	72	108	144	216	288
可用门数	800	1600	2400	3200	4800	6400
寄存器数	36	72	108	144	216	288
t_{PD}/ns	5	7.5	7.5	7.5	10	15
t_{CNT}/MHz	100	125	125	125	111.1	92.2
t_{SYS}/MHz	100	83.3	83.3	83.3	66.7	56.6

XC9500 系列采用快闪(FASTFlash)存储技术，能够重复编程万次以上，比 ultraMOS 工艺速度更快，功耗更低，引脚到引脚之间的延时最小为 4 ns，宏单元数可达 288 个(6400 门)，系统时钟为 200 MHz，支持 PCI 总线规范，支持 ISP 和 JTAG 边界扫描测试功能。

该系列器件的最大特点是引脚作为输入可以接受 3.3 V/2.5 V/1.8 V/1.5 V 等多种电压标

准，作为输出可配置成 3.3 V/2.5 V/1.8 V 等多种电压标准，工作电压低，适应范围广，功耗低，编程内容可保持 20 年。

2) CoolRunner 系列

CoolRunner 系列是 Xilinx 公司继 XC9500 系列后于 2002 年新推出的，现在常用的是适用于 1.8 V 应用的 CoolRunner II 系列，支持 1.5～3.3 V I/O，宏单元数可达 512 个，最快速度 t_{PD} 为 3.8 ns。CoolRunner II 系列 CPLD 主要参数见表 2.11。

表 2.11　CoolRunner II 系列 CPLD 主要参数

器　件	XC2C32	XC2C64	XC2C128	XC2C256	XC2C384	XC2C512
宏单元数	32	64	128	256	384	512
最大 I/O 数	33	64	100	184	240	270
t_{PD}/ns	3.5	4.0	4.5	5.0	5.5	6.0
t_{SU}/ns	1.7	2.0	2.1	2.2	2.3	2.4
t_{CO}/ns	2.8	3.0	3.4	3.8	4.2	4.6
t_{SYS}/MHz	333	270	263	238	217	217

2. FPGA 器件概述

Xilinx 公司是最早推出 FPGA 器件的公司，1985 年首次推出 FPGA 器件，现有 XC2000/3000/3100/4000/5000/6200/8100、Virtex 系列、Spartan 系列等 FPGA 产品。

1) XC2000 等系列 FPGA

XC2000/3000/3100/4000/5000/6200/8100 系列 FPGA 是 Xilinx 公司最初推出的 FPGA 主要系列产品。

2) Virtex 系列 FPGA

Virtex 器件系列，包括 Virtex、Virtex E、Virtex II、Virtex II E、Virtex II Pro、Virtex-4、Virtex-4Q、Virtex-4QV、Virtex-5、Virtex-5Q、Virtex-6 等系列 FPGA，现在主流产品是 Virtex-5、Virtex-6 等系列。Virtex II Pro 系列 FPGA 主要参数见表 2.12。

表 2.12　Virtex II Pro 系列 FPGA 主要参数

器　件	多吉位收发器数量 (Rocket IO™)	PowerPC405 数量	LC 数量	乘法器数量	BlcokRAM 容量/Kb	DCM 数量	最大用户 I/O 数量
XC2VP2	4	1	3168	12	216	4	204
XC2VP4	4	1	6768	28	504	4	348
XC2VP7	8	1	11 088	44	792	4	396
XC2VP20	8	2	20 880	88	1584	8	564
XC2VP30	8	2	30 816	136	2448	8	692
XC2VP40	12	2	43 632	192	3456	8	804
XC2VP50	16	2	53 136	232	4176	8	852
XC2VP70	20	2	74 448	328	5904	8	996
XC2VP100	20	2	92 216	444	7992	12	1164
XC2VP125	24	4	125 136	556	10008	12	1200

Virtex®系列是高速、高密度的 FPGA,采用 0.22 μm、5 层金属布线的 CMOS 工艺制造,最高时钟频率为 200 MHz,集成度在 5 万门至 100 万门之间,工作电压为 2.5 V。Virtex® E 器件系列 FPGA 是在 Virtex 器件基础上改进的,采用 0.18 μm、6 层金属布线的 CMOS 工艺制造,时钟频率高于 200 MHz,集成度在 5.8 万门至 400 万门之间,工作电压为 1.8 V。该系列的主要特点是:内部结构灵活,内置时钟管理电路,支持 3 级存储结构;采用 Select I/O 技术,支持 20 种接口标准和多种接口电压,支持 ISC 和 JTAG 边界扫描测试功能;采用 Select RAM 存储体系,内嵌 1 MB 的分布式 RAM 和最高 832 Kb 的块状 RAM,存储器带宽为 1.66 Tb/s。Virtex® Ⅱ Pro 系列 FPGA 产品是 Xilinx 公司 2001 年推出,集成度可达 1000 万系统门级的 FPGA。其后又推出了 Virtex-4,逻辑单元数达到 200 448 个。

Virtex®-5 FPGA 是世界上首款 65 nm FPGA 系列,采用 1.0 V、三栅极氧化层工艺技术制造而成,并且根据所选器件可以提供 550 MHz 时钟、330 000 个逻辑单元、1200 个 I/O 引脚、48 个低功耗收发器以及内置式 PowerPC® 440、PCIe® 端点和以太网 MAC 模块。根据应用不同,分为 LX、LXT、SXT、FXT 和 TXT 五种型号。

Virtex®-6 系列是目前集成度最高的 FPGA,逻辑单元数多达 760 000 个,时钟频率 600 MHz,用户 I/O 数多达 1200 个,用 40 nm 工艺制造,产品的功耗和成本分别比上一代产品低 50%和 20%,具有适当的可编程性、集成式 DSP 模块、存储器和连接功能支持——包括高速收发器功能,能够满足对更高带宽和更高性能的需求。该系列产品支持 I/O 标准超过 40 种,嵌入式分块 RAM(Block RAM)高达 38 Mb,内嵌 DSP 核、千兆位级高速串行,支持高级时钟管理技术、PCI Express® 技术、MicroBlaze™ 软处理器。可以说,Virtex 系列产品代表了 Xilinx 公司在 FPGA 领域的最高水平。Virtex-6 系列有 LXT、SXT 和 HXT 三种型号。

3) Spartan 器件系列 FPGA

Spartan 器件系列 FPGA 是在 Virtex 器件结构的基础上发展起来的,包括 Spartan、Spartan XL、Spartan Ⅱ、Spartan Ⅱ E、Spartan-3/3A/3AN/3A DSP/3E/3L、Spartan-6 等系列。现在主流产品是 Spartan-3A 延伸系列、Spartan-6 系列。Spartan-3 系列 FPGA 主要参数见表 2.13。

表 2.13　Spartan-3 系列 FPGA 主要参数

| 器　件 | 系统门数 | 逻辑单元数 | CLB 阵列 (1CLB=4Slice) | | | 分布式 RAM /Kb | RAM 块/Kb | 专用乘法器 | DCM 数 | 最大用户 I/O 数 | 最大差分 I/O 对数 |
			行数	列数	CLB 总数						
XC3S50	50 k	1728	16	12	192	12	72	4	2	124	56
XC3S200	200 k	4320	24	20	480	30	216	12	4	173	76
XC3S400	400 k	8064	32	28	896	56	288	16	4	264	116
XC3S1000	1 M	17 280	48	40	1920	120	432	24	4	391	175
XC3S1500	1.5 M	29 952	64	52	3328	208	576	32	4	487	221
XC3S2000	2 M	46 080	80	64	5210	320	720	40	4	565	270
XC3S4000	4 M	62 208	96	72	6912	432	1728	96	4	712	312
XC3S5000	5 M	74 880	104	80	8320	520	1872	104	4	784	344

SpartanⅡ采用 0.22 μm/0.18 μm、6 层金属布线的 CMOS 工艺制造，最高时钟频率 200 MHz，集成度可达 15 万门，工作电压为 2.5 V。

　　Spartan®-3A 延伸系列 FPGA 解决了众多大批量、成本敏感型电子应用中的设计挑战。该FPGA 具有 50 000 至 3400 000 个系统门，可提供包括总系统成本最低的集成式 DSP MAC 在内的大量选项。3A 面向主流应用，3AN 面向非易失性应用，3A DSP 面向 DSP 应用。

　　Spartan-6 系列是成本和功耗双低的 FPGA，为成本敏感型应用提供了低风险、低成本、低功耗和高性能均衡。产品基于公认的低功耗 45 nm、9-金属铜层、双栅极氧化层工艺技术，提供了高级功耗管理技术、150 000 个逻辑单元、集成式 PCI Express® 模块、高级存储器支持、250 MHz DSP slice 和 3.125 Gb/s 低功耗收发器。分 LX 型和 LXT 型，其中 LX 型不包含收发器和 PCI Express 端点模块。

2.5.2　XC9500 系列 CPLD 结构

　　XC9500 系列器件(XC9500、XC9500XL、XC9500XV)在结构上基本相同，如图 2.58 所示。

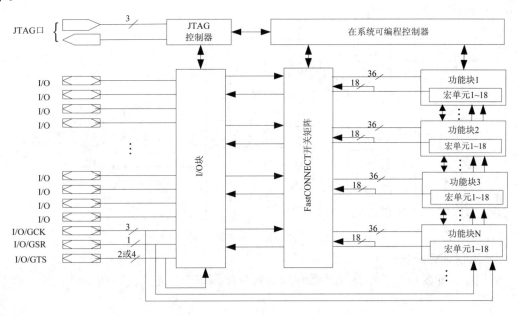

图 2.58　XC9500 系列结构

　　每个 XC9500 器件是由一个多功能块 FB(Function Block)和输入/输出块 IOB 组成，并有一个开关矩阵 FastCONNECT 完全互连的子系统。每个 FB 提供具有 36 个输入和 18 个输出的可编程逻辑；IOB 则提供器件输入和输出的缓冲；FastCONNECT 开关矩阵将所有输入信号及 FB 的输出连到 FB 的输入端。

1．功能块

　　如图 2.59 所示，每个功能块 FB 由 18 个独立的宏单元组成，每个宏单元可实现一个组合电路或寄存器的功能。FB 除接收来自 FastCONNECT 的输入外，还接收全局时钟、输出使能和复位/置位信号。FB 产生驱动 FastCONNECT 开关矩阵的 18 个输出，这 18 个信号和相应的输出使能信号也驱动 IOB。

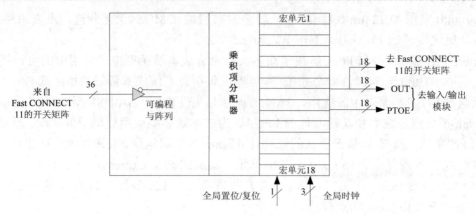

图 2.59　XC9500 系列功能模块

2．宏单元

XC9500 器件的每个宏单元(Macrocell)可以单独配置成组合或寄存的功能，宏单元和相应的 FB 逻辑如图 2.60 所示。所有的全局控制信号，包括时钟、复位/置位和输出使能信号对每个单独的宏单元都是有效的。

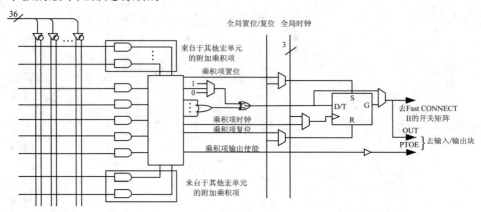

图 2.60　XC9500 功能模块内的宏

3．乘积项分配器

乘积项分配器控制 5 个直接的乘积项如何分配到每个指定单元，图 2.61 是乘积项分配器逻辑图。

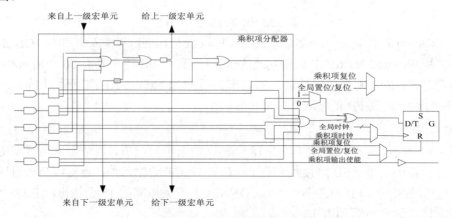

图 2.61　乘积项分配器逻辑

4．FastCONNECT 开关矩阵

FastCONNECT 开关矩阵连接信号到 FB 的输入端，如图 2.62 所示。所有 IOB(对应于用户输入引脚)和所有 FB 的输出驱动 FastCONNECT 开关矩阵。开关矩阵的所有输出都可以通过编程选择以驱动 FB，每个 FB 最多可接收 36 个来自开关矩阵的输入信号。

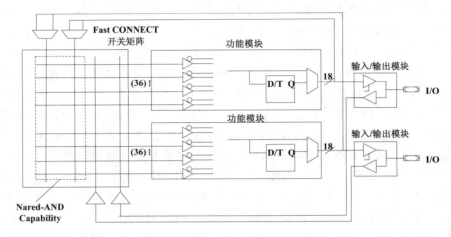

图 2.62　Fast CONNECT 开关矩阵

5．输入/输出块

输入/输出块(IOB)提供内部逻辑电路到用户 I/O 引脚之间的接口。每个 IOB 包括一个输入缓冲器、输出驱动器，输出使能数据选择器和用户可编程接地控制，如图 2.63 所示。

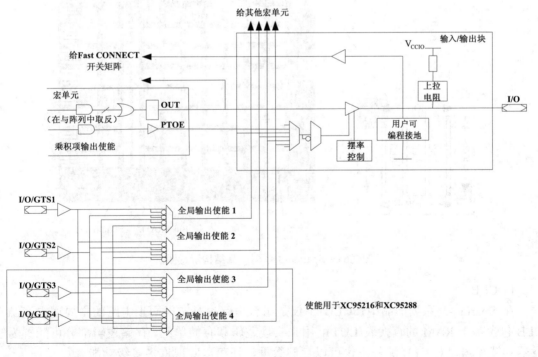

图 2.63　输入/输出块和输出使能图

输入缓冲器兼容标准 5 V CMOS、5 V TTL 和 3.3 V 信号电平。输入缓冲器利用内部 5 V 电源(VCCNT)确保输入门限为常数，不随 VCCIO 电压改变。

2.5.3　Spartan-3 系列 FPGA 结构

Spartan-3 系列基于成熟的 Spartan II E 系列产品，不仅改善了时钟管理功能，而且也增加了逻辑资源的数量、内部 RAM 的容量、I/O 总数和性能的整体水平。Spartan-3 中很多增强的特性来源于目前工艺水平的 Virtex^{TM} II 技术。

由于其极低廉的成本，Spartan-3 FPGA 能理想地应用于很大范围的消费者的电子器械中，包括宽带访问，家庭网上工作，显示/投影和数字电视设备。

Spartan-3 系列产品对于屏蔽已编程的 ASIC 器件是一种更高级的选择。FPGA 避开了初始化成本高，开发周期冗长，传统的 ASIC 器件的内部灵活性差等缺憾。FPGA 编程也允许在没有硬件代替的情况下实现现场设计升级，而对于 ASIC 器件是不可能办到的。

Spartan-3 系列的结构可由 5 个基本的可编程功能模块组成，分别是可配置逻辑模块(CLB)、输入/输出模块(IOB)、BlockRAM、乘法器模块和数字时钟管理器(DCM)。这些模块的组成如图 2.64 所示。一系列 IOB 模块沿器件的边沿分布，围绕着一组按规则排列的 CLB 模块。XC3S50 型只有一个按列排列的 BlockRAM 嵌在阵列中，XC3S200 型到 XC3S2000 型有两个按列排列的 BlockRAM，而 XC3S4000 和 XC3S5000 有四个 BlockRAM。每个列状 BlockRAM 是由几个 18 Kb 的 RAM 模块组成的，每个模块与专用乘法器有关。DCM 放置在 BlockRAM 列的外端。

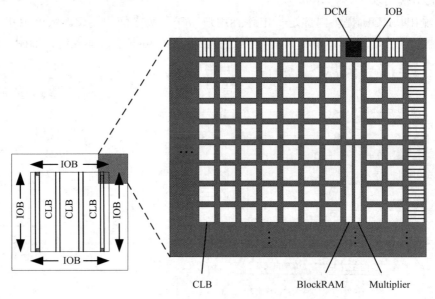

图 2.64　Spartan-3 系列产品结构示意图

1) CLB

在 Spartan-3 系列产品中，CLB 不仅是组合电路也是实现同步电路的主要逻辑资源。CLB 包含基于 RAM 的查找表(LUT)，用来实现逻辑和存储单元。存储逻辑部分可配置为触发器和锁存器，对 CLB 编程不仅可以存储数据，还可以实现许多多级功能。

一个 CLB 单元含有 4 个互连的 Slice，如图 2.65 所示。这些 Slice 分对成组。每一对组成具有独立进位链的列。所有 4 个切片通常都具有：两个逻辑函数发生器、两个存储单元、函数复用器、进位逻辑和算术门。两个左右切片使用这些单元提供逻辑、运算和 ROM 功能。除此之外，左边一对还支持另外两个功能：使用分布式的 RAM 存储数据和 16 位数据移位寄存器。

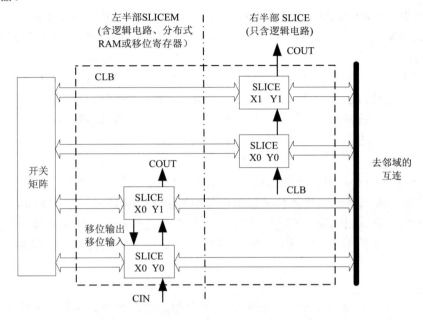

图 2.65　Spartan-3 Slice 结构示意图

2) IOB

在 Spartan-3 系列产品中，IOB 模块控制着外部 I/O 管脚和器件内部逻辑之间的数据流。每个 IOB 支持双向数据流加上三态操作。该模块具有 24 个不同信号标准，包括 7 个高性能差分标准。数字控制阻抗(DCI)特性提供了自动的片上终端，简化了板上设计。

IOB 具有三个信号通路：输入通路、输出通路和三态通路。图 2.66 只给出了通路的结构示意图。每一路有其自己的一对存储单元，该存储电压既可以作为寄存器也可以作为锁存器。

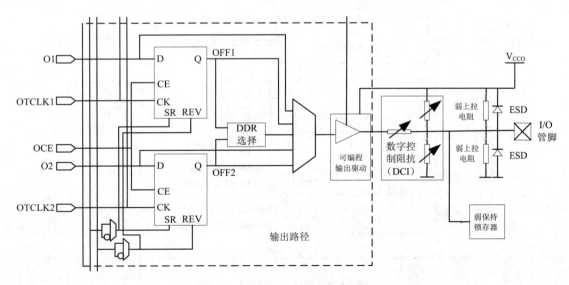

图 2.66　输出通路结构示意图

3) BlockRAM

在 Spartan-3 系列产品中，所有 Spartan-3 器件支持 BlockRAM，它提供了 18 Kb 双端口模块以存储数据。BlockRAM 能够存储相当大的数据量，比分布式 RAM 更有效。XC3S50 有一个 BlockRAM 列；XC3S2000 有两个 BlockRAM 列；XC3S4000 和 XC35000 有四个 BlockRAM 列。

BlockRAM 具有双端口结构。两个等同的数据端称为 A 和 B，允许独立访问共同的 RAM 模块，每个端口有其自己专用的一系列数据，控制和时钟线路用于同步阅读和写操作。这里有四个基本的数据通路：① 写入以及从端口 A 读出；② 写入以及从端口 B 读出；③ 数据从端口 A 流入端口 B；④ 数据从端口 B 流入端口 A。

4) Multiplier

在 Spartan-3 系列产品中，乘法器模块允许两个 18 位二进制作为输入，并计算输出 36 位结果。乘法器的输入总线接受两种数据类型(18 位有符号和 17 位无符号)。这样的一个乘法器与片上的每一 BlockRAM 相匹配。这两者闭环的临近性确保了数据的操纵。级联式乘法器允许三个位数多于 18 的乘法因子输入。在一个设计中可以放置两个初级乘法器中任意一个。

5) DCM

在 Spartan-3 系列产品中，DCM 模块提供了自激振荡、分布、延迟、相乘、分频和相位偏移的时钟信号。为了实现这些功能，DCM 使用延迟锁相环(DDL)，一个完全数字式控制系统。它使用反馈来维持时钟信号，即使工作温度和电压在正常范围内有变化，也具有很高的精度。

Spartan-3 系列的每一个成员除了最小的 XC3S50 有两个 DCM 外，其他的都有四个 DCM。DCM 位于最外面的 BlockRAM 列的端部。

DCM 有四个功能部分：延迟锁相环、数字频率同步器、相位移位器和状态逻辑。每一部分有与其相关的信号，如图 2.67 所示。

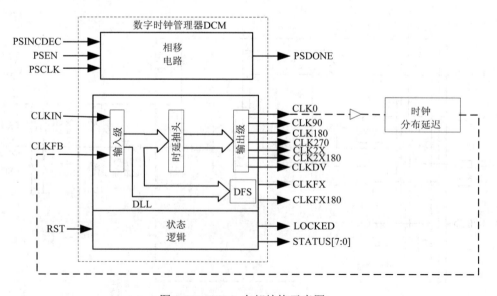

图 2.67　DCM 内部结构示意图

2.5.4 Virtex Ⅱ Pro 系列 FPGA 结构

Virtex Ⅱ Pro 系列产品是 Xilinx 公司推出的高端 FPGA 产品。它采用 0.13 μm 的 9 层全铜工艺生产，并继续沿用成熟的 Virtex Ⅱ 架构，无缝嵌入 PowerPC405 和 RocketIO™ 多吉位收发器(Multi-Gigabit Transceiver，MGT)。通过 Virtex Ⅱ Pro 系列产品中内嵌 32 位 RISC 硬核和 3.125 Gb/s 高速串行接口，Xilinx 公司将 FPGA 产品又推向了更广泛的应用领域。

如图 2.68 所示，Virtex Ⅱ Pro 系列产品采用 Xilinx 公司成熟的 Virtex Ⅱ 架构，主要由 PowerPC405 处理器模块、RocketIO™ 多吉收发器、CLB、IOB、BlockRAM、DCM 和乘法器组成。其中，CLB、IOB、BlockRAM、DCM 和乘法器的内部结构和使用方法与 Virtex Ⅱ 系列产品完全一致，这里不再赘述。下面介绍一下 PowerPC405 处理器模块和 RocketIO™ 吉位收发器的内部结构和技术特点。

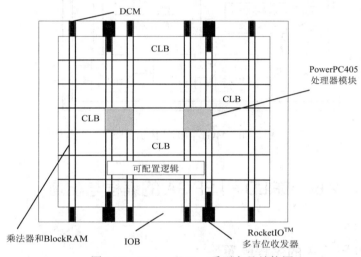

图 2.68　Virtex Ⅱ Pro 系列产品结构图

PowerPC405 处理器模块：在 Virtex Ⅱ Pro 系列产品中，PowerPC 处理器模块包括 IBM PowerPC405 RISC 硬核、OCM 控制器、时钟/控制逻辑和 CPUIFPGA 接口(即图中各个接口)等部分，其内部结构如图 2.69 所示。

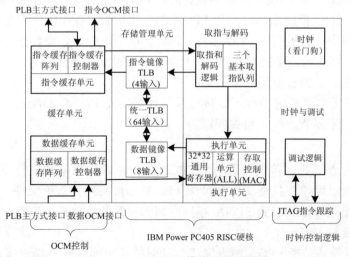

图 2.69　PowerPC405 处理器模块内部结构图

多吉收发器(MGT)：在 Virtex Ⅱ Pro 系列产品中，MGT 包括物理连接层(Physical Media Attachment，简称 PMA)和物理编码层(Physical Coding Sublayer，PCS)两个部分，如图 2.70 所示。

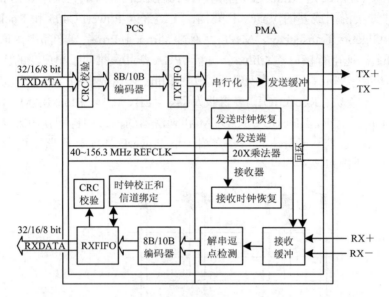

图 2.70　MGT 内部结构示意图

2.6　CPLD 和 FPGA 的编程与配置

2.6.1　CPLD 和 FPGA 的编程配置

1. 编程配置的概念

可编程逻辑器件在利用开发工具设计好应用电路后，要将该应用电路写入 PLD 芯片。将应用电路写入 PLD 芯片的过程称为编程，而对 FPGA 器件来讲，由于其内容在断电后即丢失，因此称为配置(但把应用电路写入 FPGA 的专用配置 ROM 仍称为配置)。由于编程或配置一般是把数据由计算机写入 PLD 芯片，因此，也叫下载。要把数据由计算机写入 PLD 芯片，首先要把计算机的通信接口和 PLD 的编程或配置引脚连接起来。一般是通过下载线和下载接口来实现的，也有专用的编程器。

CPLD 的编程主要要考虑编程下载接口及其连接，而 FPGA 的配置除了考虑编程下载接口及其连接外，还要考虑配置器件问题。

2. 配置模式

在 FPGA 的配置之前，首先要借助于 FPGA 开发系统，按某种文件格式要求描述设计系统，编译仿真通过后，将描述文件转换成 FPGA 芯片的配置数据文件。选择一种 FPGA 的配置模式，将配置数据装载到 FPGA 芯片内部的可配置存储器，FPGA 芯片才会成为满足要求的芯片系统。

FPGA 的配置模式是指 FPGA 用来完成设计时的逻辑配置和外部连接方式。逻辑配置是指，经过用户设计输入并经过开发系统编译后产生的配置数据文件，将其装入 FPGA 芯片内部的可配置存储器的过程，简称 FPGA 的下载。只有经过逻辑配置后，FPGA 才能实现用户需要的逻辑功能。

不同公司的配置模式有所不同，而同一公司的不同器件系列也有差异，具体配置模式应查相关器件的数据手册。比如 Lattice 公司的 ECP/EC 系列器件的配置模式由 CFG[2:0]决定，包括七种配置模式：① SPI 主动模式；② SPIX 主动模式；③ 主动串行模式；④ 从动串行模式；⑤ 主动并行模式；⑥ 从动并行模式；⑦ ispJTAG 模式。Altera 公司基于 SRAM LUT 结构器件的配置模式由芯片引脚 MSEL1 和 MSEL0 的状态决定，包括六种配置模式：① 配置器件配置模式；② PS 被动串行模式；③ PPS 被动并行同步模式；④ PPA 被动并行异步模式；⑤ PSA 被动串行异步模式；⑥ JTAG 模式。 Xilinx 公司 XC2000/XC3000 等系列的 FPGA 的配置模式由芯片引脚 M0、M1 和 M2 的状态决定，包括六种配置模式：① 主动串行配置模式；② 主动并行配置模式(高)；③ 主动并行配置模式(低)；④ 从动串行配置模式；⑤ 同步外设配置模式；⑥ 异步外设配置模式。

3. 配置流程

FPGA 的配置流程如图 2.71 所示，一般包括芯片的初始化、配置和启动等几个过程。

当系统加电时，FPGA 自动触发芯片的加电/复位电路，芯片开始进行初始化操作。初始化操作包括：清除芯片内部的可配置存储器；检测芯片引脚的配置状态，判断芯片的配置模式；将输出引脚设置成高阻状态。FPGA 芯片内部设有延时电路，使芯片有足够的时间完成初始化操作。在芯片的配置过程中，如果检测到 $\overline{\text{RESET}}$ 的低有效信号，配置过程就会中断，芯片初始化操作重新开始。

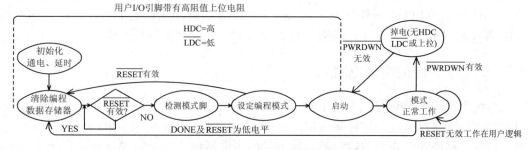

图 2.71　FPGA 的配置流程

当芯片的配置确定无误后，开始对芯片进行配置。在配置过程中，配置数据以固定格式传送，它以一个 4 位起始码、一个 24 位长度计数码和一个 4 位隔离码为引导，接着开始进行配置数据的传递。配置开始后，芯片内的一个 24 位二进制计数器从零开始对配置时钟做加法计数，当计数器的值与长度计数码的值相同时，配置过程结束。配置数据在芯片内部以串行方式进入芯片内的移位寄存器，进行串并转换后再以并行方式写入配置存储器。在配置过程中，FPGA 自动对配置数据进行检查，发现错误，立即中断配置过程，同时在 INIT 引脚输出低电平，给出错误信息。

FPGA 从芯片配置过程转换到执行用户指定逻辑功能的过程称为启动。在配置过程的最后一个时钟周期，芯片的 DONE 信号从低电平变为高电平，该信号标志着配置过程的结束。配置过程结束后，与配置过程相关的引脚将执行用户指定的功能，FPGA 开始按设计要求工作。

2.6.2　CPLD 和 FPGA 的下载接口

目前可用的下载接口有专用接口和通用接口，串行接口和并行接口之分。专用接口有 Lattice 早期的 ISP 接口(ispLSI1000 系列)、Altera 的 PS 接口等；通用接口有 JTAG 接口。串行接口和并行接口不仅针对 PC 机而言，对 PLD 也是这样，显然，JTAG 接口是串行接口。但在 PLD 内部，数据都是串行写入的，使用并行接口在 PLD 内部数据有一个并行格式转串行格式的过程，故串行接口和并行接口速度基本相同。

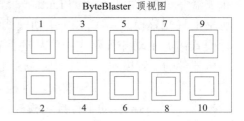

ByteBlaster 顶视图

图 2.72　ByteBlaster 接口信号排列图

Altera 的 ByteBlaster 接口是一个 10 芯的混合接口，有 PS 和 JTAG 两种模式，都是串行接口。接口信号排列如图 2.72 所示，名称如表 2.14 所示。

表 2.14　ByteBlaster 接口信号名称表

模式 \ 引脚号	1	2	3	4	5	6	7	8	9	10
PS 模式	DCK	GND	CONF DONE	VCC	CONFIG	NA	nSTATUS	NA	DATA0	GND
JTAG 模式	TCK	GND	TDO	VCC	TMS	NA	NA	NA	TDI	GND

PLD 芯片，尤其是 FPGA 芯片，其下载模式有几种，分别对应于不同格式的数据文件，不同的配置模式又要有不同的接口，如 Xilinx 公司的 FPGA 器件有八种配置模式，Altera 的 FPGA 器件有六种配置模式。配置模式的选择是通过 FPGA 器件上的模式选择引脚来实现的，Xilinx 公司的 FPGA 器件有 M_0、M_1、M_2 三只配置引脚，Altera 的 FPGA 器件有 $MSEL_0$、$MSEL_1$ 两只配置引脚。但各系列也有差别，设计时要查阅相关数据手册。

2.6.3　CPLD 器件的编程电路

在系统可编程(ISP)就是当系统上电并正常工作时,计算机通过系统中的 CPLD 拥有 ISP 接口并直接对其进行编程，器件在编程后立即进入正常工作状态。这种 CPLD 编程方式的出现，改变了传统的使用专用编程器编程方法的诸多不便。图 2.73 是 Altera CPLD 器件的 ISP 编程连接图，其中 Byteblaster(MV)与计算机并口相连。MV 即混合电压的意思。

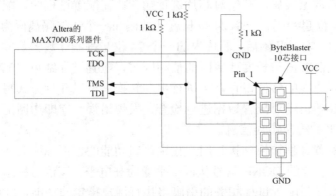

图 2.73　CPLD 编程下载连接图

必须指出，Altera 的 MAX7000 系列 CPLD 是采用 IEEE 1149.1 JTAG 接口方式对器件

进行再系统编程的，在图 2.72 中与 ByteBlaster 的 10 芯接口相连的是 TCK、TDO、TMS 和 TDI 这四条 JATG 信号线。JTAG 接口本来是用来做边界扫描测试(BST)的，把它用作编程接口则可以省去专用的编程接口，减少系统的引出线。由于 JTAG 是工业标准的 IEEE1149.1 边界扫描测试的访问接口，用作编程功能有利于各可编程逻辑器件编程接口的统一。据此，便产生了 IEEE 编程标准 IEEE 1532，对 JTAG 编程方式进行标准化统一。

在讨论 JTAG BST 时曾经提过，在系统板上的多个 JTAG 器件的 JTAG 口可以链接起来，形成一条 JTAG 链。同样，对于多个支持 JTAG 接口 ISP 的 CPLD 器件，也可以使用 JTAG 链进行编程，当然也可以进行测试。图 2.74 用了 JTAG 对多个器件进行 ISP 在系统编程。

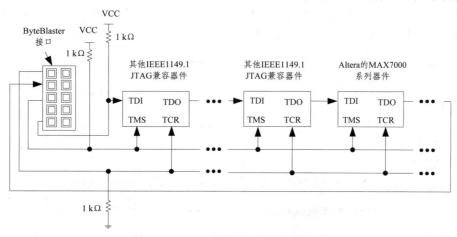

图 2.74　PLD 芯片 ISP 编程连接方式

JTAG 链使得对各个公司生产的不同 ISP 器件进行统一的编程成为可能。有的公司提供了相应的软件，如 Altera 的 Jam Player 可进行不同公司支持 JTAG 的 ISP 器件混合编程。有些早期的 ISP 器件，比如最早引入 ISP 概念的 Lattice 的 ispLSI1000 系列(新的器件支持 JTAG ISP，如 1000EA 系列)采用专用的 ISP 接口，也支持多器件下载。

2.6.4　FPGA 器件的配置电路

不同公司的配置模式有所不同，而同一公司的不同器件系列也有差异，具体配置模式及配置电路应查相关器件的数据手册。限于篇幅，下面仅给出基于 Altera 公司器件的几种常用配置电路。

1. 使用 PC 并行口配置 FPGA

对于基于 SRAM 查找表 LUT 结构的 FPGA 器件，由于是易失性器件，没有 ISP 的概念，代之以 ICR(In-Circuit Reconfigurability)，即在线可重配置方式。FPGA 特殊的结构使之需要在上电后必须进行一次配置。电路可重配置是指在器件已经配置好的情况下进行重新配置，以改变电路逻辑结构和功能。在利用 FPGA 进行设计时可以利用 FPGA 的 ICR 特性，通过连接 PC 机的下载电缆快速地下载设计文件至 FPGA 进行硬件验证。

Altera 的 SRAM LUT 结构的器件中，FPGA 可使用六种配置模式，这些模式通过 FPGA 上的两个模式选择引脚 MSEL1 和 MSEL0 上设定的电平来决定：

(1) 配置器件，如用 EPC 器件进行配置。

(2) PS(Passive Serial，被动串行)模式：MSEL1=0、MSEL0=0。

(3) PPS(Passive Parallel Synchronous，被动并行同步)模式：MSEL1=1、MSEL0=0。

(4) PPA(Passive Parallel Asynchronous，被动并行异步)模式：MSEL1=1、MSEL0=1。

(5) PSA(Passive Serial Asynchronous，被动串行异步)模式：MSEL1=1、MSEL0=0。

(6) JTAG 模式：MSEL1=0、MSEL0=0。

在这六种配置模式中，PS 模式可利用 PC 机通过 Byteblaster 下载电缆对 Altera 器件应用 ICR。这在 FPGA 的设计调试时是经常使用的。图 2.75 FLEX10K PS 模式配置时序图，其中标出了 FPGA 器件的三种工作状态：配置状态、用户模式(正常工作状态)、初始化状态。配置状态是指 FPGA 器件正在配置的状态，用户 I/O 全部处于高阻态；用户模式是指 FPGA 器件已得到配置，并处于正常工作状态，用户 I/O 在正常工作；初始化状态是指配置已经完成，但 FPGA 器件内部资源，如寄存器还未复位完成，逻辑电路还未进入正常状态。

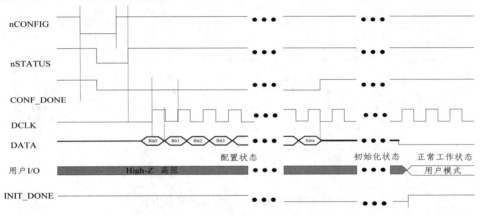

图 2.75　FLEX10K PS 模式配置时序

当设计的数字系统比较大，需要不止一个 FPGA 器件时，若为每个 FPGA 器件都设置一个下载口显然是不经济的。Altrera 器件的 PS 模式支持多个器件进行配置。对于 PC 机而言，只是在软件上加以设置支持多器件外，再通过一条 ByteBlaster 下载电缆即可对多个 FPGA 器件进行配置。图 2.76 的电路给出了 PC 机用 ByteBlaster 下载电缆对多个器件进行配置的原理图。

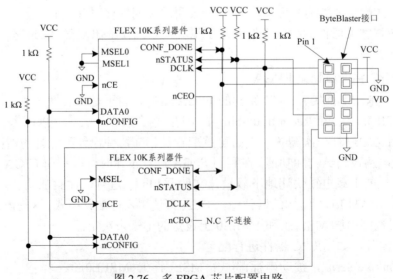

图 2.76　多 FPGA 芯片配置电路

2．使用专用配置器件配置 FPGA

通用 PC 机对 FPGA 进行 ICR 在系统重配置，虽然在调试时非常方便，但当数字系统设计完毕需要正式投入使用时，在应用现场(比如车间)不可能在 FPGA 每次加电后，用一台 PC 手动地去进行配置。上电后，自动加载配置对于 FPGA 应用来说是必须的，FPGA 上电自动配置，有许多解决方法，如 EPROM 配置、用专用配置器件配置、单片机控制配置或 FlashROM 配置等。这里首先介绍专用配置芯片配置。

专用配置器件通常是串行的 PROM 器件。大容量的 PROM 器件也提供并行接口，按可编程次数分为两类：一类是 OTP(一次可编程)器件；另一类是多次可编程的。比如 AlterFPGA 常用配置器件 EPC1441 和 EPC1 是 OTP 型串行 PROM；EPC2 是 EEPROM 型多次可编程串行 PROM。图 2.77 是 Altera 的 EPC 器件配置 FPGA 的时序图；图 2.78 是单个配置器件配置单个 FPGA 的配置电路原理图。

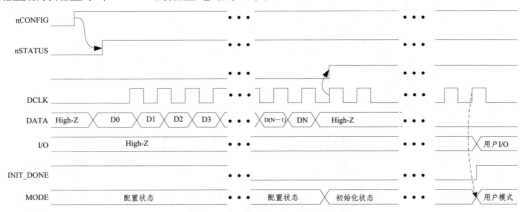

图 2.77　FPGA 使用 EPC 配置器件的配置时序

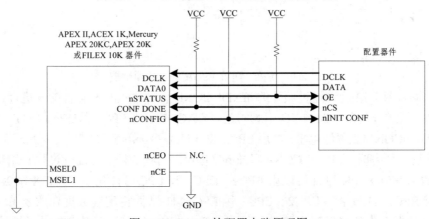

图 2.78　FPGA 的配置电路原理图

如图 2.77 及图 2.78 所示，配置器件的控制信号(如 nCS、OE 和 DCLK 等)直接与 FPGA 器件的控制信号相连。所有的器件不需要任何外部智能控制器就可以由配置器件进行配置。配置器件的 OE 和 nCS 引脚控制着 DATA 输出引脚的三态缓存，并控制地址计数器的使能。当 OE 为低电平时，配置器件复位地址计数器，DATA 引脚为高阻状态。nCS 引脚控制着配置器件的输出，如果在 OE 复位脉冲后，nCS 始终保持高电平，计数器将被禁止，TADA 引脚为高阻。当 nCS 置低电平后，地址计数器和 DATA 输出均使能。OE 再次置低电平时，不管 nCS 处于何种状态，地址计数器都将复位，DATA 引脚置为高阻态。

值得注意的是，EPC2、EPC1 和 EPC1441 器件不仅决定了工作方式，而且还决定了当 OE 为高电平时，是否使用 APEX20K、FLEX10K 和 FLEX 6000 器件规范。

对于配置器件，Altera 的 FPGA 允许多个配置器件配置单个 FPGA 器件，因为对于像 APEXII 类的器件，最大的配置器件 EPC16 的容量还是不够的，因此允许多个配置器件配置多个 FPGA 器件，甚至同时配置不同系列的 FPGA。

在实际应用中，常常希望能随时更新其中的内容，但又不希望把配置器件从电路板上取下来编程。Altera 的可重复编程配置器件，如 EPC2 就提供了在系统编程的能力。图 2.79 是 EPC2 的编程和配置电路。图中，EPC2 本身的编程由 JTAG 接口来完成，FPGA 的配置既可由 ByteBlaster(MV)进行，也可由 EPC2 进行，这时，ByteBlaster 端口的任务是对 EPC2 进行 ISP 方式下载。

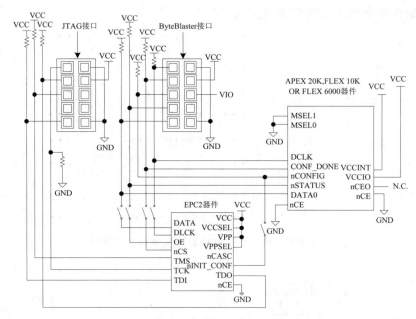

图 2.79 EPC2 配置 FPGA 的电路原理图

EPC2 器件(图 2.79)允许通过额外的 nINIT_CONF 引脚对 APEX 器件配置进行初始化。此引脚可以和要配置器件的 nCONFIG 引脚相连。JTAG 指令使 EPC2 器件将 nINIT_CONF 置低电平，接着将 nCONFIG 置低电平，然后 EPC2 将 nINIT_CONF 置高电平并开始配置。当 JTAG 状态机退出这个状态时，nINIT_CONF 释放 nCONFIG 引脚的控制，配置过程开始初始化。

APEX20、FLEX10K 器件可以由 EPC2、EPC1 和 EPC1441 配置。FLEX 6000 器件可以由 EPC1 或 EPC1441 配置。EPC2、EPC1 和 EPC1441 器件将配置数据存放于 EPROM 中，并按照内部晶振产生的时钟频率将数据输出 OE、nCS 和 DCLK 引脚提供了地址计数器和三态缓存的控制信号。配置器件将配置数据按串行的比特流由 DATA 引脚输出。一个 EPC1441 器件可以配置 EPF10K10 或 EPF10K20 器件。

当配置数据大于单个 EPC2 或 EPC1 器件的容量时，可以级连使用多个此类器件 (EPC1441 不支持级连)。在这种情况下，由 nCASC 和 nCS 引脚提供各个器件间的握手信号。

当使用级连的 EPC2 和 EPC1 器件来配置 APEX 和 FLEX 器件时，级连链中配置器件的位置决定了它的操作。当配置器件链中的第一个器件或主器件加电或复位时，nCS 置低电平，主器件控制配置过程。在配置期间，主器件为所有的 APEX 和 FLEX 器件以及后序的配置器件提供时钟脉冲。在多器件配置过程中，主配置器件也提供了第一个数据流。在主配置器件配置完毕后，它将 nCASC 置低电平，同时将第一个从配置器件的 nCS 引脚置低电平。这样就选中了该器件，并开始向其发送配置数据。多个配置器件同样可以为多个器件进行配置。

3. 使用单片机配置 FPGA

在 FPGA 实际应用中，设计的保密和设计的可升级是十分重要的。用单片机来配置 FPGA 可以较好地解决上述两个问题。

对于单片机配置 FPGA 器件，Altera 的基于 SRAM LUT 的 FPGA 提供了多种配置模式，除以上多次提及的 PS 模式可以用单片机配置外，PPS 被动并行同步模式、PSA 被动串行异步模式、PPA 被动并行异步模式和 JTAG 模式都能适用于单片机配置。

用单片机配置 FPGA 器件，关键在于产生合适的时序。由于篇幅限制，这里仅对两种模式进行介绍。图 2.80 是单片机用 PPS 模式配置 FPGA 器件的电路。图中的单片机可以选用常见的单片机，如 MCS51 系列、MCS96 系列、AVR 系列等；图中的 ROM 可以用 EPROM 或者 Flash ROM，配置的数据就放置在器件内。单片机在这里只起产生配置时序的作用。PPS 模式需要的时序可参见图 2.81。

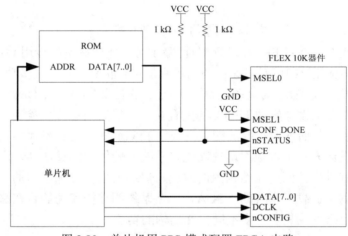

图 2.80　单片机用 PPS 模式配置 FPGA 电路

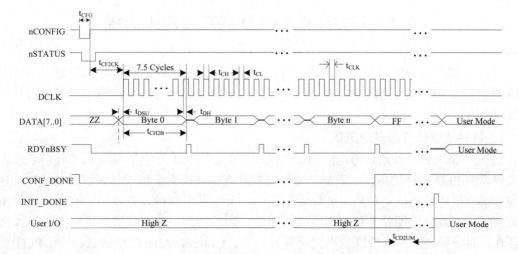

图 2.81　单片机使用 PPS 模式配置时序

有时出于设计保密、减少芯片的使用数等考虑，对于配置器件容量不大的情况下，把配置数据也置于单片机的程序存储区。图 2.82 就是一个典型的应用示例。图中的单片机采用常见的 89C52，FLEX10K 的配置模式选为 PS 模式。由于 89C52 的程序存储器是内建于芯片的 FlashROM，设计的保密性较好，还有很大的扩展余地。如果把图中的"其他功能模块"换成无线接收模块，还可以实现系统的无线升级。

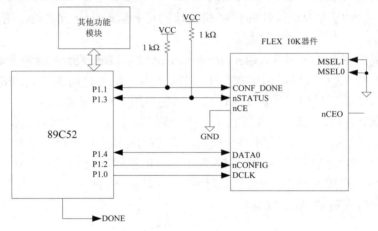

图 2.82　用 89C52 进行配置

利用单片机或 CPLD 对 FPGA 进行配置，除了可以取代昂贵的专用 OTP 配置 ROM 外，还有许多其他实际应用，如可对多家厂商的单片机进行仿真器设计、多功能虚拟仪器设计、多任务通信设备设计或 EDA 实验系统设计。方法是在图 2.80 中的 ROM 内按不同地址放置多个针对不同功能要求设计好的 FPGA 的配置文件，然后由单片机接受不同的命令，以选择不同的地址控制，从而使所需要的配置下载于 FPGA 中。这就是"多任务电路结构重配置"技术。这种设计方式可以极大地提高电路系统的硬件功能灵活性。因为从表面上看，同一电路系统没有发生任何外在结构上的改变，但通过来自外部不同的命令信号，系统内部将对应的配置信息加载于系统的 FPGA，电路系统的结构和功能将在瞬间发生巨大的改变，从而使单一电路系统具备许多不同电路结构的功能。

2.7　FPGA 和 CPLD 的开发应用选择

由于各 PLD 公司的 FPGA/CPLD 产品在价格、性能、逻辑规模和封装(还包括对应的 EDA 软件性能)等方面各有千秋，因此不同的开发项目，要作出不同的选择。在应用开发中一般应考虑以下几个问题。

1. 器件的逻辑资源量的选择

开发一个项目，首先要考虑的是所选的器件的逻辑资源量是否满足本系统的要求。由于大规模的 PLD 器件的应用，大都是先将其安装在电路板上后再设计其逻辑功能，而且在实现调试前很难准确确定芯片可能耗费的资源，考虑到系统设计完成后，有可能要增加某些新功能，以及后期硬件升级等可能性，因此，适当估测一下功能资源以确定使用什么样的器件，对于提高产品的性能价格比是有好处的。Lattice、Altera、Xinlinx 三家 PLD 主流公司的产品都有 HDPLD 的特性，且有多种系列产品供选用。相对而言，Lattice 的高密度产品少些，密度也较小。由于不同的 PLD 公司在其产品的数据手册中描述芯片逻辑资源的依据和基准不一致，所以有很大出入。例如，对于 ispLSI1032E，Lattice 给出的资源是 6000门，而对 EPM7128S，Altera 给出的资源是 2500 门，但实际上这两种器件的逻辑资源是基本一样的。在逻辑资源中，我们不妨设定一个基准。这里以比较常用的 ispLSI1032E 为基准，来了解其他公司的器件的规模。大家都知道，GAL16V8 有八个逻辑宏单元，每个宏单元中有一个 D 触发器，它们对应数个逻辑门，可以设计一个 7 位二进制计数器或一个四位加法器等；而 1032E 有 32 个通用逻辑块(GLB)，每个 GLB 中含四个宏单元，总共 128 个宏单元，若以 Lattice 数据手册上给出的逻辑门数为 6000 计算，Altera 的 EPM7128S 中也有128 个宏单元，也应有 6000 个左右的等效逻辑门；Xinlinx 的 XC95108 和 XC9536 的宏单元数分别为 108 和 36，对应的逻辑门数应该约为 5000 和 6000。但应注意，相同的宏单元数并不对应完全相同的逻辑门数。例如，GAL20V8 和 GAL16V8 的宏单元数都是 8，其逻辑门数显然不同。此外，随着宏单元数的增加，芯片中的宏单元数量与对应的等效逻辑门的数量并不是成比例增加的。这是因为宏单元越多，各单元间的逻辑门能综合利用的可能性就越大，所对应的等效逻辑门自然就越大。例如，isp1016 有 16 个 GLB、64 个宏单元、2000 个逻辑门，而 1032E 的宏单元数为 128，逻辑门数却是其 3 倍。

以上的逻辑门估测仅对 CPLD，对于 FPGA 的估测应考虑到其结构特点。由于 FPGA的逻辑颗粒比较小，即其可布线区域是散布在所有的宏单元之间的，因此，FPGA 对于相同的宏单元数将比 CPLD 对应更多的逻辑门数。以 Altera 的 EPF10PC84 为例，它有 576 个宏单元，若以 7128S 的 2500 个逻辑门为基准计算，则它应约有 1 万个逻辑门，但若以 1032E为基准则应有 2.7 万门；再考虑其逻辑结构的特点，则应约有 3.5 万门。当然，这只是一般意义上的估测，器件的逻辑门数只有与具体的设计内容相结合才有意义。实际开发中，逻辑资源的占用情况涉及的因素是很多的，大致有：

(1) 硬件描述语言的选择、描述风格的选择以及 HDL 综合器的选择。这些内容涉及的问题较多，在此不宜展开。

(2) 综合和适配开关的选择。如选择速度优化，则将耗用更多的资源，而若选择资源优化，则反之。在 EDA 工具上还有许多其他的优化选择开关，都将直接影响逻辑资源的利用率。

(3) 逻辑功能单元的性质和实现方法。一般情况，许多组合电路比时序电路占用的逻辑资源要大，如并行进位的加法器、比较器以及多路选择器。

2．芯片速度的选择

随着可编程逻辑器件集成技术的不断提高，FPGA 和 CPLD 的工作速度也不断提高，pin to pin 延时已达纳秒级，在一般使用中，器件的工作频率已足够了。目前，Altera 和 Xilinx公司的器件标称工作频率最高都可超过 300 MHz。具体设计中应对芯片速度的选择有一综合考虑，并不是速度越高越好。芯片速度的选择应与所设计的系统的最高工作速度相一致。使用了速度过高的器件将加大电路板设计的难度。这是因为器件的高速性能越好，则对外界微小毛刺信号的反映灵敏性越好，若电路处理不当，或编程前的配置选择不当，极易使系统处于不稳定的工作状态，其中包括输入引脚端的所谓 "glitch" 干扰。在单片机系统中，电路板的布线要求并不严格，一般的毛刺信号干扰不会导致系统的不稳定，但对于即使最一般速度的 FPGA/CPLD，这种干扰也会引起不良后果。

3. 器件功耗的选择

由于在线编程的需要，CPLD 的工作电压多为 5 V，而 FPGA 的工作电压的流行趋势是越来越低，3.3 V 和 2.5 V 低工作电压的 FPGA 的使用已十分普遍。因此，在低功耗、高集成度方面，FPGA 具有绝对的优势。相对而言，Xilinx 公司的器件的性能较稳定，功耗较小，用户 I/O 利用率高。例如，XC3000 系列器件一般只用两个电源、两个地，而密度大体相当的 Altera 器件可能有八个电源、八个地。

4. FPGA/CPLD 的选择

FPGA/CPLD 的选择主要看开发项目本身的需要，对于普通规模且产量不是很大的产品项目，通常使用 CPLD 比较好。这是因为：

(1) 在中小规模范围，CPLD 价格较便宜，能直接用于系统。各系列的 CPLD 器件的逻辑规模覆盖面属中小规模(1000～50 000 门)，有很宽的可选范围，上市速度快，市场风险小。

(2) 开发 CPLD 的 EDA 软件比较容易得到，其中不少 PLD 公司还有条件地提供免费软件。如 Lattice 的 ispExpert、Synaio，Vantis 的 Design Director，Altera 的 Baseline，Xilinx 的 Webpack 等。

(3) CPLD 的结构大多为 EEPROM 或 Flash ROM 形式，编程后即可固定下载的逻辑功能，使用方便，电路简单。

(4) 目前最常用的 CPLD 多为在系统可编程的硬件器件，编程方式极为便捷。这一优势能保证所设计的电路系统随时可通过各种方式进行硬件修改和硬件升级，且有良好的器件加密功能。Lattice 公司所有的 ispLSI 系列、Altera 公司的 7000S 和 9000 系列、Xilinx 公司的 XC9500 系列的 CPLD 都拥有这些优势。

(5) CPLD 中有专门的布线区和许多块，无论实现什么样的逻辑功能，或采用怎样的布线方式，引脚至引脚间的信号延时几乎是固定的，与逻辑设计无关。这种特性使得设计调试比较简单，逻辑设计中的毛刺现象比较容易处理，廉价的 CPLD 就能获得比较高速的性能。

对于大规模的逻辑设计、ASIC 设计或单片系统设计，则多采用 FPGA。从逻辑规模上讲，FPGA 覆盖了大中规模范围，逻辑门数从 5000～2 000 000 门。目前，国际上 FPGA 的最大供应商是美国的 Xilinx 公司和 Altera 公司。FPGA 保存逻辑功能的物理结构多为 SRAM 型，即掉电后将丢失原有的逻辑信息，所以在实用中需要为 FPGA 芯片配置一个专用 ROM，需将设计好的逻辑信息烧录于此 ROM 中。电路一旦上电，FPGA 就能自动从 ROM 中读取逻辑信息。

FPGA 的使用途径主要有以下四个方面：

(1) 直接使用。即如 CPLD 那样直接用于产品的电路系统板上。在大规模和超大规模逻辑资源、低功耗与价格比值方面，FPGA 比 CPLD 有更大的优势，但由于 FPGA 通常必须附带 ROM 以保存软信息，且 Altera 和 Xilinx 的原供应商只能提供一次性 ROM，所以在规模不是很大的情况下，其电路的复杂性和价格方面略逊于 CPLD，而且对于 ROM 的编程，要求有一台能对 FPGA 的配置 ROM 进行烧录的编程器。有必要时，也可以使用能进行多次编程配置的 ROM。Atmel 生产的为 Xilinx 和 Altera 的 FPGA 配置的兼容 ROM，就有一万次的烧录周期。此外，用户也能用单片机系统依照配置 ROM 的时序来完成配置 ROM 的功能。当然，也能使用诸如 Actel 的不需要配置 ROM 的一次性 FPGA。

(2) 间接使用。其方法是首先利用 FPGA 完成系统整机的设计，包括最后的电路板的定型，然后将充分验证的成功的设计软件，如 VHDL 程序，交付原供产商进行相同封装形式的掩模设计。这个过程类似于 8051 的掩模生产。这样获得的 FPGA 无须配置 ROM，单片成本要低许多。

(3) 硬件仿真。由于 FPGA 是 SRAM 结构，且能提供庞大的逻辑资源，因而适用于作各种逻辑设计的仿真器件。从这个意义上讲，FPGA 本身即为开发系统的一部分。FPGA 器件能用作各种电路系统中不同规模逻辑芯片功能的实用性仿真，一旦仿真通过，就能为系统配以相适应的逻辑器件。在仿真过程中，可以通过下载线直接将逻辑设计的输出文件通过计算机和下载适配电路配置进 FPGA 器件中，而不必使用配置 ROM 和专用编程器。

(4) 专用集成电路 ASIC 设计仿真。对产品产量特别大，需要专用的集成电路，或是单片系统的设计，如 CPU 及各种单片机的设计，除了使用功能强大的 EDA 软件进行设计和仿真外，有时还有必要使用 FPGA 对设计进行硬件仿真测试，以便最后确认整个设计的可行性。最后的器件将是严格遵循原设计，适用于特定功能的专用集成电路。这个转换过程需利用 VHDL 或 Verilag 语言来完成。

如果需要，在一个系统中，可根据不同的电路采用不同的器件，充分利用各种器件的优势。例如，利用 Altera 和 Lattice 的器件实现要求等延时和多输入的场合及加密功能，用 Altera 和 Xilinx 器件实现大规模电路,用 Xilinx 器件实现时序较多或相位差要求数值较小(小于一个逻辑单元延时时间)的设计等。这样可提高器件的利用率，降低设计成本，提高系统综合性能。

5. FPGA 和 CPLD 封装的选择

FPGA 和 CPLD 器件的封装形式很多，其中主要有 PLCC、PQFP、TQFP、RQFP、VQFP、MQFP、PGA 和 BGA 等。每一芯片的引脚数从 28 至 484 不等，同一型号类别的器件可以有多种不同的封装。

常用的 PLCC 封装的引脚数有 28、44、52、68、84 等几种规格。由于可以买到现成的 PLCC 插座，插拔方便，一般开发中，比较容易使用，适用于小规模的开发。缺点是需添加插座的额外成本、I/O 口线有限以及易被人非法解密。

PQFP、RQFP 或 VQFP 属贴片封装形式，无须插座，管脚间距有零点几个毫米，直接或在放大镜下就能焊接，适合于一般规模的产品开发或生产，但引脚间距比 PQFP 要小许多，徒手难以焊接，批量生产需贴装机。多数大规模、多 I/O 的器件都采用这种封装。

PGA 封装的成本比较高，价格昂贵，形似 586CPU，一般不直接采用作为系统器件。如 Altera 的 10K50 有 403 脚的 PGA 封装，可用作硬件仿真。

BGA 封装的引脚属球状引脚，是大规模 PLD 器件常用的封装形式。由于这种封装形式采用球状引脚，以特定的阵形有规律地排在芯片的背面上，使得芯片引出尽可能多的引脚，同时由于引脚排列的规律性，因而适合某一系统的同一设计程序能在同一电路板位置上焊上不同大小的含有同一设计程序的 BGA 器件，这是它的重要优势。此外，BGA 封装的引脚结构具有更强的抗干扰和机械抗振性能。

对于不同的设计项目，应使用不同的封装。对于逻辑含量不大，而外接引脚的数量比较大的系统，需要大量的 I/O 口线才能以单片形式将这些外围器件的工作系统协调起来，因此选贴片形式的器件比较好。如可选用 Lattice 的 ispLSI1048E - PQFP 或 Xilinx 的

XC95108－PQFP，它们的引脚数分别是 128 和 160，其 I/O 口数一般都能满足系统的要求。

6. 其他因素的选择

相对而言，在三家 PLD 主流公司的产品中，Altera 和 Xilinx 的设计较为灵活，器件利用率较高，器件价格较便宜，品种和封装形式较丰富。但 Xilinx 的 FPGA 产品需要外加编程器件和初始化时间，保密性较差，延时较难事先确定，信号等延时较难实现。

器件中的三态门和触发器数量，三家 PLD 主流公司的产品都太少，尤其是 Lattice 产品。

习 题 ✍

2.1 简述 PLD 的基本类型和分类方法。

2.2 CPLD 和 FPGA 是如何进行标识的？举例进行说明。

2.3 Altera 公司、Xilinx 公司、Lattice 公司有哪些器件系列？这些器件有些什么主要性能指标？试阐述主要性能指标的含义。

2.4 CPLD 的英文全称是什么？CPLD 的结构主要由哪几部分组成？每一部分的作用如何？

2.5 概述 FPGA 器件的优点及主要应用场合。

2.6 FPGA 的英文全称是什么？FPGA 的结构主要由哪几部分组成？每一部分的作用如何？

2.7 什么叫 FPGA 的配置模式？FPGA 器件有哪几种配置模式？每种配置模式有什么特点？FPGA 的配置流程如何？

2.8 什么叫在系统可编程(ISP)？是不是只有 Lattice 公司的产品具有在系统可编程的特性？

2.9 分别通过 http://www.latticesemi.com、http://www.altera.com、http://www.xilinx.com 网站，熟悉 Lattice 公司、Altera 公司和 Xilinx 公司的主要器件，并分别下载各公司的两到三个系列器件的数据手册和相关资料，阅读并筛选出其中的性能指标、器件结构以及编程下载电路资料。

2.10 在 FPGA 和 CPLD 的应用开发中应考虑哪些因素？

第 3 章

Verilog HDL 编程基础

硬件描述语言是利用 EDA 技术进行电子系统设计的主要表达手段，而 Verilog HDL 则是 IEEE 的两种工业标准硬件描述语言之一，目前已成为事实上的通用硬件描述语言。本章首先结合实例系统地阐述了 Verilog HDL 编程的基本语法规则，包括 Verilog HDL 程序的基本结构、基本特性和基本风格，数据类型、操作符等语言要素，结构描述语句、数据流描述语句和行为描述语句，函数、任务等子程序的设计；接着分类描述基本组合逻辑电路、时序逻辑电路和存储器电路等基本逻辑电路的设计；最后阐述了实际应用中经常用到的一种特殊电路——状态机电路的设计。

3.1　Verilog HDL 简介

3.1.1　常用硬件描述语言简介

常用硬件描述语言有 VHDL、Verilog 和 ABEL 语言。VHDL 起源于美国国防部的 VHSIC；Verilog 起源于集成电路的设计；ABEL 来源于可编程逻辑器件的设计。下面从使用方面将三者进行对比。

(1) 逻辑描述层次。一般的硬件描述语言由高到低依次可分为行为级、RTL 级和门电路级三个描述层次。VHDL 语言是一种高级描述语言，适用于行为级和 RTL 级的描述，最适于描述电路的行为；Verilog 语言和 ABEL 语言是一种较低级的描述语言，适用于 RTL 级和门电路级的描述，最适于描述门级电路。

(2) 设计要求。用 VHDL 进行电子系统设计时可以不了解电路的结构细节，设计者所做的工作较少；用 Verilog 和 ABEL 语言进行电子系统设计时需了解电路的结构细节，设计者需做大量的工作。

(3) 综合过程。任何一种语言源程序最终都要转换成门电路级才能被布线器或适配器所接受，因此，VHDL 语言源程序的综合通常要经过行为级→RTL 级→门电路级的转化，它几乎不能直接控制门电路的生成，而 Verilog 语言和 ABEL 语言源程序的综合过程要稍简单，即经过 RTL 级→门电路级的转化，易于控制电路资源。

(4) 对综合器的要求。VHDL 描述语言层次较高，不易控制底层电路，因而对综合器的性能要求较高；Verilog 和 ABEL 对综合器的性能要求较低。

(5) 支持的 EDA 工具。支持 VHDL 和 Verilog 的 EDA 工具很多，但支持 ABEL 的综合器仅仅 DATAIO 一家。

(6) 国际化程度。VHDL 和 Verilog 已成为 IEEE 标准；ABEL 正朝国际化标准努力。

3.1.2　Verilog HDL 的优点

Verilog HDL 是 GDA(Gate-way Design Automation)公司的 Phil Moorby 于 1983 年首创的。1986 年，Phil Moorby 又在其基础上提出了用于快速门级仿真的 XL 算法，使得 Verilog HDL 又向前推进了一大步。1989 年，Cadence 公司收购了 GDA 公司，Verilog HDL 语言成为 Cadence 公司的私有财产。1990 年，Cadence 公司公开了 Verilog HDL 语言，成立了 OVI(Open Verilog International)组织来负责 Verilog HDL 的发展。1995 年，IEEE 制定了 Verilog HDL 的 IEEE 标准。Verilog HDL 语言提供简洁、可读性非常强的句法，使其得到了很好的发展，使用 Verilog HDL 已经成功地设计出了许多大规模硬件电路。

Verilog HDL 主要具有以下优点：

(1) 内置开关级基本结构模型(如 pmos、nmos 等)，内置逻辑函数(如按位与 & 和按位或 ||)，内置基本逻辑门(如 and、or 等)，因此可从开关级、门级、寄存器传输级(RTL)到算法级进行多个层次的设计描述。

(2) 可采用行为描述、数据流描述和结构化描述三种不同方式或混合方式对设计建模。其中，行为描述方式使用过程化结构建模，它不仅能够在 RTL 级上进行设计描述，而且能够在体系结构级描述及其算法级行为上进行设计描述；数据流描述方式使用连续赋值语句方式建模；结构化描述方式使用门和模块实例语句描述建模，它可描述任何层次。

(3) 具有两种数据类型：线网数据类型和寄存器数据类型。其中，线网类型表示系统各模块间的物理连线；寄存器类型表示抽象的数据存储元件。

(4) 同一语言可用于生成模拟激励和指定测试的验证约束条件；能够监控模拟验证的执行，模拟验证执行过程中设计的值能够被监控和显示；具有强大的文件读写能力；提供显示语言结构指定设计中的端口到端口的时延、路径时延和设计的时序检查。

(5) 能够通过使用编程语言接口 PLI 机制进一步扩展描述能力。编程语言接口 PLI 是指允许外部函数访问 Verilog HDL 模块内信息，允许设计者与模拟器交互的例程集合。

3.1.3　Verilog HDL 程序设计约定

为了便于程序的阅读和调试，本书对 Verilog HDL 程序设计特作如下约定：

(1) 语句结构描述中方括号"[ ]"内的内容为可选内容。

(2) 对于 Verilog HDL 的编译器和综合器来说，程序文字的大小写是区分的。本书一般使用小写。

(3) Verilog HDL 支持两种形式的注释符：/*---*/ 和 //。其中，/*---*/ 为多行注释符，用于多行注释；// 为单行注释，// 后面直到行尾为注释文字。

(4) 为了便于程序的阅读与调试，书写和输入程序时，使用层次缩进格式，同一层次的对齐，低层次的、较高层次的缩进两个字符。

(5) 考虑到 Altera 公司的 EDA 软件要求源程序文件的名字与实体名(或模块名)必须一致，因此为了使同一个 Verilog HDL 源程序文件能适应各个 EDA 开发软件的使用要求，建议各个源程序文件的命名均与其模块名一致。

3.2 Verilog HDL 程序概述

3.2.1 Verilog HDL 程序设计举例

下面以 1 位全加器的设计过程来具体说明 Verilog HDL 程序的设计。

【例 3.1】   用 Verilog HDL 设计一个 1 位二进制全加器。

1. 设计思路

如图 3.1 所示，1 位二进制全加器可由两个半加器和一个或门组成(具体逻辑关系可由真值表进行推导和化简)，因此使用自底向上的设计方法，先分别进行底层的或门模块 myor2.v 和半加器模块 h_adder.v 的设计，再进行顶层的 1 位全加器 f_adder.v 的设计。

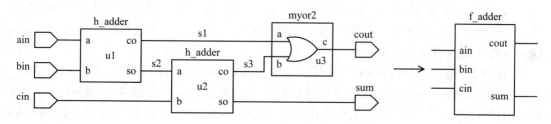

图 3.1   1 位全加器逻辑组成原理图

2. Verilog HDL 源程序

1) 或门模块 myor2.v

```
//或门模块 myor2.v
module    myor2(a, b, c);            //模块描述开始
    input    a, b;                   //模块输入端口说明
    output    c;                     //模块输出端口说明
    //数据流方式描述模块功能
    assign    c = a | b;             //连续赋值语句描述模块功能
endmodule                            //模块描述结束
```

2) 半加器模块 h_adder.v

```
//半加器模块 h_adder.v
module    h_adder(a, b, so, co);     //模块描述开始
    input    a, b;                   //模块输入端口说明
    output    so, co;                //模块输出端口说明
    //数据流方式描述模块功能
    assign    so = (a | b) && (!(a && b));   //连续赋值语句描述模块功能
    assign    co = !(!(a && b));     //连续赋值语句描述模块功能
endmodule                            //模块描述结束
```

3) 全加器 f_adder.v

```
//全加器 f_adder.v
module f_adder(ain, bin, cin, sum, cout);          //模块描述开始
    input ain, bin, cin;                           //模块输入端口说明
    output sum, cout;                              //模块输出端口说明
    wire s1, s2, s3;                               //数据类型说明
    //使用元件实例化语句描述系统的组成结构
    h_adder u1 (.a(ain), .b(bin), .so(s2), .co(s1));   //名字关联元件实例化
    h_adder u2 (.a(s2), .b(cin), .so(sum), .co(s3));   //名字关联元件实例化
    myor2 u3 (.a(s1), .b(s3), .c(cout));               //名字关联元件实例化
endmodule                                          //模块描述结束
```

3．说明与分析

(1) Verilog HDL程序是由模块组成的，每个模块的内容都包含在"module"和"endmodule"两个语句之间。module 后首先是<模块名>(<端口列表>)；接着对每个模块的输入、输出端口进行定义，对模块内部各组件之间信息交流的数据类型进行说明；最后是描述模块内部的组成及逻辑关系。

(2) 图 3.2 是使用 Synplify Pro 7.6 对 1 位全加器 f_adder 进行逻辑综合后的 RTL 视图。从 RTL 视图可看出，Verilog HDL 等硬件描述语言的各语句或语句组经逻辑综合后都会生成对应的硬件电路，同时系统要正常工作的话，电路系统中的各个组成部分应该同时工作，也即电路系统的各部分工作是并行的。当然，如果某些电路组件的工作需要满足一定的条件，那么控制电路组件工作的条件，则可使其中的部分硬件按顺序工作。

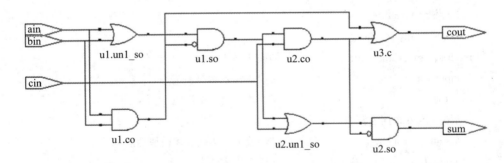

图 3.2 1 位全加器 f_adder 的 RTL 图

(3) 图 3.3 是使用 Quartus II 8.0 对全加器 f_adder 进行仿真的结果图。从仿真结果可看出，全加器 f_adder 的输入和输出之间满足要求的逻辑关系，因此本设计是正确的。

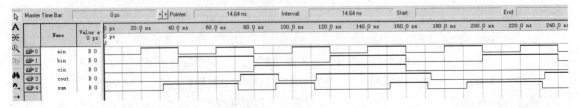

图 3.3 1 位全加器 f_adder 的仿真结果图

3.2.2　Verilog HDL 程序的基本结构

Verilog HDL 是以模块集合的形式来描述硬件系统的。模块是 Verilog HDL 的基本单元，它用于描述某个设计的功能或结构及其与其他模块的外部接口。模块可以代表从简单门元件到复杂系统的任何一个硬件电路。每一个模块都有接口部分，用于描述与其他模块之间的连接关系。Verilog HDL 的各个模块之间是并行运行的。通常设计的硬件系统有一个顶层模块，该顶层模块的输入输出分别代表系统的输入输出，顶层模块可以由若干个子模块组成，每个子模块代表着系统中具有特定功能的一个功能单元，各个子模块通过端口相互连接起来，从而实现分层设计。

模块的基本组成结构如下：

```
module  <模块名>(<端口列表>);
        端口说明(input，output，inout)
        参数定义(可选)(parameter)
        数据类型定义(wire, reg 等)
        连续赋值语句(assign)
        过程块语句(initial 和 always)(包括条件、选择、循环等行为描述语句或语句块)
        底层模块实例引用(module instantiations)
        函数和任务(function，task)
endmodule
```

其中，<模块名>是模块惟一的标识符；<端口列表>是由模块各个输入、输出和双向端口组成的端口列表，这些端口用来与其他模块进行连接；端口说明用来说明各个端口的数据流向及数据宽度等；参数定义用来说明系统设计中用到的有关参数；数据类型定义用来指定模块内各组件进行信息交流所用的数据对象为寄存器型、存储器型或连线型；用于说明系统的逻辑功能及组成的语句有三种，包括连续赋值语句(assign)、过程块(initial 和 always)语句和底层模块实例引用(module instantiations)，其中连续赋值语句(assign)用于数据流描述，过程块语句用于行为描述，内含各种行为描述语句，而底层模块实例引用则进行结构描述。

Verilog HDL 程序是由模块组成的，每个模块的内容都包含在"module"和"endmodule"两个语句之间。Verilog HDL 程序的书写格式与 C 语言类似，一行可以写多条语句，也可以一条语句分成多行写，每条语句以分号结束，但 endmodule 语句后面不必写分号。

3.2.3　Verilog HDL 程序的基本特性

Verilog HDL 作为一种硬件描述语言，语句从物理特性上可分为两种：一种语句只能用于硬件设计仿真，因此这些语句不能进行逻辑综合，也就是不能变成有关硬件；另一种语句是真正用于实现硬件的语句，它进行逻辑综合后会变成对应的硬件电路。

根据语句执行顺序可分为顺序语句和并行语句两种，但从本质上来讲，所有语句都是并行运行的，这是因为硬件的运行特征就是并行运行，而在实际应用中有时又要求顺序进行，因此如果我们对硬件运行附加控制条件，那么硬件的运行就可以是顺序的。

Verilog HDL 的并行语句包括连续赋值语句(assign)、模块实例引用(module instantiations)、 always 和 initial 过程块语句。而顺序语句(行为语句)包括条件语句、选择语句、循环语句等，这些顺序语句只能用在 always 过程块语句中。

3.2.4 Verilog HDL 程序的描述风格

在 Verilog HDL 中，模块的内部组成和逻辑功能可用不同的语句类型和描述方式来表达，这些描述方式(建模方法)称为描述风格，通常可归纳为三种：结构描述、数据流(寄存器传输级 RTL)描述和行为描述。在实际应用中，为了能兼顾整个设计的功能、资源、性能几方面的因素，通常混合使用这三种描述方式。

1. 结构描述

所谓结构描述，是指描述该设计单元的硬件结构，即该硬件是如何构成的。它主要使用元件或模块实例化语句来描述系统内各元件或模块的互连关系，其中各组件的连接媒介是线网。结构化描述可通过内置门原语(门级)、开关级原语(晶体管级)、用户自定义的原语(门级)、模块化实例(层次结构)等方式进行结构建模。利用结构描述可以用不同类型的结构，来完成多层次的工程，即从简单的门到非常复杂的元件(包括各种已完成的设计实体子模块)来描述整个系统。元件间的连接是通过定义的端口界面来实现的，其风格最接近实际的硬件结构，即设计中的元件是互连的。

2. 数据流描述

数据流描述也称 RTL 描述，它以类似于寄存器传输级的方式描述数据的传输和变换，以规定设计中的各种寄存器形式为特征，然后在寄存器之间插入组合逻辑。这类寄存器或者显式地通过元件具体装配，或者通过推论作隐含的描述。数据流描述主要使用并行运行的连续赋值语句 assign，既显式表示了该设计单元的行为，又隐含了该设计单元的结构。连续赋值语句的使用格式为

assign [延迟时间] 网络名 = 表达式;

当右边表达式发生任何变化时，左边网络名的值将在设定的延迟时间后变成新的值。

数据流的描述风格是建立在用连续赋值语句描述的基础上的。当语句中任一输入信号的值发生改变时，赋值语句就被激活，随着这种语句对电路行为的描述，大量的有关这种结构的信息也从这种逻辑描述中"流出"。认为数据是从一个设计中流出，从输入到输出的观点称为数据流风格。数据流描述方式能比较直观地表述底层逻辑行为。

3. 行为描述

如果 Verilog HDL 的逻辑描述只描述了所希望电路的功能或者说电路行为，而没有直接指明或涉及实现这些行为的硬件结构，则称为行为描述。行为描述只表示输入与输出间转换的行为，它不包含任何结构信息。行为描述主要是使用 initial 语句和 always 语句来进行的。这里所谓的硬件结构，是指具体硬件电路的连接结构、逻辑门的组成结构、元件或其他各种功能单元的层次结构等。

4. 混合描述

混合描述就是将结构描述、数据流描述和行为描述方式混合起来使用。在设计中，可以含有连续赋值语句、always 语句、initial 语句、内置门原语、开关级原语、用户自定义原语和模块化实例等语句。

5. 应用实例

【例 3.2】 设计一个如图 3.4 所示的触发器输出选择电路。

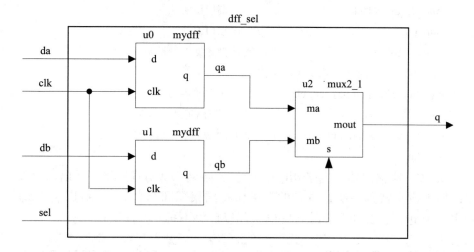

图 3.4 触发器输出选择电路组成结构图

1) 设计思路

首先设计底层的 D 触发器 mydff.v 和二选一选择器 mux2_1.v，再由两个 D 触发器和一个二选一选择器组成顶层的触发器输出选择器 dff_sel.v。

2) Verilog HDL 源程序

```
//D 触发器 mydff.v
module mydff(d, clk, q);
    input d, clk;
    output q;
    reg q;
    //行为描述过程块
    always @(posedge clk)            //判断 clk 的上升沿触发
        q=d;
endmodule


//二选一选择器 mux2_1.v
module mux2_1(ma, mb, s, mout);
    input ma, mb;                    //选择器的两个数据输入
    input s;                         //选择器的选择信号
    output mout;                     //选择器的输出
    //数据流描述
    assign mout=s? ma: mb;           //条件连续赋值：当 s=1 时，mout=ma；否则，mout=mb
endmodule
```

```
//触发器输出选择器 dff_sel.v
module dff_sel(da, db, sel, clk, q);
    input da, db, sel, clk;              //输入端口说明
    output q;                            //输出端口说明
    wire qa, qb;                         //连线型数据类型说明
    //实例化语句描述模块内部组成结构
    mydff u0(.d(da), .q(qa), .clk(clk)); //名字实例化语句
    mydff u1(db, clk, qb);               //位置(顺序)实例化语句
    mux2_1 u2(.ma(qa), .mb(qb), .s(sel), .mout(q)); //名字实例化语句
endmodule
```

图 3.5 是触发器输出选择电路 dff_sel 的仿真结果。从仿真结果可看出，该设计是正确的。(注：如果没有特别注明，本章的有关仿真结果图和综合后的 RTL 视图均是指使用 Quartus Ⅱ 8.0 进行仿真和逻辑综合的结果，以后将不再一一注明)。

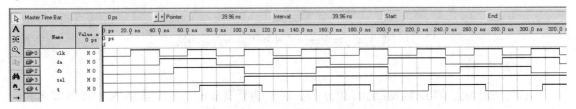

图 3.5　触发器输出选择电路 dff_sel 的仿真结果图

3.3　Verilog HDL 语言要素

作为硬件描述语言的基本结构元素，Verilog HDL 的语言要素主要有文字规则、数据类型、操作符和编译器伪指令。

3.3.1　Verilog HDL 文字规则

1．常量

在 Verilog HDL 程序运行过程中，其值不能被随意改变的量，称为常数或常量。常量主要有整型常量、实数型常量和字符串常量。其中，整型常量是可以综合的；实数型常量和字符串常量是不可综合的。下面主要介绍这三类常量的使用与书写问题。

1) 整型常量

整型常量的书写格式主要有两种：基本格式和基数格式。

(1) 基本格式。基本格式整型常量为一有符号数，可以带可选择的"+"或者"−"操作符。例如：

　　16　//十进制数 16；　　−25　//十进制数 −25

(2) 基数格式。基数格式整型常量的一般表示形式为

　　[size] ' base value

其中，size 定义常量的位长；base 定义常量的进制类型，可选择 B(b)(二进制)、O(o)(八进

制)、D(d)(十进制)和 H(h)(十六进制)；value 为数字序列。例如：

2 'b01　　//2 位二进制数；	5 'o37　　　//5 位八进制数
4 'd15　　//4 位十进制数；	8 'haa　　　//8 位十六进制数

2) 实数整型常量

实数整型常量书写格式主要有两种：十进制计数法和科学计数法。

(1) 十进制计数法。Verilog HDL 中，实数整型常量的十进制类似于一般意义下的十进制计数法，如：1.000、2.135、3.14159 等。

(2) 科学计数法。Verilog HDL 中，实数整型常量的科学计数法类似于一般意义下的科学计数法，如：2.3e+3、1.0e−6 等。

(3) 字符串型常量。字符串型常量是双引号内的字符串，并且不能分成几行书写。例如：

```
"MY HAPPY WORLD"              //合法
" MY HAPPY
WORLD"                        //非法
```

在常量中，有时整型常量和实数型常量中含有下划线 "_"。Verilog HDL 的整型常量中的下划线 "_" 只是用来提高易读性的，本身并没有实际意义，但是下划线 "_" 不能作为首字符。

2. 标识符

标识符用来定义端口、常量、参数、变量、子程序等名字。Verilog HDL 的基本标识符就是以英文字母或下划线 "_" 开头，由 26 个大小写英文字母、数字 0~9、下划线 "_" 以及 "$" 组成的字符串，并且标识符中的字符是区分大小写的。Verilog HDL 的保留字不能用于作为标识符使用。如：DECODER_1、_FFT、Sig_N、NOT_ACK、State0、Idle、_test$paper 等是合法标识符；而 $DECODER_1、2FFT、SIG_#N、NOT-ACK、repeat 等是非法标识符。

关键词是一类特殊的标识符，是 Verilog HDL 中定义的保留字。表 3.1 中列举了 Verilog HDL 的所有关键词。需要注意的是，关键词全部是小写的，Verilog HDL 是区分大小写的。因此，只有全由小写字母组成的才是关键词，否则就是一般的标识符，如 AND(一般标识符)与 and(关键词)是不等价的。

表 3.1　Verilog HDL 的关键词

关键词	关键词	关键词	关键词	关键词
always	and	assign		
begin	buf	Bufif0	Bufif1	
case	casex	casez	coms	
deassign	default	defparam	disable	
edge	else	end	endcase	endmodule
endfunction	endprimitive	endspecify	endtable	endtask
event				
for	force	forever	fork	function
highz0	highz1			

续表

关键词	关键词	关键词	关键词	关键词
if	ifnone	initial	inout	input
integer				
join				
large				
macromodule	medium	module		
nand	negedge	nmos	nor	not
notif0	notif1			
or	output			
parameter	pmos	posedge	primitive	pull0
pull1	pullup	pulldown		
rcmos	real	realtime	reg	release
repeat	rnmos	rpmos	rtran	rtranif0
rtranf1				
scalared	small	specify	specparam	strong0
strong1	supply0	supply1		
table	task	time	tran	tranif0
trior	trireg			
vectored				
wait	wand	weak0	weak1	while
wire	wor			
xnor	xor			

转义标识符也是一种特殊的标识符，它以反斜杠“\”开头，后接任何可打印的字符，以空格、制表符或者换行符结尾。如转义标识符 \initial 与关键词 initial 并不等价。

3．逻辑值

Verilog HDL 的逻辑值可取以下四类值：

0：逻辑 0 或假状态；　　　1：逻辑 1 或真状态

z：高阻态；　　　x：未知状态

4．位选择

位选择是从向量中选取特定的位。其使用格式为

vector_name [bit_select];

例如：cnt[3]||cnt[2];

如果格式中的 bit_select 的值为 x、z 或者越界(是指超过了向量的位数)，则位选择的值为 x。例如：

reg[7:0] display;

display[9]或者 display[c]的值为 x。

5．段选择

段选择是指从向量中选取连续的部分位。其使用格式为

vector_name [msb_const:lsb_const]

其中，[msb_const:lsb_const]指定范围，msb_const 与 lsb_const 必须为常数。

例如：cnt[2: 4]

若选择的范围为 x、z 或者越界，则部分选择的值为 x。

3.3.2 Verilog HDL 数据类型

Verilog HDL 数据类型(Data Types)主要用来说明储存在数字硬件或传送于数字组件间的数据类型。它不仅支持如整型、实型等抽象的数据类型，而且也支持物理数据类型来表示真实的硬件。物理数据类型有连线型(wire、tri 等)和寄存器型(reg)两种，这两种类型的变量在定义时均要设置位宽，当缺省状态时，位宽默认为 1 位。变量的每一位可以取 0、1、x 或 z 中的任意值。除了与具体的硬件电路对应的物理数据类型外，Verilog HDL 还提供了整型(integer)、实型(real)、时间型(time)、参数型(parameter)等四种抽象数据类型，这些抽象数据类型主要用于仿真。抽象数据类型只是纯数学的抽象描述，不与任何实际的物理硬件相对应。

1. 连线型数据类型

连线型数据对应于硬件电路中的物理信号连线，没有电荷保持作用(trireg 除外)。连线型数据必须由驱动源驱动。它有两种驱动方式：一种是在结构描述中把它连接到一个门或模块的输出端；另一种是用连续赋值语句 assign 对其赋值。当没有驱动源对其驱动时，它将保持高阻态。

为了能够精确地反映硬件电路中各种可能的物理信号连接特性，Verilog HDL 提供了多种连线型数据。具体介绍如下所述。

1) wire 和 tri 网络

连线(wire)和三态线(tri)的语法和功能基本一致，三态线(tri)可以用于描述多个驱动源驱动同一根线的线网类型。多个驱动源驱动一个连线时，线网的有效值如表 3.2 所示。

表 3.2 多个驱动源驱动一个连线时线网的有效值

wire(或 tri)	0	1	x	z
0	0	x	x	0
1	x	1	x	1
x	x	x	x	x
z	0	1	x	z

2) wor 和 trior 线网

线或(wor)和三态线或(trior)的语法和功能基本一致。若驱动源为 1，线或线网值为 1，则多个驱动源驱动这类线网时，线网的有效值如表 3.3 所示。

表 3.3 多个驱动源驱动线或时线网的有效值

wor(或 trior)	0	1	x	z
0	0	1	x	0
1	1	1	1	1
x	x	1	x	x
z	0	1	x	z

3) wand 和 triand 线网

线与(wand)和三态线与(triand)的语法和功能基本一致。若驱动源为 0，线或线网值为 0，则多个驱动源驱动这类线网时，线网的有效值如表 3.4 所示。

表 3.4　多个驱动源驱动线与时线网的有效值

wand(或 triand)	0	1	x	z
0	0	0	0	0
1	0	1	x	1
x	0	x	x	x
z	0	1	x	z

4) trireg 线网

trireg 线网用于存储数值，并且用于电容节点的建模。当 trireg 的所有驱动源都处于高阻态时，trireg 线网保存作用在线网上的最后一个值。trireg 线网的初始值为 x。

5) tri0 和 tri1 线网

tri0 和 tri1 线网用于线逻辑的建模。其中，当无驱动源时，tri0 线网的值为 0，tri1 线网的值为 1。多个驱动源驱动这类线网时，线网的有效值如表 3.5 所示。

表 3.5　多个驱动源驱动 tri0 和 tri1 时线网的有效值

tri0(或 tri1)	0	1	x	z
0	0	x	x	0
1	x	1	x	1
x	x	x	x	x
z	0	1	x	0(1)

6) supply0 和 supply1 线网

supply0 线网用于对低电平 0 的建模，supply1 线网用于对电源，即高电平 1 的建模。

连线型数据类型的定义格式为

　　　　<连线型数据的类型> <范围> <延迟时间> <变量列表>；

例如：

　　　　wire signal1, signal2;　　　　//两个连线型数据

　　　　tri [7:0] bus;　　　　//8 位三态总线

在 Verilog HDL 中，有的时候可以不需要声明某种线网类型，缺省的线网类型为 1 位线与网。可以使用编译器伪指令 `default_nettype 来改变这个隐式的线网说明方式。其调用格式为：

　　　　`default_nettype net_kind

向量线网是用关键词 scalared 或者 vectored 来定义的。需要注意的是，vectored 定义的向量线网必须整体进行赋值。若没有定义关键词，缺省值为标量。

2．寄存器型数据类型

1) 寄存器数据

寄存器数据对应于具有状态保持作用的硬件电路元件，如触发器、锁存器等。若寄存

器数据未初始化，它将为未知状态 x。寄存器数据的关键字为 reg，缺省时为 1 位数。寄存器数据与连线型数据的区别在于：寄存器数据保持最后一次的赋值，而连线型数据需要有持续的驱动。寄存器数据的驱动可以通过过程赋值语句实现，过程赋值语句只能出现在过程语句后面的过程块中。

寄存器数据的定义格式为

　　　　reg <范围> <变量列表>；

　　例如：

　　　　reg　d1;　　　　　　　　//1 位寄存器

　　　　reg[3:0] state;　　　　　　//4 位寄存器

2) 存储器数据

存储器数据实际上是一个寄存器数组，其使用的格式如下：

　　　　reg[msb ：lsb]　m_1[up_1：low_1]，m_2[up_2：low_2]…m_n[up_n：low_n];

若寄存器说明中缺省[up_n：low_n]，则是说明寄存器。例如：

　　　　reg [0 ：7] cnt [0:127]，cout;　　　//cnt 为 128 个 8 位寄存器的数组，cout 为 8 位寄存器

需要注意的是，存储器不能像寄存器那样赋值。一般地，存储器的赋值有以下两种方法：

(1) 对存储器中的每个字分别赋值。例如：

　　　　reg[0：7]　　seg　[1：3];　　　　//定义 3 个字节的存储器 seg

　　　　seg[1]　＝　8' b00011001;　　　　//给存储器单元 seg[1]赋值

　　　　seg[2]　＝　8' b10011001;　　　　//给存储器单元 seg[2]赋值

　　　　seg[3]　＝　8' b01011001;　　　　//给存储器单元 seg[3]赋值

(2) 利用系统任务来为存储器赋值。这类系统任务有两种：

　　　　$ readmemb　　　　　　　//加载二进制值

　　　　$ readmemh　　　　　　　//加载十六进制值

3. 整型数据类型

整型(integer)数据常用于对循环变量进行说明，在算术运算中被视为二进制补码形式的有符号数。除了寄存器型数据被当作无符号数处理之外，整型数据与 32 位寄存器型数据在实际意义上相同。整型数据的声明格式为

　　　　integer<寄存器型变量列表>；

整型数据可以是二进制(b 或 B)、十进制(D 或 d)、十六进制(h 或 H)或八进制(O 或 o)。整型数据可以有下面三种书写形式：

(1) 简单十进制格式，这种格式是直接由 0～9 的数字串组成的十进制数，可以用符号"+"或"−"来表示数的正负，如 789。

(2) 缺省位宽的基数格式，这种格式的书写形式为

　　　　'<base_format> <number>

其中，符号" ' "为基数格式表示的固有字符，该字符不能省略，否则为非法表示形式；参数<base_format>用于说明数值采用的进制格式；参数<number>为相应进制格式下的一串数字；这种格式未指定位宽，其缺省值至少为 32 位。例如：

　　　　' h 137FF　　　　　　　//缺省位宽的十六进制数

(3) 指定位宽的基数格式，这种格式的书写形式为

        \<size\> ' \<base_format\>\<number\>

其中，参数\<size\>用来指定所表示数的位宽，当位宽小于数值的实际位数时，相应的高位部分被忽略；当位宽大于数值的实际位数且数值的最高位是 0 或 1 时，相应的高位部分补 0；当位宽大于数值的实际位数，但数值的最高位是 x 或 z 时，相应的高位部分补 x 或 z。二进制的一个 x 或 z 表示 1 位处于 x 或 z；八进制的一个 x 或 z 表示 3 位二进制位都处于 x 或 z；十六进制的一个 x 或 z 表示 4 位二进制位都处于 x 或 z。另外，数值中的 z 还可以用"?"来代替。例如：

      4 ' b1101   //4 位二进制数

4．实型数据类型

Verilog HDL 支持实型(real)常量与变量。实型数据在机器码表示法中是浮点型数值，可用于计算延迟时间。实型数据的声明格式为

        real\<变量列表\>;

例如：real   a;

实型数据可以用十进制与科学计数法两种格式来表示，如果采用十进制格式，小数点两边都必须是数字，否则为非法的表示形式，如：1.8、3.8E9。

5．时间型数据类型

时间型(time)数据与整型数据类似，只是它是 64 位无符号数。时间型数据主要用于对模拟时间的存储与计算，常与系统函数 $time 一起使用。

时间型数据的声明格式为

        time \<寄存器型变量列表\>;

例如：

      time start，stop;   //声明 start 和 stop 为两个 64 位的时间变量

6．参数型数据类型

参数型数据(parameter)是被命名的常量，在仿真前对其赋值，在整个仿真过程中其值保持不变，数据的具体类型是由所赋的值来决定的。可以用参数型数据定义变量的位宽及延迟时间等，从而增加程序的可读性与易修改性。

参数型数据的声明格式为

        parameter \<赋值列表\>;

例如：parameter   size=8;

        parameter   width=6，x=8;

3.3.3   Verilog HDL 操作符

Verilog HDL 语言提供了各种不同的操作符，例如：算术操作符(Arithmetic Operators)、逻辑操作符(Logic Operators)、关系操作符(Relational Operators)、相等操作符(Equality Operators)、归约操作符(Reduction Operators)、移位操作符(Shift Operators)、条件操作符(Condition Operators)及连接操作符(Concatenation Operators)。操作符会将其操作数按照所定义的功能作计算以产生新值。大部分操作符均为单目操作符(Unary Opetators)或双目操作符(Binary Operators)。单目操作符使用一个操作数；双目操作符使用两个操作数；条件操作符

(Condition Operators)使用三个操作数；连接操作符则可以使用任何个数的操作数。表 3.6 所列为常用的操作符。表 3.6 中的各操作符在处理实数时需特别注意，仅有部分操作符处理实数表达式有效。这些有效的操作符列于表 3.7 中。

表 3.6 Verilog 操作符

操作符类型	操 作 符	功 能 说 明
算术操作符	+，−，*，/	算术运算加、减、乘、除
	%	取模
逻辑操作符	!	逻辑非
	&&	逻辑与
	||	逻辑或
关系操作符	<，>，<=，>=	关系运算小于、大于、小于等于、大于等于
相等操作符	==	相等
	!=	不等
	===	全等
	!==	非全等
按位操作符	~	按位非
	&	按位与
	|	按位或
	^	按位异或
	^~ 或 ^~	按位异或非
归约操作符	&	归约与
	~&	归约与非
	|	归约或
	~|	归约或非
	^	归约异或
	~^ 或 ^~	归约异或非
移位操作符	<<	左移位
	>>	右移位
条件操作符	?:	条件
连接操作符	{ }	连接

表 3.7 实数表达式中有效的操作符

操 作 符	说 明
+，−，*，/	算术操作符
>，>=，<，<=	关系操作符
!，&&，|	逻辑操作符
==，!=	等于操作符
?=	条件操作符

和其他高级语言一样，Verilog HDL 中的运算符也是具有优先级的，表 3.8 给出了运算符从高到低优先级的排列次序，同一行中的运算符优先级相同。

表 3.8　操作符优先权顺序

操 作 符	功 能 描 述	优先权次序
[ ]	位选择或部分选择	最高优先级
( )	圆括号	
!, ~	逻辑非，按位非	
&, |, ~&, ~|, ^, ~^, ^~	归约操作符	
+, −	单目算术操作符	
{ }	连接操作符	
*, /, %	算术操作符	
+, −	双目算术操作符	
<<, >>	移位操作符	
<, <=, >, >=	关系操作符	
= =, !=, = = =, != =	相等操作符	
&	按位与	
^, ^~, ~ ^	按位异或，异或非	
!	按位或	
&&	逻辑与	
||	逻辑或	最低优先级
?:	条件操作	

1．算术操作符

　　算术操作符包括单目操作符和双目操作符。算术表达式结果的长度由最长的操作数决定，赋值语句中，其结果的长度由操作符左端目标长度决定；算术表达式的所有中间结果长度取最大操作数的长度。若算术操作符中的任一操作数中含有 x 或者 z，则表达式的结果为 x。

　　算术操作符中，无符号数存储在线网、寄存器或者基数形式的整数中；有符号数存储在整数寄存器或者十进制形式的整数中。

　　算术操作符的使用举例如下：

```
// 单目操作符
integer [7:0] a，b;
a= −8;              // −8(单目操作符)
b= +10;             // +10
// 双目操作符
reg [3:0] a , b , c , d ;
a = 4'b0010;
assign c = a+b;     // 变量+变量
assign d=b+2;       // 变量+常数
//-----------------------
```

```
integer a，b，c，d;
a =12 / 3 ;          // a=4
b =11 %5;            // b=1
c = −11%3;           // c = −2
```

算术操作符在寄存器数据类型中所产生的结果，与在整数数据类型中所产生的结果不尽相同。对寄存器来说，Verilog 语言将其视为不带符号的数值；对整数数据类型来说，则为带符号数值。例如，若将一个<位宽><基底><数字>的负数赋值给一寄存器，则此负数将以其 2'S 补码存入寄存器：

```
integer a;
reg [7:0] b;
a = −8'd9;           // a = −9(11110111)
b = a/3;             // b = −3(11111101)，因为 a 为整数
a = b/3;             // a =84，因为 253/3
```

2．关系操作符

关系操作符为双目操作符，它们将两个操作数进行比较：若结果为"真"，则设为逻辑值 1；若为"假"，则设为逻辑值 0。若两个操作数中有未知值 x，则其关系结果亦为未知值 x。

关系表达式中的操作数长度不同时，要在较短的操作数的左方补"0"，然后再比较。

例如，利用大于或等于(>=)操作符求两个数值的最大值的程序如下：

```
module max(max_v, a, b)
    output [7:0] max_v;
    input [7:0] a, b;
if (a>=b)
    max_v=a;          //a  是最大值
else
    max_v=b;          //b  是最大值
endmodule
```

3．相等操作符

对于相等操作符，如果两个操作数所有的位值均相等，那么相等关系式成立，结果返回逻辑 1，否则返回逻辑 0。但若任何一个操作数中的某一位为未知数 x 或处于高阻态，则结果为未知的。若两个操作数的对应位可取 4 个逻辑值，则相等运算符的运算规则可用表 3.9 来描述。

表 3.9　相等操作符的运算规则

==	0	1	x	z
0	1	0	x	x
1	0	1	x	x
x	x	x	x	x
z	x	x	x	x

如果两个操作数的所有位取 0 或 1，那么不等运算符与相等运算符的运算规则正好相反。如果任一个操作数中含有未知数 x 或高阻态，则不等运算符与相等运算符的运算规则相同，如表 3.10 所示。

表 3.10 不等操作符的运算规则

!=	0	1	x	z
0	0	1	x	x
1	1	0	x	x
x	x	x	x	x
z	x	x	x	x

对于全等操作符，其比较过程与相等操作符相同，但其返回结果只有逻辑 1 或逻辑 0 两种状态，不存在未知数，即全等操作符将未知数 x 与高阻态看做是逻辑状态的一种参与比较，如果两个操作数的相应位均为 x 或 z，那么全等关系成立，结果返回逻辑 1。非全等操作符与全等操作符正好相反。表 3.11 给出了全等操作符的运算规则。

表 3.11 全等操作符的运算规则

===	0	1	x	z
0	1	0	0	0
1	0	1	0	0
x	0	0	1	0
z	0	0	0	1

【例3.3】 用等于操作符编写一个 4 位比较器。

```verilog
module compare1(a, b, comout);
    input [3:0] a, b;
    output [2:0] comout;
    reg [2:0] temp;
    always @(a or b)
      begin
      if (a>b)
        temp <= 3'b100;
      else if (a = = b)
        temp <= 3'b010;
      else
        temp <= 3'b001;
      end
    assign comout =temp;
endmodule
```

在对该程序进行仿真时，当 a = 4'b0101, b = 4'1000 时，输出 comout = 3'b001，表示 a<b；当 a = 4'b1010, b = 4'0101 时，输出 comout = 3'b100，表示 a>b；当 a = 4'b1100, b = 4'1100 时，输出 comout = 3'b010，表示 a=b。

4. 逻辑操作符

逻辑操作运算中，对向量操作，非零向量作为逻辑"1"处理，而逻辑表达式的任一操作数中含有 x 时，结果为 x。

5. 按位操作符

按位操作符是对输入操作数进行按位操作，并且产生向量结果。若操作数的长度不相等，则在较短的操作的左方添"0"。

例如，若 a = 4'b0011，b = 4'b1101，c = 4'b1010，则

$display (~a);	//display 4'b1100 = 12
$display (a & b);	//display 4'b0001 = 1
$display (a | c);	//display 4'b1011 = 11
$display (b ^ c);	//display 4'b0111 = 7
$display (a^ ~ c);	//display 4'b0110 = 6

6. 归约操作符

归约操作符是单目操作符，运算规则类似于按位操作符的运算规则，但其运算过程不同。按位运算是对操作数的相应位进行与、或等运算，操作数是几位数，则运算结果也是几位数。而归约运算则不同，归约运算是对单个操作数进行归约的递推运算，最后的运算结果是 1 位的二进制数。若操作数中含有未知值 x 或者 z，则表达式的结果为 x。

归约运算的运算过程为：先将操作数的第 1 位与第 2 位进行归约运算，然后将运算结果与第 3 位进行归约运算，依次类推，直到最后一位。

例如，a=4'b1111，b=4'1010，则 &a 的结果为 1， | b 的结果为 1。

7. 移位操作符

移位操作符是一种逻辑操作，操作符左侧的操作数移位操作符右侧所表示的次数，不够则添 0。若操作数中含有 x 或者 z，则移位表达式的结果为 x。移位操作符还可完成 Verilog HDL 中的指数操作。

例如，assign qout = div>>sh_bit 语句表示将 div 右移 sh_bit 位后的结果连续赋值给 qout，它实际上是一个除法运算。

8. 条件操作符

条件操作符为 "?:"，其使用格式为

cond_expression ? expression_1：expression_2

若 cond_expression 为 1(即为真)，则表达式的值为 expression_1；若 cond_expression 为 0(即为假)，则表达式的值为 expression_2。

若 cond_expression 为 x 或 z，则表达式的值将是 expression_1 与 expression_2 按以下逻辑规则进行按位操作后的结果：0 与 0 得 1，1 与 1 得 1，其余为 x。

例如：

assign y=(sel)？a：b　//若条件 sel=1，则 y=a，否则 y=b

9. 连接操作符

连接运算是将多个小的表达式合并形成一个大的表达式。Verilog HDL 中，用符号"{}"实现多个表达式的连接运算，各个表达式之间用 ","隔开，其使用格式为

{expression_1, expression_2, …, expression_n}。

除了非定长的常量外，任何表达式都可进行连接运算。同时，连接运算也可以对信号的某些位进行。

例如，若 a = 1'b1，b = 2'b01，c = 5'b10111，则{a, b}将产生一个 3 位数 3'b101，{c[4:2], b}将产生一个 5 位数 5'b10101。

10. 复制操作符

复制操作符"{{ }}"是将一个表达式放入双重大括号中，而复制因子放在第一层括号中，用来指定复制的次数，通过重复相同的操作符来实现表达式的变大，其使用格式为

{repeat_number{ expression_1, expression_2, …, expression_n}}

复制操作符为复制一个常量或变量提供了简便方法。不过在多操作符的表达式中，需要考虑的问题是操作符的优先级。

例如，若 a = 1'b1，则{3{a}}的结果为 3'b111。

3.3.4 编译器伪指令

使用编译器预处理命令(Compiler Directives)是为了使 Verilog 程序具有更好的可维护性，使编译综合 Verilog 程序能够更高效。编译器预处理命令通常用左上撇符"`"连接一关键词，它们可出现在模块的任何地方。下面介绍常用的编译器预处理命令的用法。

1. `include

`include 的作用是：在编译综合过程中，将内含数据类型声明或函数的 Verilog 程序文件内容插入另一 Verilog 模块文件中，以增加设计者编译程序的方便性，用法与 C 语言中 #include 的用法类似。其语法格式为

`include<文件名称>

例如：

```
`include   "cnt_10.v";
`include   "div_64.v";
module counter(…);
<相关参数声明与语句>;
…
endmodule
```

在以上例子中，将两个 Verilog 程序 cnt_10.v 与 div_64.v 加入模块，并置于该模块的最上面。另外亦可以事先定义相关的数据类型、变量或参数并将其储存于头文件中。当设计另一个模块时，便可将此头文件包括到主程序中。例如：

```
//将含有整体变量及参数定义的头程序 proghead.v 包括至主程序 topdesign.v 中
`include "proghead.v"
module    topdesign.v(arg1,arg2, …, argn)
…
//topdesign.v 的程序代码
…
endmodule
```

2. `define 与`undef

`define 用来将字符串指定给一宏变量,设计者可以在模块的任何位置以 `define 定义宏变量。必须注意的是,在语句行的结尾不可以加入符号";"。编译过程中,字符串将取代所有程序中出现的<宏变量>。其语法格式为

　　　　define <宏变量> <字符串名称>
`undef 用于取消先前定义的宏变量,其语法格式为

undef <宏变量>

例如:

| `define word_size | 15:0 | //定义宏变量 word_size 的字符串 15:0 |

`define word_size　　　15:0　　　　　//定义宏变量 word_size 的字符串 15:0
`define byte_size　　　7:0　　　　　//定义宏变量 byte_size 的字符串 7:0
module deftest(din,dout);
input [`word_size] din;　　　　　//编译综合过程中将用字符串 15:0 取代 word_size
output [`byte_size] dout;　　　　　//编译综合过程中将用 7:0 取代 byte_size
<相关参数声明与语句>;
…

例如:

`define bytesize　8
reg [1:`bytesize]　data1;　　　　　//产生一个 8 位长度的 data1
…
`difine　s　$stop　　　　　//以别名 s 定义$stop,在程序中$stop 将取代 s
`undef　s　　　　　//取消宏变量 s 的定义
…　　　　　　　　　　　　　//在程序中 s 不再代表字符串$stop

3. `timescale

`timescale 用于定义模块中仿真时间单位及精确度,可使设计者在相同的设计中以不同的时间单位去仿真模块;或者在同一设计的两个不同模块中设定不同的延迟时间。其语法格式为

　　　　`timescale <时间单位>/<时间精确度>
其中,时间单位为设定时间与延迟的量测单位;时间精确度为设定时间与延迟的精确度,见表 3.12。

表 3.12　时间单位和精确度自变量的设定

字符字符串	s	ms	μs
量测单位	seconds	milliseconds	microseconds
字符字符串	ns	ps	fs
量测单位	nanoseconds	picoseconds	femtoseconds

时间精确度自变量必须是时间单位自变量的精度,其值不可大于时间单位,它们均以 1、10 及 100 的整数设定,而字符串则表示其量测单位。表 3.13 是一个利用 `timescale 设定时间单位和精确度自变量的实例。

表 3.13　利用 `timescale 设定时间单位和精确度自变量的实例

程　序	程序执行结果

`` `timescale   10ns/1ns ``
 //模块仿真时以 10 ns 为单位，精确度为 1 ns
 module time_test;
　reg time_set;
　parameter   p=1.65;
　intial
　　begin
　　　$ monitor(time, "time_set", time_set);
　　　# p time_set=0;
　　　# p time_set=1;
　　end
 endmodule
	输出结果为
	 #0　　time_set=x
	 #2　　time_set=0
	 #3　　time_set=1
	　有关说明：模块的时间单位为 10 ns，精确度为 1。根据精确度(小数一位)，参数 p 的值由 1.65 进位为 1.7，此时仿真工具在仿真时间 1.7×10 ns = 17 ns 时设定 time_set 为 0，而在 34 ns 时设定 time_set 为 1，时间与 $time 的输出结果显然不同

4．`resetall

`resetall 用于重设所用编译器预处理命令至其默认值。

5．`ifdef、`else 与 `endif

`ifdef、`else 与`endif 的作用是：在编译过程中，依条件选择部分语句作编译。其语法定义为：

　　　　`ifdef <宏变量>
　　　　<语句指令群 1>
　　　　`else
　　　　<语句指令群 2>
　　　　`endif

对编译综合器来说，它会检查"宏变量"是否已被`define 所定义。若是，则"语句指令群 1"将被编译；否则，若`else 存在，则"语句指令群 2"被编译。在上述语法中，`else…"语句指令群 2"为选项，可以不存在。每一个`ifdef 必须搭配一个`endif，它们使设计者在设计 Verilog 程序时更具弹性。例如，针对同一电路，设计者在编译过程中可以选择不同的设计技巧实现电路，依不同条件选择不同的延迟信息以及在同一仿真程序中选择不同的仿真信号。

【例 3.4】　`ifdef 等条件选择编译伪指令的使用实例

```
module and_gate (dout,din1,din2);
    output dout;
    input din1,din2;
    `ifdef gate_level
        and (dout,din1,din2);    //以内建组件产生 and 门
    `else
        dout=din1&din2;          //以位运算符号"&"产生 and 门
    `endif
endmoule
```

本例中以模块 and_gate 实现 and 逻辑门。若在程序中以编译指令`define 定义 gate_level，则电路以门级描述法的内建组件产生 and 门；否则，以数据描述法中的位运算符号 "&" 产生 and 门。

3.4　结构描述语句

　　结构化描述可通过内置门原语(门级)、开关级原语(晶体管级)、用户自定义原语(门级)、模块化实例(层次结构)等方式进行结构建模。结构化描述可以用不同类型的结构来完成多层次的工程，即从简单的门到非常复杂的元件(包括各种已完成的设计实体子模块)来描述整个系统。

3.4.1　元件实例化语句

　　元件实例化语句就是将预先设计好的模块定义为一个元件，然后利用特定的语句将此元件与当前设计中的指定端口相连接，从而为当前设计模块引入一个新的、低一级的设计层次。在这里，当前设计模块相当于一个较大的电路系统，所定义的实例化元件相当于一个要插在这个电路系统板上的芯片，而当前设计模块中指定的端口则相当于这块电路板上准备接受此芯片的一个插座。元件实例化语句是使 Verilog HDL 设计模块构成自上而下层次化设计的一种重要途径。

　　元件实例化可以是多层次的，在一个设计模块中被调用安插的元件本身也可以是一个低层次的当前设计模块，因而可以调用其他的元件，以便构成更低层次的电路模块。因此，元件实例化就意味着在当前结构体内定义了一个新的设计层次，这个设计层次的总称叫元件，但它可以以不同的形式出现。实例化元件可以是已设计好的一个 Verilog HDL 设计实体，可以是来自 FPGA 元件库中的元件，也可以是别的硬件描述语言(如 VHDL)设计实体。该元件还可以是软的 IP 核，或者是 FPGA 中的嵌入式硬 IP 核。

　　元件实例化语句的使用格式有两种：

　　(1) 名字关联方式：将实例化元件的端口名与关联端口名通过 ". 实例化元件端口名(连接端口名)" 的形式一一对应地联系起来的方式。其使用格式如下：

　　　　实例化元件名　元件实例化标号　(. 实例化元件端口名(连接端口名)，…)；

其中，元件实例化标号是必须存在的，它类似于标在当前系统(电路板)中的一个插座名；实例化元件名是准备在此插座上插入的、已定义好的元件名；实例化元件端口名是在元件定义语句中的端口名表中已定义好的实例化元件端口的名字；连接实体端口名是当前系统与准备接入的实例化元件对应端口相连的通信端口，相当于插座上各插针的引脚名。实例化元件端口名与连接模块端口名的对应位置可以是任意的。

　　(2) 位置关联方式：按实例化元件端口的定义顺序将例化元件的对应的连接模块端口名一一列出的一种关联方式。其使用格式如下：

　　　　实例化元件名　元件实例化标号(连接端口名，…)；

　　在位置关联方式下，实例化元件名和元件实例化标号的含义及使用要求同名字关联方式；对于端口的映射关系，只要按实例化元件的端口定义顺序列出当前系统中的连接模块端口名就行了。

【例 3.5】 使用元件实例化语句设计一个四 2 输入与非门电路 my74LS00。

1. 设计思路

根据数字电子技术的知识,我们知道 74LS00 是一个四 2 输入与非门,亦即该芯片由四个 2 输入与非门组成。因此,我们设计时可先设计一个 2 输入与非门 mynand2,如图 3.6(a)所示;再由四个 2 输入与非门构成一个整体 my74LS00,如图 3.6(b)所示。

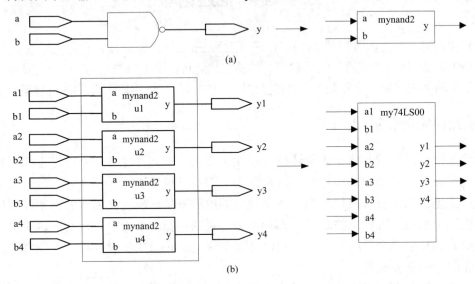

图 3.6 my74LS00 的设计过程示意图

2. Verilog HDL 源程序

(1) 2 输入与非门 mynand2 的逻辑描述:

```
//2 输入与非 mynand2.v
module mynand2(a, b, y);
    //端口说明
    input   a;
    input   b;
    output  y;
    //连续赋值语句功能描述
    assign y = !(a&&b);      //数据流描述方式
endmodule
```

(2) 四 2 输入与非门 my74LS00 的逻辑描述:

```
//四 2 输入与非 my74LS00.v
module my74LS00(a1, b1, a2, b2, a3, b3, a4, b4, y1, y2, y3, y4);
    //端口说明
    input   a1, b1;
    input   a2, b2;
    input   a3, b3;
    input   a4, b4;
```

```
output   y1, y2;
output   y3, y4;
//元件实例化结构描述
mynand2 u1(.a(a1), .b(b1), .y(y1));          //端口连接名字关联
mynand2 u2(.a(a2), .b(b2), .y(y2));
mynand2 u3(a3, b3, y3);                       //端口连接位置关联
mynand2 u4(a4, b4, y4);
endmodule
```

3．说明与分析

图 3.7 是四 2 输入与非门 my74LS00 的仿真结果图，从图中可以看出，该程序的设计是正确的。图 3.8 是四 2 输入与非门 my74LS00 逻辑综合后的 RTL 视图，从图中可以看出，元件实例化语句综合后的电路结构与设计预期一致，同时一个实例化语句对应一个硬件电路，这些硬件在整个系统中是并行运行的，因此模块中各元件实例化语句的执行是并行的。

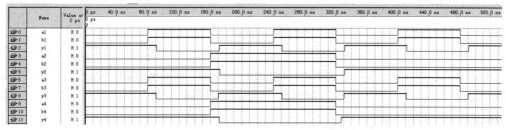

图 3.7　四 2 输入与非门 my74LS00 的仿真结果图

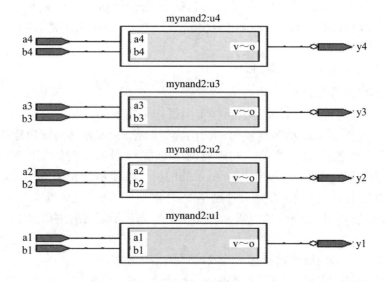

图 3.8　四 2 输入与非门 my74LS00 逻辑综合后的 RTL 视图

3.4.2　门级结构描述

门级结构描述是指调用 Verilog HDL 内部的基本门级元件来对硬件电路的结构进行描述，这种情况下模块将由基本门级元件的实例组成。

由于一个数字电路系统最终是由一个个逻辑门和开关所组成的，因此用逻辑门单元和开关单元来对硬件电路的组成结构进行描述是最直观的。考虑到这一点，Verilog HDL 把一些常用的基本逻辑门单元和开关单元的模型包含到语句内部，这些模型被称为基本门级元件(Basic Gate-Level Primitives)和基本开关级元件(Basic Switch-Level Primitives)。这里只介绍基本门级元件结构描述方法。

1. 内置基本门级元件

Verilog HDL 中的基本门级元件包括 and(与门)、nand(与非门)、or(或门)、nor(或非门)、xor(异或门)、xnor(异或非门)、buf(缓冲器)、not(非门)、bufif1(高电平使能缓冲器)、bufif0(低电平使能缓冲器)、notif1(高电平使能非门)、notif0(低电平使能非门)、pullup(上拉电阻)、pulldown(下拉电阻)共 14 种。它们可被分成四类，下面分别说明。

(1) 多输入门。内置多输入门包括 and、nand、or、nor、xor 和 xnor 六种，它们都有一个或多个输入，但只能允许一个输出。这些多输入门的元件模型可表示为

　　　　<门级元件名>(<输出端口>，<输入端口 1>，<输入端口 2>，…，<输入端口 n>)

(2) 多输出门。内置多输出门包括 buf 和 not 两种，它们允许有多个输出，但只能有一个输入。这两种多输出门的元件模型可表示为

　　　　<门级元件名>(<输出端口 1>，<输出端口 2>，…，<输出端口 n>，<输入端口>)

(3) 三态门。内置三态门包括 bufif1、bufif0、notif1 和 notif0 四种，它们用来对三态驱动器建模。它们都有一个数据输入端、一个数据输出端和一个控制输入端。它们的元件模型可表示为

　　　　<门级元件名>(<数据输出端口>，<数据输入端口 1>，<控制输入端口>)

(4) 上拉、下拉电阻。上拉、下拉电阻包括 pullup 和 pulldown 两种元件，它们都只有一个输出端口而没有输入端口。上拉电阻将输出置为 1，下拉电阻将输出置为 0。它们的元件模型可表示为

　　　　<门级元件名>(<输出端口>)

2. 基本门级元件实例语句

基本门级元件的调用是通过门级元件实例语句来实现的，其书写格式为

　　　　<门级元件名><驱动强度说明>#(<门级延时量>)<实例名>(端口连接表);

其中，"<门级元件名>"用于指明当前模块调用的是 14 种基本门级元件类型中的哪一种；"<驱动强度说明>"用来对本次调用所引入的门级元件实例的输出端驱动能力进行说明，这一部分可以缺省，它的格式为(<对高电平的驱动强度>，<对低电平的驱动强度>)；"#(<门级延时量>)"用来说明从门级元件实例的输入端到输出端的延迟时间部分，它也可以缺省。

【例 3.6】　使用门级结构描述一个 2-4 译码器。

```
//使用门级结构描述的 2-4 译码器 decoder2_4.v
module decoder2_4(a0, a1, en, y0, y1, y2, y3);
    output y0, y1, y2, y3;
    input a0, a1, en;
    wire w1, w2;
    not #(1, 2)                    //#(1, 2)表示上升延迟为 1，下降延迟为 2
```

```
        n1(w1, a0),
        n2(w2, a1);
    nand #(4, 3)
        na1(y0, en, w1, w2),
        na2(y1, en, w1, a1),
        na3(y2, en, a0, w2),
        na4(y3, en, a0, a1);
endmodule
```

图 3.9 是 2-4 译码器 decoder2_4 逻辑综合后的 RTL 视图。

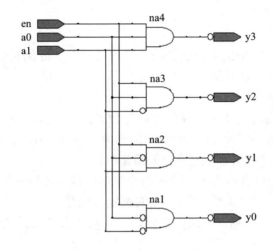

图 3.9　2-4 译码器 decoder2_4 逻辑综合后的 RTL 视图

3.5　数据流描述语句

　　数据流描述方式允许设计者只描述寄存器储存数据的流动方式，无须像门级描述方法那样逐一建立实例组件。现代的 EDA 设计开发工具的功能越来越强，尤其综合工具可完全将数据流描述转换成门级描述，达到设计大型电路的目的，设计者只需花时间思考如何提高电路的效能及如何精简其电路。

　　数据流描述方式主要使用连续赋值语句对组合逻辑电路进行逻辑描述，它只能对连线型变量进行赋值，而不能对寄存器型变量进行赋值。连续赋值语句包括显式连续赋值语句和隐式连续赋值语句两种。

3.5.1　隐式连续赋值语句

1. 语句使用格式

隐式连续赋值语句的格式为

　　连线型变量类型(赋值驱动强度) [连线型变量位宽]

　　#(延时量)连续型变量名=表达式;

隐式连续赋值语句把连线型变量的说明语句与对该变量连续赋值的语句结合到同一条语句中，利用它可以在对连线型变量进行类型说明的同时实现连续赋值。

2．连线型变量类型

　　连线型变量类型可以是除了 trireg 类型外的任何一种连线型数据类型，包括 wire、wand、wor 或 tri 等。

3．赋值驱动强度

　　赋值驱动强度是可选的，它只能在隐式连续赋值语句中指定，用来对连线型变量受到的驱动强度进行指定，由"对 1 驱动强度"和"对 0 驱动强度"两项组成。如果在格式中缺省了"赋值驱动强度"这一项，则驱动强度默认为(strong1，strong0)，即赋"1"值和赋"0"值时的驱动强度都为强。

4．延时量

　　延时量也是可选的，它指定了由赋值表达式内信号发生变化时刻到连线型变量取值被更新时刻之间的延迟时间。延时量的基本格式为

　　　　#(delay1，delay2，delay3)

其中，"delay1"指明了连线型变量转移到"1"状态时的延时值(成为上升延时)；"delay2"指明了连线型变量转移到"0"状态时的延时值(称为下降延时)；"delay3"指明了连线型变量转移到"高阻(z)"状态时的延时值(称为关断延时)。
在实际使用中，延时量也可省略为由一个或两个延时值构成，这种情况下，延时值("上升延时值"、"下降延时值"和"关断延时值")的确定方法是：

　　(1) 若只给出了一个延时值，则这个延时值将同时代表"上升延时值"、"下降延时值"和"关断延时值"。

　　(2) 若只给出了两个延时值，则这两个值将分别代表"上升延时值"和"下降延时值"，而"关断延时值"将由给出的两个延时值中较小的那一个指定。

　　(3) 如果"延时量"这一项缺省，则默认所有的延时值都为 0。

5．赋值表达式

　　赋值表达式内可以包含连线型、寄存器或函数调用等任何数据类型的操作数，同时也可以包含任何操作符，但不可将任意值直接赋值给寄存器 reg。在直接赋值描述中，若表达式右边的位数大于左边的位数，则在表达式右边较高的位将被舍弃；若表达式左边位数较多，则右边操作数将扩充至与表达式左侧连接线位数相同为止。

3.5.2　显式连续赋值语句

1．语句使用格式

　　显式连续赋值语句的格式为

　　　　连线型变量类型［连线型变量位宽］连线型变量名；
　　　　assign #(延时量)连线型变量名=表达式；

　　显式连续赋值语句也包含两条语句：第一条语句是对连线型变量进行说明的说明语句；第二条语句是对已说明的连线型变量进行赋值的语句。关键词 assign 是连续赋值语句的标识。

2．语句使用说明

　　显式连续赋值语句中有关连线型变量类型、延时量、表达式等的要求与隐式连续赋值

语句的要求一样，这里不再予以说明。

3.5.3　连续赋值的表达式

Verilog 语言中，表达式(Expression)可为单操作数(Operand)、双操作数及操作数的表达式。这些表达式是数据流最常用的描述。一般表达式由操作符(Operators)及操作数(Operand)组成。

1．常数值表达式

在常数值表达式中，其操作数不是常数就是参数(Parameters)，一般综合器会决定此表达式的值。通常表达式中的操作符及操作数会决定完成后的电路，大部分的综合器只对含有变量的表达式作电路综合，而对常数值表达式不作电路综合。例如：

```
module   and_or(out，op，in1，in2);
    parameter op=1'b1;
    parameter length=8;
    output [length-1:0] out;              //out 位宽为 8 位，常数值表达式
    input [length-1:0] in1，in2;          //in1 及 in2 位宽为 8 位，常数值表达式
    assign out = (op==1'b1) ? in1 & in2 : in1 | in2;
endmodule
```

2．操作数

操作数(Operand)可以是常量、参数、线网、寄存器、位选择、部分选择位、存储器单元及函数调用。例如：

```
wire [3:0] a，  b，  c，  d ;
assign c = a + b;                        //操作数 a、b 及 c
assign d[0] = a[0] & b[0];               //选取部分位的操作数
integer   e，  f，  g;
g = e - f ;                              //e 及 f 均为整数操作数
```

另外，可利用连接操作符"{ }"把不同长度的位串连接组成较大位串。例如：

```
wire [2:0] short_bits ;
wire [4:0] long_bits ;
wire [7:0] bytes;
assign byte = {short_bits，long_bits};   //连接操作符
```

3．操作符

Verilog 语言提供了各种不同的操作符，详见 3.3 节。单目操作符使用一个操作数；双目操作符使用两个操作数；条件操作符使用三个操作数；连接操作符可以使用任意个数的操作数。操作符会将其操作数按照所定义的功能作计算以产生新值。大部分操作符均为单目操作符或双目运算符。

3.5.4　连续赋值的应用实例

【例 3.7】　使用连续赋值语句设计一个 3 - 8 译码器(高电平有效)。

3-8 译码器有高电平有效和低电平有效两种。高电平有效的 3-8 译码器真值表如表 3.14 所示。根据该真值表,可进行 3-8 译码器(高电平有效)的程序设计,详见 decod3_8.v。图 3.10 是 3-8 译码器(高电平有效)decod3_8 综合后的 RTL 视图;图 3.11 是 3-8 译码器(高电平有效)decod3_8 的仿真结果。从 RTL 视图可看出,assign 连续赋值语句综合后生成的硬件电路是并行的。从仿真结果可看出,程序的设计是正确的。

表 3.14　3-8 译码器真值表

ain[0]	0	1	0	1	0	1	0	1
ain[1]	0	0	1	1	0	0	1	1
ain[2]	0	0	0	0	1	1	1	1
yout[0]	1	0	0	0	0	0	0	0
yout[1]	0	1	0	0	0	0	0	0
yout[2]	0	0	1	0	0	0	0	0
yout[3]	0	0	0	1	0	0	0	0
yout[4]	0	0	0	0	1	0	0	0
yout[5]	0	0	0	0	0	1	0	0
yout[6]	0	0	0	0	0	0	1	0
yout[7]	0	0	0	0	0	0	0	1

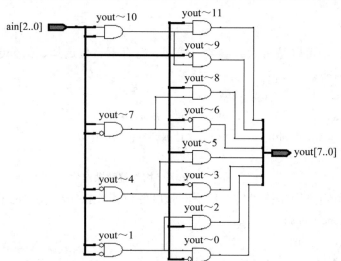

图 3.10　3-8 译码器(高电平有效)decod3_8 综合后的 RTL 视图

图 3.11　3-8 译码器(高电平有效)decod3_8 的仿真结果图

// 3-8 译码器(高电平有效)decod3_8.v

```verilog
module decod3_8(yout, ain);
    output [7:0] yout;
    input [2:0] ain;
    //根据输入 din 计算输出
```

```
        assign yout[0] = ((~ain[2]) & (~ain[1]) & (~ain[0]));
        assign yout[1] = ((~ain[2]) & (~ain[1]) & (ain[0]));
        assign yout[2] = ((~ain[2]) & (ain[1]) & (~ain[0]));
        assign yout[3] = ((~ain[2]) & (ain[1]) & (ain[0]));
        assign yout[4] = ((ain[2]) & (~ain[1]) & (~ain[0]));
        assign yout[5] = ((ain[2]) & (~ain[1]) & (ain[0]));
        assign yout[6] = ((ain[2]) & (ain[1]) & (~ain[0]));
        assign yout[7] = ((ain[2]) & (ain[1]) & (ain[0]));
    endmodule
```

【例 3.8】　使用连续赋值语句设计一个 4 位全加器。

```
    //4 位全加器 adder4b.v
    module adder4b(a, b, ci, sum, co);
        input [3:0] a, b;
        input ci;
        output [3:0] sum;
        output co;
        assign {co, sum} = a + b + ci;
    endmodule
```

图 3.12 是 4 位全加器 adder4b 的仿真结果图，从仿真结果可看出，该程序的设计是正确的。由于这是组合逻辑运算，存在竞争与冒险现象，因此进位输出 co 存在毛刺，可使用同步电路的方式去掉毛刺。

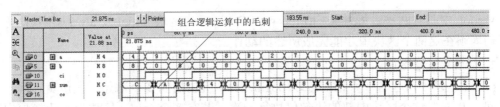

图 3.12　4 位全加器 adder4b 的仿真结果图

【例 3.9】　使用连续赋值语句设计一个 3 位多数表决器。

所谓多数表决器，就是一串布尔代数值中若出现多个高电平 1，则输出设为真，否则设为假。对于 3 位多数表决器，设输入为 din[2：0]，输出为 maj，其真值表如表 3.15 所示，利用卡诺图化简可得输出与输入的逻辑关系为

$$maj = din[1]din[0]+din[2](din[0]+din[1])$$

表 3.15　3 位多数表决器真值表

din[0]	0	1	0	1	0	1	0	1
din[1]	0	0	1	1	0	0	1	1
din[2]	0	0	0	0	1	1	1	1
maj	0	0	0	1	0	1	1	1

根据该逻辑关系，可进行 3 位多数表决器的程序设计，详见程序段 major.v。图 3.13 是 3 位多数表决器 major 的仿真结果，从结果可看出，程序的设计是正确的。

```
//3 位多数表决器 major.v
module major(maj, din);
    output maj;
    input [2:0] din;
    assign maj = (din[1] & din[0]) | (din[2] & (din[1] | din[0]));
endmodule
```

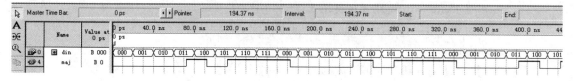

图 3.13　3 位多数表决器 major 的仿真结果图

3.6　行为描述语句

结构描述要求对硬件组件及其连接关系有详尽的了解，而数据流描述则需知道组件的布尔函数及它们之间的逻辑关系方能设计电路。当电路复杂时，使用这两种描述方式去设计电路将有很大难度。而行为描述则只需对电路硬件行为以算法方式进行描述，非常类似高级计算机程序语言，唯一的差别是 Verilog 具有并发性的并行处理特性。

3.6.1　过程性结构

Verilog 中具有两种过程性结构(Procedual Constructs)区块 initial 及 always，其他行为描述语句均须在这两个区块中才能完成所述的动作。

1．initial 过程区块

initial 区块中可包含一个语句或以 begin…end 所包括的多个语句。在仿真过程中，起始时间为 0 时，这个区块内部的语句仅执行一次。若有多个 initial 区块出现于模块中，那么这些区块各自独立地并行执行。initial 区块的目的是，在仿真时起始设定组件内部的信号值，监视信号动作过程及显示相关信号的波形或数值，initial 区块范例说明留待讲解 always 区块时再作说明。

2．always 过程区块

always 区块类似 initial 区块，二者不同之处是 always 区块中的语句将重复地被执行，形成一无穷循环，仿真时遇到 \$finish 或 \$stop 指令时才会停止。always 区块通常配合事件的表示式使用。所谓事件，就是一接线或缓存器发生状态变化。例如，信号出现上升沿、下降沿或是数值改变时，区块内的语句即被执行。其格式为

```
always @ (事件表示式 1   or   事件表示式 2   or … or 事件表示式  n)
    begin
        <语句区>
    end
```

以下各形式的事件表示式均是合法的 always 区块。

① 事件表示式中特定值的改变：

    always @(clk)

      q = d;　　　　　　　　//当 clk 的值改变时，执行 q=d

② 时钟信号上升沿触发时：

    always @(posedge clk)

      q = d;　　　　　　　　//当 clk 上升沿触发时，执行 q=d

③ 时钟信号下降沿触发时：

    always @(negedge clk)

      q = d　　　　　　　　//当 clk 下降沿触发时，执行 q=d

④ 时钟信号或一个异步事件：

    always @ (posedge clk or negedge clr)

      begin

       if(! clr)

        q = 1'b0;　　//清除 q

       else

        q = d　　　//加载 d

      end

⑤ 时钟信号或多个异步事件：

    always @(posedge clk or negedge set or negedge clr)

      begin

       if(set)

        q = 1'b1　　//设定 q

    else　if　(! clr)

    q = 1'b0;　　//清除 q

    else

      q= d;　　//加载 d

    end

在电路综合过程中，若事件表示式不包含 posedge 或 negedge 触发，那么一般将综合成组合逻辑电路。必须注意的是，在函数 function 及任务 task 语句中不可出现"@(posedge clk)"及 "@(negedge clk)"。在列举事件表示式时，必须将所有可能发生的事件都列举于事件表示式中。例如：

    always @ (b or c)　　　　　　　//a 并未列于事件表示式中

      y = a | b | c;

在上述例子中，将综合成一个 3 输入的 or 门，但仿真时，由于 a 未列于事件表示式中，所以当 a 状态改变时，输出 y 将不再被重新计算。因此上述的语句并非是 3 个输入引脚的 or 门。一个完整的 3 输入 or 门要有完全的事件表示式：

    always @(a or b or c)

      y =a | b | c;

3. 过程语句块

语句块就是在"initial 过程块"或"always 过程块"中位于过程语句(initial 语句或 always 语句)后面的一组语句。它的书写格式为

<块定义语句 1>: [块名]

[块内部局部变量说明；]

  时间控制 1　　行为语句 1；

      ⋮

  时间控制 n　　行为语句 n；

<块定义语句 2>

<块定义语句 1>和<块定义语句 2>构成了一组块定义语句，它们可以是"begin...end"语句组或"fork...join"语句组。这两条块定义语句将它们之间的多条行为语句组合在一起，使之构成一个语句块，并使其在格式上更像一条语句。当语句块中只包含一条行为语句，并且不需要定义块名和块内部变量时，这两条块定义语句可以缺省。

[块名]为可选项，可以为语句块创建一个局部作用域。定义了块名的过程块称为"有名块"，在有名块中可以定义局部变量，有名块内部语句的执行可以被 disable 语句中断。[块内部局部变量说明;]也是可选项，只有在有名块中才能定义局部变量，并且块内局部变量只能是寄存器类数据类型。

时间控制用来对块内各语句的执行时间进行控制。

4. 过程时间控制

时间控制是指对过程块中各条语句的执行时间进行控制。时间控制可分为两类：延时控制和事件控制。其中，事件控制又可分为边沿触发事件控制和电平敏感事件控制两类。

1) 延时控制

延时控制的格式有两种：

  # <延时时间>　行为语句；

  # <延时时间>

其中，#是延时控制的标识符；<延时时间>是直接指定的延迟时间量，它是以多少个仿真时间单位的形式给出的，可以是一个立即数、变量或表达式。

【例 3.10】 十六进制计数器及其测试程序中延时控制语句的使用。

```
//十六进制计数器 cnt16.v
module cnt16(clk, clr, ena, cq, co);
    input clk, clr, ena;
    output [3:0] cq;
    output co;
    reg [3:0] cnt;
    reg co;
    always @(posedge clk or posedge clr)
      begin
      if (clr)
        cnt <= 4'b0;
      else
        if (ena)
          if (cnt==4'hf)
            cnt <= 4'h0;
```

```
            else
                cnt <= cnt + 1;
        end
    assign cq = cnt;
    always @(posedge clk )
        begin
            if (cnt==4'hf)
                co = 4'h1;
            else
                co= 4'h0;
        end
endmodule


//十六进制计数器测试平台 cnt16_tb.v
module cnt16_tb();
    // 输入信号
    reg clk, clr, ena;
    // 输出信号
    wire [3:0] cq;
    wire co;
    // 实例化元件 ut1
    cnt16 ut1(.clk(clk), .clr(clr), .ena(ena), .cq(cq), .co(co));
    // 初始化输入信号
    initial
    $monitor ($time, "clk=%b, clr=%b, ena=%b, cq=%d, co=%b",
                clk, clr, ena, cq, co);
    initial
        begin
        clk = 0;              // clk 的初始值设置为 0
        clr = 1;              // clr 的初始值设置为 1
        ena = 0;              // ena 的初始值设置为 0
        #20 clr = 0;          // clr 经过 20 个时间单位后变为 0
        #30 ena = 1;          // ena 经过 20+30=50 个时间单位后变为 1
    end
    initial
        begin
        forever #10 clk = ~clk; //产生周期为 20 个时间单位的时钟信号
    end
    initial #2000 $finish;
endmodule
```

图 3.14 是十六进制计数器的测试平台 cnt16_tb 的仿真结果。从仿真结果可看出，测试平台 cnt16_tb 运行后的 clk、clr 和 ena 的值与测试平台的设定值是一致的。

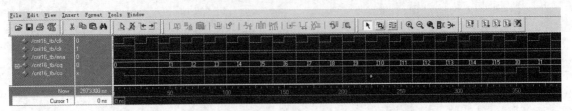

图 3.14　十六进制计数器的测试平台 cnt16_tb 的仿真结果

2) 边沿触发事件控制

行为语句的执行需要由指定事件的发生来触发，该事件称为“触发事件”。在 always 语句块格式中所使用的敏感事件列表就是一种事件控制。当然，事件控制方式不仅能用于 always 语句块，而且还可以用于其他的行为语句。

边沿触发时间控制是在指定的信号变化时刻，也就是在指定的信号的跳变边沿才触发语句的执行的，而当信号处于稳定状态时不会触发语句的执行。

边沿触发事件控制的语法格式有以下四种：

- @(<事件表达式>)　行为语句；
- @(<事件表达式>);
- @(<事件表达式 1> or <事件表达式 2>…or<事件表达式 n>)行为语句；
- @(<事件表达式 1> or <事件表达式 2>…or<事件表达式 n>);

事件表达式可以有以下三种形式：

- <信号名>
- posedge<信号名>
- negedge<信号名>

第一种事件表达式形式代表的触发事件是<信号名>所指定的信号发生了某种逻辑变化(不论是正跳变还是负跳变)，它是信号除了保持稳定状态以外的任何一种变化过程。

第二种事件表达式形式代表的触发事件是<信号名>所指定的信号发生了正跳变。所谓“正跳变”，是指发生如下逻辑块转换中的一种：

$$0→x;\ 0→z;\ 0→1;\ x→1;\ z→1$$

第三种事件表达式形式代表的触发事件是<信号名>所指定的信号发生了负跳变。所谓“负跳变”，是指发生如下逻辑块转换中的一种：

$$1→x;\ 1→z;\ 1→0;\ x→0;\ z→0$$

3) 电平敏感事件控制

与边沿触发事件控制不同，在电平敏感控制方式下启动语句执行的触发条件是某一个指定的条件表达式为真。

电平敏感事件控制用关键词“wait”来表示。它有如下三种形式：

- wait(条件表达式)　语句块；
- wait(条件表达式)　行为语句；
- wait(条件表达式);

在使用电平敏感事件控制语句时，要注意其与边沿触发事件控制的区别：以“@”开头的边沿触发事件控制只对信号的跳变边沿敏感，它给出的触发事件是指定的信号跳变边沿；以“wait”开头的电平敏感事件控制只对信号的电平敏感，它给出的触发事件是指定的信号稳定逻辑状态。

3.6.2　过程赋值语句

赋值(Assignment)语句包含连续(Continuous)赋值和过程性(Procedural)赋值两种。在数据流描述中已介绍了连续赋值语句，它用来在连接线(nets)上(如 wire、wand、wor 或 tri)驱动一信号。而过程性赋值则是当右边操作数变化时，赋值表达式的左边的标识符数据跟着刷新。

过程性赋值指在程序中执行赋值的动作。一般过程性赋值有两种：阻塞过程性赋值(Blocking Procedural Assignment)和非阻塞性过程赋值(Nonblocking Procedural Assignment)。

1．阻塞过程性赋值

阻塞过程性赋值，就是该过程赋值语句的执行，将阻止下一个过程赋值语句的执行，直到该语句执行完为止，因此该语句的执行有一定的延迟(阻塞)。一般在阻塞过程性赋值的表达式中，计算完赋值式等号右边表示式后，会将其低位赋值给等号左边标识符的低位，依序直到高位为止。若等号左边标识符的位长度小于右边表示式的位长度，则右边表示式多出来的位值将被舍去而不赋值；若等号左边标识符的位长度大于右边表示式的位长度，则右边表示式将以 0 扩充至与左边标识符同样长度；但是当等号右边最高位为 z 或 x 时，右边表示式将以 z 或是 x 扩充至与左边标识符同样长度。阻塞过程性赋值所综合出来的电路为并接方式。阻塞过程性赋值格式为

　　　　<标识符>　=　<时间控制>　<表示式>；

以下均为合法的阻塞过程性赋值语句：

```
a[3] = 1'b0;            //选择位
a[3:0] = 12            //部分赋值
c = {a[7:3], b[2:0]};   //连接运算
```

阻塞过程性赋值所综合出来的电路为并接方式。

2．非阻塞过程性赋值

非阻塞过程性赋值，就是该过程赋值语句的执行，将允许其他过程赋值语句执行，因此该语句的执行没有延迟（非阻塞）。在非阻塞过程性赋值语句中，数值的转移需等到下一时钟周期，其与阻塞过程性赋值的语句完全不同。非阻塞过程性赋值所综合出来的电路为串接方式而非并接方式。非阻塞过程性赋值语句格式为

　　　　<标识符> <= <时间控制> <表示式>；

以下均为正确的非阻塞过程性赋值语句：

```
a[3] <= 1'b0;           //选择位
a[3:0] <= 12           //部分赋值
c <= {a[7:3], b[2:0]};  //连接运算
```

3．过程性赋值应用举例

【例 3.11】　4 位阻塞赋值程序。

```
//4 位阻塞赋值程序 reg_bpa.v
module reg4_bpa(qout, clk, reset, din);
    output [3:0] qout;
    input clk, reset;
```

```
    input din;
    reg [3:0] qout;
    always @ (posedge clk or posedge reset)
//上升沿 clk 异步复位 reset
        if (reset)
            qout = 4'b0000;
        else
            begin
            qout[0] = din;
            qout[1] = qout[0];
            qout[2] = qout[1];
            qout[3] = qout[2];
            end
    endmodule
```

图 3.15 是 4 位阻塞赋值程序 reg_bpa 经 Synplify Pro 7.6 综合的结果，从综合后的硬件电路可看出，阻塞性赋值生成的硬件是并行的。图 3.16 是 4 位阻塞赋值程序 reg_bpa 的仿真结果图，从仿真结果可看出，阻塞性赋值会将表达式低位赋值给等号左边标识符的低位，依序直到高位为止。

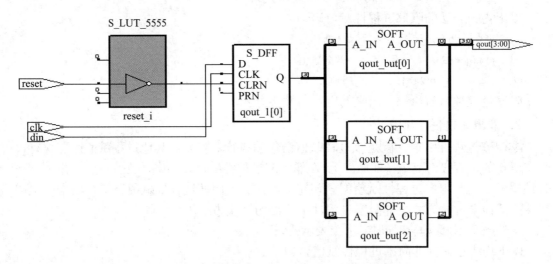

图 3.15　4 位阻塞赋值程序 reg_bpa 的综合结果图

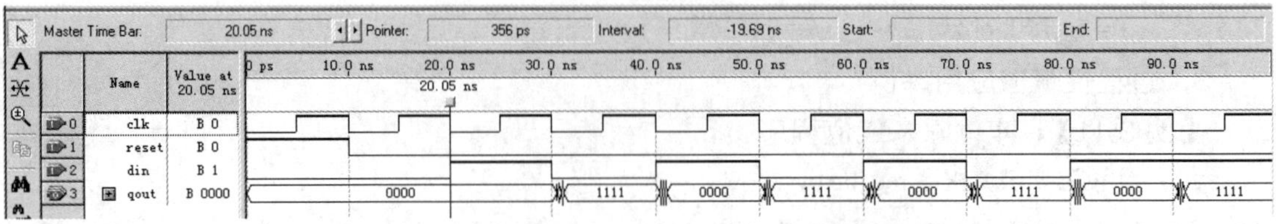

图 3.16　4 位阻塞赋值程序 reg_bpa 的仿真结果图

【例 3.12】　4 位非阻塞赋值程序。

```
//4 位非阻塞赋值程序 reg_nbp.v
module reg4_nbp(qout, clk, reset, din);
    output [3:0] qout;
    input clk, reset;
    input din;
    reg [3:0] qout;
    always @ (posedge clk or posedge reset)
//上升沿 clk 或异步复位 reset
        if (reset)
            qout <= 4'b0000;
        else
            begin
            qout[0] <= din;
            qout[1] <= qout[0];
            qout[2] <= qout[1];
            qout[3] <= qout[2];
        end
    endmodule
```

图 3.17 是 4 位非阻塞赋值程序 reg_nbp 经 Synplify Pro 7.6 综合的结果，从综合后的硬件电路可看出，阻塞赋值生成的硬件是串行的。图 3.18 是 4 位非阻塞赋值程序 reg_nbp 的仿真结果图，从仿真结果可看出，阻塞性赋值会将表达式低位赋值给等号左边标识符的低位，而高位不变。

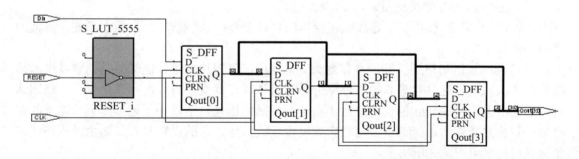

图 3.17　4 位非阻塞赋值程序 reg_nbp 的综合结果图

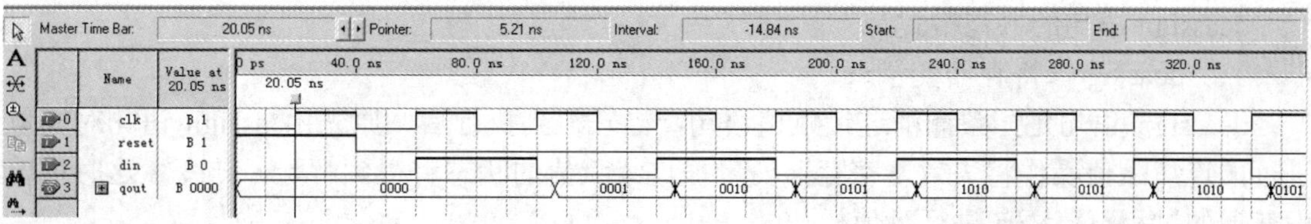

图 3.18　4 位非阻塞赋值程序 reg_nbp 的仿真结果图

需注意的是，在同一程序中，只能存在一种过程性赋值，且前述两种过程性赋值综合电路完全不一样。一般组合逻辑均用阻塞赋值(=)，而非阻塞赋值(<=)则用于时序逻辑电路。

4．过程连续赋值语句

与过程赋值语句一样，过程连续赋值也是一种过程性赋值语句，它用来实现过程连续赋值，在过程块内对变量进行连续赋值。

过程连续赋值语句与连续赋值语句的区别在于：

(1) 过程连续赋值语句只能用在过程块中，而连续赋值语句不能出现在过程块中。

(2) 过程连续赋值语句可以对寄存器类变量进行连续赋值(force-release 语句组还可以对连线型变量进行连续赋值)，它的赋值目标不能是变量的某一位或某几位；而连续赋值语句只能对连线型变量赋值，并且可对变量的某一位或某几位赋值。

过程连续赋值语句执行的是一种"连续赋值"，即一旦对某个变量进行了过程连续赋值，该变量就一直受到过程连续赋值语句内赋值表达式的连续驱动，赋值表达式内操作数的任何变化都会引起被赋值变量值的更新，直到对该变量执行了"撤消过程连续赋值"操作为止。

在 Verilog HDL 中，有两组过程连续赋值语句可以实现过程连续赋值，它们是"assign-deassign"语句组和"force-release"语句组。

1) assign-deassign

assign 和 deassign 过程连续赋值语句只能用于对寄存器类变量进行连续赋值操作，而不能用来对连线类变量进行连续赋值操作。其中，assign 语句用来实现对寄存器类变量的连续赋值，而 deassign 则是一条撤消连续赋值的语句，它用来解除寄存器类变量上由 assign 语句实现的连续赋值状态。

assign 语句的书写格式为

    assign <寄存器类变量> = <赋值表达式>;
其中，<寄存器类变量>指明了连续赋值操作的目标变量；<赋值表达式>指明了连续赋值的"驱动源"。

一旦 assign 语句得到执行，寄存器类变量就由赋值表达式进行连续驱动，它将进入被连续赋值状态。若这时有普通的过程赋值语句对该寄存器变量进行过程赋值操作，则因为过程连续赋值语句 assign 的优先级高于普通过程赋值语句，所以处于连续赋值状态下的寄存器变量将忽视普通过程赋值语句对它的过程赋值操作，它的逻辑状态仍然由过程连续赋值语句内的赋值表达式所决定。

如果先后有两条 assign 语句对同一寄存器变量进行了过程连续赋值，那么第二条语句将覆盖第一条语句的执行效果。

deassign 语句的书写格式为

    deassign <寄存器变量>;
deassign 语句是一条撤消连续赋值语句，当它得到执行后，原先由 assign 语句对变量进行的连续赋值操作将失效，寄存器变量被连续赋值的状态将得到解除，该变量这时可以由普通的过程赋值语句进行赋值操作。

2) force-release

force 语句和 release 语句也构成一组过程连续赋值语句。这组过程连续赋值语句不仅能对寄存器类变量产生作用，还能对连线型变量进行连续赋值操作。其中，force 语句用来实现对寄存器或连线型变量的连续赋值，一般称为"强制语句"，force 语句的优先级高于 assign 语句；release 语句用来解除指定寄存器变量或连线型变量上由 force 语句实现的连续赋值状态，一般称为"释放语句"。

force 语句的书写格式为

　　　force <寄存器或连线型变量> = <赋值表达式>;

release 语句的书写格式为

　　　release <寄存器或连线型变量>;

3.6.3　块语句

利用块语句的目的是将不同语句进行集中。块语句有 begin…end 和 fork…join 区块语句两种。

1．begin…end 区块语句

begin…end 区块用于将若干语句集合在一起，并且是顺序(串行)执行的，因此又称为串行块。

串行块的使用格式为

　　　begin：[块名]

　　　　　　[块内部局部变量说明；]

　　　　　　时间控制 1　行为语句 1；

　　　　　　　　　⋮

　　　　　　时间控制 n　行为语句 n；

　　　end

串行块执行时具有如下特点：

(1) 串行块内的各条语句是按它们在块内出现的次序逐条顺序执行的，当前面一条语句执行完成后，下一条语句才能开始执行。

(2) 块中每条语句的延时控制都是相对于前一条语句结束时刻的延时控制。

(3) 在进行仿真时，当遇到串行块时，块中第一条语句就开始执行；当串行块中最后一条语句执行完毕时，程序流程控制就跳出串行块，串行块执行结束；整个串行块的执行时间等于其内部各条语句执行时间的总和。

串行块通常使用在 if、case 语句及 for 循环中。

在区块语句中可用 disable 语句配合，用于中途跳离区块，并将硬件执行转移至紧接区块下的语句。

2．fork…join 区块语句

fork…join 语句提供了一个并行处理区块的仿真环境，在此区块中的所有语句并行地被执行，因此在这个区块中的语句，其排列的次序并不影响执行结果。fork…join 区块语句与 begin…end 区块的最大不同点在于 begin…end 区块内的语句为顺序结构，而 fork…join 区块语句内的语句为并行结构。

并行块的书写格式为

    fork：[块名]

        [块内部局部变量说明；]

        时间控制 1　行为语句 1；

               ⋮

        时间控制 n　行为语句 n；

    join

其中，块内部局部变量说明可以是 reg 型变量说明语句、integer 型变量说明语句、real 型变量说明语句、time 型变量说明语句及事件(event)说明语句。

并行块执行时具有如下特点：

(1) 并行块内各条语句是同时并行执行的，也就是说，当程序流程控制进入并行块后，块内各条语句都各自独立地同时开始执行，各条语句的起始执行时间都等于程序流程控制进入该并行块的时间。

(2) 块内各条语句中指定的延时控制都是相对于程序流程控制进入并行块时刻的延时，即相对于并行块开始执行时刻的延时。

(3) 当并行块内所有的语句都已经执行完后，也就是当执行时间最长的那一条块内语句执行完后，程序流程控制才跳出并行块，结束并行块的执行，整个并行块的执行时间等于执行时间最长的那条语句所需的执行时间。

3．应用举例

【例 3.13】　begin…end 和 fork…join 区块语句的比较实例。

表 3.16 是 begin…end 和 fork…join 区块语句的比较实例。

表 3.16　begin…end 和 fork…join 区块语句的比较实例

begin…end 区块语句	fork…join 区块语句

begin
  #10 dout =2'b00;
  #20 dout =2'b01;
  #30 dout =2'b10;
  #40 dout =2'b11;　//在第 100 个时间单位执行
end
	fork
	  #10 dout =2'b00;
	  #20 dout =2'b01;
	  #30 dout =2'b10;
	  #40 dout =2'b11;　//在第 40 个时间单位执行
	join

3.6.4　条件语句

1．语句格式

if-else 条件语句的作用是根据判断所给出的条件是否满足来确定下一步要执行的操作，通常可根据条件的多少采用下面四种不同的形式。

(1) 语句格式 1。

    if(<条件表示式>)

    begin

      <语句区块 1>；

```
    end
else
    begin
        <语句区块 2>;
            end
```

在上述语法中，若<条件表示式>成立，则执行<语句区块 1>；否则，执行<语句区块 2>。

在语句区块中，可为一行或多行语句，语句区块以 begin…end 相隔。

(2) 语句格式 2。

```
    if(<条件表示式 1>)
        begin
            <语句区块 1>;
        end
    else if(<条件表示式 2>
        begin
            <语句区块 2>;
        end
    else
        <语句区块 3>;
```

在上述语法结构中，若<条件表示式 1>成立，则执行<语句区块 1>中所有的语句；若<条件表示式 2>成立，则<语句区块 2>内所有语句均被执行；否则执行<语句区块 3>内所有的语句。必须注意的是，所有语句区块中若只存在一行语句，则 begin…end 两个关键词可取消。

(3) 语句格式 3。

在 if…else 语句中，else if 亦可出现多次，即多重 if…else if…else 的结构，其语法格式为：

```
    if(<条件表示式 1>)
        begin
            <语句区块 1>;
        end
    else if(<条件表示式 2>
        begin
            <语句区块 2>;
        end
            …
    else if(<条件表示式 n>
        begin
            <语句区块 n>;
        end
    else
        <语句区块 n+1>;
```

(4) 语句格式 4。

```
if(<条件表示式 1>)
    begin
        if(<条件表示式 1>)
            begin
                <语句区块 1>;
            end
            else
        begin
            <语句区块 2>;
        end
    end
else
    begin
        if(<条件表示式 1>)
            begin
                <语句区块 1>;
            end
        else
            begin
                <语句区块 2>;
            end
        end
    end
```

2. 应用举例

【例 3.14】   8 位数据锁存器。

```
//8 位数据锁存器 latch8_if.v
module latch8_if(y, load, din);
    output [7:0] y;
    input load;                //锁存信号
    input [7:0] din;
    reg [7:0] y;
    always @ (y or load)
        begin
            if (load)
                y = din;
        end
    endmodule
```

图 3.19 是 8 位数据锁存器 latch8_if 的仿真结果图。从仿真结果可看出，该程序的设计是正确的。

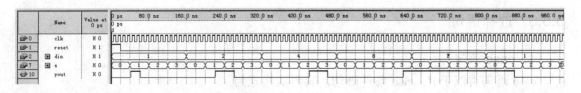

图 3.19   8 位数据锁存器 latch8_if 的仿真结果图

【例 3.15】   4-1 多路输入选择器。

```verilog
//4-1 多路输入选择器 mul41_if.v
module mul41_if (yout, clk, reset, s, din);
    output yout;
    input clk, reset;
    input [1:0] s;          //选择信号
    input [3:0] din;        //输入数据
    reg syout;
    reg yout;
    //多路输入选择过程
    always @ (s or din)
      begin
        if (s==2'b00)
            syout = din[0];
        else if (s==2'b01)
            syout = din[1];
        else if (s==2'b10)
            syout = din[2];
        else
            syout = din[3];
      end
    //选择输出去毛刺过程
    always @(posedge clk)
        if (reset)
            yout<=1'b0;
        else
            yout<=syout;
endmodule
```

图 3.20 是多路输入选择器 mul41_if 的仿真结果图。从仿真结果可看出，该程序的设计是正确的。

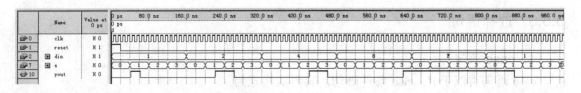

图 3.20   多路输入选择器 mul41_if 的仿真结果图

【例 3.16】 1-4 多路输出选择器。

```verilog
//1-4 多路输出选择器 demul14_if.v
module demul14_if(yout, din, s0, s1);
    output [3:0] yout;
    input din;
    input s0, s1;      //选择信号
    reg [3:0] yout;
    always @ (din or s0 or s1)
        begin
          if (s1==1'b0)
            begin
              if (s0==1'b0)
                yout = {3'b000, din};           //合并 000 与 din 赋予 yout
              else
                yout = {2'b00, din, 1'b0};
            end
          else
            begin
              if (s0==1'b0)
                yout = {1'b0, din, 2'b00};
              else
                yout = {din, 3'b000};
            end
        end
endmodule
```

图 3.21 是多路输出选择器 demul14_if 的仿真结果图。从仿真结果可看出，该程序的设计是正确的。

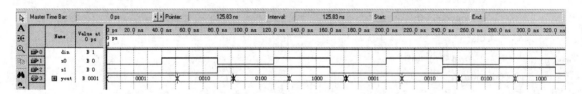

图 3.21 多路输出选择器 demul14_if 的仿真结果图

3.6.5 选择语句

1. case 语句

case 语句类似于 if…else 条件语句，其语法格式为

case(状况表示式)

状况 1：
    begin
        <语句区块 1>；
    end
状况 2：
    begin
        <语句区块 2>；
    end
       ⋮
  default：
    begin
        <语句区块 n>；
    end
endcase

其语法由 case…endcase 所包括，依不同的状况决定执行哪一语句区。每一状况中<语句区块>包含了一个或多个语句。若只存在一个语句，则 begin…end 可以省略。case 语句的功能与 if…else 语句的功能类似。根据状况表示式，逐一对比所列状况，可找到适合状况，随即执行对应的<语句区块>后，跳离 case…endcase 语句区。因此各状况的优先次序由上而下，依序递减，若所有的状况都不符合，则执行 default 中的"语句区 n"。

2．casez 语句

casez 语句与 case 语句的语法结构和执行过程完全一样，唯一不同的地方在于其状况表示，当出现 z 及 ？时，其状况判定可当成 don't care，亦即出现 z 或 ？位时不作比较。以下为正确的 casez 的语法结构：

```
//优先级选择器
case(sel)
    3'b?? 1: y=a;        //第一优先级
    3'b? 10: y =b;       //第二优先级
    3'b100: y=c;         //最低优先级
    default:y=4'bzzzz;
endcase
```

在上例中，输入为 a、b 以及 c，输出为 y。根据 3 位的选择信号 sel 决定输出，当 sel[0]=1 时，不管 sel[1]与 sel[2]为何，其输出 y=a；若 sel[0]=0 且 sel[1]=1，则不管 sel[2]为何，其输出 y=b；最后，只有在 sel[2]=1，sel[1]=0 且 sel[0]=0 时，输出 y 才为 c。亦即 sel[0]有最高决定权，sel[1]次之，而 sel[2]的决定权最低。

3．casex 语句

与 case 及 casez 语法相同，当状况表示式出现 z、"？"及 x 时，其状况判定可当成 don't care 状态而不作比较。

4．应用举例

【例 3.17】 设计一个共阳七段数码管显示驱动电路。

```verilog
//共阳七段数码管显示驱动电路 seg7_case.v
module seg7_case (hex,seg);
    input [3:0] hex;
    output [7:0] seg;//seg[7:0]对应段 h-a
    reg [7:0] seg;
    always @(hex)
      begin
        case (hex)
        // 小数点总是处于熄灭状态
        4'b0001 : seg = 8'b11111001;    //1 = f9h
        4'b0010 : seg = 8'b10100100;    //2 = a4h
        4'b0011 : seg = 8'b10110000;    //3 = b0h
        4'b0100 : seg = 8'b10011001;    //4 = 99h
        4'b0101 : seg = 8'b10010010;    //5 = 92h
        4'b0110 : seg = 8'b10000010;    //6 = 82h
        4'b0111 : seg = 8'b11111000;    //7 = f8h
        4'b1000 : seg = 8'b10000000;    //8 = 80h
        4'b1001 : seg = 8'b10010000;    //9 = 90h
        4'b1010 : seg = 8'b10001000;    //a = 88h
        4'b1011 : seg = 8'b10000011;    //b = 83h
        4'b1100 : seg = 8'b11000110;    //c = c6h
        4'b1101 : seg = 8'b10100001;    //d = a1h
        4'b1110 : seg = 8'b10000110;    //e = 86h
        4'b1111 : seg = 8'b10001110;    //f = 8eh
        default : seg = 8'b11000000;    //0 = c0h
        endcase
      end
endmodule
```

图 3.22 是共阳七段数码管显示驱动电路 seg7_case 的仿真结果图。从仿真结果可看出,该程序的设计是正确的。

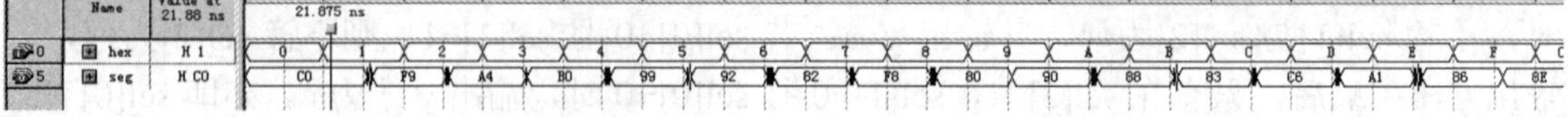

	Name	Value at 21.88 ns																
0	hex	H 1	0	1	2	3	4	5	6	7	8	9	A	B	C	D	E	F
5	seg	H C0	C0	F9	A4	B0	99	92	82	F8	80	90	88	83	C6	A1	86	8E

图 3.22　共阳七段数码管显示驱动电路 seg7_case 的仿真结果图

【例 3.18】　4-1 优先权多路输入选择器。

```verilog
//4-1 优先权多路输入选择器 mul41_casez.v
module mul41_casez(y, sel, a, b, c, d);
    output [4:0] y;    //选择输出
    input [3:0] sel;   //选择信号
```

```
    input [4:0] a, b, c, d;    //多路输入，a~d 的优先级从低到高
    reg [4:0] y;
    always @ (sel or a or b or c or d)
        begin
            casez (sel)
                4'bzzz1 : y=a;
                4'bzz10 : y=b;
                4'bz100 : y=c;
                4'b1000 : y=d;
                default : y=4'bzzzzz;
            endcase
        end
    endmodule
```

图 3.23 是共阳七段数码管显示驱动电路 seg7_casez 的仿真结果图。从仿真结果可看出，该程序的设计是正确的。

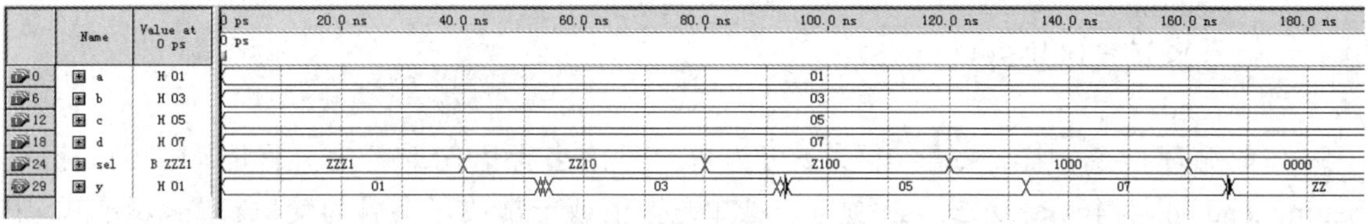

图 3.23　优先权多路输入选择器 mul41_casez 的仿真结果图

3.6.6　循环语句

Verilog HDL 语言中的循环语句包括：for 循环语句、while 循环语句、forever 循环语句和 repeat 循环语句。

1. for 语句

for 循环的语法结构为

　　for(循环变量=低值；循环变量<高值；循环变量=循环变量+常量)
　　　　begin
　　　　　　<语句区块>
　　　　end

for 语句的语法与计算机程序 C 语言中的 for 循环相似，其中高值须大于或等于低值，每执行完一次循环，循环变量即加一次常数，直到循环变量大于高值为止。在语句中，<语句区块>可为一行以上的语句，若语句仅存在一行，则关键词 begin…end 可以省略。

2. while 循环

while 循环结构的语法如下：

　　while(条件判断表示式)
　　　　begin

```
            <语句区块>;
        end
```

若条件判断表示式为真，则执行<语句区块>，直到条件判断为假，才停止执行。与 C 语句一样，当<语句区块>仅存在一行语句时，关键词 begin…end 即可取消。

3. forever 循环

forever 循环以无条件方式执行语句区块，直到遇到 disable 语句为止，其语句格式为

```
forever
    begin
        <语句区块>
    end
```

当<语句区块>为单一行语句时，关键词 begin…end 可取消。在仿真测试程序中，用来描述时序波形时，forever 循环是一个相当好用的循环。

4. repeat 循环

repeat 的循环语法为

```
    repeat(表示式)
        begin
            <语句区块>;
        end
```

与前循环指令一样，<语句区块>可为单一行或多行语句。若为一行语句，则关键词 begin…end 可取消。<表示式>必须为一已知正数值或一常数，不可为变量。若<表示式>中出现 x 或 z，将被当成 0，则<语句区块>将不被执行。当<语句区块>出现 disable 的指令时，不论循环次数是否执行完毕，它都将自动离开循环。

5. 应用举例

【例 3.19】　利用 for 循环设计一个 8 位加法器。

```
// for 循环 8 位加法器 adder8_for.v
module adder8_for(sum, co, a, b, ci);
    parameter length = 8;        //数据长度
    output [length-1:0] sum;     //加法和
    output co;                   //加法进位
    input [length-1:0] a, b;     //数据输入
    input ci;                    //进位输入
    reg cy;                      //内部进位
    integer i;                   //循环次数
    reg [ length-1:0] sum;
    reg co;
    always @ (a or b or ci or cy)
        begin
            cy = ci;
            i = 0;
```

```
for (i = 0; i<length; i = i+1)
    begin
        sum[i] = a[i] ^ b[i] ^ cy;
        cy = a[i] & b[i] | a[i] & cy | b[i] & cy;
    end
    co = cy;
  end
endmodule
```

图 3.24 是用 for 循环实现的 8 位加法器 adder8_for 的仿真结果图。从仿真结果可看出，该程序的设计是正确的。

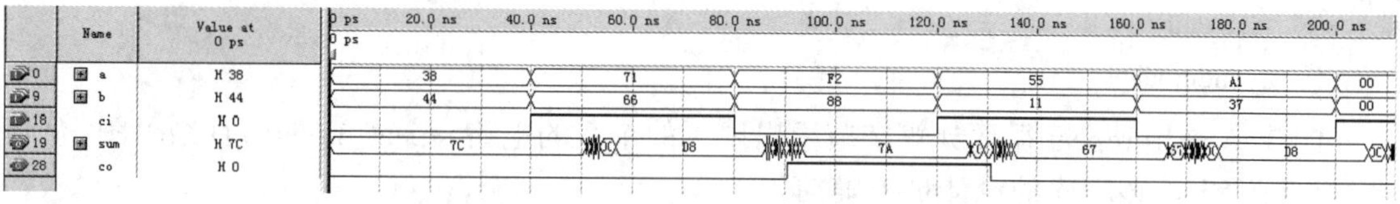

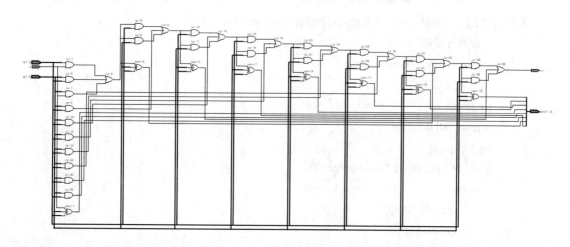

图 3.24   for 循环 8 位加法器 adder8_for 的仿真结果图

图 3.25 是用 for 循环实现的 8 位加法器 adder8_for 的 RTL 视图。从 RTL 视图可看出，for 循环进行了 8 次，程序综合后生成的硬件有 8 个相同的电路模块。

图 3.25   用 for 循环实现的 8 位加法器 adder8_for 的 RTL 视图

【例 3.20】   用 repeat 循环设计一个计算字节中出现 1 的个数的电路。

```
// 用 repeat 循环计算字节中出现 1 的个数的电路 repeat_1s.v
module repeat_1s(ones, din);
    output [3:0] ones;              //1 的个数输出
    parameter length = 8;          //数据长度
    input [length-1:0] din;        //8 位数据输入
    reg [length-1:0] temp;
    reg [3:0] ones;
```

```
        reg [3:0] cout;
        always @ (din)
            begin
                cout = 4'b0000;
                temp = din;
                repeat (length)
                    begin
                        if (temp[0]) cout = cout + 4'b0001;
                            temp = temp >> 1;           //右移一位
                    end
                ones = cout;
            end
    endmodule
```

图 3.26 是用 repeat 循环计算字节中出现 1 的个数的电路 repeat_1s 的仿真结果图。从仿真结果可看出，该程序的设计是正确的。

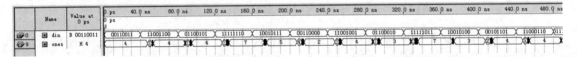

图 3.26　用 repeat 循环计算字节中出现 1 的个数的电路 repeat_1s 的仿真结果图

【例 3.21】　设计一个一百进制计数器及测试平台程序。

```
// 十进制计数器 cnt10.v
module cnt10(ce, clk, clr, tc, qout);
    input ce, clk, clr;
    output tc;
    output [3:0] qout;
    reg [3:0] cnt;
    always @(posedge clk or posedge clr)
        begin
            if (clr) //异步复位
                cnt <= 4'b0;
            else
                if (ce)
                    if (cnt==4'h9)
                        cnt <= 4'h0;
                    else
                        cnt <= cnt + 1;
        end
    assign qout = cnt;
    assign tc = (cnt == 4'h9);  //进位信号
```

```verilog
endmodule

//一百进制计数器 cnt99.v
module cnt99(clk, reset, one_out, ten_out);
    input clk, reset;
    output [3:0] one_out, ten_out;
    wire nreset;
    wire ones_en;            //个位计数使能
    wire tens_en;            //十位计数使能
    wire tc_ones;            //个位计数进位
    wire [3:0] one_out;      // 个位 BCD 码输出
    wire [3:0] ten_out;      //十位 BCD 码输出
    cnt10 ones(.ce(ones_en),.clk(clk),.clr(nreset),.tc(tc_ones),.qout(one_out));
    cnt10 tens(.ce(tens_en),.clk(clk),.clr(nreset),.tc(),.qout(ten_out));
    assign tens_en = tc_ones;
    assign ones_en = 1'b1;
    assign nreset   = ~reset;
endmodule


// 一百进制计数器的测试平台程序 cnt99_tb
module cnt99_tb();
    // 输入信号
    reg clk;
    reg reset;
    //输出信号
    wire [3:0] one_out;
    wire [3:0] ten_out;
    // 元件实例化
    cnt99 uut1 (.clk(clk), .reset(reset), .one_out(one_out), .ten_out(ten_out));
    // 初始化输入
    initial
        $monitor ($time, "clk=%b,    reset=%b, ten_out=%d, one_out=%d",
                        clk, reset, ten_out, one_out);
    initial    //初始化输入信号
        begin
            clk = 0;
            reset = 0;
            #35 reset=1;              //35 个时间单位后 reset=1
        end
    initial
```

```
        begin
            forever #10 clk = ~clk;        //设置 20 个时间单位的 clk
        end
        initial #5000 $finish;              //5000 个时间单位结束
    endmodule
```

图 3.27 是一百进制计数器的测试平台程序 cnt99_tb 的 Modelsim 仿真结果图。由图可以看出，clk、reset 信号的仿真运行结果与测试平台程序 cnt99_tb 对 clk、reset 的设定是一致的。

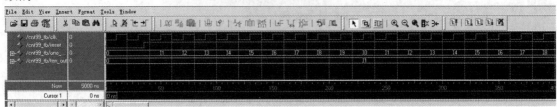

图 3.27 一百进制计数器的测试平台程序 cnt99_tb 的 Modelsim 仿真结果图

3.6.7   wait 语句

wait 语句会使程序代码的操作流程暂停，直到语句中的表示式变为真后，才执行 wait 语句后区块中一个或多个语句。它的语法格式为

```
        wait (<表示式>)
            <程序区域>
```

【例 3.22】wait 语句使用实例。

```
    module wait_examp( );
        …
            always
                begin
                    …
                    wait (flag = =1)
                        cnt= cnt + 1;
                    …
                end
    endmodule
```

上述例题中，wait 语句必须要等到 flag 为真时，仿真器才会执行 cnt=cnt+1 的动作。

3.7   函 数 与 任 务

Verilog 语言中有两种形式的子程序：函数(function)和任务(task)，它们对应于一般程序设计语言中的函数(function)和过程(procedure)。函数和任务可由系统定义，也可由用户自己设计。由用户自己设计的函数及任务与一般计算机子程序类似。在用 Verilog 语言开发硬件的过程中，常把重复使用的程序代码编程为函数或任务。利用函数或任务建立不同的子程序后，在其他硬件模块中再利用它们时，无须重复地键入这些代码，以便节省设计者的时间，并减少出错概率，使所设计出来的 RTL 码有更好的可读性、可移植性及可维护性。

任务的调用可通过其界面获得多个返回值，而函数只能返回一个值。在函数入口中，所有参数都是输入参数，而任务有输入参数、输出参数和双向参数。任务一般被看做是一种语句结构，而函数通常是表达式的一部分。任务可以单独存在，而函数通常作为语句的一部分调用。

在实用中必须注意，综合后的子程序将映射于目标芯片中的一个相应的电路模块，且每一次调用都将在硬件结构中产生具有相同结构的不同模块，这一点与在普通软件中调用子程序有很大的不同。因此，在面向 Verilog HDL 的实用中，要密切关注和严格控制子程序的调用次数，每调用一次子程序都意味着增加了一个硬件电路模块。

3.7.1 函数

函数用于解决组合逻辑的转换与计算，函数必须在模块中以关键词 function 与 endfunction 声明，其中不能有延迟时间或事件控制的指令存在，且函数仅传回单一值，并至少要有一个键入。其语法格式如下：

> function [位宽] <函数名称>
> <函数参数声明>
> …
> <语句区块>
> …
> endfunction

定义函数时，若[位宽]范围省略，则函数返回值的位宽内定为 1，并以<函数名称>作为返回变量的名称。<语句区块>中，可存在一个或多个语句。若有多行语句，则必须以区块语句 begin…end 含括。

【例 3.23】 设计一个左移/右移 shiftb 位的 4 位乘法器或除法器。

首先以函数设计一个 2 位缓存器，并借助参数 left/right 信号来控制左移或右移。在模块 shift_fcn()中键入一个 4 位数据至 indata，通过调用函数 mult_div 将 indata 向左移位后的结果输出至 mout1 或 mout2；同样，在调用函数过程中，left 或 right 的值(本例中分别为 1 和 0)会送至 fcn_left，indata 则送给 fcn_in。若函数中 fcn_left 等于 1，则 fcn_in 向左移 shiftb 位；否则，向右移 shiftb 位，并由函数名称 mult_div 返回给主程序中的 mout1、qout1、mout1 或 qout2 变量。其 Verilog HDL 程序见 shift_fcn.v。该程序的时序仿真结果如图 3.28 所示，其使用 Synplify Pro 7.6 的逻辑综合结果如图 3.29 所示。

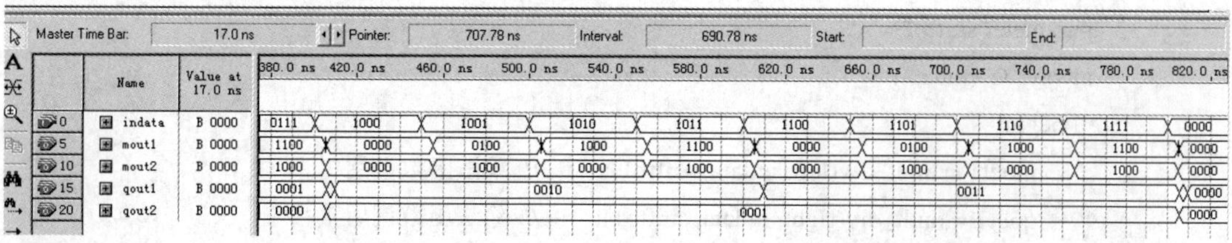

Master Time Bar:		17.0 ns		Pointer:	707.78 ns		Interval:	690.78 ns		Start:			End:		
	Name	Value at 17.0 ns	380.0 ns	420.0 ns	460.0 ns	500.0 ns	540.0 ns	580.0 ns	620.0 ns	660.0 ns	700.0 ns	740.0 ns	780.0 ns	820.0 ns
0	indata	B 0000	0111	1000	1001	1010	1011	1100	1101	1110	1111	0000
5	mout1	B 0000	1100	0000	0100	1000	1100	0000	0100	1000	1100	0000
10	mout2	B 0000	1000	1000	1000	1000	1000	1000	1000	1000	1000	0000
15	qout1	B 0000	0001			0010				0011		0000
20	qout2	B 0000	0000				0001					0000

图 3.28 左移/右移 shiftb 位的 4 位乘法/除法器 shift_fcn 的仿真结果图

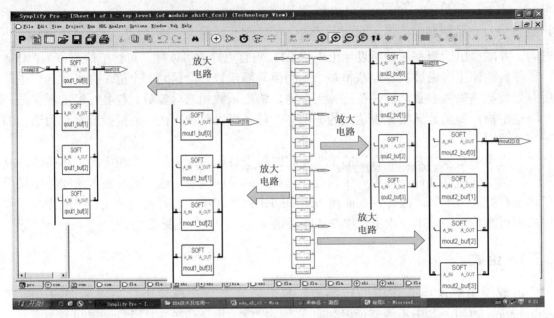

图 3.29 左移/右移 shiftb 位的 4 位乘法/除法器 shift_fcn 的综合结果图

从图 3.28 可看出，该程序的设计是正确的。从图 3.29 可看出，综合后的函数将映射于目标芯片中的一个相应的电路模块，本设计进行了四次函数调用，因此在硬件结构中产生了四个具有相同结构的不同模块，并且函数调用的结果只有一个输出。

```verilog
//左/右移乘除法  shift_fcn.v
module shift_fcn(indata, qout1, qout2, mout1, mout2);
    input   [3:0] indata;    //输入数据
    output [3:0] qout1;      //除法输出 1
    output [3:0] mout1;      //乘法输出 1
    output [3:0] qout2;      //除法输出 2
    output [3:0] mout2;      //乘法输出 2
    reg [3:0] qout1;
    reg [3:0] mout1;
    reg [3:0] qout2;
    reg [3:0] mout2;
    parameter left =1;
    parameter right = 0;
    parameter shiftb1 = 2;
    parameter shiftb2 = 3;
    always @ (indata)
      begin
        mout1 = mult_div(left, indata, shiftb1);      // 乘法函数调用 1
        qout1 = mult_div(right, indata, shiftb1);     // 除法函数调用 1
        mout2 = mult_div(left, indata, shiftb2);      // 乘法函数调用 2
```

```
            qout2 = mult_div(right, indata, shiftb2);        // 除法函数调用 2
        end
    //乘除法函数 mult_div 定义
    function [3:0] mult_div;
        input fcn_left;
        input [3:0] fcn_in;
            input [1:0] shiftb;
        begin
        mult_div = (fcn_left == 1)? (fcn_in << shiftb) : (fcn_in >>shiftb);
        end
    endfunction
endmodule
```

3.7.2　任务

不像函数只有一个输出，任务通常允许多个输出，且允许有延迟、时间或是事件控制指令，其结构与函数相似。在声明任务时，可由 parameter、input、output、inout、reg、integer、real、time 及 event 等数据形态组成。任务的语法结构以关键词 task…endtask 作为声明，语法格式如下：

```
        task<任务名称>
        <任务参数声明>
        …
        <语句区>
        …
        endtask
```

在调用任务时，自变量的排列顺序必须与任务中参数所声明的顺序一致。与函数不同的地方为，任务的输出名称可自由命名。应用上，任务可调用其他函数或任务。

【例 3.24】　设计一个由 4 位比较器任务构成的 16 位比较器。

用 4 位比较器完成一个 16 位比较器的设计，先将 16 位输入值 a 及 b 分别切割成四组 4 位数据，再分别进行比较。在程序中，以任务 compare4 完成 4 位比较器。在主程序模块中，compare16 中四次调用 compare4，最高 4 位先进行比较，大于或小于时直接输出结果；若相等则需再比较次高 4 位，直到完成 16 位数的比较并得到结果为止。其 Verilog HDL 程序见 compare16.v。该程序的时序仿真结果如图 3.30 所示，其使用 Synplify Pro 7.6 的逻辑综合结果如图 3.31 所示。

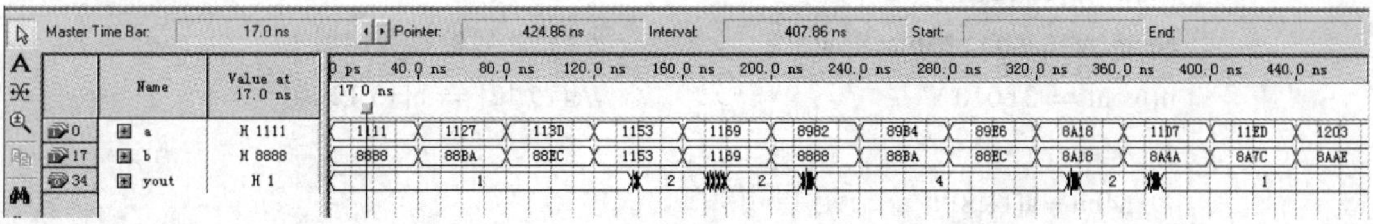

图 3.30　16 位比较器 compare16 的仿真结果图

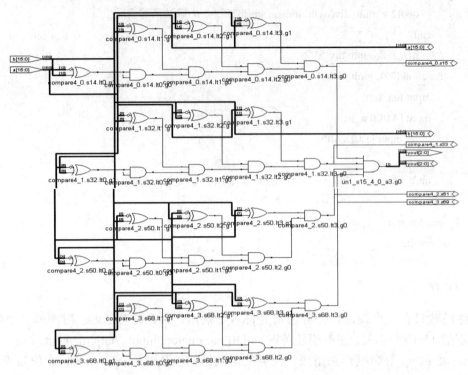

图 3.31　16 位比较器 compare16 的综合结果图

从图 3.30 可看出，该程序的设计是正确的。从图 3.31 可看出，综合后的任务将映射于目标芯片中的一个相应的电路模块，本设计进行了四次任务调用，因此在硬件结构中产生了四个具有相同结构的不同模块，并且任务调用的结果有多个输出。

```verilog
// 16 位比较器 compare16.v
module compare16( a, b, yout );
    input [15:0] a ;        //16 位输入 a 和 b
    input [15:0] b ;
    output [2:0] yout;      //yout[2]、yout[1]、yout[0]等于 1'b1，分别表示大于、等于和小于
    reg [3:0] a4bit;        //输入 a 中的 4 位数据
    reg [3:0] b4bit;        //输入 b 中的 4 位数据
    reg [2:0] yout ;
    always @( a or b )
        begin
        a4bit = a[15:12] ;
        b4bit = b[15:12];
        compare4( a4bit , b4bit , yout );           //4 位比较器任务调用 1
        if( yout == 3'b010 )                        //a[15:12] == b[15:12]
            begin
            a4bit = a[11:8] ;
            b4bit = b[11:8] ;
```

```
            compare4( a4bit , b4bit , yout ) ;            //4 位比较器任务调用 2
            if( yout == 3'b010 )                          // a[15:8] == b[15:8]
                begin
                a4bit = a[7:4] ;
                b4bit = b[7:4] ;
                    compare4( a4bit , b4bit , yout );      //4 位比较器任务调用 3
                    if( yout == 3'b010 )                   // a[15:4] == b[15:4]
                        begin
                        a4bit = a[3:0] ;
                        b4bit = b[3:0] ;
                            compare4( a4bit , b4bit , yout );   //4 位比较器任务调用 4
                        end
                end
            end
        end
    // 4 位比较器任务 compare4
    task compare4 ;
        input [3:0] i_a ;                                 //4 位输入 i_a and i_b
        input [3:0] i_b ;
        output [2:0] s ;               //s[2]、s[1]、s[0]等于 1'b1，分别表示大于、等于和小于
        begin
            if( i_a > i_b )
                s = 3'b100 ;           //大于
            else if( i_a == i_b )
                s = 3'b010 ;           //等于
            else
                s = 3'b001 ;           //小于
        end
    endtask
endmodule
```

3.7.3 函数调用函数

在一般计算机程序的使用方式中，子程序可以是嵌套结构，亦即子程序可以调用其他子程序。在 Verilog 语法中，函数只能调用另一个函数，不能调用其他任务。

【例 3.25】 用函数调用函数设计一个 16 位的偶校验位发生器。

在模块 even_parity_16.v 中，输入 16 位数据分两组送至 high_byte 及 low_byte，并传至函数 even8，以生成 8 位的偶校验位；再返回至 high 及 low 作"异或"运算，最后送至输出 pout。而 8 位偶校验位函数则将所收到的 8 位数据细分高 4 位及低 4 位两组，再分别调用 4 位偶校验位发生器函数以生成偶校验位。

在 4 位偶校验位发生器函数 even4 中，会将所取得的 4 位数据以归约异或指令生成偶校验位，并返回至上一层函数。最后，以嵌套函数调用，完成 16 位偶校验位发生电路。

```verilog
// 16 位偶校验位发生器 even_parity_16.v
module even_parity_16(din, pout);
    input [15:0] din;
    output pout;
    reg [7:0] high_byte;        // 输入数据的高字节
    reg [7:0] low_byte;         // 输入数据的低字节
    reg high, low;              // 高字节、低字节校验
    reg pout;                   // 校验输出
    always @(din)
      begin
        high_byte = din[15:8];
        low_byte = din[7:0];
        high = even8(high_byte);        //调用函数 even8
        low = even8(low_byte);
        pout = high ^ low;                  //按位异或
      end
//8 位偶校验位函数 even8
function even8;
    input [7:0] i8;
    begin
        even8 = even4(i8[7:4]) ^ even4(i8[3:0]);    //异或运算
    end
endfunction
//4 位偶校验位函数 even4
function even4;
    input [3:0] i4;
    begin
        even4 = ^ i4;                              //规约异或运算
    end
    endfunction
endmodule
```

3.7.4 任务调用函数及任务

任务不仅可调用函数，亦可调用任务。

【例 3.26】 用任务调用函数及任务设计一个 16 位的比较器。

```verilog
// 16 位比较器 compare16_tf.v
module compare16_tf( a, b, yout );
```

```verilog
   input [15:0] a ;          //16 位输入 a 和 b
   input [15:0] b ;
   output [2:0] yout;        //yout[2]、yout[1]、yout[0]等于 1'b1，分别表示大于、等于和小于
   reg [7:0] a8bit;          //输入 a 的 8 位数据
   reg [7:0] b8bit;          //输入 b 的 8 位数据
   reg [2:0] yout ;
   always @( a or b )
       begin
       a8bit = a[15:8] ;
       b8bit = b[15:8];
       compare8( a8bit , b8bit , yout );       //8 位比较器任务调用 1
       if( yout == 3'b010 )                    //a[15:8] == b[15:8]
           begin
           a8bit = a[7:0] ;
           b8bit = b[7:0] ;
           compare8( a8bit , b8bit , yout ) ;  //8 位比较器任务调用 2
           end
   end
   // 8 位比较器任务 compare8
   task compare8 ;
       input [7:0] i_a ;            //4 位输入 i_a and i_b
       input [7:0] i_b ;
       output [2:0] s ;             //s[2]、s[1]、s[0]等于 1'b1，分别表示大于、等于和小于
       reg [3:0] a4bit;
           reg [3:0] b4bit;
       begin
           a4bit = i_a[7:4] ;
           b4bit = i_b[7:4] ;
           compare4_t( a4bit , b4bit , s );       //4 位比较器任务调用
           if( s == 3'b010 )                      //a[7:4] == b[7:4]
               begin
               a4bit = i_a[3:0] ;
               b4bit = i_b[3:0] ;
               s=compare4_f( a4bit , b4bit );      //4 位比较器函数
               end
           end
   endtask
   // 4 位比较器任务 compare4_t
   task compare4_t ;
       input [3:0] i_a ;                           //4 位输入 i_a and i_b
```

```
        input [3:0] i_b ;
        output [2:0] s ;                    //s[2]、s[1]、s[0]等于 1'b1，分别表示大于、等于和小于
        begin
            if( i_a > i_b )
                s = 3'b100 ;                //大于
            else if( i_a == i_b )
                s = 3'b010 ;                //等于
            else
                s = 3'b001 ;                //小于
        end
    endtask
    // 4 位比较器任务 compare4_f
    function [2:0] compare4_f ;
        input [3:0] i_a ;                   //4 位输入 i_a and i_b
        input [3:0] i_b ;
        begin
            if( i_a > i_b )
                compare4_f = 3'b100;        //大于
            else if( i_a == i_b )
                compare4_f = 3'b010;        //等于
            else
                compare4_f = 3'b001;        //小于
        end
    endfunction
endmodule
```

3.7.5 系统函数与任务

Verilog HDL 中内置了一些系统函数和任务，可以很方便地使用。这些系统函数与任务是预先定义的。一般是以字符"$"开头的标识符表示系统任务或者系统函数。Verilog HDL 具有以下几类系统任务与系统函数。

1. 显示任务

显示任务包括显示和书写任务、探测监控任务和连续监控任务。

显示和写入任务有$display、$displayb、$displayh、$displayo、$write、$writeb、$writeh和$writeo，用法与 C 语言中的 printf()函数和 scanf()函数很相似。其中，$display、$displayb、$displayh 和$displayo 分别表示以十进制显示、以二进制显示、以十六进制显示和以八进制显示，其他的任务也类似。

探测监控任务有$strobe、$strobeb、$strobeh 和$strobeo，其用法与显示和写入任务相似，不同点是：探测监控任务在时间步结束后，才执行语句；而显示和写入任务是在遇到语句时就执行。

连续监控任务有$monitor、$monitorb、$monitorh 和$monitoro，其用法与显示和写入任

务相似，不同于以上两种显示任务的是：连续监控任务连续监控参数表，只要参数表中有参数发生变化，整个参数表就在时间步结束时显示。

2．文件输入与输出任务

文件输入与输出任务包括文件的打开与关闭、输出到文件与从文件读数据。

文件的打开与关闭任务有$fopen 和$fclose。其中，$fopen 用于打开文件；$fclose 用于关闭文件，其用法类似于 C 语言中的 fopen()函数和 fclose()函数。

输出到文件任务有$fdisplay、$fdisplayb、$fdisplayh、$fdisplayo、$fwrite、$fwriteb、$fwriteh、$fwriteo、$fstore、$fstoreb、$fstoreh、$fstoreo、$fmonitor、$fmonitorb、$fmonitorh、$fmonitoro 等。

从文件读数据任务有$readmemb 和$readmemh，用于从文本文件中读取数据，并将数据加载到存储器。

3．时间标度任务

时间标度任务有$printtimescale 和$timeformat。

- $printtimescale：给出了指定模块的时间单位与精度。
- $timeformat：按指定格式定义如何报告时间信息。

4．模拟控制任务

模拟控制任务有$finish 和$stop。

- $finish：使模拟器退出，并将控制器返回操作系统。
- $stop：使模拟被挂起。

5．定时校验任务

定时校验任务有　$setup、$hold、$setuphold、$width、$period、$skew、$recovery、$nochange 等。

- $setup：用于报告时序冲突。
- $hold：用于报告数据保持时间时序冲突。
- $setuphold：$setup 与$hold 的结合。
- $width：用于检查信号的脉冲宽度限制。
- $period：用于检查信号的周期。
- $skew：用于检查信号之间(尤其是成组的时钟控制信号之间)的倾斜是否满足要求。
- recovery：用于检查时序状态元件(如触发器、锁存器等)的时钟信号与相应的置/复位信号之间的时序约束关系。
- $nochange：用于在指定的基准事件区间报告时序冲突错误。

6．PLA 建模任务

PLA 建模任务主要有以下任务：

- $async$and/ nand/ or/ nor$array(MemoryName,{Inputs,…}，{Outputs,…})
- $async$and/ nand/ or/ nor$plane (MemoryName,{Inputs,…}，{Outputs,…})

以上表达式中的"and/ nand/ or/ nor"表示任取一个。

7．随机建模任务

随机建模任务主要有$q_initialize、$q_add、$q_remove、$q_full 和$q_exam。

- $q_initialize：创建一队列。

- $q_add：向队列添加一条目。
- $q_remove：从队列取出一条目。
- $q_full：查看队列是否已满。若返回 1，则表示队列已满；若返回 0，则表示队列未满。
- $q_exam：对队列进行统计。

8. 模拟时间函数

模拟时间函数有$time、$stime 和$realtime。

- $time：返回 64 位的整型模拟时间。
- $stime：返回 32 位的模拟时间。
- $realtime：返回实型模拟时间。

9. 变换函数

变换函数有$rtoi、$itor、$realtobits 和$bitstoreal。

- $rtoi：截断小数，将实数变换为整数。
- $itor：将整数变换为实数。
- $realtobits：将实数变换为 64 位实数向量表示法。
- $bitstoreal：将位模式变换为实数。

10. 概率分布函数

概率分布函数有随机数产生函数$random 和指定概率函数。

- $random：根据函数参量的取值，按 32 位有符号整数返回一随机数。
- 指定概率函数：按指定概率函数产生伪随机数，有$dist_uniform、$dist_normal、$dist_exponential、$dist_poisson、$dist_chi_square 等。

需要注意的是，概率分布函数中的参量必须为整数。

3.8 基本逻辑电路设计

为了方便读者学习和使用，本节总结给出了常用的组合逻辑电路、时序逻辑电路和存储器电路等基本逻辑电路的 Verilog HDL 语言描述。

3.8.1 组合逻辑电路设计

1. 译码器

译码器是把输入的数码解出其对应的数码，如果有 N 个二进制选择线，则最多可以译码转换成 2^N 个数据。译码器也经常被应用在地址总线或电路的控制线。如只读存储器 ROM 中利用译码器来进行地址选址的工作。

【例 3.27】 3 - 8 线译码器(高电平有效)。

```
//3 - 8 线译码器(高电平有效)decode3_8a.v
module    decoder3_8a(ain, en, yout);
    input en;
    input [2:0] ain;
```

```
      output [7:0] yout;
      reg [7:0] yout;
      always @(en or ain)
        begin
          if (! en)
            yout = 8'b00000000;
          else
            case(ain)
              3'b000:   yout = 8'b00000001;
              3'b001:   yout = 8'b00000010;
              3'b010:   yout = 8'b00000100;
              3'b011:   yout = 8'b00001000;
              3'b100:   yout = 8'b00010000;
              3'b101:   yout = 8'b00100000;
              3'b110:   yout = 8'b01000000;
              3'b111:   yout = 8'b10000000;
              default:  yout = 8'b00000000;
            endcase
        end
      endmodule
```

【例 3.28】　3－8 线译码器(低电平有效)。

```
//3－8 线译码器(低电平有效)decode3_8b.v
module   decoder3_8b(g1, g2a, g2b, c, b, a, y7, y6, y5, y4, y3, y2, y1, y0);
  input    g1, g2a, g2b;
  input    c, b, a;
  output   y7, y6, y5, y4, y3, y2, y1, y0;
  reg   y7, y6, y5, y4, y3, y2, y1, y0;
  always   @(g1 or g2a or g2b or c or b or a)
    begin
      if((g1 == 1'b0) || (g2a == 1'b1) || (g2b == 1'b1))
        {y7,y6,y5,y4,y3,y2,y1,y0} <= 8'b11111111;
      else if ((g1 == 1'b1) && (g2a == 1'b0) && (g2b == 1'b0))
        begin
          case({c,b,a})
            3'b000   :  {y7, y6, y5, y4, y3, y2, y1, y0} <= 8'b11111110;
            3'b001   :  {y7, y6, y5, y4, y3, y2, y1, y0} <= 8'b11111101;
            3'b010   :  {y7, y6, y5, y4, y3, y2, y1, y0} <= 8'b11111011;
            3'b011   :  {y7, y6, y5, y4, y3, y2, y1, y0} <= 8'b11110111;
            3'b100   :  {y7, y6, y5, y4, y3, y2, y1, y0} <= 8'b11101111;
            3'b101   :  {y7, y6, y5, y4, y3, y2, y1, y0} <= 8'b11011111;
```

```
        3'b110    :    {y7, y6, y5, y4, y3, y2, y1, y0} <= 8'b10111111;
        3'b111    :    {y7, y6, y5, y4, y3, y2, y1, y0} <= 8'b01111111;
        default   :    {y7, y6, y5, y4, y3, y2, y1, y0} <= 8'b11111111;
      endcase
    end
  else
      {y7, y6, y5, y4, y3, y2, y1, y0} <= 8'b11111111;
  end
endmodule
```

2. 编码器

编码器是将 2^N 个分离的信息代码以 N 个二进制码来表示。编码器常常运用于影音压缩或通信方面，以达到精简传输量的目的。可以将编码器看成压缩电路，译码器看成解压缩电路。传送数据前先用编码器压缩数据，再传送出去，在接收端则由译码器将数据解压缩，还原其原来的数据。这样，在传送过程中，就可以用 N 个数码来代替 2^N 个数码的数据量，以此来提升传输效率。编码器又分为普通编码器和优先级编码器。优先级编码器常用于中断的优先级控制。

下面设计一个 8-3 线优先编码器。其中，输入信号为 a[7:0]；输出信号为 y[2:0]。输入信号中 a[7]的优先级别最低，依次类推，a[0]的优先级别最高。

【例 3.29】 8-3 线优先编码器。

```
//8-3 线优先编码器: encode8_3.v
module encode8_3(y, a);
  output [2:0] y;
  input [7:0] a;    // a[7] ～ a[0]的优先级别从低到高
  reg [2:0] y;
  always @(a)
    casex(a)
      8'b????????1: y = 3'd000;
      8'b??????10: y = 3'd001;
      8'b?????100: y = 3'd010;
      8'b????1000: y = 3'd011;
      8'b???10000: y = 3'd100;
      8'b??100000: y = 3'd101;
      8'b?1000000: y = 3'd110;
      8'b10000000: y = 3'd111;
      default :    y=3'bzzz;
    endcase
endmodule
```

3. 比较器

比较器可以比较两个二进制数是否相等。下面设计一个 8 位二进制比较器，并假设两个 8 位二进制数分别是 a 和 b，输出为 eq、gt 和 lt。当 a=b 时，eq=1；当 a>b 时，gt =1；

当 a<b 时， lt =1。

【例 3.30】 8 位二进制比较器。

```verilog
//8 位二进制比较器 compare8.v
module   compare8 (a, b, eq, gt, lt);
   input   [7:0] a, b;
   output   eq, gt, lt;
   reg   eq, gt, lt;
   always   @(a or b)
     begin
       if(a == b)
         {eq, gt, lt}   <=   3'b100;
       else if(a > b)
         {eq, gt, lt}   <=   3'b010;
       else if(a < b)
         {eq, gt, lt}   <=   3'b001;
       else
         {eq, gt, lt}   <=   3'b000;
     end
endmodule
```

4. 选择器

多路选择器是从多路信号/数据来源中选取一个/一组送入目的地的电路。它的应用范围相当广泛，从组合逻辑的执行，到数据路径的选择，经常可以看到它的踪影。另外，在时钟、计数定时器等的输出显示电路中都会利用多路选择器制作扫描电路来分别驱动输出装置，以降低功率消耗。有时也希望把两组没有必要同时观察的数据，共享一组显示电路，以降低成本。多路选择器的结构是 2^N 个输入数据，会有 N 个数据输出选择控制线和一个输出线。

【例 3.31】 四选一信号选择器一。

```verilog
//使用 case 语句的四选一选择器 mul4_1a.v
module mul4_1a (y, s, x);
   output y;              //选择输出信号
   input [1:0] s;         //2 位选择信号
   input [3:0] x;         //4 位输入信号
   reg y;
   always @(s or x)
     begin
       case (s)
         2'b00 :    y = x[0];
         2'b01 :    y = x[1];
         2'b10 :    y = x[2];
         2'b11 :    y = x[3];
```

```
          default : y = 1'b0;
       endcase
     end
  endmodule
```

【例 3.32】 四选一信号选择器二。

```
//使用 if 语句的四选一选择器 mul4_1b.v
module mul4_1b (y, s, x);
  output y;                //选择输出信号
  input [1:0] s;           //4 位选择信号
  input [3:0] x;           //4 位输入信号
  reg y;
  always @ (s or x)
    begin
      if (s==2'b00)
        y = x[0];
      else if (s==2'b01)
        y = x[1];
      else if (s==2'b10)
        y = x[2];
      else
        y = x[3];
    end
  endmodule
```

【例 3.33】 四选一数据选择器。

```
//四选一数据选择器 mul4_1c.v
module mul4_1c (y, s, data0, data1, data2, data3);
  output [7:0] y;          //选择输出信号
  input [1:0] s;           //4 位选择信号
  input [7:0] data0, data1, data2, data3;       //四组输入信号
  reg y;
  always @ (s or data0 or data1 or data2 or data3)
    begin
      if (s==2'b00)
        y = data0;
      else if (s==2'b01)
        y = data1;
      else if (s==2'b10)
        y = data2;
      else
        y = data3;
```

```
        end
    endmodule
```

5．驱动电路

三态门和总线缓冲器是驱动电路经常用到的器件。

1）三态门电路

【例 3.34】 三态门电路。

```
//三态门电路 tristate.v
module    tristate(en, din, dout);
    input    en, din;
    output    dout ;
    reg    dout;
    always    @(en or din)
        begin
            if (en==1'b1)
                dout<=din;
            else
                dout<=1'bz;
        end
    endmodule
```

2）单向总线驱动器

在微型计算机的总线驱动中经常要用单向总线缓冲器，它通常由多个三态门组成，用来驱动地址总线和控制总线。

【例 3.35】 单向总线驱动器。

```
//单向总线驱动器 tri_bufs.v
module    tri_bufs(en, din, dout);
    input    en;
    input [7:0] din;
    output [7:0] dout ;
    reg    [7:0] dout;
    always    @(en or din)
        begin
            if (en==1'b1)
                dout<=din;
            else
                dout<=8'bzzzzzzzz;
        end
    endmodule
```

3）双向总线缓冲器

双向总线缓冲器用于数据总线的驱动和缓冲，在双向总线缓冲器有两个数据输入/输出端 a 和 b，一个方向控制端 dir 和一个选通端 en。en=0 时，双向缓冲器选通。若 dir=0，则

a=b；反之，则 b=a。

【例 3.36】 双向总线缓冲器。

```verilog
//双向总线缓冲器 bidir_bufs.v
module bidir_bufs(a,b,en,dir);
    inout [7:0] a,b;
    input en,dir;
    reg [7:0] sa,sb;
    always   @(a or en or dir)
      begin
        if (en==1'b0)
          if (dir==1'b0)
            sb <= a;
          else
            sb <= 8'bzzzzzzzz;
      end
    assign b = sb; //b 为输出
    always   @(b or en or dir)
      begin
        if (en==1'b0) if (dir==1'b1)
          sa <= b;
        else
          sa <= 8'bzzzzzzzz;
      end
    assign a = sa; //a 为输出
endmodule
```

3.8.2 时序逻辑电路设计

本节的时序电路设计主要有触发器、寄存器、计数器、分频器、序列信号发生器和序列信号检测器等的设计实例。

1．触发器

触发器是最基本的时序电路，它包括基本 R-S 触发器、JK 触发器、D 触发器和 T 触发器。

【例 3.37】 D 触发器。

```verilog
// D 触发器 d_ff.v
module   d_ff(d, clk, q, qn);
    input   d;
    input   clk;
    output   q, qn;
    reg   q, qn;
```

```verilog
always   @(posedge clk)
  begin
    q  <= d;
    qn <= ~d;
  end
endmodule
```

【例 3.38】　非同步复位/置位的 D 触发器。

```verilog
//非同步复位/置位的 D 触发器 asynd_ff.v
module   asynd_ff(clk, d, preset, clr, q);
  input   clk, d, preset, clr;
  output   q;
  reg   q;
  always   @(posedge clk )
    begin
    if(preset)
      q <= 1'b1;   //置位信号为 1，则触发器被置位
    else if(clr)
      q <= 1'b0;   //复位信号为 1，则触发器被复位
    else
      q <= d;
    end
endmodule
```

【例 3.39】　同步复位的 D 触发器。

```verilog
//同步复位的 D 触发器 asynd_ff.v
module   synd_ff(clk, d, reset, q);
  input   clk, d, reset;
  output   q;
  reg   q;
  always   @(posedge clk )
    begin
    if(reset)
      q <= 1'b0;   //时钟边沿到来且有复位信号，触发器被复位
    else
      q <= d;
    end
endmodule
```

【例 3.40】　JK 触发器。

```verilog
// JK 触发器 jk_ff.v
module   jk_ff(j, k, c, q, qn);
  input   j, k;
```

```
    input    c;
    output    q, qn;
    reg    q, qn;
    always    @(negedge c)
        begin
            case({j,k})
                2'b00    :    begin    q <= q;        qn <= qn;    end
                2'b01    :    begin    q <= 1'b0;    qn <= 1'b1;    end
                2'b10    :    begin    q <= 1'b1;    qn <= 1'b0;    end
                2'b11    :    begin    q <= qn;        qn <= q;        end
                default    :    begin    q <= q;        qn <= qn;    end
            endcase
        end
endmodule
```

【例 3.41】 T 触发器。

```
// T 触发器 t_ff.v
module    t_ff(en, t, q, qn);
    input    en;
    input    t;
    output    q, qn;
    reg    q, qn;
    always    @(posedge t)
        begin
            if(en == 1'b1)
                begin
                    qn <= q;
                    q    <= ~q;
                end
            else
                begin
                    q    <= q;
                    qn <= qn;
                end
        end
endmodule
```

2. 寄存器

寄存(锁存)器是一种重要的数字电路部件,常用来暂时存放指令、参与运算的数据或运算结果等。它是数字测量和数字控制中常用的部件,是计算机的主要部件之一。寄存器的主要组成部分是具有记忆功能的双稳态触发器。一个触发器可以储存 1 位二进制代码,要储存 N 位二进制代码,就要有 N 个触发器。寄存器从功能上说,通常可分为数码寄存器和移位寄存器两种。

1) 普通寄存(锁存)器

寄存器用于寄存一组二值代码，广泛用于各类数字系统。因为一个触发器能储存 1 位二值代码，所以用 N 个触发器组成的寄存器能储存一组 N 位的二值代码。

【例 3.42】　8 位数据寄存(锁存)器。

```verilog
//8 位数据寄存(锁存)器 reg8.v
module   reg8 (clk, d, q);
    input   clk;
    input   [7:0] d;
    output  [7:0] q;
    reg   q;
    always   @(posedge clk)
        begin
          q   <= d;
        end
endmodule
```

2) 移位寄存器

移位寄存器除了具有存储代码的功能以外，还具有移位功能。所谓移位功能，是指寄存器里存储的代码能在移位脉冲的作用下依次左移或右移。因此，移位寄存器不但可以用来寄存代码，还可以用来实现数据的串/并转换、数值的运算以及数据处理等。

【例 3.43】　具有左移或右移 1 位、并行输入和同步复位功能的 8 位移位寄存器。

```verilog
//移位寄存器  sftreg8.v
module   sftreg8 (clk, reset, lsft, rsft, data, mode, qout);
    input clk, reset;
    input lsft, rsft; //左移和右移使能
    input [7:0] data;
    input [1:0] mode; //模式控制
    output [7:0] qout;
    reg   [7:0] qout;
    always   @(posedge clk)
        begin
          if(reset)
            qout <= 8'b00000000;
          else                          //同步复位功能的实现
            case (mode)
                2'b01:    qout<={rsft, qout[7:1]};   //右移一位
                2'b10:    qout<={qout[6:0], left};   //左移一位
                2'b11:    qout<=data;                //并行输入
                default: qout<=8'b00000000 ;
            endcase
```

```
        end
    endmodule
```

3. 计数器

计数器是在数字系统中使用最多的时序电路，它不仅能用于对时钟脉冲计数，还可以用于分频、定时、产生节拍脉冲和脉冲序列以及进行数字运算等。计数器又分为同步计数器和异步计数器。

【例 3.44】　带时钟使能的十进制同步计数器。

```
//有时钟使能的十进制同步计数器 cnt10.v
module cnt10(clk, clr, ena, cq, co);
    input clk;    //计数时钟信号
    input clr;    //清零信号
    input ena;    //计数使能信号
    output [3:0] cq;    //4 位计数结果输出
    output co;    //计数进位
    reg [3:0] cnt;
    reg co;
    //计数过程
    always @(posedge clk or posedge clr)
        begin
        if (clr)
        cnt <= 4'b0;
        else
            if (ena)
                if (cnt==4'h9)
                    cnt <= 4'h0;
                else
                    cnt <= cnt + 1;
        end
    assign cq = cnt;
    //控制进位输出并去毛刺
        always @(posedge clk )
            begin
                if (cnt==4'h9)
                    co = 4'h1;
                else
                    co= 4'h0;
            end
    endmodule
```

【例 3.45】　具有异步复位、同步置数功能的 8421 BCD 码六十进制同步计数器。

```
//有时钟使能的十进制同步计数器 cnt10.v
module cnt10(clk, clr, ena, cq, co);
```

```verilog
input clk;              //计数时钟信号
input clr;              //清零信号
input ena;              //计数使能信号
output [3:0] cq;        //4 位计数结果输出
output co;              //计数进位
reg [3:0] cnt;
reg co;
// 计数控制过程
always @(posedge clk or posedge clr)
  begin
  if (clr)
    cnt <= 4'b0;
  else
    if (ena)
      if (cnt==4'h9)
        cnt <= 4'h0;
      else
        cnt <= cnt + 1;
  end
assign cq = cnt;
//控制进位输出并去毛刺
  always @(posedge clk )
    begin
      if (cnt==4'h9)
        co = 4'h1;
      else
        co= 4'h0;
    end
endmodule

//有时钟使能的六进制同步计数器 cnt6.v
module cnt6(clk, clr, ena, cq, co);
  input clk;              //计数时钟信号
  input clr;              //清零信号
  input ena;              //计数使能信号
  output [3:0] cq;        //4 位计数结果输出
  output co;              //计数进位
  reg [3:0] cnt;
  reg co;
//计数控制过程
always @(posedge clk or posedge clr)
```

```verilog
    begin
    if (clr)
        cnt <= 4'b0;
    else
        if (ena)
            if (cnt==4'h5)
                cnt <= 4'h0;
            else
                cnt <= cnt + 1;
    end
    assign cq = cnt;
//控制进位输出并去毛刺
    always @(posedge clk )
        begin
        if (cnt==4'h5)
            co = 4'h1;
        else
            co= 4'h0;
        end
endmodule

//六十进制计数器 cnt60a.v
module cnt60a(clk, clr, ena, dout);
    input clk;
    input clr;
    input ena;
    output [7:0] dout;
    wire s0;
    cnt10 u0(.ena(ena), .clk(clk), .clr(clr), .cq(dout[3:0]), .co(s0));
    cnt6 u1(.ena(ena), .clk(s0), .clr(clr), .cq(dout[7:4]), .co());
endmodule
```

【例 3.46】 具有异步复位、同步置数功能的 8421 BCD 码六十进制同步计数器。

```verilog
//六十进制计数器 cnt60b.v
module cnt60b(clk, reset, load, ena, d, qh, ql, co);
    input clk;              //计数时钟信号
    input reset;            //异步复位控制清零信号
    input [7:0] d;          //预置数据端
    input load;             //置数控制
    input ena;              //计数使能信号
    output [3:0] qh;        //输出高 4 位
    output [3:0] ql;        //输出低 4 位
    output co;              //进位输出
```

```verilog
reg [3:0] qh;                 //计数高 4 位暂存器
reg [3:0] ql;                 //计数低 4 位暂存器
reg co;
//计数控制过程
always @(posedge clk or negedge reset)
  begin
  if (!reset)                 //异步复位
    begin
    qh<=4'h0;
    ql<=4'h0;
    end
  else
    if (load)                 //同步置数
      begin
      qh<=d[7:4];
      ql<=d[3:0];
      end
    else
      begin
      if (ena)                //模 60 的实现
        if(ql==4'h9)
          begin
            ql<=4'h0;
            if (qh==4'h5)
              qh<=4'h0;
            else              //计数功能的实现
              qh<=qh+1;
          end
        else
          ql<=ql+1;
      end
end
// 进位输出控制过程
always @(qh or ql or ena)
  if (qh==4'h5&&ql==4'h9&&ena==1'b1)
    co<=4'h1;
  else
    co<=4'h0;
endmodule
```

【例 3.47】　由 8 个 D 触发器构成的异步计数器。

```verilog
// D 触发器 d_ff1.v
```

```verilog
module    d_ff1(clk, clr, d, q, qn);
  input    clk, clr;
  input    d;
  output    q, qn;
  reg    q, qn;
  reg q_in;
  always    @(posedge clk)
    begin
      if (clr)
        begin
        q    <= q_in;
        qn <= ~q_in;
        end
      else
        begin
        q <= d;
        qn <= ~d;
        end
    end
endmodule


// 由 8 个 D 触发器构成的 8 位计数器 dcnt8.v
module dcnt8(clk, clr, cnt);
  input clk;
  input clr;
  output [7:0] cnt;
  wire [8:0] cnt;
  wire s1, s2, s3, s4, s5, s6, s7, s8;
  d_ff1 uut0 (.clk(clk), .clr(clr), .d(s1), .q(cnt[0]), .qn(s1));
  d_ff1 uut1 (.clk(s1), .clr(clr), .d(s2), .q(cnt[1]), .qn(s2));
  d_ff1 uut2 (.clk(s2), .clr(clr), .d(s3), .q(cnt[2]), .qn(s3));
  d_ff1 uut3 (.clk(s3), .clr(clr), .d(s4), .q(cnt[3]), .qn(s4));
  d_ff1 uut4 (.clk(s4), .clr(clr), .d(s5), .q(cnt[4]), .qn(s5));
  d_ff1 uut5 (.clk(s5), .clr(clr), .d(s6), .q(cnt[5]), .qn(s6));
  d_ff1 uut6 (.clk(s6), .clr(clr), .d(s7), .q(cnt[6]), .qn(s7));
  d_ff1 uut7 (.clk(s7), .clr(clr), .d(s8), .q(cnt[7]), .qn(s8));
endmodule
```

4．分频器

在基于 EDA 技术的数字电路系统设计中，分频电路应用得十分广泛，常常使用分频电路来得到数字系统中各种不同频率的控制信号。所谓分频电路，就是将一个给定的频率较高的数字输入信号，经过适当的处理后，产生一个或数个频率较低的数字输出信号。分频电路本质上是加法计数器的变种，其计数值由分频常数 N=fin/fout 决定，其输出不是一般计数器的计数结果，而是根据分频常数对输出信号的高、低电平进行控制。

【例 3.48】 将 1 kHz 的方波信号变为正、负周不等的 50 Hz 信号的非均匀分频电路。

```verilog
//将 1kHz 的信号变为 50 Hz 非均匀分频器 fjydiv.v
module fjydiv(clk_in, reset, clk_out);
    input clk_in,  reset;
    output    clk_out;
    reg [4:0] cnt;
    reg clk_out;
    parameter divide_period=20;    //分频常数为 1000/50=20
    //按分频常数控制分频计数
    always @(posedge clk_in or posedge reset)
      begin
        if (reset)
          cnt <= 0;
        else
          begin
            if (cnt == divide_period-1)
              cnt <= 0; //1 kHz 变为 50 Hz，分频常数为 1000/50=20
            else
              cnt <= cnt+1;
          end
      end
    //按分频常数控制分频输出
    always @(posedge clk_in or posedge reset)
      if (reset)
        clk_out <= 1;
      else
        if (cnt==divide_period-1)
          clk_out <= 1'b1;
        else
          clk_out <= 1'b0;
endmodule
```

图 3.32 是非均匀分频器 fjydiv 的仿真结果图。从设计程序及仿真结果可看出，此种分频器设计的基本原理就是根据分频常数进行计数，同时根据计数是否到了最大值决定分频输出是否进行翻转。

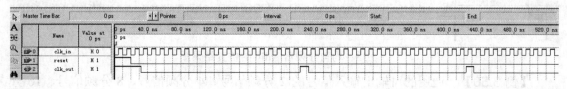

图 3.32　非均匀分频器 fjydiv 的仿真结果图

【例 3.49】　将 1 kHz 的方波信号变为正、负周相等的 50 Hz 方波信号的均匀分频电路。

```verilog
//将 1 kHz 的信号变为 50 Hz 均匀分频器 jydiv.v
module jydiv(clk_in, reset, clk_out);
    input clk_in,  reset;
    output  clk_out;
    reg [4:0] cnt;
    reg clk_out;
    parameter divide_period=20;          //分频常数为 1000/50=20
    //按分频常数计数的同时控制对应的分频输出
    always @(posedge clk_in or posedge reset)
        begin
          if (reset)
            begin
              cnt <= 0;
              clk_out <= 1'b0;
            end
          else
            if (cnt < (divide_period/2))
              begin
                clk_out <= 1'b1;          //前 20/2 个周期输出为高电平
                cnt <= cnt + 1;
              end
            else if (cnt < (divide_period-1))
              begin
                clk_out <= 1'b0;          //后 20/2 个周期输出为低电平
                cnt <= cnt + 1;
              end
            else
              cnt <= 1'b0;
        end
endmodule
```

图 3.33 是均匀分频器 jydiv 的仿真结果图。从设计程序及仿真结果可看出，此种分频器设计的基本原理就是根据分频常数进行计数，同时根据计数是否到了分频常数的二分之一处决定分频输出是否进行翻转。

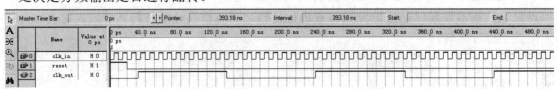

图 3.33　均匀分频器 jydiv 的仿真结果图

【例 3.50】　通用的可输出输入信号的 2 分频信号、4 分频信号、8 分频信号、16 分频信号、2 位 2 分频信号序列、2 位 4 分频信号序列的通用分频电路。

```
//通用分频器 tydiv.v
module tydiv(clk_in, clk_out0, clk_out1, clk_out2, clk_out3, clk_out21, clk_out32);
    input clk_in;
    output clk_out0, clk_out1, clk_out2, clk_out3;
    output [1:0] clk_out21, clk_out32;
    reg [7:0] cnt;
    //计数过程
    always @(posedge clk_in)
        if (cnt == 8'hff)
            cnt <= 8'h00;
        else
            cnt <= cnt + 1;
    //分频输出
    assign clk_out0 = cnt[0];       // 输出 2^(0+1)=2 分频信号
    assign clk_out1 = cnt[1];       // 输出 2^(1+1)=4 分频信号
    assign clk_out2 = cnt[2];       // 输出 2^(2+1)=8 分频信号
    assign clk_out3 = cnt[3];       // 输出 2^(3+1)=16 分频信号
    assign clk_out21 = cnt[2:1];    // 输出 2^(0+1)=2 分频信号序列
    assign clk_out32 = cnt[3:2];    // 输出 2^(1+1)=4 分频信号序列
endmodule
```

图 3.34 是通用分频器 tydiv 的仿真结果图。

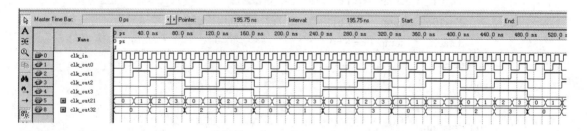

图 3.34　通用分频器 tydiv 的仿真结果图

从设计程序及仿真结果可看出，此种分频器设计的基本原理就是设计一个多位计数器，并根据分频的需要输出计数器的特定位信号或特定信号序列。

5. 序列信号发生器

在数字信号的传输和数字系统的测试中，有时需要用到一组特定的串行数字信号。产生序列信号的电路称为序列信号发生器。

【例 3.51】　"01111110" 序列信号检测器。

```
// "01111110" 序列信号发生器 senqgen1.v
module senqgen1(clk1, clk2, clr, sout);
    input clk1, clk2,clr;
    output    sout;
```

```verilog
    reg [2:0]   cnt;
    reg temp;
    reg sout;
    always @(posedge clk1 or posedge clr)    //产生控制信号
      begin
        if (clr)
          cnt <= 3'b0;
        else
          if (cnt==3'b111)
            cnt <= 3'h0;
          else
            cnt <= cnt + 1;
      end
    always @(cnt)                            //根据控制信号产生序列信号
      begin
        case(cnt)
          3'b000  :  temp   <= 1'b0;
          3'b001  :  temp   <= 1'b1;
          3'b010  :  temp   <= 1'b1;
          3'b011  :  temp   <= 1'b1;
          3'b100  :  temp   <= 1'b1;
          3'b101  :  temp   <= 1'b1;
          3'b110  :  temp   <= 1'b1;
          default :  temp   <= 8'b0;
        endcase
      end
    always @(posedge clk2 )                  //消除可能出现的毛刺
        sout <=temp;
  endmodule
```

图 3.35 是 "01111110" 序列信号发生器 senqgen1 的仿真结果图。从仿真结果可看出，该程序的设计是正确的。

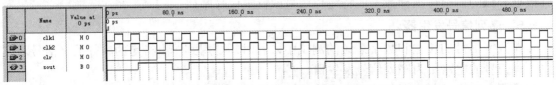

图 3.35　"01111110" 序列信号发生器 senqgen1 的仿真结果图

【例 3.52】　20 位的 M 序列发生器。

```verilog
// M 序列信号发生器 senqgen.v
module senqgen2(clk, load, en, datain, dout, ldout);
    input clk, load, en;
```

```
input [19:0] datain;
output [len:0] dout;
inout ldout;
parameter len=20;
reg [len:0] lfsr_val, dout;
reg ldout;
always @(posedge clk or posedge load)   //移位操作
  begin
    if (load)
      lfsr_val<=datain;   //初始值预置
    else if (en==1'b1)
      begin
        lfsr_val[0]<=dout[3] ^ dout[len]; //产生最低位
        lfsr_val[len:1]<=dout[len-1:0];   // dout[len-1:0]左移一位
      end
  end
always @(posedge clk )   // 信号反馈及输出
  begin
    dout<=lfsr_val;
    ldout<=lfsr_val[len];
  end
endmodule
```

　　图 3.36 是 M 序列信号发生器 senqgen 的仿真结果图。从程序和仿真结果可看出，该程序的设计思路，就是根据已知初始值，通过移位操作和抽取其中的某些数据进行逻辑运算，将得到的结果组合产生一个新的数据，并输出其中的特定位信息，同时将产生的新数据继续进行相同的运算与操作，从而不断地产生新的信号序列。

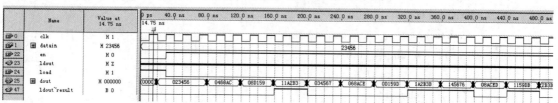

图 3.36　M 序列信号发生器 senqgen 的仿真结果图

6．序列信号检测器

　　序列检测器可用于检测一组或多组由二进制码组成的脉冲序列信号，这在数字通信领域有广泛的应用。当序列检测器连续收到一组串行二进制码后，如果这组码与检测器中预先设置的码相同，则输出 1，否则输出 0。由于这种检测的关键在于正确码的收到必须是连续的，这就要求检测器必须记住前一次的正确码及正确序列，直到在连续的检测中所收到的每一位码都与预置数的对应码相同为止。在检测过程中，任何一位不相等都将回到初始状态重新开始检测。

【例3.53】 01111110 序列信号检测器。

```verilog
// 01111110 序列信号检测器  sdetect.v
module sdetect(clk, din, reset, dout);
    input clk, din, reset;          //时钟信号，输入数据和复位信号
    output dout;                    //检测结果输出
    reg dout1;
    parameter                       //设定各状态参数
        s0=9'b000000001,
        s1=9'b000000010,
        s2=9'b000000100,
        s3=9'b000001000,
        s4=9'b000010000,
        s5=9'b000100000,
        s6=9'b001000000,
        s7=9'b010000000,
        s8=9'b100000000;
    reg [8:0] cs, ns ;              //设定现态和次态变量
    reg dout;
    //状态转换
    always @(posedge clk or posedge reset)
        if (reset)
            cs <= s0;
        else
            cs <= ns;
    //序列信号检测
    always @(cs or din)
        begin
        dout1<=1'b0;
          case (cs)
            s0 :    if (din == 1'b0)
                        ns <= s1;
                    else
                        ns <= s0;
            s1 :    if (din == 1'b1)
                        ns <= s2;
                    else
                        ns <= s1;
            s2 :    if (din == 1'b1)
                        ns<=s3;
                    else
                        ns <= s1;
```

```verilog
        s3 :    if (din == 1'b1)
                    ns <= s4;
                else
                    ns <= s1;
        s4 :    if (din == 1'b1)
                    ns <= s5;
                else
                    ns <= s1;
        s5 :    if (din == 1'b1)
                    ns <= s6;
                else
                    ns <= s1;
        s6 :    if (din == 1'b1)
                    ns <= s7;
                else
                    ns <= s1;
        s7 :    if (din == 1'b0)
                    begin
                        ns <= s8;
                        dout1<=1;
                    end
                else
                    ns <= s0;
        s8 :    if (din == 1'b0)
                    ns <= s1;
                else
                    ns <= s2;
        default: ns <= s0;
    endcase
  end
//去毛刺过程
always @(posedge clk)
    dout<=dout1;
endmodule
```

图 3.37 是 01111110 序列信号检测器 sdetect 的仿真结果图。从仿真结果可看出，该程序的设计是正确的。

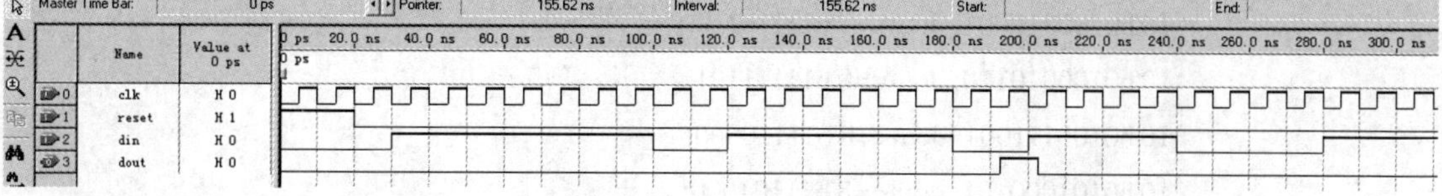

图 3.37 01111110 序列信号检测器 sdetect 的仿真结果图

3.8.3 存储器电路设计

半导体存储器的种类很多，从功能上可以分为只读存储器(Read-Only Memory，简称 ROM)和随机存储器(Random Access Memory，简称 RAM)两大类。而具有先进先出存储规则的读写存储器，又称为先进先出栈(FIFO)。

1. 只读存储器

只读存储器在正常工作时从中读取数据，不能快速地修改或重新写入数据，适用于存储固定数据的场合。

【例 3.54】 1024 个单元的 8 位只读存储器 rom1024_8。

```verilog
//1024 个单元的 8 位只读存储器 rom1024_8.v
module   rom1024_8(clk, addr, dout);
   input    clk;              //时钟信号
   input    [9:0] addr;       //读数地址
   output   [7:0] dout;       //读出数据
   reg   [7:0] dout;          //读数暂存器
   always   @(addr)
     begin
       case (addr)
         // 各个存储单元的信息根据实际需要存储
         10'b0000000000: dout<=8'b01011000;   //000h→58h
         10'b0000000001: dout<=8'b00110010;   //001h→32h
         10'b0000000010: dout<=8'b00100011;   //002h→23h
         10'b0011010101: dout<=8'b11110110;   //0d5h→f6h
         10'b0011010110: dout<=8'b11110111;   //0d6h→f7h
         10'b0011010111: dout<=8'b11110111;
         10'b0011100000: dout<=8'b11111010;
         10'b0011100001: dout<=8'b11111010;   //0e1h→fah
         10'b0011101011: dout<=8'b11111101;
         10'b0011101100: dout<=8'b11111101;
         10'b0011111101: dout<=8'b11111111;
         10'b0011111110: dout<=8'b11111111;
         10'b0100000000: dout<=8'b11111111;
         10'b0100000010: dout<=8'b11111111;
         10'b0100000011: dout<=8'b11111111;
         10'b0100010001: dout<=8'b11111110;
         10'b0100010100: dout<=8'b11111101;
         10'b0100111001: dout<=8'b11110000;
         10'b0101000101: dout<=8'b11101000;
         default   :   dout<=8'b00000000;
```

```
            endcase
        end
    endmodule
```

图 3.38 是只读存储器 rom1024_8 的仿真结果图。从仿真结果可以看出，该程序的设计是正确的。

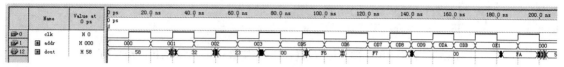

图 3.38   只读存储器 rom1024_8 的仿真结果图

2. 读写存储器

RAM 和 ROM 的主要区别在于 RAM 的描述有读和写两种操作，而且在读/写上对时间有较严格的要求。RAM 又可分为单端口 RAM 和双端口 RAM，其中单端口 RAM 的输入和输出数据总线是同一个总线，而双端口 RAM 的输入和输出数据总线是分开的。下面给出一个 128×8 位的双端口读写存储器 RAM128_8 的程序。

【例 3.55】   128×8 位的双端口读写存储器 RAM128_8。

```
// 128 个单元的 8 位双端口读写存储器 ram128_8.v
// 用伪指令定义有关参数(方式 1)
`define width 8              // ram 的宽度
`define depth 128            // ram 的深度
`define addr 7              // ram 地址所需的比特数
module ram128_8 (clk,datain,raddr,re,dataout,waddr,we);
// 用常数类型定义有关参数(方式 2)
// paramter width=8          // ram 的宽度
// paramter depth=128        // ram 的深度
// paramter addr=7           // ram 地址所需的比特数
  input clk;    //ram 时钟
  input [`width-1:0] datain;     // ram 输入数据
  input [`addr-1:0] raddr;       // ram 的读地址
  input re;   // 读控制信号
  input [`addr-1:0] waddr;       // ram 的写地址
  input we;   // 写控制信号
  output [`width-1:0] dataout;   // ram 输出数据
  reg [`width-1:0] dataout;
  reg [`width-1:0] mem [`depth-1:0];
  always @(posedge clk or posedge re or posedge we )
    begin
      if(we)
        mem[waddr]=datain;    //写数据
      else if(re)
        dataout<=mem[raddr];    //读数据
```

```
      end
   endmodule
```

图 3.39 是 128 个单元的 8 位双端口读写存储器 ram128_8 的仿真结果图。从仿真结果可看出，该程序的设计是正确的。

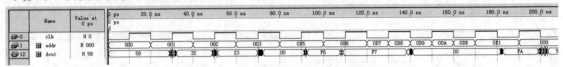

图 3.39　128 个单元的 8 位双端口读写存储器 ram128_8 的仿真结果图

3. 先进先出栈

FIFO 是先进先出栈，作为数据缓冲器，其数据存放结构通常完全与 RAM 一致，只是存取方式有所不同。它是一个具有固定容量、读写分别使用不同的通道，并按照先存先取的原则进行读写的特殊存储器。FIFO 又有同步和异步之分。下面给出一个 16×8 位的同步 FIFO 的程序。

【例 3.56】　16×8 的先入先出栈 fifo16_8。

```verilog
// 16×8 的先入先出栈 fifo16_8.v
module    fifo16_8(clk, reset, read, write, datain, dataout, empty, full);
   input    clk, reset;              //时钟信号，复位信号
   input read, write;               //读使能，写使能
   input    [7:0]    datain;        //待入数据
   output    [7:0]    dataout;      //读出数据
   output    empty, full;           //栈空标志，栈满标志
   reg    [7:0] dataout;            //输出数据暂存器
   reg    [4:0] addr_rd;            //读数据地址暂存器
   reg    [4:0] addr_wr;            //写数据地址暂存器
   reg    [4:0] cnt;                //地址修改暂存器
   reg    [7:0] ram    [15:0];      //16 个 8 位数据的暂存单元
   reg empty, full;                 //栈空标志和栈满标志暂存器
   //先入先出栈读写操作过程
   always@(posedge clk)
     if(reset)
       begin
         addr_rd = 0;
         addr_wr = 0;
         cnt = 0;
         dataout = 0;
       end
     else
       case({read, write})
         // 无操作
         2'b00: cnt=cnt;
```

```
        // 写数据
        2'b01: begin
                    ram[addr_wr]=datain;
                    cnt=cnt+1;
                    addr_wr=(addr_wr==15)?0:addr_wr+1;
                end
        // 读数据
        2'b10: begin
                    dataout=ram[addr_rd];
                    cnt=cnt-1;
                    addr_rd=(addr_rd==15)?0:addr_rd+1;
                end
        // 同时读写
        2'b11: begin
                    if(cnt==0)
                        dataout=datain;
                    else
                        begin
                            ram[addr_wr]=datain;
                            dataout=ram[addr_rd];
                            addr_wr=(addr_wr==15)? 0: addr_wr+1;
                            addr_rd=(addr_rd==15)? 0: addr_rd+1;
                        end
                end
        endcase
    // 栈空栈满输出并去毛刺过程
    always @(posedge clk)
        begin
            empty <= (cnt == 0);
            full <= (cnt == 15);
        end
    endmodule
```

　　图 3.40 是先入先出栈 fifo16_8 的仿真结果图。从仿真结果可看出，该程序的设计是正确的。

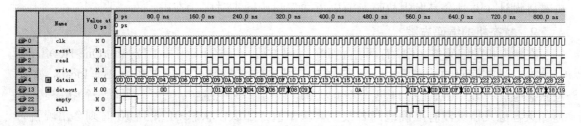

图 3.40　先入先出栈 fifo16_8 的仿真结果图

3.9 状态机的 Verilog HDL 设计

3.9.1 状态机的基本结构和编码方案

1. 状态机的基本结构

状态机是一类很重要的时序电路，是许多数字电路的核心部件。状态机的一般形式如图 3.41 所示。除了输入信号、输出信号外，状态机还包括一组寄存器，它用于记忆状态机的内部状态。状态机寄存器的下一个状态及输出，不仅同输入信号有关，而且还与寄存器的当前状态有关。状态机可认为是组合逻辑和寄存器逻辑的特殊组合。它包括两个主要部分：组合逻辑部分和寄存器部分。寄

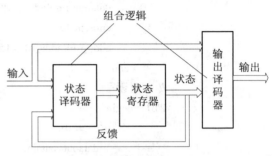

图 3.41　状态机的结构示意图

存器部分用于存储状态机的内部状态；组合逻辑部分又分为状态译码器和输出译码器。状态译码器确定状态机的下一个状态，即确定状态机的激励方程；输出译码器确定状态机的输出，即确定状态机的输出方程。

状态机的基本操作有两种：

(1) 状态机内部状态转换。状态机转换由状态译码器根据当前状态和输入条件决定。

(2) 产生输出信号序列。输出信号由输出译码器根据当前状态和输入条件决定。

用输入信号决定下一状态也称为"转移"。除了转移之外，复杂的状态机还具有重复和历程功能。从一个状态转移到另一个状态称为控制定序，而决定下一状态所需的逻辑称为转移函数。

在产生输出的过程中，由是否使用输入信号可以确定状态机的类型。两种典型的状态机是摩尔(MOORE)状态机和米立(MEALY)状态机。在摩尔状态机中，其输出只是当前状态值的函数，并且仅在时钟边沿到来时才发生变化。米立状态机的输出则是当前状态值、当前输出值和当前输入值的函数。对于这两类状态机，控制定序都取决于当前状态和输入信号。大多数实用的状态机都是同步的时序电路，由时钟信号触发状态的转换。时钟信号同所有的边沿触发的状态寄存器和输出寄存器相连，这使得状态的改变发生在时钟的上升沿。

此外，还有利用组合逻辑的传播延迟实现状态机存储功能的异步状态机，这样的状态机难以设计，并且容易发生故障，所以下面仅讨论同步时序状态机。

2. 状态机的编码方案

在状态机的编码方案中，有两种重要的编码方法：二进制编码和 1 位热码(One-Hot)编码。

在二进制编码的状态机中，状态位(B)与状态(S)的数目之间的关系为 $B = \log_2 S$，如两位状态位就有 00、01、10、11 四个不同状态，它们在不同的控制信号下可以进行状态转换，但如果各触发器又没有准确地同时改变其输出值，那么在状态 01 变到 10 时则会出现暂时的 11 或 00 状态输出，这类现象可能给整个系统造成不可预测的结果。这时，采用格雷码

二进制编码是特别有益的，在该编码方案中，每次仅一个状态位的值发生变化。如 7 个状态的状态机需三个触发器，7 个状态分别为：000、001、011、010、110、111 和 101。

1 位热码编码就是用 n 个触发器来实现 n 个状态的编码方式，状态机中的每一个状态都由其中一个触发器的状态来表示。如四个状态的状态机需四个触发器，同一时间仅一个状态位处于逻辑 1 电平，四个状态分别为：0001、0010、0100 和 1000。

在实际应用中，根据状态机的复杂程度、所使用的器件系列和从非法状态退出所需的条件来选择最适合的编码方案，使之能确保高效的性能和资源的利用。

对复杂的状态机，二进制编码需用的触发器的数目比 1 位热码编码的少。如 100 个状态的状态机按二进制编码仅用 7 个触发器就可以实现，而用 1 位热码编码则要用 100 个触发器。另一方面，虽然 1 位热码编码要求用较多的触发器，但逻辑上通常相对简单些。在二进制编码的状态机中，控制从一个状态转换到另一个状态的逻辑与所有 7 个状态位以及状态机的输入均有关。这类逻辑通常要求到状态位输入的函数是多输入变量的。然而，在 1 位编码的状态机中，到状态位的输入常常是其他状态位的简单函数。

另外，在选择编码方案时，必须考虑状态机可能进入的潜在的非法状态的数目。如果违反了状态位触发器的建立或保持时间，又没有定义所有可能出现的状态，则设计会终止在非法状态上。例如，用二进制编码实现一个 14 个状态的状态机需 4 个状态位。这将有 16 个可能的状态，故该状态机仅有两个可能的状态是非法状态。然而 1 位热码编码的状态机通常有更多的潜在的非法状态。14 个状态的 1 位热码编码的状态机需要 14 个状态。1 位热码编码的状态机的非法状态数目由方程式 (2^n-n) 确定，其中，n 为状态机的状态个数。因此，1 位热码编码的 14 位状态共有 16 370 个可能的非法状态。然而，只要设计中不违反状态位触发器的建立和保持时间，状态机将不会进入非法状态。

3.9.2　一般状态机的 Verilog HDL 设计

为了能获得可综合的、高效的 Verilog HDL 状态机描述，建议使用参数型数据类型来定义状态机的状态，并使用多过程方式来描述状态机的内部逻辑。例如，可使用两个过程来描述，一个过程描述状态转换(属时序逻辑)，包括状态寄存器的工作和寄存器状态的输出；另一个过程描述状态输出(属组合逻辑)，包括过程间状态值的传递逻辑以及状态转换值的输出。必要时还可引入第三个过程完成其他的逻辑功能。

【例 3.57】　一般状态机的 Verilog HDL 设计模型。

```
//一般状态机  s_machine.v
module s_machine(clk, reset, din, dout);
    input clk;
    input reset;
    input [0:1] din;
    output [3:0] dout;
    reg [3:0] dout;
    //定义状态机的各状态值
    parameter [3:0]
    s0 = 4'b0001,
    s1 = 4'b0010,
```

```
s2 = 4'b0100,
s3 = 4'b1000;
//定义当前状态和下一状态
reg [3:0] cs;
reg [3:0] ns;
//reg [3:0] din;
//状态转换过程
always @(posedge clk or negedge reset)
    begin
    if (!reset)
        cs <= s0;                    //异步复位
    else
        cs <= ns;                    //当测到时钟上升沿时转换至下一状态
end
//状态输出过程
always @(cs or din)
    begin
    case (cs)                        //确定当前状态的状态
        s0: begin
            dout <= 4'b0000 ;        //初始态译码输出"00"
            if (din == 2'b00)
                ns <= s0 ;           //若 din 为"00"，在下一时钟后，状态将保持为 s0
            else
                ns <= s1;            //否则，在下一时钟后,状态将变为 s1
            end
        s1: begin
            dout <= 4'b0001;         //以下依次类推
            if (din == 2'b00)
                ns <= s1;
            else
                ns <= s2;
            end
        s2: begin
            dout <= 4'b0010;
            if (din == 2'b11)
                ns <= s2;
            else
                ns <= s3;
            end
        s3: begin dout <= 4'b0011;
            if (din == 2'b11 )
```

```
                    ns <= s3;
                else
                    ns <= s0;           //否则，在下一时钟后，状态将为 s0
                end
            default:ns <= s0;
            endcase
        end
    endmodule
```

使用 Quartus Ⅱ 8.0 对该程序进行逻辑综合后得到的状态机图如图 3.42 所示，时序仿真结果如图 3.43 所示，其使用 Synplify Pro 7.6 的逻辑综合结果如图 3.44 所示。

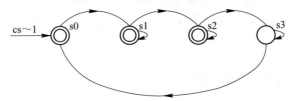

图 3.42　一般状态机 s_machine 逻辑综合得到的状态机图

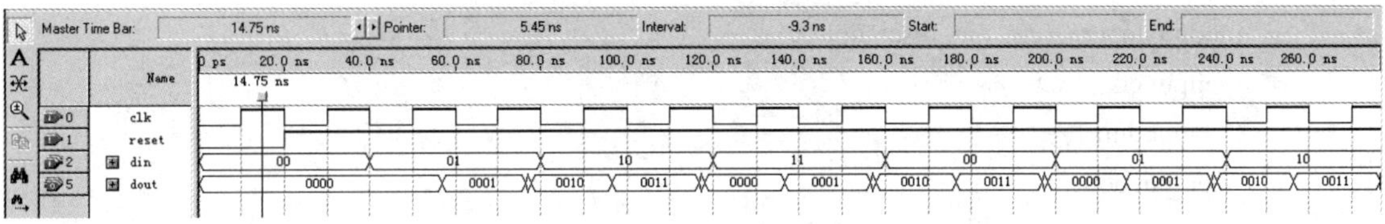

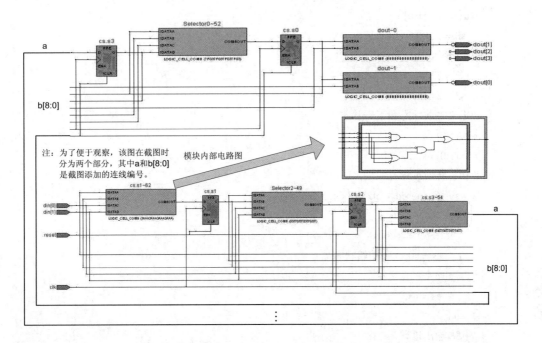

图 3.43　一般状态机 s_machine 的仿真结果图

图 3.44　一般状态机 s_machine 逻辑综合后的 RTL 图

在程序中，各个过程块一般是并行运行的，但由于敏感信号的设置不同以及电路的延迟，在时序上，过程间的动作是有先后的。本例中，状态转换过程在时钟上升沿到来时，将首先运行，完成状态转换的赋值操作。如果外部控制信号 din 不变，则只有当来自状态转换过程的输出 cs 改变时，状态输出过程才开始动作。在此过程中，将根据 cs 的值和外部的控制码 din 来决定下一时钟边沿到来后状态转换过程的状态转换方向。这个状态机的两位组合输出 dout 是对当前状态的译码。读者可以通过这个输出值了解状态机内部的运行情况；同时可以利用外部控制信号 din 任意改变状态机的状态变化模式。在设计中，如果希望输出的信号具有寄存器锁存功能，则需为此输出写第三个过程，并把 clk 和 reset 信号放到敏感信号表中。

　　本例中，用于过程间信息传递的寄存器 cs 和 ns 在状态机设计中称为反馈信号。状态机运行中，信号传递的反馈机制的作用是实现当前状态的存储和下一个状态的译码设定等功能。

3.9.3　摩尔状态机的 Verilog HDL 设计

　　【例 3.58】　　摩尔状态机的 Verilog HDL 设计模型之一。

```verilog
//二进制编码的摩尔状态机  moore1.v
module moore1(clk, din, reset, dout);
    input clk, reset;
    input din;
    output dout;
    reg dout;
    //二进制编码定义的状态机各状态值
    parameter [1:0]
        s0 = 2'b00,
        s1 = 2'b01,
        s2 = 2'b10,
        s3 = 2'b11;
    //定义当前状态和下一状态
    reg [1:0] cs;
    reg [1:0] ns;
    //状态转换过程
    always @ (posedge clk or posedge reset)
        begin
            if (reset == 1'b1)
                cs = s0;     //初始状态
            else
                cs = ns;
        end
    //状态输出过程
    always @ (cs or din)
```

```
    begin
      case (cs)
        s0 :   begin
                   dout = 1'b0;
                   if (din == 1'b0) ns = s0; else ns = s2;
               end
        s1 :   begin
                   dout = 1'b1;
                   if (din == 1'b0) ns = s0; else ns = s2;
               end
        s2 :   begin
                   dout = 1'b1;
                   if (din == 1'b0) ns = s2; else ns = s3;
               end
        s3 :   begin
                   dout = 1'b0;
                   if (din == 1'b0) ns = s3; else ns = s1;
               end
      endcase
    end
endmodule
```

【例 3.59】　摩尔状态机的 Verilog HDL 设计模型之二。

```
//独热编码的摩尔状态机 moore2.v
module moore2(clk, din, reset, dout);
    input clk, reset;
    input din;
    output dout;
    reg dout;
    //独热编码定义的状态机各状态值
    parameter [3:0]
        s0 = 4'b0001,
        s1 = 4'b0010,
        s2 = 4'b0100,
        s3 = 4'b1000;
    //定义当前状态和下一状态
    reg [3:0] cs;
    reg [3:0] ns;
     //状态转换过程
    always @ (posedge clk or posedge reset)
      begin
        if (reset == 1'b1)
```

```
            cs = s0;    //初始状态
        else
            cs = ns;
        end
    //状态输出过程
    always @ (cs or din)
        begin
            case (cs)
            s0 :  begin
                        dout = 1'b0;
                        if (din == 1'b0) ns = s0; else ns = s2;
                    end
                s1 :  begin
                        dout = 1'b1;
                        if (din == 1'b0) ns = s0; else ns = s2;
                    end
                s2 :  begin
                        dout = 1'b1;
                        if (din == 1'b0) ns = s2; else ns = s3;
                    end
                s3 :  begin
                        dout = 1'b0;
                        if (din == 1'b0) ns = s3; else ns = s1;
                    end
            endcase
        end
    endmodule
```

3.9.4　米立状态机的 Verilog HDL 设计

【例 3.60】　米立状态机的 Verilog HDL 设计模型之一。

```
//二进制编码的米立状态机 mealy1.v
module mealy1(clk, din, reset, dout);
    input clk, reset;
    input din;
    output dout;
    reg dout;
    //用二进制编码定义的状态机各状态值
    parameter [2:0]
        s0 = 3'b000,
        s1 = 3'b001,
        s2 = 3'b010,
```

```
       s3 = 3'b011,
       s4 = 3'b100,
       s5 = 3'b101,
       s6 = 3'b110;
//定义当前和下一状态
reg [2:0] cs;
reg [2:0] ns;
//状态转换过程
always @ (posedge clk or posedge reset)
   begin
     if (reset == 1'b1)
       cs = s0;      //初始状态
     else
         cs = ns;
   end
//状态输出过程
always @ (cs or din)
   begin
     case (cs)
       s0 : begin
              if (din == 1'b0)
                 begin ns = s1; dout = 1'b0; end
              else
                 begin ns = s2; dout = 1'b0; end
           end
       s1 : begin
              if (din == 1'b0)
                 begin ns = s3; dout = 1'b0; end
              else
                 begin ns = s4; dout = 1'b0; end
           end
       s2 : begin
              if (din == 1'b0)
                 begin ns = s4; dout = 1'b0; end
              else
                 begin ns = s3; dout = 1'b0; end
           end
       s3 : begin
              if (din == 1'b0)
                 begin ns = s5; dout = 1'b0; end
              else
```

```
                begin ns = s6; dout = 1'b0; end
            end
    s4 :    begin
                if (din == 1'b0)
                    begin ns = s6; dout = 1'b0; end
                else
                    begin ns = s5; dout = 1'b0; end
            end
    s5 :    begin ns = s0; dout = 1'b0; end
    s6 :    begin ns = s0; dout = 1'b1; end
    endcase
  end
endmodule
```

【例 3.61】 米立状态机的 Verilog HDL 设计模型之二。

```
//格雷码米粒状态机 mealy2.v
module mealy2(clk, din, reset, dout);
  input clk, reset;
  input din;
  output dout;
  reg dout;
  //格雷码定义的状态机各状态值
  parameter [2:0]
    s0 = 3'b000,
    s1 = 3'b001,
    s2 = 3'b011,
    s3 = 3'b010,
    s4 = 3'b110,
    s5 = 3'b111,
    s6 = 3'b101;
  //定义当前状态和下一状态
  reg [2:0] cs;
  reg [2:0] ns;
  //状态转换过程
  always @ (posedge clk or posedge reset)
    begin
      if (reset == 1'b1)
        cs = s0;   //初始状态
      else
        cs = ns;
    end
  //状态输出过程
```

```
always @ (cs or din)
  begin
    case (cs)
      s0 : begin
              if (din == 1'b0)
                  begin ns = s1; dout = 1'b0; end
              else
                  begin ns = s2; dout = 1'b0; end
           end
      s1 : begin
              if (din == 1'b0)
                  begin ns = s5; dout = 1'b0; end
              else
                  begin ns = s3; dout = 1'b0; end
           end
      s2 : begin
              if (din == 1'b0)
                  begin ns = s3; dout = 1'b0; end
              else
                  begin ns = s5; dout = 1'b0; end
           end
      s3 : begin
              if (din == 1'b0)
                  begin ns = s4; dout = 1'b0; end
              else
                  begin ns = s6; dout = 1'b0; end
           end
      s4 : begin
              if (din == 1'b0)
                  begin ns = s0; dout = 1'b0; end
              else
                  begin ns = s0; dout = 1'b1; end
           end
      s5 : begin
              if (din == 1'b0)
                  begin ns = s6; dout = 1'b0; end
              else
                  begin ns = s6; dout = 1'b0; end
           end
      s6 : begin
              if (din == 1'b0)
```

```
                    begin ns = s0; dout = 1'b0; end
              else
                    begin ns = s0; dout = 1'b0; end
           end
        endcase
     end
  endmodule
```

习　题

3.1　比较常用硬件描述语言 VHDL、Verilog 和 ABEL 语言的优劣。

3.2　运行 Altera Quartus Ⅱ 8.0/Lattice ispLEVER 8.1/ Xilinx ISE Series 10.1 等软件,将例 3.1 进行时序仿真和分析,进行逻辑综合并查看 RTL 或门电路图。

3.3　Verilog HDL 模块由几个部分组成?端口有几种类型?为什么端口要说明信号的位宽?

3.4　Verilog HDL 作为一种硬件描述语言,从语句的物理特性可分为哪两种?这两种语句有什么特点?从语句的执行顺序进行分类可分为哪两种?这两种语句有什么特点?具体有哪几种语句?

3.5　模块中的功能描述语句可以由哪几类语句或语句块组成?它们出现的顺序会不会影响逻辑功能的描述?哪些功能描述语句直接与电路结构有关?

3.6　在 Verilog HDL 中,模块的内部组成和逻辑功能有几种描述方式/描述风格?这几种描述方式/描述风格各有什么特点?

3.7　什么叫标识符?Verilog HDL 的基本标识符是怎样规定的?

3.8　最基本的 Verilog HDL 变量有几种类型?其中的 reg 型和 wire 型变量的差别是什么?

3.9　参数类型的变量有什么用处?

3.10　逻辑比较操作符小于等于 "<=" 和非阻塞赋值符 "<=" 的表示是完全一样的,为什么在语句解释和编译时不会出错?

3.11　逻辑操作符与按位逻辑操作符有什么不同?它们各在什么场合使用?

3.12　指出两种逻辑等式操作符的不同点,解释教材上的真值表。

3.13　连接操作符的作用是什么?为什么说合理的使用连接操作符可以提高程序的可读性和可维护性?连接操作符表示的操作的物理含义是什么?

3.14　编译器预处理命令的作用是什么?`timescale 编译预处理的作用是什么?在不同 `timescale 定义的多模块仿真测试时需要注意什么?

3.15　简单说明$display 与$write 的不同点。

3.16　为什么在多模块调试的情况下,$monitor 需要配合$monitoron 和$monitoroff 来工作?

3.17　结构化描述可通过哪几种方式进行结构建模?

3.18　元件实例化语句的作用是什么?元件实例化语句包括几个组成部分?各自的语

句形式如何？什么叫元件实例化中的位置关联和名字关联？

3.19 是否可以说实例引用的描述实际上就是严格意义上的电路结构描述？

3.20 选择教材上的有关元件实例化的例题，使用 EDA 软件进行逻辑综合，查看逻辑综合后的 RTL 图，并与系统设计的原理框图进行对比。

3.21 数据流描述方式主要使用什么语句对组合逻辑电路进逻辑描述？它进行赋值的变量必须是什么类型的变量？

3.22 连续赋值语句包括哪几种？由连续赋值语句(assign)赋值的变量能否是 reg 类型的？

3.23 使用 Verilog HDL 设计一个由八个 4 位加法器组成的 32 位二进制加法器。

3.24 Verilog HDL 中具有哪两种过程性结构区块结构？这两种区块结构的本质区别在哪里？

3.25 怎样理解 initial 语句只执行一次的概念？在 initial 语句引导的过程块中是否可有循环语句？如果有，这是否与 initial 语句只执行一次的概念矛盾？

3.26 怎样理解有 always 语句引导的过程块是不断活动的？不断活动与不断执行有什么不同？

3.27 begin…end 和 fork…join 区块语句的作用是什么？这二者有什么区别？

3.28 如果在顺序块中，前面有一条语句是无限循环，后面的语句能否进行？

3.29 如果在并行块中，前面有一条语句是无限循环，后面的语句能否进行？

3.30 在 always 块中被赋值的变量应是 wire 类型的还是 reg 类型的？若是 reg 类型的，它们表示的一定是实际存在的寄存器吗？

3.31 Verilog HDL 语法规定的参数传递和重新定义功能有什么直接的应用价值？

3.32 如果都不带时间延迟，阻塞和非阻塞赋值有什么不同？举例说明它们的不同点。

3.33 仿照例题 3.11 和 3.12，分别使用阻塞赋值和非阻塞赋值设计一个串行输入并行输出的 8 位序列信号产生电路的程序，并进行调试、仿真和逻辑综合，仔细比较阻塞和非阻塞赋值的区别。

3.34 用 if (条件 1) 语句 1; elseif (条件 2) 语句 2; elseif (条件 3) 语句 3; …else 语句和用 case endcase 表示不同条件下的多个分支，这些条件是完全相同的还是有差别的？

3.35 用 Verilog HDL 设计一个无符号的 32 位原码乘法器。

3.36 桶形移位寄存器就是将一个数据字的所有位进行移位，移位的方向根据左移或右移控制信号是否有效决定，移位的位数由移位数控制信号控制。用 Verilog HDL 设计一个桶形移位寄存器。

3.37 用 Verilog HDL 设计一个基于线性随机移位寄存器产生的 8 位伪随机数。

3.38 选择语句 case、casex 和 casez 之间有什么不同？

3.39 用 Verilog HDL 分别设计一个输出高电平有效和低电平有效的 4-16 译码器。

3.40 forever 语句如果运行了，在它后面的语句能否运行？位于 begin…end 区块和位于 fork…join 区块的语句运行时有什么不同？

3.41 forever 语句、repeat 语句能否独立于 initial 或 always 过程块使用？

3.42 怎样理解边沿触发与电平触发的不同？

3.43 边沿触发的 always 块和电平触发的 always 块各表示什么类型的逻辑电路的行为？为什么？

3.44 使用 Verilog HDL 设计一个由四个 4 位加法器组成的 16 位二进制加法器及其测试程序。

3.45 Verilog HDL 中任务和函数有什么不同？ Verilog HDL 任务和函数的调用与一般计算机高级程序设计语言中的过程和函数的调用有什么区别？

3.46 用 Verilog HDL 设计一个用 8 位偶校验位发生器函数构成的 16 位偶校验位发生器。

3.47 用 Verilog HDL 设计一个用 2-4 译码器构成的 3-8 译码器。

3.48 用 Verilog HDL 设计一个用 8 位奇校验位发生器任务构成的 16 位偶校验位发生器。

3.49 仔细阅读并理解第 3.8 节中的各个例题，画出系统原理框图，阐述系统工作原理，并利用 Altera Quartus Ⅱ 8.0/Xilinx ISE Series 10.1 进行时序仿真和分析，进行逻辑综合并查看 RTL 或门电路图。

3.50 什么叫状态机？状态机的基本结构如何？状态机的种类有哪些？

3.51 对例 3.57、例 3.58 和例 3.60 的 Verilog HDL 程序进行时序仿真和分析，进行逻辑综合并查看 RTL 或门电路图，并说明三个例题程序综合后的 RTL 电路图之间的区别。

第4章

常用 EDA 工具软件操作指南

EDA 软件开发工具，是利用 EDA 技术进行电子系统设计的智能化的自动化设计工具。为了满足从事 EDA 技术的有关设计和研究工作的实际需要，并提高欲从事 EDA 技术相关工作的学生毕业择业的竞争力，学习和掌握多个 EDA 主流厂家的 EDA 软件工具和第三方 EDA 工具是非常重要的。本章首先概括地阐述了常用 EDA 工具软件安装指南，接着介绍了用于讲解常用 EDA 工具软件操作的用例 Verilog HDL 源程序和 Verilog HDL 仿真测试程序，最后以实例的形式重点阐述了 Altera Quartus Ⅱ、Xilinx ISE Suite、Synplicity Synplify PRO、Mentor Graphics ModelSim SE 等常用 EDA 工具软件的使用，包括源程序的输入、有关仿真、管脚的锁定、逻辑综合与适配、编程下载等操作步骤与方法。

4.1　常用 EDA 工具软件安装指南

常用的 EDA 工具软件有很多种，不同的软件有不同的安装方法(具体安装方法一般在 readme 文件中有说明)。为了节约篇幅，本章在后续的有关 EDA 工具软件操作指南中不具体讲解各种 EDA 工具软件的安装方法，只在本节概括地阐述常用 EDA 软件安装要点。常用 EDA 软件的安装要点包括六个方面：① 硬件配置的选择；② 按说明进行安装；③ 授权文件的准备；④ 软件授权的设置；⑤ 环境变量的修改；⑥ 驱动程序的安装。

1. 硬件配置的选择

EDA 软件随着功能越来越多，性能越来越好，相应地对计算机的硬件配置要求越来越高，包括硬盘容量、内存容量、显示器、通信接口、操作系统等。如果安装软件的计算机硬件配置低于软件安装与运行的最低要求，就会使系统无法完成安装或无法正常运行。因此在安装计算机软件前，先要阅读有关说明，应满足系统安装与运行的最低配置要求。

虽然现在计算机有包括 USB 接口在内的很多通信接口方式，但是很多 EDA 实验开发系统仍然需要计算机的并行打印机接口进行编程下载，因此为了自己的使用方便，购买计算机时选择含并行打印机接口的主板是必需的。

2. 按说明进行安装

有关 EDA 软件的安装方法一般在 readme 文件中。根据说明运行安装程序，并依照提示进行安装过程中的各种选择，最后完成软件的程序安装。

3. 授权文件的准备

EDA 软件的授权，除了采用传统的软件序列号进行授权外，更多的是采用授权文件的形式进行合法使用，因此在购买 EDA 软件时请索取授权文件，或通过网络获取授权。

对于 EDA 软件的网络版或浮动授权,必须根据需要修改授权文件中的有关参数。例如,安装 Quartus Ⅱ 网络版时,需要先进行网络版授权文件的修改,修改方法就是将 license.dat 以文本方式打开,把主机网卡物理地址【HOSTID=xxxxxxxxxxxx】使用替换的方式替换为自己网卡物理地址(如:00E04C1EA996),替换完毕需将 license.dat 重新存盘。

网卡物理地址的查找方法:【所有程序】→【附件】→【C:\命令提示符】→【X:\IPconfig/all✓】。图 4.1 是网卡物理地址获取示意图。

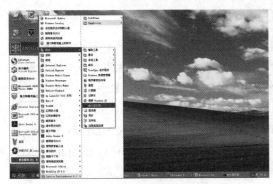 

(a) 进入 DOS 操作状态   (b) 网卡物理地址获取操作及结果

图 4.1 网卡物理地址获取示意图

软件安装好后,需要将获得的授权文件 license.dat 等拷贝到安装系统的指定目录下,为后续授权文件的设置做准备。

4. 软件授权的设置

软件授权的设置,就是根据系统的要求选择授权方式,设定授权文件。授权方式一般有评估授权、固定授权和浮动授权三种。软件安装好后,运行软件,根据提示进行授权设置,或选择授权的子菜单项进行授权设置。图 4.2 是 Quartus Ⅱ 安装时选择授权类型的示意图,图 4.3 是 Quartus Ⅱ 安装时设置授权文件的示意图。

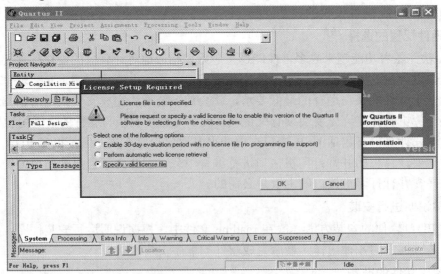

图 4.2 Quartus Ⅱ 安装时选择授权类型示意图

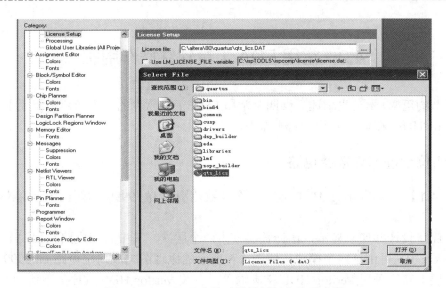

图 4.3　Quartus Ⅱ 安装时设置授权文件示意图

5. 环境变量的设置

有的 EDA 软件安装好后必须设置环境变量才能正常使用。同时安装有多个 EDA 软件时，必须修改环境变量才能正常使用。因此安装好 EDA 软件后，需要设置或修改环境变量。

环境变量的设置/修改方法是：首先选中【我的电脑】，用鼠标右点弹出【属性】设置框，并选择【高级】属性；接着在弹出的【高级】属性设置框中点击【环境变量】设置项，在弹出的【环境变量】设置框中选择【新建】或【编辑】；最后输入变量名、变量值。若系统需设置多个授权文件，编辑系统变量值时应用";"分隔各个授权文件。图 4.4 是设置环境变量操作示意图。

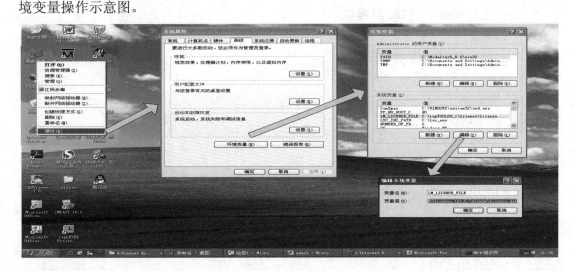

图 4.4　设置环境变量操作示意图

6. 驱动程序的安装

有的 EDA 软件在安装时就把有关硬件的驱动程序一起安装了，但是有的 EDA 软件安装好后还要单独进行有关硬件的驱动程序的安装。驱动程序安装好后，还要运行 EDA 软件以进行有关硬件的设置，之后硬件才能真正使用。

4.2　常用 EDA 工具软件操作用例

为了节约篇幅,本节先阐述后续四个常用 EDA 工具软件的操作指南中将要用到的操作用例 Verilog HDL 源程序及其仿真测试程序。

4.2.1　四位十进制计数器电路

【例 4.1】　用 Verilog HDL 设计一个计数范围为 0~9999 的四位十进制计数器电路 cnt9999。

为了简化设计并便于显示,该计数器分为两个层次,其中底层电路包括四个十进制计数器模块 cnt10,再由这四个模块按照图 4.5 所示的原理图构成顶层电路 cnt9999。其中,底层和顶层电路均采用 Verilog HDL 文本输入。有关 Verilog HDL 程序如下所列。

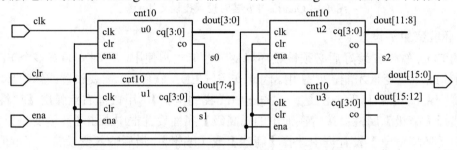

图 4.5　cnt9999 电路原理图

1. cnt10 的 Verilog HDL 源程序

```
//cnt10.v
module cnt10(clk, clr, ena, cq, co);
    input clk;
    input clr;
    input ena;
    output [3:0] cq;
    output co;
    reg [3:0] cnt;                         //定义保存计数值的寄存器 cnt
    reg co;                                //定义保存进位值的寄存器 co
    always @(posedge clk or posedge clr)   //计数控制过程块
        begin
        if (clr)
            cnt <= 4'b0;
        else
            if (ena)
                if (cnt==4'h9)
                    cnt <= 4'h0;
```

```
              else
                 cnt <= cnt + 1;
           end
        assign cq = cnt;              //将计数的中间结果送到输出端口
        always @(posedge clk )        //进位控制过程块
           begin
             if (cnt==4'h9)
               co = 4'h1;
             else
               co= 4'h0;
           end
     endmodule
```

2. cnt9999 的 Verilog HDL 源程序

```
    //cnt9999.v
    module cnt9999(clk, clr, ena, dout);
       input clk;
       input clr;
       input ena;
       output [15:0] dout;
       wire s0, s1, s2;              //定义模块间的连接线网
       cnt10 u0(.ena(ena), .clk(clk), .clr(clr),
                 .cq(dout[3:0]), .co(s0));
       cnt10 u1(.ena(ena), .clk(s0), .clr(clr),
                 .cq(dout[7:4]), .co(s1));
       cnt10 u2(.ena(ena), .clk(s1), .clr(clr),
                 .cq(dout[11:8]), .co(s2));
       cnt10 u3(.ena(ena), .clk(s2), .clr(clr),
                 .cq(dout[15:12]), .co( ));
    endmodule
```

4.2.2　计数动态扫描显示电路

【例 4.2】　　用 Verilog HDL 设计一个计数范围为 0～9999 的计数器，并将计数结果使用动态扫描的方式进行显示。

为了简化设计并便于显示，该计数动态扫描显示电路分为两个层次，其中底层电路包括四个十进制计数器模块 cnt10、一个动态显示控制信号产生模块 ctrls、一个数据动态显示控制模块 display 等三个模块，再由这六个模块按照图 4.6 所示的原理图构成顶层电路dtcnt9999。其中底层的六个模块是用 Verilog HDL 文本输入的，顶层的电路系统则采用原理图输入。dtcnt9999 中的 clk1 是计数时钟信号；clk2 是动态扫描控制时钟信号，要求在24 Hz 以上；clr 为清零信号；ena 为计数时钟信号；com 为数码管公共端控制信号；seg 为数码管的显示驱动端，分别接 a～g。十进制计数器模块 cnt10 的 Verilog HDL 程序见例题

4.1，其余两个模块的 Verilog HDL 程序如下所列。

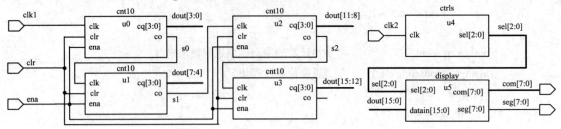

图 4.6　0～9999 计数动态显示电路原理图

1．ctrls 的 Verilog HDL 源程序

```verilog
//ctrls.v
module ctrls(clk,sel);
    input clk;
    output [2:0] sel;
    reg [2:0] cnt;
    always @(posedge clk )        //产生 000～111 周期性变化的控制信号
        begin
        if (cnt==4'h7)
            cnt <= 4'h0;
        else
            cnt <= cnt + 1;
    end
    assign sel = cnt;
endmodule
```

2．display 的 Verilog HDL 源程序

```verilog
//display.v
module display(sel, datain, com, seg);
    input [2:0] sel;
    input [15:0] datain;
    output [7:0] com;
    output [7:0] seg;
    reg [7:0] com_tem;
    reg [7:0] seg_tem;
    reg [3:0] bcd;
    always @(sel or datain)        //根据控制信号进行显示数据选择和数码管公共端的控制译码
        begin
        case(sel)
            3'b000 :
                begin
                bcd <= datain[3:0];
```

```verilog
         com_tem <= 8'b11111110;
      end
3'b001 :
      begin
      bcd <= datain[7:4];
      com_tem <= 8'b11111101;
      end
3'b010 :
      begin
      bcd <= datain[11:8];
      com_tem <= 8'b11111011;
   end
3'b011 :
      begin
      bcd <= datain[15:12];
      com_tem <= 8'b11110111;
      end
  3'b100 :
      begin
      bcd <= 8'b11111111;
      com_tem <= 8'b11101111;
      end
  3'b101 :
      begin
      bcd <= 8'b11111111;
      com_tem <= 8'b11011111;
      end
 3'b110 :
      begin
      bcd <= 8'b11111111;
      com_tem <= 8'b10111111;
      end
  3'b111 :
      begin
      bcd <= 8'b11111111;
      com_tem <= 8'b01111111;
      end
default:
      begin
      bcd <= 8'b11111111;
```

```
                com_tem <= 8'b11111111;
            end
        endcase
    end
    always @(bcd)                    //根据显示数据进行显示驱动译码
        begin
        case (bcd)
        4'b0000 : seg_tem = 8'b00111111;    //0
        4'b0001 : seg_tem = 8'b00000110;    //1
        4'b0010 : seg_tem = 8'b01011011;    //2
        4'b0011 : seg_tem = 8'b01001111;    //3
        4'b0100 : seg_tem = 8'b01100110;    //4
        4'b0101 : seg_tem = 8'b01101101;    //5
        4'b0110 : seg_tem = 8'b01111101;    //6
        4'b0111 : seg_tem = 8'b00000111;    //7
        4'b1000 : seg_tem = 8'b01111111;    //8
        4'b1001 : seg_tem = 8'b01101111;    //9
        default : seg_tem = 8'b00000000;
        endcase
    end
    assign seg = seg_tem;
    assign com = com_tem;
endmodule
```

4.2.3　EDA 仿真测试模型及程序

1．EDA 仿真测试模型

使用 EDA 技术进行电子系统设计仿真测试的模型如图 4.7 所示。

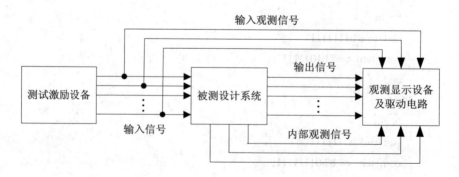

图 4.7　EDA 仿真测试模型

仿真的基本步骤如下：

(1) 分析系统设计要求和设计思想，弄懂系统的工作原理、工作流程。

(2) 了解各种输入信号及要求,设置各种输入激励信号,包括各输入信号本身的要求,相互之间的要求(如输入的先后,时间间隔的大小,上升沿/下降沿等)。各种输入信号的设置有两种:仿真波形直接设置和测试程序文本设置。测试用例应尽可能覆盖整个系统的各种可能情况。

(3) 估计各种输出的期望值,即对应各种可能的输入,估计其输出期望值。

(4) 进行实际仿真及结果分析,即执行仿真操作,进行实际仿真,并将仿真结果与期望值进行比较与分析。

(5) 仿真改进与完善,即若仿真结果与期望值不一致,则查找原因,进行程序和仿真设置值修改,直到完全达到要求为止。

2.　EDA 仿真测试程序

EDA 仿真测试程序就是通过以文本编程的方式给被测试的设计实体提供输入信号和输出显示信号,一般包括两个部分:① 根据测试的各种要求,通过各种赋值语句给被测试系统提供各种测试输入信号;② 通过元件例化语句建立被测试系统与测试平台内输入信号和输出信号的映射关系。下面给出例 4.1 中 cnt10 和 cnt9999 的 Verilog HDL 仿真测试程序。

【例 4.3】　　0～9999 的四位十进制计数器电路的 Verilog HDL 仿真测试程序。

1.　cnt10 的仿真测试程序

```verilog
//cnt10_tb.v
module cnt10_tb();
    //定义连接被测系统输入端口的寄存器
    reg clk;
    reg clr;
    reg ena;
    //定义连接被测系统输出端口的线网
    wire [3:0] cq;
    wire co;
    //实例化元件 cnt10
    cnt10 ut1(.clk(clk), .clr(clr), .ena(ena), .cq(cq), .co(co));
    //初始化输入
    initial
    $monitor ($time, "clk=%b, clr=%b, ena=%b, cq=%d, co=%b", clk, clr, ena, cq, co);
    initial          //设置时钟信号 clk、清零信号 clr、使能信号 ena
        begin
        clk = 0;
        clr = 1;
        ena = 0;
        #20 clr=0;
        #20 ena=1;
        end
    initial          //设置周期性变化的时钟信号 clk
        begin
```

```
        forever #10 clk=~clk;
    end
    initial #2000 $finish;
endmodule
```

2. cnt9999 的仿真测试程序

```
//cnt9999_tb.v
module cnt9999_tb();
    //定义连接被测系统输入端口的寄存器
    reg clk;
    reg clr;
    reg ena;
    //定义连接被测系统输出端口的线网
    wire [15:0] dout;
    //实例化元件 cnt9999
    cnt9999 ut1 (.clk(clk),.clr(clr),.ena(ena), .dout(dout));
    //初始化输入
    initial
    $monitor ($time, "clk=%b,    clr=%b, ena=%b, dout=%d", clk, clr, ena, dout);
    initial          //设置时钟信号 clk、清零信号 clr、使能信号 ena
        begin
        clk = 0;
        clr = 1;
        ena = 0;
        #20 clr=0;
        #20 ena=1;
        end
    initial          //设置周期性变化的时钟信号 clk
        begin
        forever #10 clk=~clk;
        end
    initial #2000 $finish;
endmodule
```

4.3 Altera Quartus Ⅱ 操作指南

Quartus Ⅱ 是 Altera 公司新近推出的 EDA 软件工具，其设计工具完全支持 VHDL、Verilog 的设计流程，其内部嵌有 VHDL、Verilog 逻辑综合器。第三方的综合工具，如 Synplify Pro、FPGA Compiler Ⅱ 有着更好的综合效果，因此通常建议使用这些工具来完成 VHDL/Verilog 源程序的综合。Quartus Ⅱ 可以直接调用这些第三方工具。同样，Quartus Ⅱ 具备仿真功能，也支持第三方的仿真工具，如 Modelsim。此外，Quartus Ⅱ 为 Altera DSP

开发包进行系统模型设计提供了集成综合环境，它与 MATLAB 和 DSP Builder 结合可以进行基于 FPGA 的 DSP 系统开发，是 DSP 硬件系统实现的关键 EDA 工具。Quartus Ⅱ还可与 SOPC Builder 结合，实现 SOPC 系统开发。Quartus Ⅱ 10.0 以前的版本，可通过直接设置波形的形式进行仿真，对于初学者比较便利，而对于 Quartus Ⅱ 10.0 及其以上的高版本，其仿真只能通过调用第三方仿真软件 Modsim、使用仿真测试程序的方式进行仿真。本节先讲解典型的 Quartus Ⅱ 8.0 的各种使用，最后以 Quartus Ⅱ13.0 SP 为例，介绍其调用 Modsim 进行仿真的方法。

4.3.1 Quartus Ⅱ的初步认识

1. Quartus Ⅱ的主界面介绍

Quartus Ⅱ 8.0 的主菜单包括：【File】菜单，主要功能是新建、打开和保存一个工程或者资源文件；【Edit】菜单，主要包含了一些与文本编辑相关的功能选项；【View】菜单，主要功能是隐藏或显示工程管理器、管脚查找器等操作视图；【Project】菜单，主要功能是工程的一些操作；【Assignments】菜单，主要功能是对工程进行设置的相关操作；【Processing】菜单，包含了对工程的一些操作命令或子菜单项；【Tools】菜单，包含了进行设计的一些操作工具；【Window】菜单，主要功能是排列规划窗口，使读者容易阅读和管理。图 4.8 是 Quartus Ⅱ 8.0 的主界面及工程信息分布图。

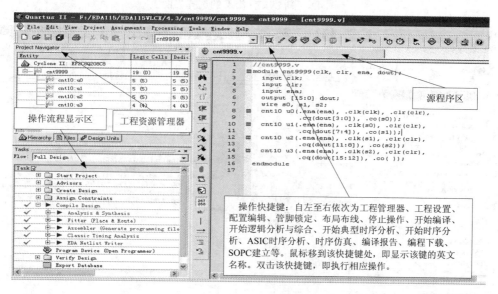

图 4.8 Quartus Ⅱ 8.0 的主界面及工程信息分布图

2. 文件及工程建立

先执行【File】→【New】，新建源程序，新建文件类型的选择界面如图 4.9 所示。再执行【File】→【New Project Wizard】，如图 4.10 所示，打开新建工程向导，根据提示进行有关设置或选择，创建一个新的工程，并要求工程名与顶层文件名一致。对于已经建立的文件或工程，需要使用时打开即可。

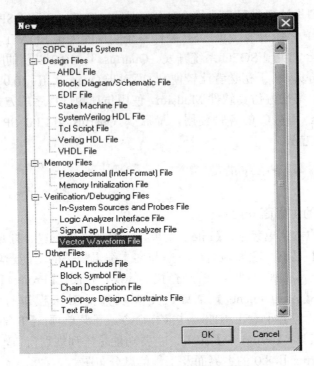

图 4.9 新建文件类型的选择界面

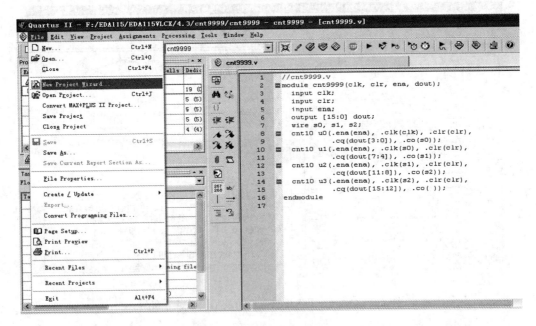

图 4.10 新建工程向导操作

3. 工程实现的设置

工程实现设置主要包括指定目标器件，编译过程设置，EDA 工具选择，Analysis & Synthesis 设置，Fitter(适配)设置，仿真设置等。工程设置既可在建立工程的过程中根据提示进行设置，也可在建立工程的过程中跳过某些设置项，而在工程建立后对工程实现进行设置或修改。图 4.11 是在已建立工程的基础上对工程实现设置的一个操作界面。

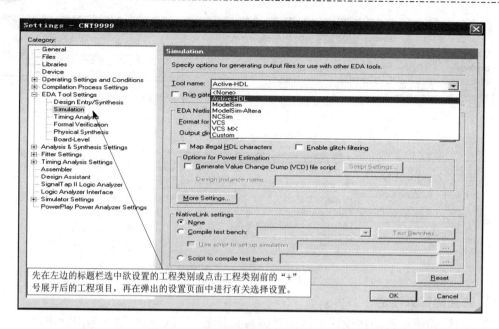

图 4.11 工程实现设置的一个操作界面

4．工程编译及分析

工程编译及分析包括编译方式选择、启动编译器和查看编译结果。查看编译结果包括查看逻辑适配资源报告、RTL 视图、时序分析结果等。图 4.12 是工程编译形式的操作选择图。

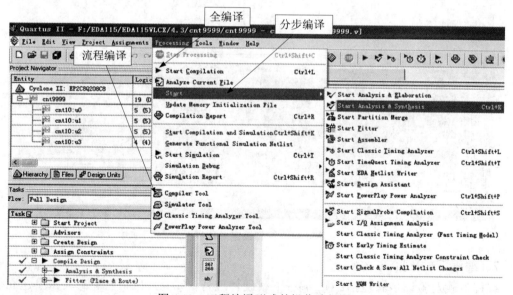

图 4.12 工程编译形式的操作选择图

5．工程仿真及分析

工程仿真及分析步骤为：① 建立仿真波形文件或仿真测试文本程序；② 设置仿真器；③ 运行有关仿真器进行仿真；④ 进行仿真结果分析(包括查看仿真波形报告，分析仿真波形)。图 4.13 是仿真操作选择界面。

图 4.13   仿真操作选择界面

6. 芯片的管脚锁定

芯片的管脚锁定就是将设计实体的管脚与目标芯片特定的可输入输出管脚建立一一映射的过程。它包括两个方面：一是需设定未用的管脚；二是根据需要进行管脚的锁定。图 4.14 是管脚锁定的操作界面。

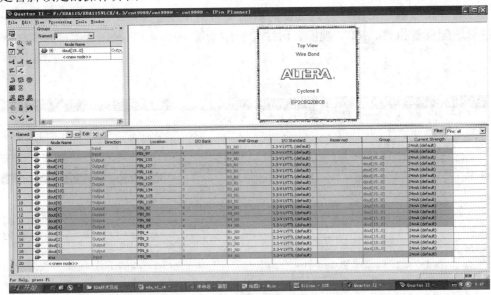

图 4.14   管脚锁定操作界面

7. 编程下载及验证

编程下载及验证步骤包括：① 编程下载硬件准备；② 打开编程器窗口；③ 建立被动串行配置链；④ 器件编程下载。图 4.15 是编程下载的操作界面。

对于只含一个模块的系统，其设计与测试过程可按上述步骤进行，但对含有多个模块多个层次的设计与测试，通常按照自底向上的方法进行设计与测试，因此往往是 2～5 交错在一起先进行低层次各模块的设计，待低层次各模块的设计与测试完毕后，再按照 2～7 进行顶层模块的设计与测试。

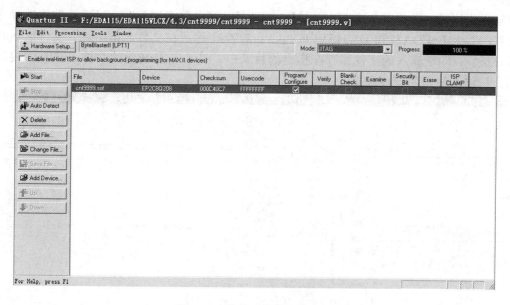

图 4.15　编程下载的操作界面

4.3.2　Quartus Ⅱ 的基本操作

【例 4.4】　使用 Quartus Ⅱ 设计和测试例 4.1 的 cnt9999 电路。

1. 文件及工程建立

首先为该设计(工程)建立一目录，如 F:\EDA115\EDA115VLCX\4.3\cnt9999，然后运行 Quartus Ⅱ 8.0，进入 Quartus Ⅱ 8.0 集成环境。

1) 新建文件

在 Quartus Ⅱ 8.0 集成环境屏幕上方选择"新建文件"按钮，或选择菜单【File】→【New】，出现如图 4.16 所示的对话框，在框中选中"Verilog HDL File"，按【OK】按钮，即选中了文本编辑方式。在出现的文本编辑窗口中输入例 4.1 所示的 cnt10.v 源程序。

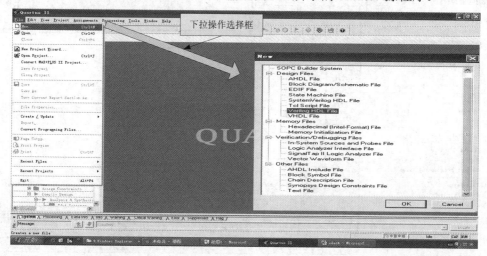

图 4.16　Quartus Ⅱ 8.0 新建文件类型的选择框

输入完毕后，选择菜单【Flie】→【Save As】，即出现文件保存对话框。首先选择存放本文件的目录 F:\EDA115\EDA115VLCX\4.3\cnt9999，然后在文件名框中输入文件名 cnt10，按保存按钮，即把输入的文件保存在指定的目录中。图 4.17 是新建的文件 cnt10.v。根据同样的方法输入并保存 cnt9999.v。

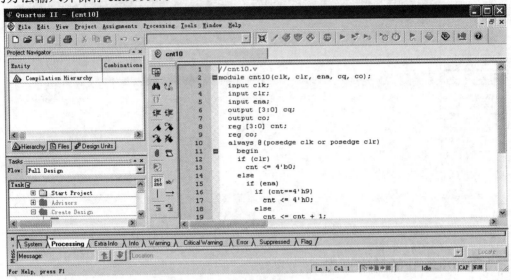

图 4.17　新建的文件 cnt10.v

2) 新建工程

Quartus Ⅱ将每项设计均看成是一个工程。由于本设计分为两个层次，根据自底向上的设计与调试原则，因此需要先将底层的模块设计分别建立各自的工程并将其调试好，最后才进行顶层的电路系统的设计。下面以 cnt9999 模块工程的建立来说明工程建立方法。

执行【File】→【New Project Wizard】，打开新建工程向导(见图 4.18)，将出现如图 4.19所示的对话框。

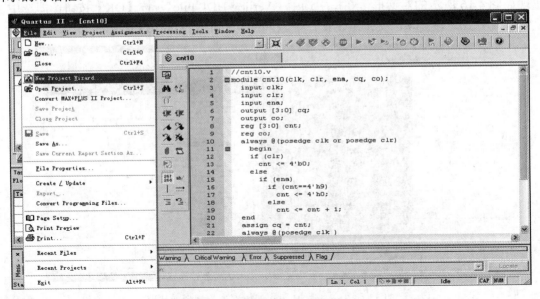

图 4.18　新建工程——操作子菜单

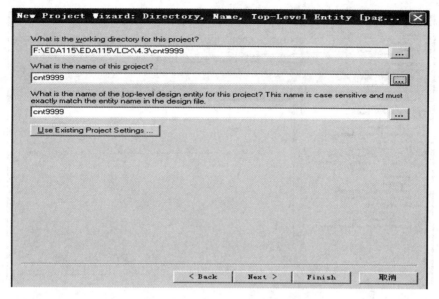

图 4.19　新建工程——工程参数设置

图 4.19 中最上面一栏指示工作目录，可单击最上面一栏右侧的【 ... 】按钮，找到相应的目录下的文件(一般为顶层设计文件)，这里选择 cnt9999.v，将其打开。图中的第二栏为项目名称，可以为任何名字，推荐为顶层设计的文件名。第三栏为顶层设计的实体名。设置完后，可直接单击【Finish】按钮结束工程建立。若单击【Next】按钮，则会出现添加项目文件、器件选择、EDA 工具选择等操作选择提示框，可根据需要进行有关设置。

3) 将文件添加到对应的工程

执行图 4.20 所示的添加文件到工程操作子菜单，弹出如图 4.21 所示的添加文件操作界面，最上面的一栏【File Name】用于加入设计文件，可单击右侧【 ... 】按钮，找到相应的目录下的文件并加入。单击【Add All】按钮，将设定目录下的所有 Verilog HDL 文件加入到此工程。设置完成后，单击【OK】按钮即可。

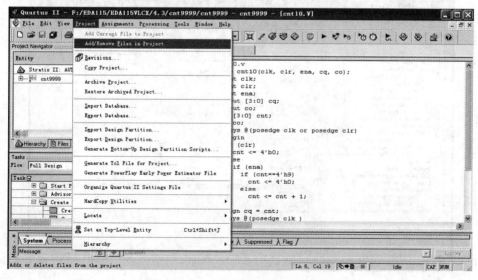

图 4.20　添加文件到工程操作子菜单

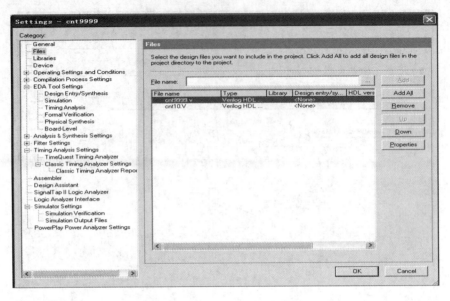

图 4.21　选择文件添加到工程

2．工程实现的设置

在对工程进行编译前，需要进行有关工程实现的设置。若工程编译后对工程有关设置进行了修改，需重新进行编译，有关修改设计才能真正有效。

1）目标器件设置

(1) 选择目标芯片。单击【Assignments】菜单下的【Device】，打开如图 4.22 所示的对话框，先选择目标芯片系列，再选择目标芯片型号规格。首先在【Family】栏中选择"Cyclone Ⅱ"系列；然后在【Target device】选项框中选择"Specific device selected in 'Available devices'list"，即选择一个确定的目标芯片。再在【Available devices】列表中选择具体芯片"EP2C5Q208C8"。

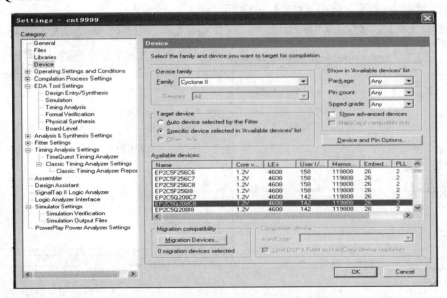

图 4.22　目标芯片选择

(2) 选择配置器件的工作方式。单击图 4.22 中的【Device and Pin Options…】按钮，进入如图 4.23 所示的选择窗口。首先选择【General】项，在【Options】栏中选中 "Auto-restart configuration after error"，使对 FPGA 配置失败后能自动重新配置，并加入 JTAG 用户编码。当鼠标选中相应的项目时，下面的【Description】栏将有相应的说明。

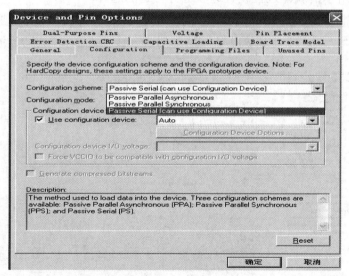

图 4.23　选择配置器件的工作方式

(3) 选择配置器件的编程方式。PC 机对 FPGA 的在系统编程通常采用 JTAG 下载方式。如果应用系统需要脱离 PC 机工作时，则需要将配置数据存放在 FLASH 中，通过主动串行模式(AS Mode)和被动串行模式(PS Mode)进行配置。按照图 4.24 所示选择合适的配置器件的编程方式。

图 4.24　选择配置器件的编程方式

(4) 选择输出设置。单击图 4.24 中的【Programming Files】栏，打开【Programming Files】页，选中【Hexadecimal (Intel-Format) output Files】，此时在生成下载文件的同时，产生二进制配置文件*.hexout。此文件用于单片机与 EPROM 构成的 FPGA 配置电路系统。

(5) 选择目标芯片的闲置引脚的状态。点击图 4.24 中的【Unused Pins】栏，出现如图 4.25 所示的窗口。对设计中未用到的器件引脚有三种处理方式：输入引脚(呈高阻态)、输出引脚(呈低电平)或输出引脚(输出不定状态)。为了避免未用到的引脚对应用系统产生影响，甚至损坏芯片及配置器件，通常情况下选择第一项。

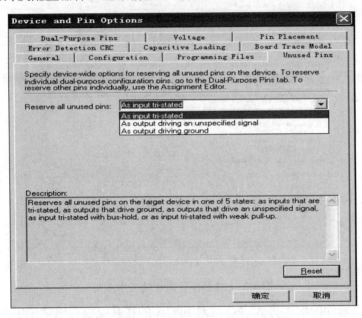

图 4.25　目标芯片未用引脚的设置

2) 编译过程设置

根据图 4.26 所示的编译过程设置选项进行合适的选择。

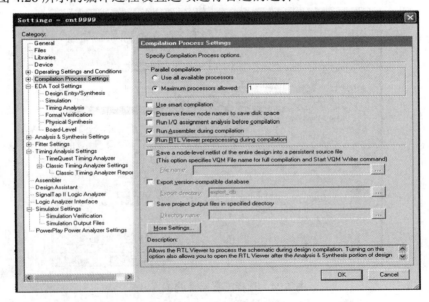

图 4.26　编译过程设置

3) EDA 工具选择

根据图 4.27 所示的 EDA 工具设置选项进行合适的选择。

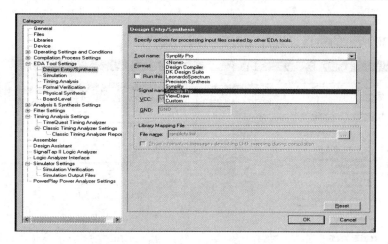

图 4.27　EDA 工具选择图

4) Analysis & Synthesis 设置

根据图 4.28 所示的 Analysis & Synthesis 设置选项进行合适的选择。

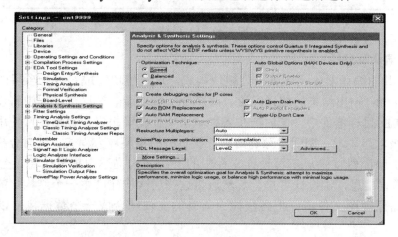

图 4.28　Analysis & Synthesis 设置

5) Fitter(适配)设置

根据图 4.29 所示的 Fitter 设置选项进行合适的选择。

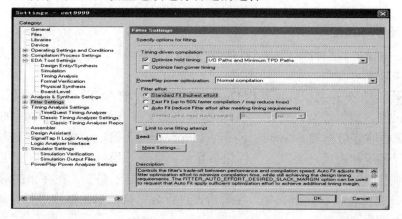

图 4.29　Fitter(适配)设置

6) 仿真设置

根据图 4.30 所示的仿真设置选项进行合适的选择。

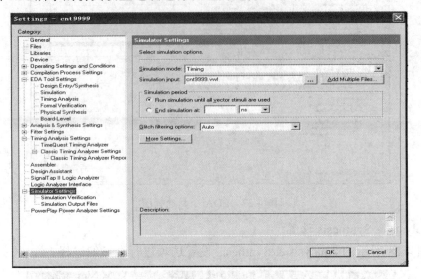

图 4.30　仿真设置

3．工程编译及分析

Quartus Ⅱ的编译器由一系列处理模块构成，这些模块完成对设计项目的检错、逻辑综合、结构综合、输出结果的编译配置、时序分析等功能。在这个过程中将设计项目适配到 FPGA/CPLD 目标器件中，同时产生各种输出文件编译报告，包括器件使用统计、编译设置、RTL 级电路显示、期间资源利用率、状态机的实现、方程式、延时分析结构、CPU使用资源等。编译器首先从工程设计文件中的层次结构描述中提取信息，包括每个低层次文件中的错误信息，供设计者排除。然后将这些层次构建产生一个结构化的、以网表文件表达的电路原理图文件，并把各层次中所有的文件结合成一个数据包，以便更有效地处理。

在编译前，设计者可以通过各种不同的设置，指导编译器使用各种不同的综合和适配技术，以便提高设计项目的工作速度，优化器件的资源利用率。在编译过程中及编译成后，可以从编译报告窗口中获得所有相关的详细编译结果，以利于设计者及时调整设计方案。

1) 编译操作的种类

对工程的编译，我们可以选择三种操作形式：全编译形式、分步编译形式和流程编译形式，如图 4.31 所示。

(1) 全编译的形式：全程编译是指 Quartus Ⅱ对设计输入的多项处理操作，如检错、数据网表文件提取、逻辑综合、适配、装配文件(仿真文件与编程配置文件)生成，以及基于目标器件的工程时序分析等。编译时下面的【Processing】窗口会显示编译过程中的相关信息，如果发现警告和错误，会以深色标记条显示。警告不影响编译通过，但是错误编译不能通过，必须进行修改。双击【Processing】栏中的错误显示条文，在弹出的对应的 Verilog HDL 文件中，光标会指示到错误处。在对错误进行分析修改后，再次进行编译，直至排除所有错误为止。

（2）分步编译形式：分步编译形式是指按照逻辑分析、逻辑综合、逻辑适配等步骤分步研究有关设计。

（3）流程编译形式：流程编译形式是将编译过程的各步用图形工具的形式表现出来，它实际上还是一种全编译的形式，只不过是表现形式不同而已。

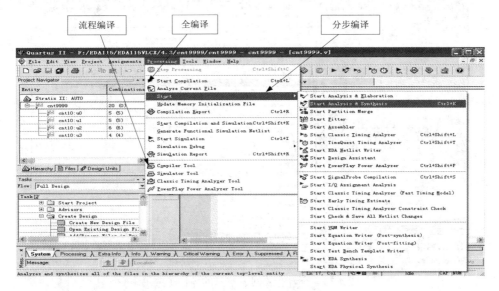

图 4.31 三种编译形式的操作选择

2）编译结果的查看

（1）编译结果报告：全编译后，先后执行主菜单【Processing】下的【Compilation Report】和【Classic Timing Analyzer Tool】子菜单，会分别出现编译结果报告窗口和典型时序分析窗口，可选择查看有关编译结果或执行【Start】进行典型时序分析。再执行主菜单【Window】下的级联、水平、垂直等多窗口排列方式子菜单项，就会出现如图 4.32 所示的编译结果报告和时序分析报告。

图 4.32 编译结果报告和时序分析报告

（2）电路网表结果。经过逻辑综合适配后，可以使用网表查看器查看有关电路网表信息。图 4.33 是使用网表查看器查看有关网表信息的操作子菜单。图 4.34 是有关网表查看结果。

图 4.33　查看有关网表信息的操作子菜单

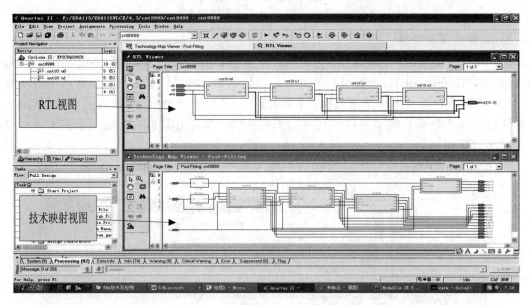

图 4.34　RTL 视图和工艺映射视图

4．工程仿真及分析

对工程编译通过之后，必须对其功能和时序进行仿真测试，以了解设计结果是否满足原设计要求。

1）打开波形编辑器

执行【File】→【New】，在弹出的窗口中选择【Vector Waveform File】项，打开空白的波形编辑器，如图 4.35 所示。

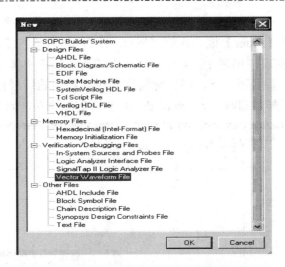

图 4.35　新建仿真波形文件操作

2) 设置仿真时间区域和最小时间周期

将仿真时间设置在一个比较合理的时间区域。选择【Edit】菜单中的"End Time…"项，在弹出窗口中的【Time】栏处输入"100"，单位选择"ms"，将多个仿真区域的时间设为100 ms，单击【OK】按钮，结束设置。选择【Edit】菜单中的"Grid Size…"项，在弹出窗口中的【Time Period】栏处输入"20"，单位选择"ns"。

3) 在波形编辑器中引入信号节点

在新建的波形窗口空白处，用鼠标左键双击，弹出插入节点或总线的操作窗口，再点击【Node Finder】按钮，弹出【Node Finder】窗口。在此窗口的【Filter】框中选择"Pins：all"，然后单击【List】按钮，于是在下面的【Nodes Found】窗口中出现了工程 cnt9999 中的所有端口引脚名，如果此时没有出现端口引脚名，则可以重新编译一下。选择需要仿真观察的信号波形并移到窗口右边。在这里，把所有的端口引脚名 clk、clr、ena、dout[15..0] 全部插入，如图 4.36 所示。

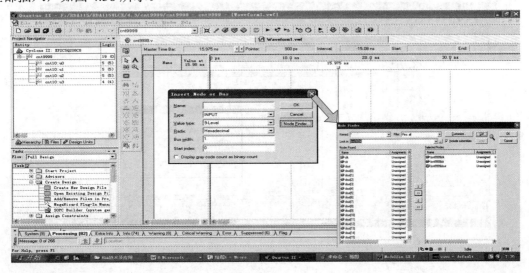

图 4.36　引入信号节点操作方法之一示意图

或者执行【View】→【Utility Windows】→【Node Finder】命令，弹出【Node Finder】对话框。在此窗口中的【Filter】框中选择"Pins：all"，然后单击【List】按钮，于是在下面的【Nodes Found】窗口中出现了工程 cnt9999 中的所有端口引脚名，如果此时没有出现端口引脚名，则可以重新编译一下。用鼠标将需要仿真观察的信号拖到波形编辑器窗口。在这里把所有的端口引脚名 clk、clr、ena、dout[15..0]全部插入，如图 4.37 所示。

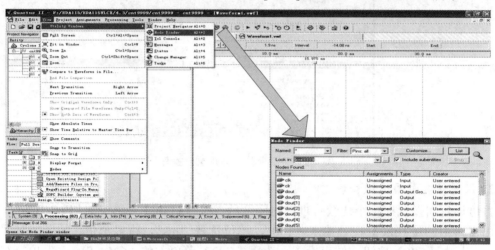

图 4.37　引入信号节点操作方法之二示意图

4) 编辑输入波形

　　波形观察窗左排按钮是用于设置输入信号的，使用时只要先用鼠标在输入波形上拖一下需要改变的黑色区域，或选中整个信号，然后点击左排相应按钮，根据弹出的设置选择框进行有关设置即可。选中【🔍】按钮，按鼠标左键或右键可以放大或缩小波形显示，以便在仿真时能够浏览波形全貌。波形设置过程如图 4.38 所示。

图 4.38　编辑输入波形及设置数据格式

5) 设定数据格式

单击信号 clk、clr、ena、dout[15..0]旁边的"+"号，可以打开该信号的各个分量，查看信号的每一位。如果双击"+"号左边的信号标记，则可以打开信号格式设置的对话框，如图 4.38 所示。

通过【Radix】窗口可以设置信号的格式。我们将信号 clk、clr、ena、dout[15..0]全部设定为十六进制。

6) 波形文件存盘

选择【File】菜单下的【Save】命令，以默认名为 cnt9999.vwf 的波形文件存入当前程序所在文件夹中。本操作根据要求将各输入信号 clk、clr、ena 的波形设置成如图 4.39 所示的波形。

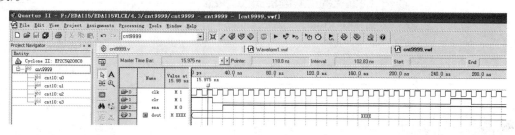

图 4.39　设置好并存盘的波形图

7) 仿真器参数设置

选择【Assignment】菜单下的【Settings…】项，在【Settings】窗口中左侧【Category】栏中选择【Simulator Settings】项，打开如图 4.40 所示的窗口。在【Simulation mode】项目下选择"Timing"，即时序仿真，在【Simulation input】栏中，单击【…】按钮，找到并选择仿真激励文件【CNT9999.vwf】。在【Simulation period】栏中选择"Run simulation until all vector stimuli are used"，即全程仿真。根据仿真的要求还可选择功能仿真等其他仿真形式以及进行其他的设置。

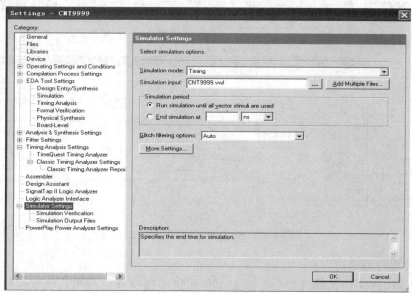

图 4.40　仿真器参数设置

8) 启动仿真器

选中【Processing】菜单下的【Start Simulation】，如图 4.41 所示，或者直接单击工具栏上的快捷方式，直到出现【Simulation was successful】对话框为止。

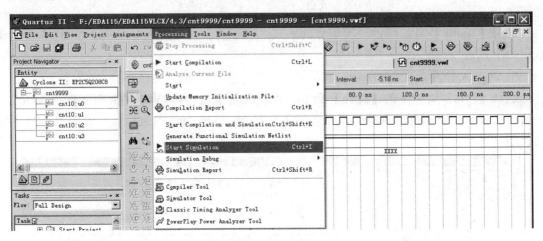

图 4.41　启动仿真器

9) 观察仿真结果

仿真成功后，仿真波形文件【Simulation Report】通常会自动弹出。cnt9999 的时序仿真结果如图 4.42 所示。注意，Quartus Ⅱ 的波形编辑文件(*.vwf)与波形仿真报告文件(Simulation Report)是分开的。如果没有弹出仿真完成后的波形文件，可以通过【Processing】菜单下的【Simulation Report】命令，打开波形报告。如果无法在窗口展开显示时间轴上的所有波形图，可以在仿真报告窗口中单击鼠标右键，选择【Zoom】项下的"Fit in Window"选项，并通过【🔍】按钮，调节波形的比例。通过观察仿真结果，可以确定是否达到了预定的要求。可按照同样的方法进行其他模块的仿真。

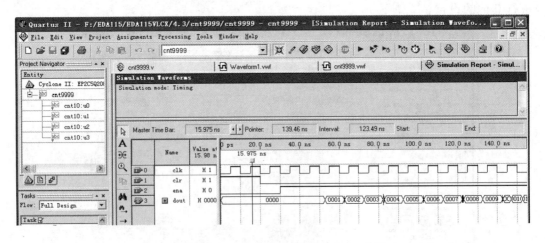

图 4.42　cnt9999 的时序仿真结果

5．芯片管脚的锁定

工程编译和有关仿真都通过后，就可以将配置数据下载到应用系统进行验证。下载之前首先要对系统顶层模块进行引脚锁定，保证锁定的引脚与实际的应用系统相吻合。

1) 目标芯片的确认及闲置引脚的设定

管脚锁定前，先进行芯片的确定或修改，如图 4.43 所示。再单击图 4.43 中的【Device & Pin Options...】按钮，在弹出的【Unused Pins】设置框中进行闲置引脚的设定，详见前述的图 4.25 所示。对设计中未用到的器件引脚，有三种处理方式：输入引脚(呈高阻态)、输出引脚(呈低电平)或输出引脚(输出不定状态)。通常情况下我们选择第一项，避免未用到的引脚对应用系统产生影响。

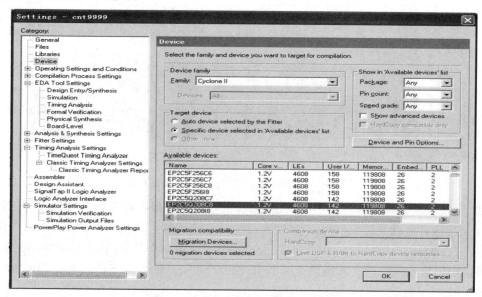

图 4.43　管脚锁定前目标芯片的确认或修改

2) 引脚锁定

本设计系统的顶层模块为 cnt9999，拟选用 EP2C5Q208C8 芯片，根据需使用的 EDA 实验开发系统(板)的有关输入和输出的资源情况进行引脚锁定(一般应事先列出一个管脚锁定表，表格格式可参考第 5 章关于 EDA 实验开发系统的使用实例中的引脚锁定表格式样)，并将闲置引脚设定为三态门状态。

引脚的锁定方法有三种：一是使用引脚锁定窗口进行锁定；二是使用记事本或其他文本编辑工具直接编辑 .qsf 文件进行引脚锁定；三是通过输入 TCL 脚本语言文件进行。下面介绍前两种方法。

(1) 使用引脚锁定窗口进行锁定。打开【Assignments】菜单下的【Pins】命令，打开引脚锁定窗口，如图 4.44 所示。先用鼠标指到要锁定的端口信号名与【Location】栏交汇的地方，这时此处呈蓝色，然后双击对应的该交汇处，在出现的下拉栏中选择对应端口信号名的器件引脚号(例如对应 ena，选择 PIN_99)。引脚锁定后将下拉菜单复原，则系统自动保存该锁定。在如图 4.44 所示的窗口中，还能对引脚作进一步的设定，如在 Reserved 栏，可对某些空闲的 I/O 引脚的电气特性进行设置。

按前面提到的引脚信息添加锁定引脚，直到全部输入完毕。锁定引脚后必须再编译一次，才能将引脚锁定信息应用到最终的下载文件中，此后就可以将编译好的 SOF 文件下载到实验系统的 FPGA 中去了。

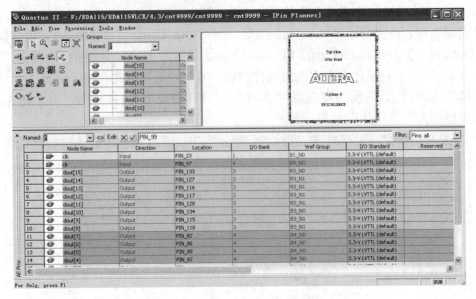

图 4.44　引脚锁定窗口的打开及管脚的锁定

(2) 直接编辑 .qsf 文件进行引脚锁定。引脚的锁定信息保存在工程文件夹中与工程同名的*.qsf 文件中，可以通过编辑*.qsf 文件来改变或设定引脚。本例子中，关于引脚的锁定信息就存在 F:\EDA115\EDA115VLCX\4.3\cnt9999(工程 cnt9999 目录)下的 cnt9999.qsf 文件中。我们可以用记事本或其他文本编辑工具打开 cnt9999.qsf，输入以下信息并保存，如图 4.45 所示。

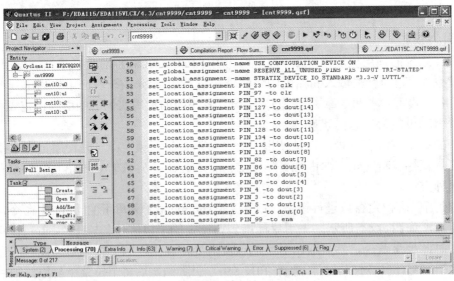

图 4.45　编辑 .qsf 文件进行引脚锁定

6. 编程下载及验证

1) 编程下载硬件准备

先阅读有关 EDA 实验开发系统(板)手册，了解 EDA 实验开发系统(板)到计算机的连接方式。在断电的情况下将有关硬件设备进行正确的物理连接，经检查无误后打开 EDA 实验开发系统(板)电源开关。

2) FPGA 的编程下载

连接好下载电缆，打开电源。在菜单【Tool】中选择【Programmer】，或直接单击工具栏上的快捷键，可以打开如图 4.46 所示的编程下载窗口。

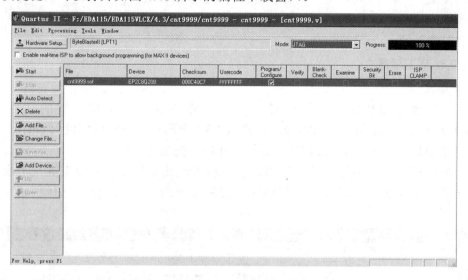

图 4.46　编程下载设置及过程

若是初次安装的 Quartus Ⅱ，在下载编程前需要选择下载接口方式。在图 4.46 所示窗口中单击【Hardware Setup】，在打开的设置窗口根据实际情况进行设置。在这里，选择【ByteBlaster Ⅱ】，双击鼠标后，关闭该窗口。

在图 4.46 所示的【Mode】栏中有四种编程模式可以选择：JTAG、Passive Serial、Active Serial 和 In-Socket。为了直接对 FPGA 进行配置，在编程窗口的编程模式【Mode】中选择【JTAG】。并选中下载文件右侧的第一个小方框 Program/Configure。核对下载路径与文件名，如果此文件没有出错或者有错，单击左侧的【Add File】按钮，找到要下载的文件 cnt9999.sof。单击【Start】按钮，即进入对目标器件 FPGA 的配置下载操作。当【Progress】显示为 100%时，编译成功，可以观察实验面板，进行硬件测试验证。

3) 对配置器件编程

为了使应用系统能在脱离计算机的情况下工作，就必须将配置数据存放在非易失的器件中，通常将配置数据存放在专用的配置器件中，如 EPCS1、EPCS4 等。EPCS1 和 EPCS4 等是 Cyclone 系列器件的专用配置器件，Flash 存储结构，重复编程可达 10 万次。

先选择编程模式和编程目标文件。在图 4.46 所示窗口的【Mode】栏中，选择【Active Serial】编程模式。添加编程文件 cnt9999.pof，并选中 Program/Configure。再将下载电缆连至 AS 模式端口并加电。

接着单击【Start】按钮，当【Progress】显示为 100%时，编译成功。此后每次实验装置加电后，配置数据将自动从 EPCS1 加载，之后 FPGA 开始工作，而不需要重新下载配置数据。

最后保存编程信息。编程完毕后，如果希望将此次设置的所有结果保存起来，以便能够很快调出进行编程，可以选择保存。所有的信息都存在 Chain Description File(.cdf)文件 cnt9999.cdf 中，以后编程只需打开此文件即可。

4.3.3 Quartus Ⅱ的综合操作

【例 4.5】 使用 Quartus Ⅱ设计和测试例 4.2 中的计数器,并将计数结果使用动态扫描的方式进行显示。要求底层的模块是用 Verilog HDL 文本输入的,顶层的电路系统则是采用原理图输入的。

1. 文件及工程建立

1) 新建文件

(1) 三个底层模块图形符号的建立。首先建立存放本工程文件的文件夹 F:\EDA115\EDA115VLCX\4.3\dtcnt9999。按照第 4.3.2 节阐述的方法分别输入 cnt10、ctrls 和 display 三个模块的 Verilog HDL 程序,并保存在指定的文件夹中。

为了生成模块图形符号,供后述的顶层原理图设计文件使用,应将这三个模块建立对应的工程,并进行工程设置、工程编译,然后按照图 4.47 的操作选择创建元件图形符号。

图 4.47　创建元件图形符号操作

(2) 顶层原理图模块的建立。dtcnt9999.bdf 是 4 位十进制计数动态显示电路设计中顶层的图形设计文件,需调用 cnt10、ctrls、display 三个功能元件,用原理图的方式组装成一个完整的设计实体。

执行【File】→【New】命令,在弹出的对话框中选择【Block Diagram/Schematic File】,按【OK】按钮,即出现原理图编辑器窗口。再根据例 4.2 中图 4.6 或后续的图 4.49 进行原理图的设计,并将该原理图文件 dtcnt9999.bdf 存放在指定位置。

图 4.48 是原理图绘制的主要操作示意图,图 4.49 是计数动态显示电路顶层设计原理图。注意图 4.49 中的输出端口 sd[15:0]和 sel[2:0]是为了便于仿真观察有关内部的计数结果和动态扫描控制信号的变化而临时增加的仿真观测端口,仿真完后在生成编程下载文件时应将这些端口去掉。

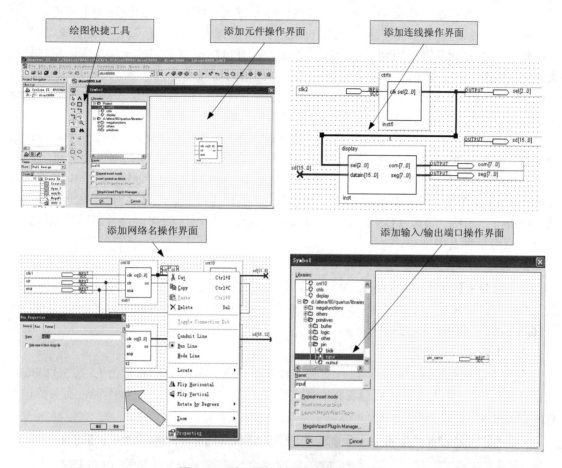

图 4.48　原理图绘制的主要操作示意图

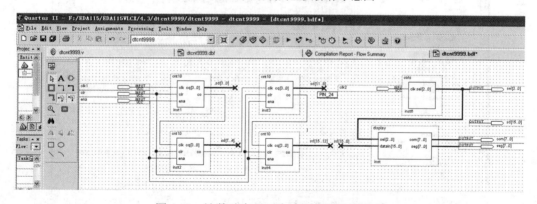

图 4.49　计数动态显示电路顶层设计原理图

　　原理图的设计主要操作有：添加元件、移动元件、添加连线、添加网络名、添加输入输出端口。其操作方法如下：

　　● 添加元件：先点击添加元件快捷工具，在弹出的操作对话框中选择欲添加的元件，或直接在【Name】框中输入元件符号名(已设计的元件符号名与原 Verilog HDL 文件名相同)，按【OK】按钮，再按【OK】按钮关闭操作对话框，将出现的元件移动到欲放置的位置，点击鼠标左键即可。

● 移动元件：选中需移动的元件，按住鼠标左键把它拖到指定的位置松手即可。

● 添加连线：将鼠标箭头移到元件的输入/输出引脚上，鼠标箭头形状会变成"+"字形，然后按着鼠标左键并拖动鼠标绘出一条线，松开鼠标按键即完成一次操作。将鼠标箭头放在连线的一端，鼠标光标也会变成"+"字，此时可以接着画这条线。细线表示单根线，粗线表示总线。改变连线的性质的方法是：先点击该线，使其变红，然后选顶行的选项【Options】→【Line Style】，即可在弹出的窗口中选所需的线段。

● 添加网络名：先用鼠标左键点击欲添加网络名的连线，再在弹出的操作子菜单中选择属性，最后在弹出的属性设置操作对话框中输入节点网络名并关闭该对话框即可。

● 添加输入输出端口：先点击添加元件快捷工具，在弹出的操作对话框中，直接在【Name】文本框中输入"Input"或"Output"，或是在【Primitives】库中，找出"Input"或"Output"元件，再按【OK】按钮关闭操作对话框，将出现的端口符号移动到欲放置的位置，点击鼠标左键即可。

2) 新建工程并添加源程序

执行【File】→【New Project Wizard】命令，打开新建工程向导，建立名为 dtcnt9999 的工程，并根据需要进行有关设置，并将工程中的 cnt10.v、ctrls.v、display.v 和 dtcnt9999.bdf 等文件添加到 dtcnt9999 工程中。

2．工程实现的设置

在对工程进行编译前，需要进行有关工程实现设置，其中目标芯片为 EP2C5Q208C8，如图 4.50 所示。若工程编译后对工程有关设置进行了修改，需重新进行编译，有关修改设计才能真正有效。

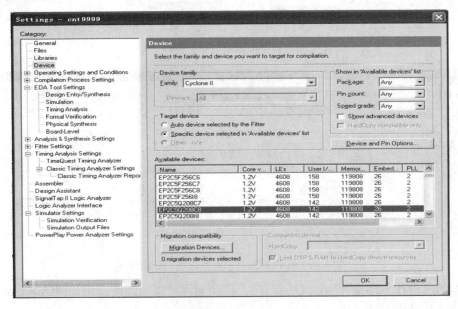

图 4.50　目标芯片选择

3．工程编译及分析

执行全编译成功后，查看有关结果。图 4.51 是编译结果报告和时序分析报告。图 4.52 是 RTL 视图和工艺映射视图。

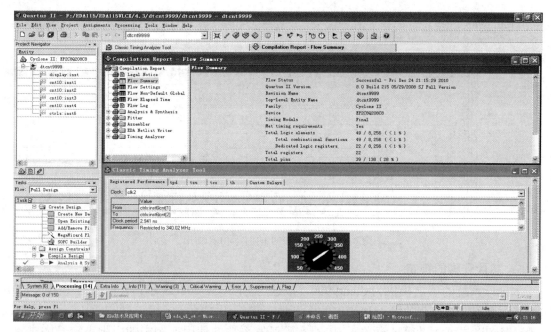

图 4.51　编译结果报告和时序分析报告

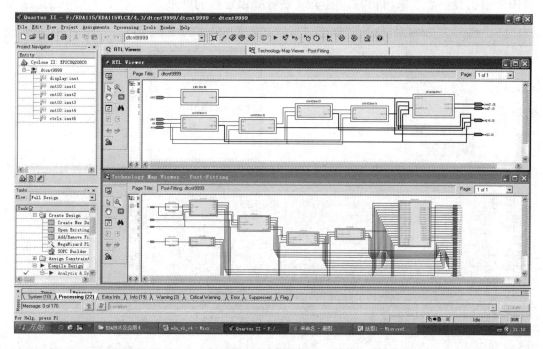

图 4.52　RTL 视图和工艺映射视图

4．工程仿真及分析

本设计有多个模块，并分为两个层次，应采用自底向上的方式进行调试与仿真。图 4.53 为 dtcnt9999 的时序仿真结果。为了保证扫描时钟变化 8 次，计数结果才变化一次，以便进行有关仿真结果的判别与分析，计数时钟信号 clk1 的周期应设定为等于或大于动态扫描显示时钟 clk2 周期的 8 倍。图中的 sd、sel 是仿真时增加的中间结果观测点。

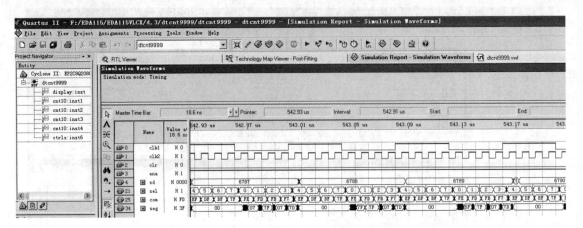

图 4.53　dtcnt9999 的时序仿真结果

5．芯片管脚的锁定

本设计系统的顶层模块为 dtcnt9999，拟选用 EP2C5Q208C8 芯片，根据需使用的 EDA 实验开发系统(板)的有关输入和输出的资源情况进行引脚锁定(一般应事先列出一个管脚锁定表，表格格式可参考第 5 章关于 EDA 实验开发系统的使用实例中的引脚锁定表格式样)，并将闲置引脚设定为三态门状态。图 4.54 是管脚锁定后的结果。

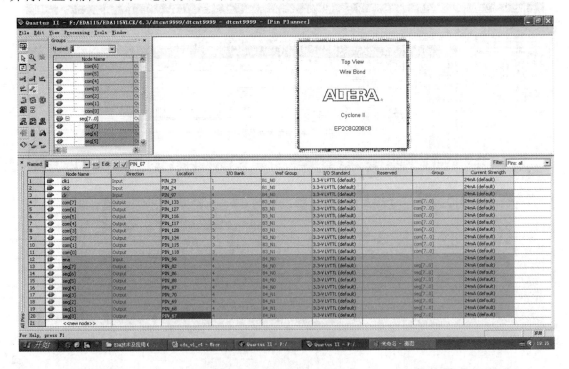

图 4.54　管脚锁定后的结果

6．编程下载及验证

连接好下载电缆，打开电源。执行【Tool】→【Programmer】命令，或直接单击工具栏上的快捷键，可以打开编程下载窗口，进行有关选择设置后执行编程下载，结果如图 4.55 所示。

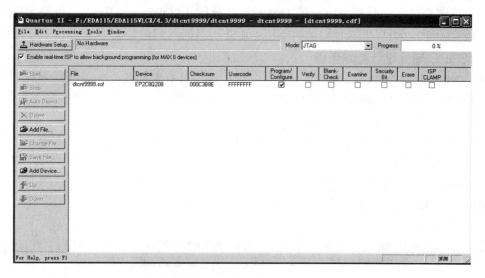

图 4.55　编程下载设置及过程

4.3.4　Quartus Ⅱ 的 SOPC 开发

1. SOPC 及 Nios 内核简介

可编程片上系统 SOPC 是一种通用器件，是基于 FPGA 的可重构 SOC，它集成了硬核或软核 CPU、DSP、存储器、外围 I/O 及可编程逻辑，是更加灵活、高效的 SOC 解决方案。使用可配置的软核嵌入式处理器设计开发 SOPC，其主要优势是：① 合理的性能组合；② 提升系统的性能；③ 降低系统的成本；④ 更好地满足产品生命周期的要求。

20 世纪 60 年代末，可编程逻辑器件(PLD)的复杂度已经能够在单个可编程器件内实现整个系统，即在一个芯片中实现用户定义的系统，它通常包括片内存储器和外设的微处理器。2000 年，Altera 发布了 Nios 处理器，这是 Altera Excalibur 嵌入式处理器计划中的第一个产品，是第一款用于可编程逻辑器件的可配置的软核处理器。

Altera 公司的 Nios 是基于 RISC 技术的通用嵌入式处理器芯片软内核，它特别为可编程逻辑进行了优化设计，也为可编程单芯片系统(SOPC)设计了一套综合解决方案。第一代 Nios 嵌入式处理器性能高达 50 MIPS，采用 16 位指令集，16/32 位数据通道，5 级流水线技术，可在一个时钟内完成一条指令的处理。它可以与各种各样的外设、定制指令和硬件加速单元相结合，构成一个定制的 SOPC。

在 Nios 之后，Altera 公司于 2003 年 3 月又推出了 Nios 的升级版——Nios 3.0 版，它有 16 位和 32 位两个版本。两个版本均使用 16 位的 RISC 指令集，其差别主要在于系统总线带宽，它能在高性能的 Stratix 或低成本的 Cyclone 芯片实现。

2004 年 6 月，Altera 公司在继全球范围内推出 Cyclone Ⅱ 和 Stratix Ⅱ 器件系列后又推出了支持这些新款 FPGA 系列的 Nios Ⅱ 嵌入式处理器。它与 2000 年上市的原产品 Nios 相比，最大处理性能提高 3 倍，CPU 内核部分的面积最大可缩小 1/2。

Nios Ⅱ 系列嵌入式处理器使用 32 位的指令集结构(ISA)，完全与二进制代码兼容，它建立在第一代 16 位 Nios 处理器的基础上，定位于广泛的嵌入式应用。Nios Ⅱ 处理器系列包括了快速的(Nios Ⅱ/f)、经济的(Nios Ⅱ/e)和标准的(Nios Ⅱ/s)三种内核，每种都针对不同的性能范围和成本。使用 Altera 的 Quartus Ⅱ软件、SOPC builder 工具以及 Nios Ⅱ 集成开发环境(IDE)，用户可以轻松地将 Nios Ⅱ处理器嵌入到他们的系统中。

2. SOPC 硬件设计基本步骤

基于 Nios Ⅱ的 SOPC 系统设计开发包括硬件的设计开发和软件的设计开发两个方面。
SOPC 硬件设计开发的基本步骤如下：

(1) 创建一个 Quartus Ⅱ工程。

(2) 创建 Nios 系统模块：① 启动 SOPC Builder；② 添加 CPU 及外围器件；③ 指定基地址；④ 系统设置；⑤ 生成系统模块。

(3) 将图标添加到 BDF 原理图文件中。

(4) 编译 Quartus Ⅱ的工程设计文件。

(5) 配置 FPGA。

图 4.56～图 4.67 给出了某个基于 Nios Ⅱ的 SOPC 系统硬件设计开发的主要操作界面。

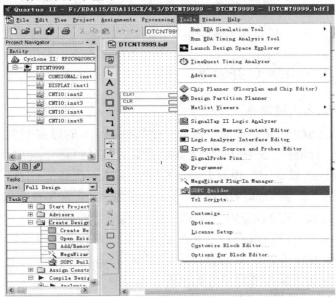

图 4.56 选择执行 SOPC Builder

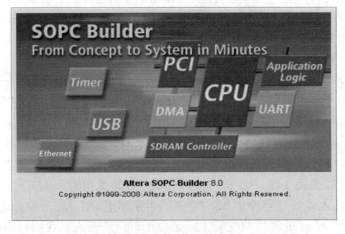

图 4.57 SOPC Builder 启动过程中的界面

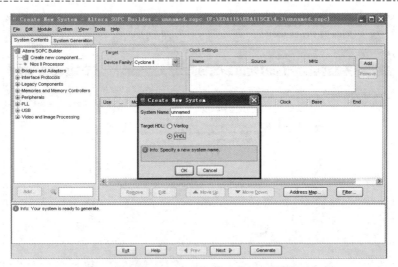

图 4.58　SOPC Builder 启动完成后的界面

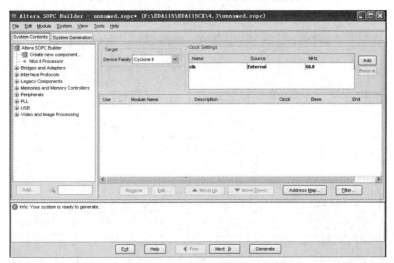

图 4.59　选择 CPU 的界面

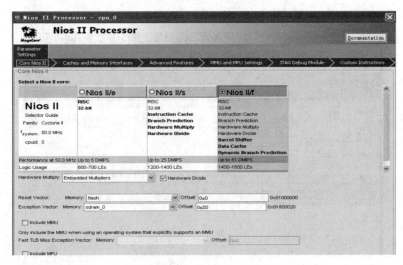

图 4.60　CPU 的设置界面之一

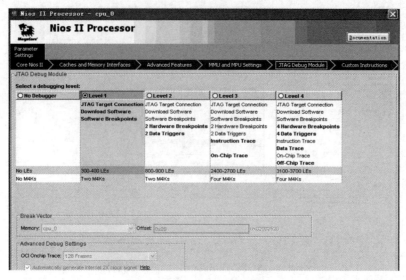

图 4.61　CPU 的设置界面之二

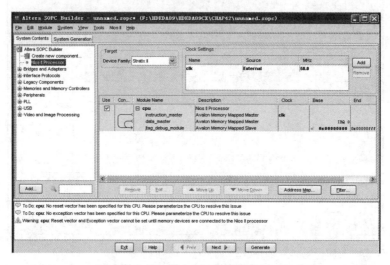

图 4.62　进入 CPU 配置窗口

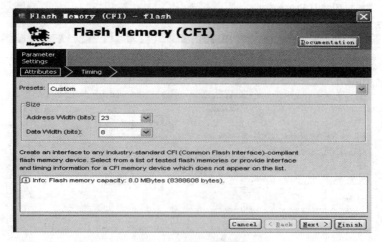

图 4.63　Flash 的配置

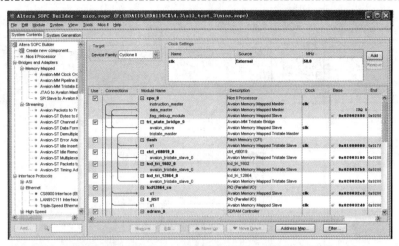

图 4.64　最终的 Nios Ⅱ系统配置及其地址映射表

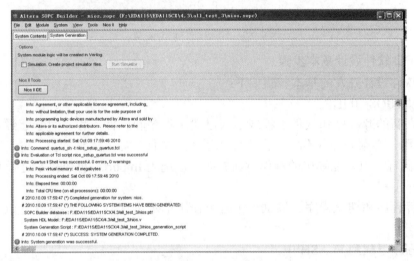

图 4.65　系统生成结果

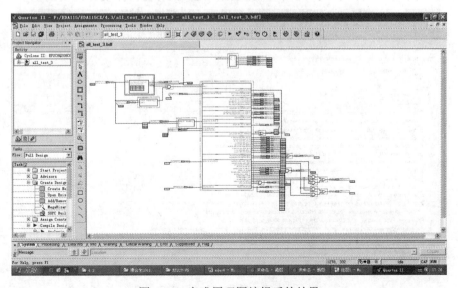

图 4.66　完成原理图编辑后的结果

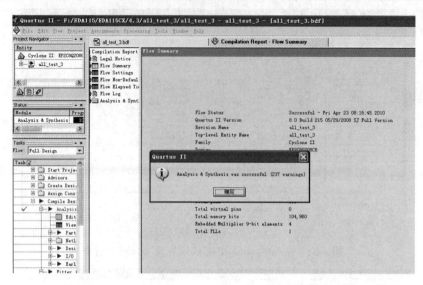

图 4.67　系统逻辑综合成功

3．SOPC 软件设计基本步骤

SOPC 软件设计开发的基本步骤如下：

(1) 启动 NIOS Ⅱ IDE。

(2) 建立新的源程序和软件工程或导入已建源程序和软件工程。对于已经设计好的软件工程的使用，必须先导入有关工程文件和系统库文件。导入文件的方式是，在工程源文件空白处用鼠标右点，在弹出的操作对话界面上，选用 Import，再依提示进行有关操作。

(3) 编译工程。

(4) 运行程序和调试程序。调试程序时可使用单步运行，并观察寄存器或变量中有关参数的变化。

(5) 将程序下载到 FLASH 中。

图 4.68～图 4.82 给出了某个基于 Nios Ⅱ 的 SOPC 系统软件设计开发的主要操作界面。

图 4.68　启动 Nios Ⅱ IDE

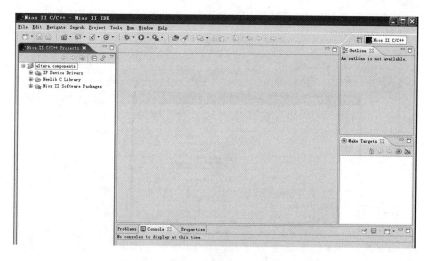

图 4.69 启动后的 Nios Ⅱ IDE 界面

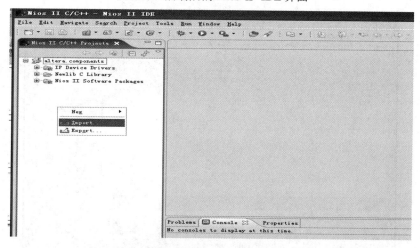

图 4.70 导入已建工程文件操作

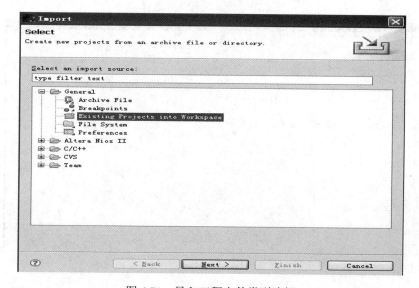

图 4.71 导入工程文件类型选择

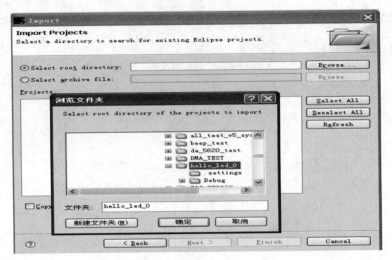

图 4.72　选择已建工程文件的目录

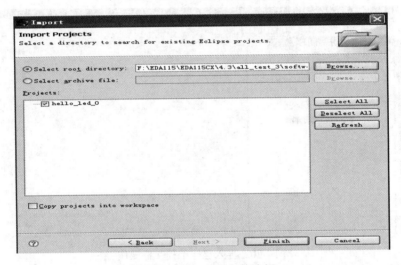

图 4.73　导入工程文件选择

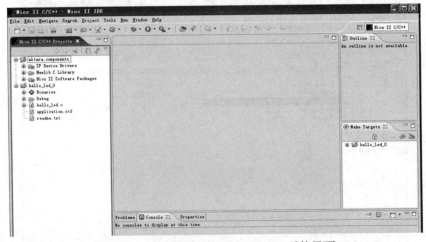

图 4.74　导入工程文件 hello _led _0 后的界面

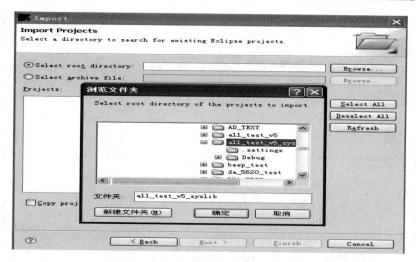

图 4.75　导入系统库文件夹选择

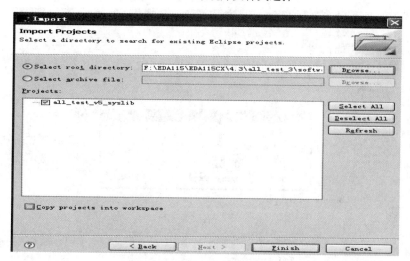

图 4.76　导入系统库文件选择

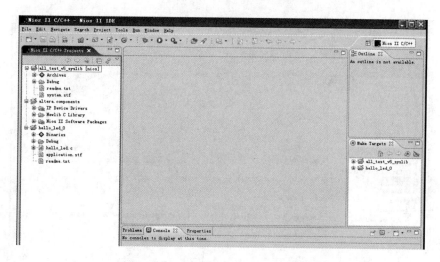

图 4.77　导入系统库文件后的界面

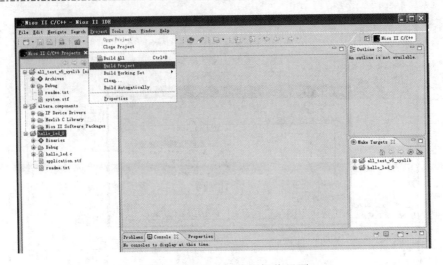

图 4.78　工程文件编译操作界面

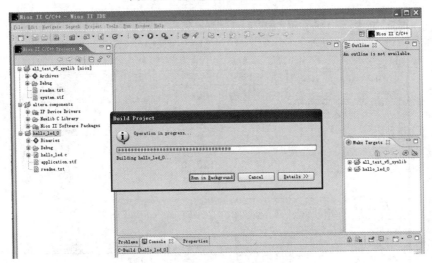

图 4.79　工程文件编译操作过程界面

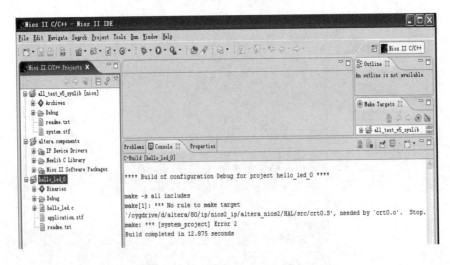

图 4.80　工程文件编译成功后的结果界面

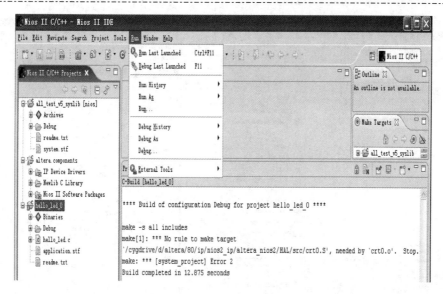

图 4.81　工程操作调试界面

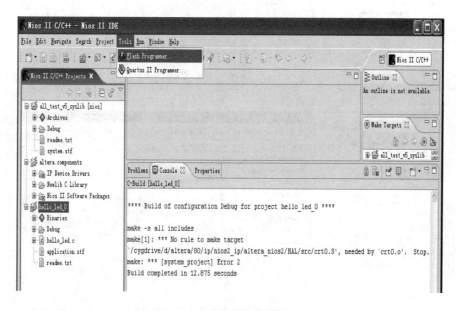

图 4.82　工程编程下载界面

4.3.5　高版本 Quartus Ⅱ 的仿真

对于 Quartus Ⅱ 10.0 及其以上的高版本，其仿真不能通过直接设置波形的形式进行，而只能通过调用第三方仿真软件 Modsim、使用仿真测试程序的方式进行。下面以 Quartus Ⅱ 13.0 SP 为例，介绍其调用 Modsim 进行仿真的方法。

1. 设置仿真工具

在 Quartus Ⅱ 的主菜单下，执行【Tools】→【Options】命令，以进入设置仿真工具的操作界面(见图 4.83)，将出现如图 4.84 所示的仿真工具设置操作界面，根据 Modsim 的安装路径进行设置。

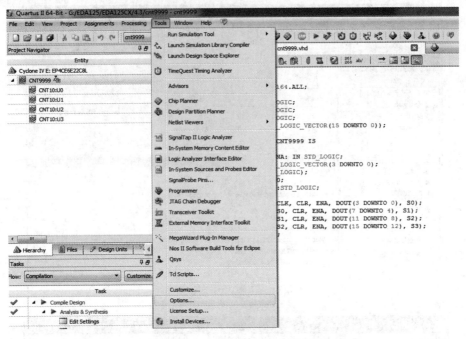

图 4.83　进入设置仿真工具的操作界面

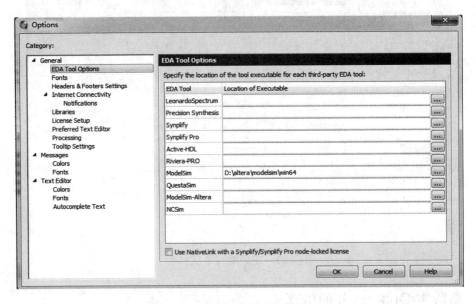

图 4.84　仿真工具设置操作界面

2．设置仿真平台

在 Quartus Ⅱ的主菜单下，执行【Assignments】→【Settings】命令，以进入设置仿真平台的操作界面(见图 4.85)，将出现如图 4.86 所示的仿真平台设置操作界面，根据实际情况进行设置。设置项目包括仿真工具、输出网表的格式、编译的测试平台。具体设置方式是通过下拉菜单进行选择或通过点击浏览器【┅】的方式改变路径进行选择。

仿真测试平台的设置操作包括测试平台名、顶层模块名、例化元件名、测试平台文件，如图 4.87 所示。仿真测试平台的编辑操作界面如图 4.88 所示。

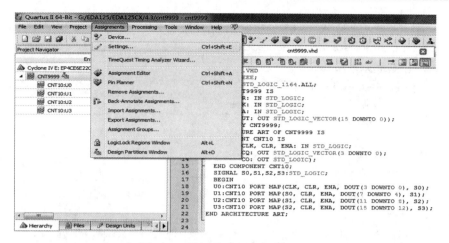

图 4.85 设置仿真平台操作界面

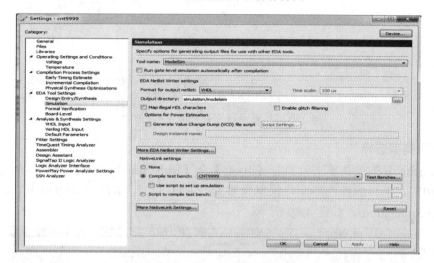

图 4.86 仿真平台设置操作界面

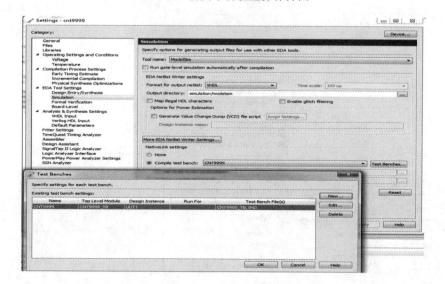

图 4.87 仿真测试平台的设置操作界面

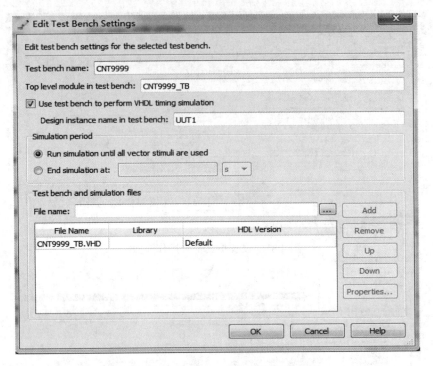

图 4.88　仿真测试平台的编辑操作界面

3. 仿真类型选择

在 Quartus Ⅱ的主菜单下，执行【Tools】→【Run Simulation Tool】命令，进入进行 RTL 仿真和门级仿真的操作界面，根据需要选择 RTL 仿真（RTL Simulation）和门级仿真 (Gate Level Simulation)，如图 4.89 所示。

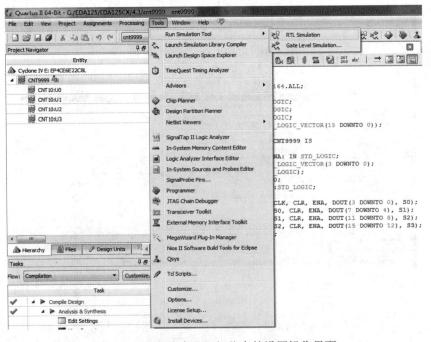

图 4.89　RTL 仿真和门级仿真的设置操作界面

4.实际仿真结果

根据需要选择 RTL 仿真和门级仿真，其仿真运行结果分别如图 4.90 和图 4.91 所示。从仿真图中可以看出，RTL 仿真结果的输出相对输入是同时的，而门级仿真结果的输出相对输入有一定的器件延迟。

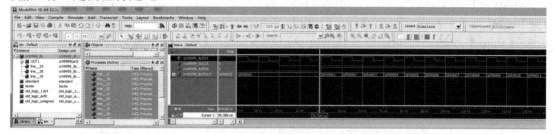

图 4.90   RTL 仿真结果

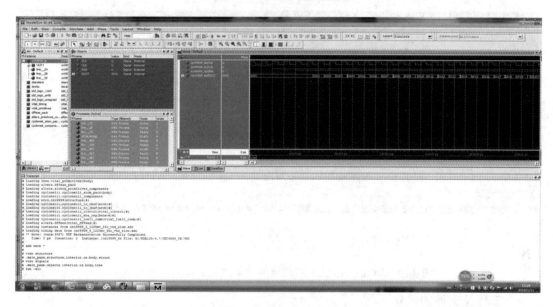

图 4.91   门级仿真结果

4.4 Xilinx ISE Design Suite 操作指南

Xilinx ISE Design Suite 是 Xilinx 公司新近推出的 EDA 集成软件开发环境(Integrated Software Environment，简称 ISE)。Xilinx ISE 操作简易方便，其提供的各种最新改良功能能解决以往各种设计上的瓶颈，加快了设计与检验的流程，如 Project Navigator(先进的设计流程导向专业管理程式)让顾客能在同一设计工程中使用 Synplicity 与 Xilinx 的合成工具，混合使用 VHDL 及 Verilog HDL 源程序，让设计人员能使用固有的 IP 与 HDL 设计资源达到最佳的结果。使用者亦可链接与启动 Xilinx Embedded Design Kit (EDK) XPS 专用管理器，以及使用新增的 Automatic Web Update 功能来监视软件的更新状况，以向使用者发送通知，并让使用者下载更新档案，以令其 ISE 的设定维持最佳状态。各版本的 ISE 软件皆支持 Windows 2000、Windows XP 操作系统。

4.4.1 Xilinx ISE 的初步认识

1. ISE 的主界面介绍

Xilinx ISE 的资源管理器(Project Navigatior)主菜单包括：【File】菜单，主要功能是新建、打开和保存一个工程或者资源文件；【Edit】菜单，主要包含了一些与文本编辑相关的功能选项；【View】菜单，主要功能是隐藏或显示某个视图；【Project】菜单，主要功能是对工程的一些操作；【Source】菜单，主要功能是对资源文件的相关操作；【Process】菜单，包含了一些对当前资源的操作命令；【Window】菜单，主要功能是排列规划窗口，使读者容易阅读和管理。图 4.92 是 Xilinx ISE 工程管理器的主界面及工程信息分布图。

图 4.92　Xilinx ISE 工程管理器的主界面及工程信息分布图

2. 工程及文件的建立

先新建一个工程(可以利用创建向导创建一个新的工程)，并建议工程名与顶层文件名一致；再新建源程序，并添加到工程中。对于已经建立的文件或工程，需要使用时打开即可。图 4.93 是新建工程操作示意图，图 4.94 是新建 Verilog HDL 文件操作示意图。

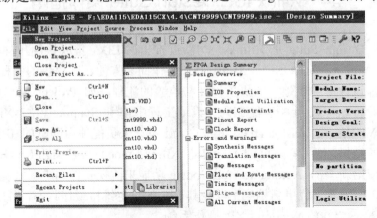

图 4.93　新建工程操作示意图

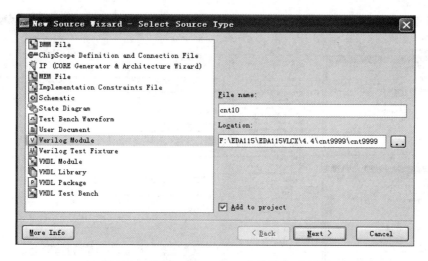

图 4.94 新建 Verilog HDL 文件操作示意图

3．工程实现的设置

工程实现设置主要包括指定目标器件、选择综合工具、选择仿真工具等。Xilinx ISE 的工程设置既可在建立工程的过程中根据提示进行设置，也可在建立工程的过程中跳过某些设置项，而在工程建立后对工程实现进行设置或修改。图 4.95 是在已建立工程的基础上对工程实现进行设置操作的示意图。

图 4.95 Xilinx ISE 工程实现的设置操作

4．综合适配及分析

先在已经建立的工程的【Source】源程序窗口选中 Verilog HDL 或 SCH 源程序，再在【Process】工程处理进程窗口双击逻辑综合或逻辑适配操作项，启动逻辑综合或逻辑适配器，最后通过选择【Process】子菜单项查看逻辑综合或逻辑适配结果，包括逻辑综合适配报告、RTL 视图、时序分析结果等。图 4.96 是逻辑综合操作示意图。

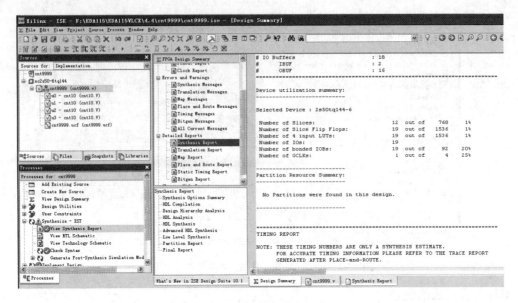

图 4.96　逻辑综合操作示意图

5. 工程仿真及分析

Xilinx ISE 的仿真分为功能仿真和时序仿真(布线后仿真)。仿真既可使用波形文件进行，又可使用仿真测试程序进行。仿真工具有 ISE Simulator、Modelsim 等。

Xilinx ISE 仿真的基本步骤是：① 在建立工程或工程设置步骤时设置仿真器；② 在【Source】源程序窗口选择仿真类型；③ 建立仿真波形文件或仿真测试文本程序，并添加到工程；④ 在【Source】源程序窗口选中仿真对象，在【Process】工程处理进程窗口双击有关仿真器执行仿真，并进行仿真结果分析(包括查看仿真波形报告，分析仿真波形)。图 4.97 是 Xilinx ISE 的工程仿真操作示意图。

图 4.97　Xilinx ISE 的工程仿真操作示意图

6. 芯片的管脚锁定

芯片的管脚锁定就是将设计实体的管脚与目标芯片特定的可作为输入或输出的管脚建立一一映射的过程。管脚锁定的操作界面如图 4.98 所示。

图 4.98　Xilinx ISE 的管脚锁定及编程下载操作

7. 编程下载及验证

Xilinx ISE 的编程下载操作主要有：① 编程下载硬件准备；② 启动 iMPACT 进入编程下载操作；③ 进行编程下载设置；④ 执行编程下载操作。 Xilinx ISE 的编程下载操作界面如图 4.98 所示。

4.4.2　ISE Suite 的基本操作

【例 4.6】　使用 ISE Suite 设计和测试例 4.1 中的 cnt9999 电路。

1. 工程及文件建立

1) 工程的建立

在主菜单下执行【File】→【New Project...】命令，弹出向导(Wizard)窗口，依提示输入工程有关参数，选择目标器件并设置器件的有关属性，如图 4.99～图 4.103 所示。

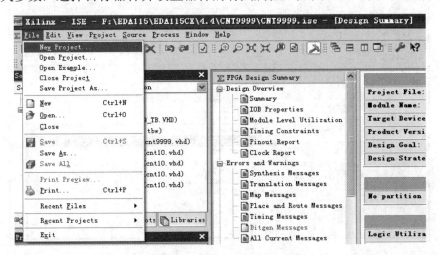

图 4.99　新建工程操作示意图

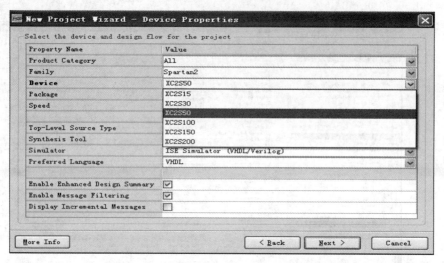

图 4.100　器件属性设置——目标器件选择

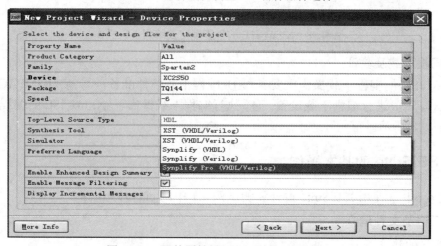

图 4.101　器件属性设置——综合工具选择

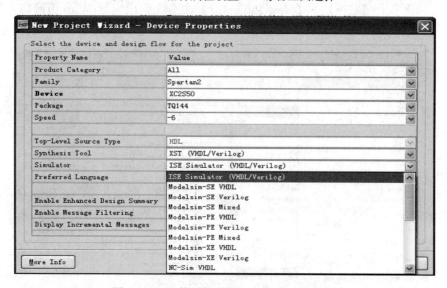

图 4.102　器件属性设置——仿真工具选择

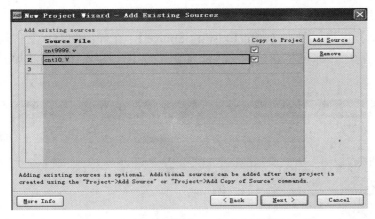

图 4.103　器件属性设置——添加源程序到工程

2) 新建源程序

首先在【Process】窗口双击【Create New Source】，或是在【Sources】窗口中点右键，在弹出的菜单中选择【New Source…】，则进入新建文件向导界面，接着依提示选择 Verilog HDL 文件类型，输入文件名、存盘路径等信息，在进入程序模板提示对话框时输入有关信息(若不想使用程序模板，则不输入有关参数，直接跳过该步骤)，最后进入文本或图形编辑器，输入 cnt10.v 并存盘。依此方法，再新建 cnt9999.v 并存盘。图 4.104 是新建 Verilog HDL 文件的操作界面，图 4.105 是建立的 Verilog HDL 程序。

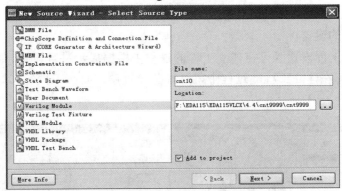

图 4.104　新建 Verilog HDL 文件的操作界面

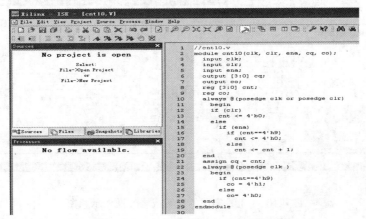

图 4.105　建立的 Verilog HDL 程序

3) 添加源程序到工程

在【Process】窗口，双击【Add Existing Source】，在弹出的添加文件选择框中选择需添加到工程的源程序，即可将新建的文件添加到工程中。图 4.106 是添加源程序到工程图操作示意图。

图 4.106　添加源程序到工程图操作示意图

2. 工程实现的设置

Xilinx ISE 的工程设置既可在建立工程的过程中根据提示进行设置，如前述的图 4.76～图 4.78 所示，也可在建立工程的过程中跳过某些设置项，而在工程建立后对工程实现进行设置或修改，如图 4.107 所示。

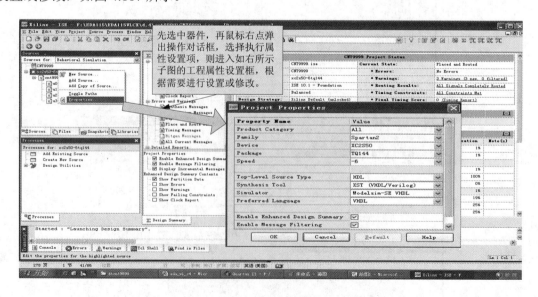

图 4.107　工程实现的设置或修改操作示意图

3．综合适配及分析

1）执行逻辑综合

先在已建工程的【Sources】窗口中选择操作类型为"Implementation"，在【Sources】中选中对应的 .v 文件。再在【Processes】操作进程窗口中双击【Synthesize-XST】，即执行有关综合的操作，双击【Implementation Design】，即执行有关逻辑适配的操作。若要查看逻辑综合或逻辑适配的具体过程，可在【Synthesize-XST】或【Implementation Design】项目上用鼠标双击，即可展开该项目的具体过程。如果在下方的【Transcript】窗口中出现错误或警告提示，应作必要修改。图 4.108 是逻辑综合操作示意图。

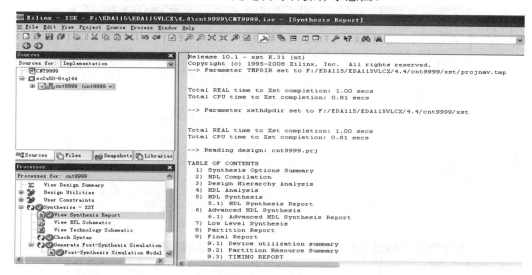

图 4.108　逻辑综合操作示意图

2）查看有关结果

执行逻辑综合或逻辑适配后，可查看有关逻辑综合和适配结果，并进行有关分析。图 4.109 为多窗口显示的 RTL 等逻辑综合适配视图。

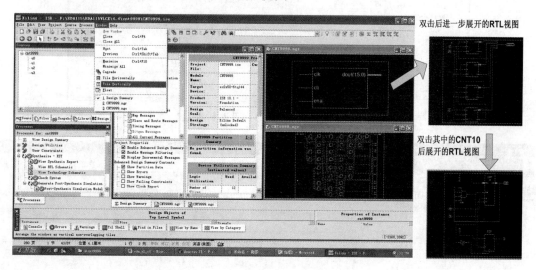

图 4.109　多窗口显示的 RTL 等逻辑综合适配视图

4．工程仿真及分析

1) 使用仿真波形文件进行行为仿真

(1) 进行仿真设置。先在工程设置中选择仿真工具为 ISE Simulator，在【Sources】窗口选择操作类型为行为仿真，选择操作源程序为仿真测试波形文件。

(2) 建立波形文件并编辑输入波形。先新建波形文件，如图 4.110 所示。根据提示输入波形和时钟参数，如图 4.111 所示。添加波形节点，编辑输入波形，如图 4.112 所示。编辑输入波形的方法就是在图中的输入(除时钟信号以外)波形上点击，以改变其逻辑值至需要仿真的波形。

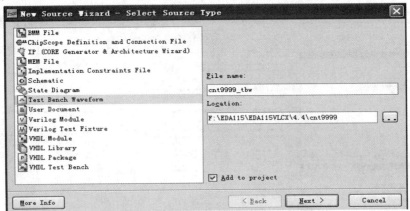

图 4.110　新建仿真波形文件

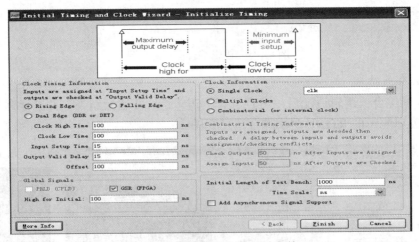

图 4.111　设置波形文件时钟参数

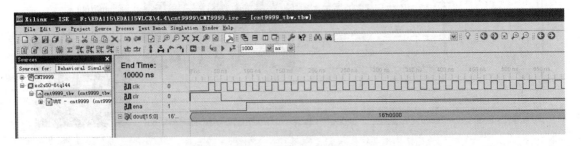

图 4.112　编辑输入波形

(3) 执行仿真并观察仿真结果。选中仿真波形文件，双击【Process】工程处理进程窗口中的 ISE Simulator，运行 ISE Simulator 仿真工具进行仿真，并观察仿真结果。若有问题，则修改程序，并重新运行有关步骤，直到仿真结果正确为止。图 4.113 是使用波形文件进行功能仿真的结果。

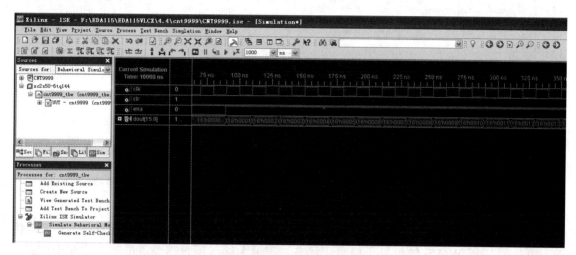

图 4.113　使用波形文件进行功能仿真的结果

2) 使用仿真测试程序进行行为仿真

(1) 进行仿真设置：先在工程设置中选择仿真工具为 ISE Simulator 或 Modelsim Simulation，再在【Sources】窗口选择操作类型为行为仿真。

(2) 仿真准备：新建仿真测试源程序 cnt9999_tb.v，并添加到工程中。同时重新编译工程。

(3) 执行仿真：先选择操作类型为行为仿真，再选择操作源程序为 cnt9999_tb.v，最后根据选用的仿真工具不同双击【Process】窗口中的 Xilinx ISE Simulator 或 ModelSim Simulator 执行仿真，如图 4.114 和图 4.115 所示。

图 4.114　ISE Simulator 的测试程序行为仿真

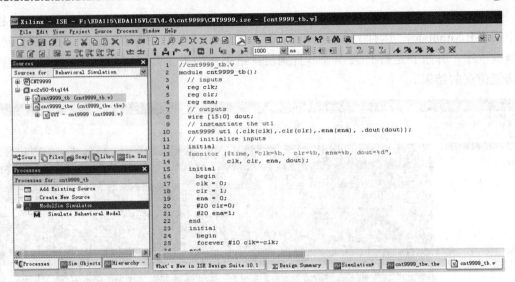

图 4.115　Modelsim 的测试程序行为仿真

(4) 查看结果：执行仿真后，这时进入 ISE Simulator 或 ModelSim 运行界面，并显示仿真结果。这时若 WAVE 波形处于最小化状态，需最大化。同时需要点击放大或缩小按钮，移动波形显示窗口下端的移动工具条，直到能清晰地查看指定区间的波形位置为止。图 4.116 和图 4.117 分别是 ISE Simulator 和 ModelSim 的测试程序行为仿真结果。经过分析，仿真结果是正确的。

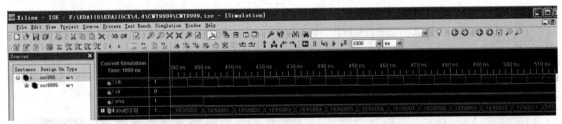

图 4.116　ISE Simulator 的测试程序行为仿真结果

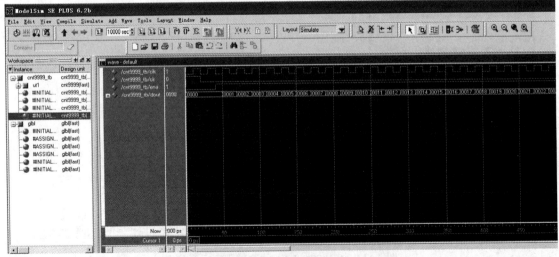

图 4.117　ModelSim 的测试程序行为仿真结果

3) 布局布线后的时序仿真

下面介绍一下使用 Modelsim 仿真器布局布线后的时序仿真的操作方法。

(1) 编译仿真库。仿真库的编译方法有多种，既可以在 ISE 的 Project Navigator 中进行编译，也可以进入 ModelSim 仿真器进行编译。下面介绍使用 ISE 的 Project Navigator 进行编译的方法。

首先使用 Project Navigator 创建一个新的工程或打开一个现有工程，并在【Source】源程序窗口中选中目标器件。其次在【Process】工程处理进程窗口点击【Design Utilities】展开该项目，使用右键选中其中的【Compile HDL Simulation Libraries】项，在下拉菜单中选中【Properties】命令，打开属性对话框，如图 4.118 所示。接着在【Process Properties】对话框中，根据需要选择相应的仿真库文件，然后单击【OK】按钮关闭对话框。最后双击【Compile HDL Simulation Libraries】，程序会自动完成对库文件的编译，如图 4.119 所示。

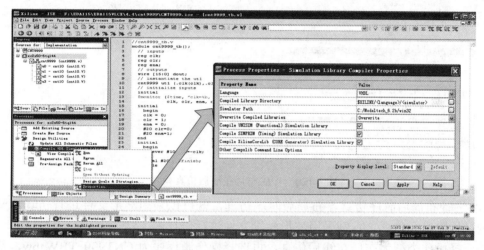

图 4.118　仿真库的设置操作示意图

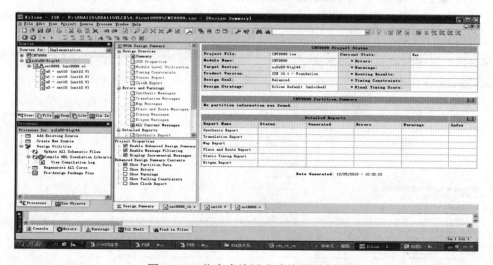

图 4.119　仿真库编译成功结果示意图

库文件编译完成后，在 Project　Navigator 集成环境中运行 ModelSim 仿真器进行仿真时，软件将自动在当前的工程目录下生成一个 ModelSim.ini 配置文件，在这个配置文件中添加了编译后的各种仿真路径库。

(2) 产生布局后仿真模型。首先在【Source】源程序窗口中将操作类型选择为【Implementation】，并选中操作的源程序 cnt9999.v。再在【Process】工程处理进程窗口双击布局布线项目下的【Generate Post-Place & Route Simulation Model】命令，产生布局布线后仿真模型，如图 4.120 所示。Xilinx 自动产生的仿真模型名为【Prjname_timesim.v】或【Prjname_timesim.vhd】。仿真延时信息文件名为【Prjname_timesim.sdf】，其中【Prjname】为工程名。后仿真模型会自动调用 sdf 延时文件，将延时信息反标到仿真模型中去。

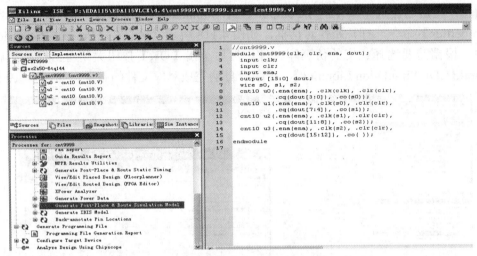

图 4.120　产生布局布线后仿真模型

(3) 进行布局后时序仿真。布局后时序仿真，既可以采用波形文件进行仿真，又可以采用测试程序进行仿真。本例采用波形激励文件进行仿真。

先选择操作类型为布局布线后仿真，再选择操作源程序为 CNT999_TBW.tbw，最后双击布局后仿真【Simulate Post-Place & Route Model】命令，ISE 自动调用 Modelsim 完成布线后仿真。图 4.121 是使用 ModelSim 执行时序仿真的操作示意图，图 4.122 是使用 Modelsim 执行时序仿真的结果。

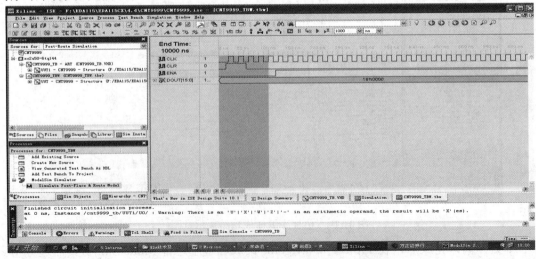

图 4.121　使用 ModelSim 执行时序仿真的操作

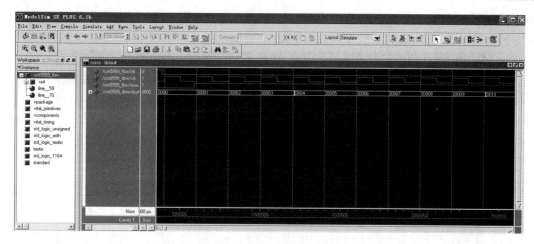

图 4.122   使用 ModelSim 执行时序仿真的结果

5．芯片管脚的锁定

1) 芯片管脚锁定准备

本设计系统的顶层模块为 cnt9999，拟选用 XC2S50-6TQ144 芯片，根据需使用的 EDA 实验开发系统(板)的有关输入和输出的资源情况进行引脚锁定(一般应事先列出一个管脚锁定表，表格格式可参考第 5 章关于 EDA 实验开发系统的使用实例中的引脚锁定表格式样)。

2) 启动管脚锁定操作

先在【Sources】窗口中将操作类型选择为【Implementation】，源程序选择为被锁定管脚的设计实体 Verilog HDL 文件。再在【Processes】窗口中，点击【User Constraints】展开该项目，双击【Floorplan IO-Pre-Synthesis】，如图 4.123 所示。在弹出的确认对话框中选择【Yes】，这时弹出管脚锁定窗口【Xilinx PACE】，如图 4.124 所示。

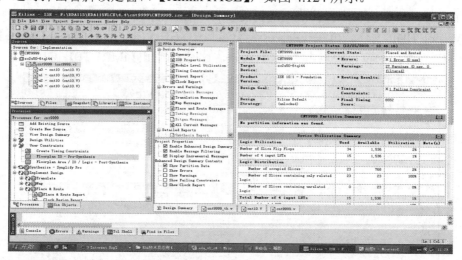

图 4.123   执行管脚锁定操作界面

3) 进行管脚锁定操作

如图 4.124 所示，在管脚锁定窗口【Xilinx PACE】中点击下方右侧的【Package View】标签，在图中出现的实心填充就是分配的管脚。在左下侧的【Design Object List–I/O Pins】窗口的【Loc】栏输入各端口对应的管脚编号进行管脚锁定，锁定完后存盘退出。如果弹出

【Bus Delimiter】选项窗口,则选择【XST Default<>】,按【OK】。根据需要可打开【Xilinx PACE】主菜单中【View】下的子项目,以方便管脚的锁定。

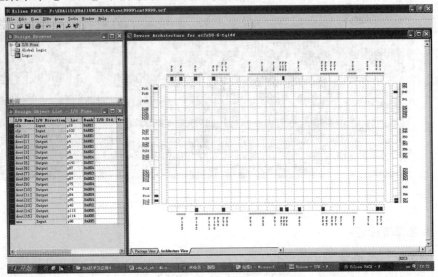

图 4.124　使用 Xilinx PACE 进行管脚锁定操作

6．编程下载及验证

1) 编程下载硬件准备

先阅读有关 EDA 实验开发系统(板)手册,了解 EDA 实验开发系统(板)到计算机的连接方式。在断电的情况下将有关硬件设备进行正确的物理连接,经检查无误后打开 EDA 实验开发系统(板)电源开关。

2) 启动编程下载操作

先在【Sources】窗口中操作类型选择【Implementation】,源程序选择被编程下载的设计实体 Verilog HDL 文件。再在【Processes】窗口中双击【Configure Target Device】,如图 4.125 所示,在弹出的窗口中点击【OK】按钮,这时会弹出【iMPACT】窗口。

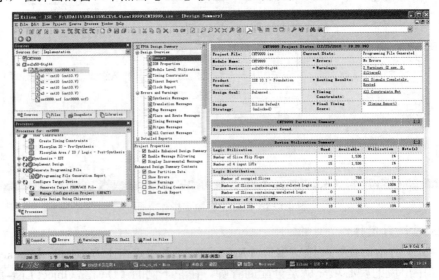

图 4.125　启动编程下载配置

3) 进行编程下载设置

在弹出的【iMPACT】窗口选择 "Configure devices using Boundary-Scan(JTAG)" 等下载方式，并从下拉菜单中选择 "Automatically connect to a cable and identify Boundary-Scan chain"，点击【Finish】按钮，如图 4.126 所示。这时在主窗口显示找到两个设备，并弹出【Assign New Configuration File】窗口，选择对应的编程下载 bit 文件，点击【Open】按钮，如图 4.127 所示。如果再次弹出【Assign New Configuration File】窗口，则点击右下角的【Bypass】直接跳过。如果弹出【Device Programming Properties-Device 1 Programming Properties】窗口，则直接关闭，或点击【Cancel】按钮。

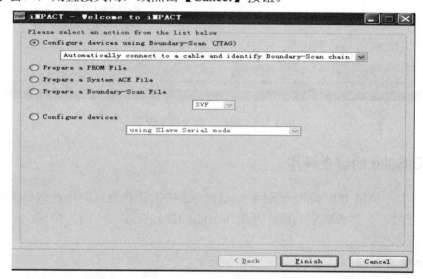

图 4.126　编程下载方式选择

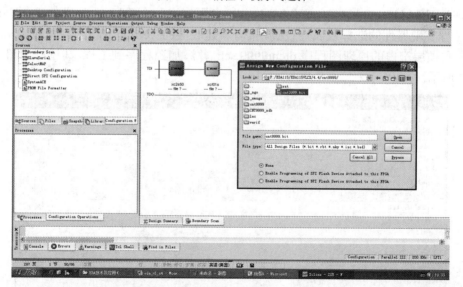

图 4.127　编程下载 bit 文件选择

4) 执行编程下载操作

先右击待编程的芯片的图像，再在弹出的子菜单中选择【Program】，这时弹出进度条窗口，渐变至 100%结束，并显示下载成功，如图 4.128 所示。

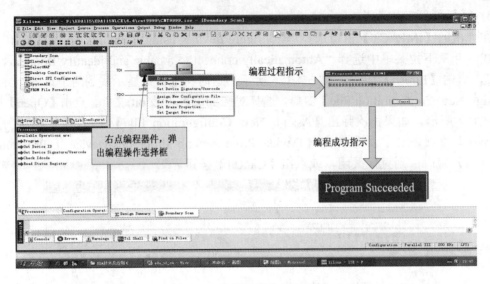

图 4.128　编程下载操作示意图

4.4.3　ISE Suite 的综合操作

【例 4.7】　使用 ISE Suite 设计和测试例 4.2 中的计数器，并将计数结果使用动态扫描的方式进行显示。要求底层的模块是用 Verilog HDL 文本输入的，顶层的电路系统则是采用原理图输入的。

1. 工程及文件建立

1) 工程及文件的建立

先在 F:\EDA115\EDA115VLCX\4.4\dtcnt9999 下建立一个 Schematic 型的工程 dtcnt9999，再进行工程实现器件的选择及属性设置，接着新建底层的 Verilog HDL 程序 cnt10.v、ctrls.v、display.v 和顶层空白的原理图程序 dtcnt9999.sch，并添加源程序到工程，其过程如图 4.129～图 4.132 所示。

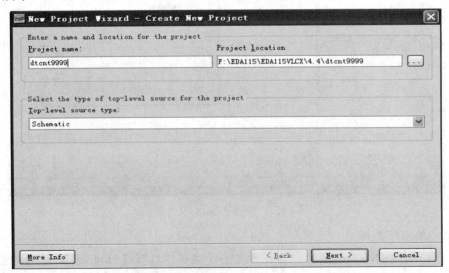

图 4.129　新建工程——输入工程名等参数

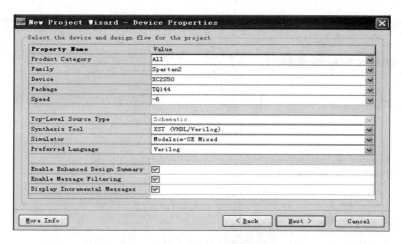

图 4.130　新建工程——设置器件属性

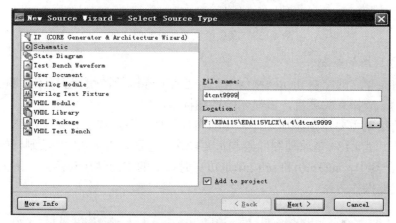

图 4.131　新建工程——建立顶层原理图文件

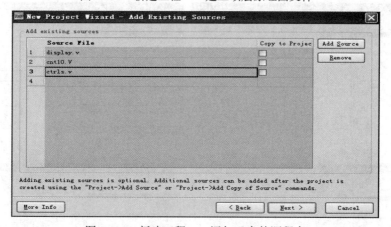

图 4.132　新建工程——添加已有的源程序

2) 底层模块元件符号的产生

如图 4.133 所示，先在【Sources】窗口中将操作类型选择为【Implementation】，源程序选择需产生元件符号的源程序【cnt10.v】，再在【Processes】窗口中展开【Design Utilities】，双击【Create Schematic Symbol】，如果程序没有错误，经编译后就会产生元件符号。按同样的方法，生成 ctrls.v 和 display.v 的元件符号。

图 4.133　底层模块元件符号的产生

3) 顶层原理图的绘制

先打开前面建立的空白 dtcnt9999.sch 后，若没有显示绘图快捷工具组，则点击【View】→【Toolbars】，选择有关项目，以显示绘图图标组。

原理图的绘制主要包括添加元件、移动布局元件、添加连线、添加网络节点、添加输入输出端口等。图 4.134 是原理图的绘制主要操作示意图。图 4.135 是绘制好的顶层原理图 dtcnt9999.sch。其中，sd(15:0)和 sel(2:0)是仿真时增加的中间结果观测点。下面具体阐述绘制原理图的主要操作方法。

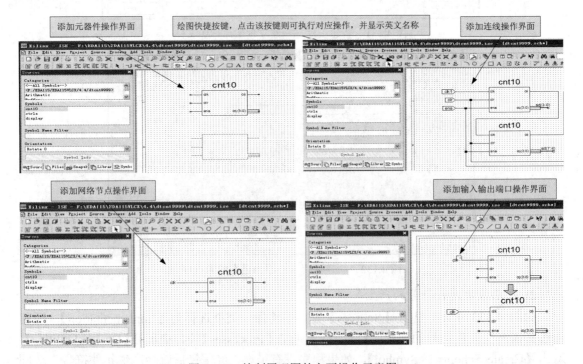

图 4.134　绘制原理图的主要操作示意图

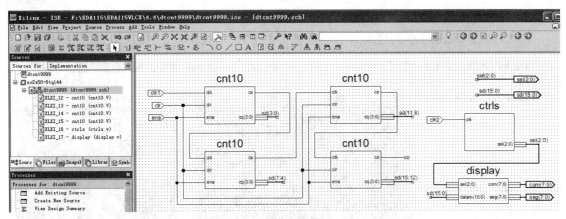

图 4.135 绘制好的顶层原理图 dtcnt9999.sch

● 添加元件：首先点击添加元件快捷工具，接着在弹出的源程序显示框中先选择元件目录，再在被选元件上双击该元件，这时在原理图中有个可移动的元件阴影，最后移动到放置该元件的位置处，单击鼠标左键，该元件即放置在该处。

● 移动元件：选中需移动的元件，按住鼠标左键把它拖到指定的位置松手即可。

● 添加连线：先点击添加连线快捷工具，在连线的起点位置按住鼠标左键把它拖到指定的位置松手即可。

● 添加网络名：先点击添加网络名快捷工具，再在弹出的源程序对话框中输入网络节点名，并将鼠标移到需添加网络名的连线处，用鼠标左键双击即可。

● 添加输入输出端口：先点击添加输入输出端口快捷工具，再双击需添加输入或输出端口连线的末端，这时该连线的末端变成了输入或输出端口符号，双击输入或输出端口名，在弹出的网络节点属性设置操作对话框中输入欲命名的端口名即可修改输入输出端口名。

2. 工程实现的设置

图 4.136 是 dtcnt9999 的工程实现设置操作示意图。

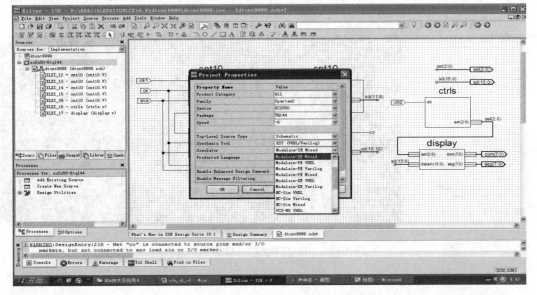

图 4.136 dtcnt9999 的工程实现设置

3．综合适配及分析

图 4.137 是 dtcnt9999 的逻辑综合与适配后的 RTL 等视图。

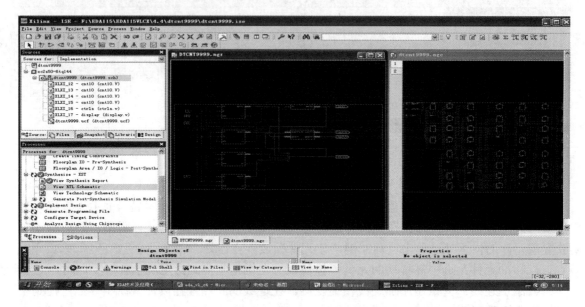

图 4.137　dtcnt9999 的逻辑综合与适配后的 RTL 等视图

4．工程仿真及分析

本设计有多个模块，并分为两个层次，应采用自底向上的方式进行调试与仿真。图 4.138 是 dtcnt9999 的时序仿真结果，其中 sd(15:0) 和 sel(2:0) 是仿真时增加的中间结果观测点。为了保证扫描时钟变化 8 次，计数结果才变化一次，以便进行有关仿真结果的判别与分析，计数时钟信号 clk1 的周期应设定为等于或大于动态扫描显示时钟 clk2 周期的 8 倍。

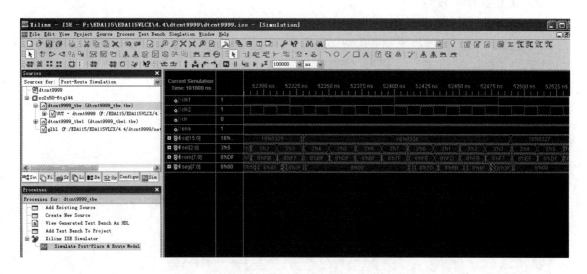

图 4.138　dtcnt9999 的时序仿真结果

5．芯片管脚的锁定

图 4.139 是 dtcnt9999 的管脚锁定结果图。

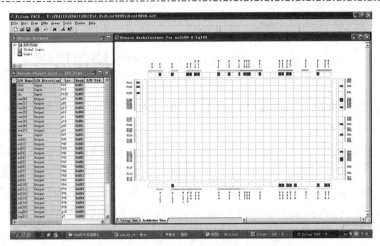

图 4.139　dtcnt9999 的管脚锁定结果图

6. 编程下载及验证

图 4.140 是 dtcnt9999 的编程下载操作界面，图 4.141 是 dtcnt9999 的编程下载成功结果。

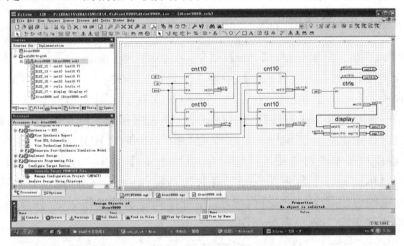

图 4.140　dtcnt9999 的编程下载操作界面

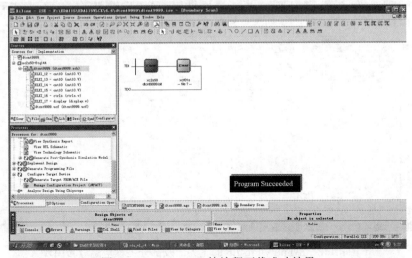

图 4.141　dtcnt9999 的编程下载成功结果

4.5 Synplicity Synplify Pro 操作指南

Synplify 是 Synplicity 公司(该公司现在是 Cadence 的子公司)的著名产品，它是一个逻辑综合性能最好的 FPGA 和 CPLD 逻辑综合工具。它支持工业标准的 Verilog 和 VHDL 硬件描述语言，能以很高的效率将它们的文本文件转换为高性能的面向流行器件的设计网表；它在综合后还可以生成 VHDL 和 Verilog 仿真网表，以便对原设计进行功能仿真；它具有符号化的 FSM 编译器，以实现高级的状态机转化，并有一个内置的语言敏感的编辑器；它的编辑窗口可以在 HDL 源文件高亮显示综合后的错误，以便能够迅速定位和纠正所出现的问题；它具有图形调试功能，在编译和综合后可以以图形方式(RTL 图、Technology 图)观察结果；它具有将 VHDL 文件转换成 RTL 图形的功能，这十分有利于 VHDL 的速成学习；它能够生成针对以下公司器件的网表：Actel、Altera、Lattice、Lucent、Philips、Quicklogic、Vantis(AMD)和 Xilinx；它支持 VHDL 1076—1993 标准和 Verilog 1364—1995 标准。

4.5.1 Synplify Pro 的使用步骤

Synplify Pro 7.6 主菜单包括：【File】菜单，主要包含了新建、添加、打开和保存一个工程或者资源文件等操作命令；【Edit】菜单，主要包含了复制、粘贴、删除文件等与文件有关的操作命令；【View】菜单，主要包含了隐藏或显示工具、项目、文件等操作命令；【Project】菜单，主要包含了工程实现项目的设置、添加或移除工程文件等操作命令；【Run】菜单，主要包含了逻辑综合、编译、语法检查等操作命令；【HDL Analyst】菜单，主要包含查看 RTL 视图和技术映射视图等操作命令；【Options】菜单，主要包括编译工具设置选择、工具条的显示选择、工程视图选择等各种选择操作命令；【Window】菜单，主要包括多窗口运行结果的分层显示、水平排列显示、垂直排列显示等操作命令。图 4.142 是 Synplify Pro 7.6 的主界面及部分工程信息分布图。

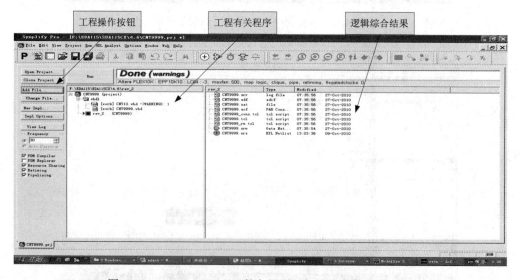

图 4.142　Synplify Pro 7.6 的主界面及部分工程信息分布图

使用 Synplify Pro 的基本步骤为：① 新建工程或打开工程；② 新建源程序并添加到工程；③ 选择工程实现设置；④ 选择需研究的工程并进行逻辑综合；⑤ 查看有关逻辑综合结果。

4.5.2　Synplify Pro 的使用实例

【例4.10】　使用 Synplify Pro 对例 4.1 中的 cnt9999 的 Verilog HDL 程序进行综合与分析。

首先为该设计(工程)建立一目录，如 F:\EDA115\EDA115VLCX\4.6，然后运行 Synplify Pro。

1．新建工程或打开工程

运行主菜单下的【File】→【New】命令，在弹出的新建文件操作对话框中选择【Project File(Project)】并输入工程名和存盘位置，按【OK】按钮即建立一个工程。若工程已建立，运行主菜单下的【File】→【Open】命令，在弹出的文件类型选择窗口选择工程类型及对应的工程名，即可打开工程及有关文件。图 4.143 是新建工程的操作示意图。

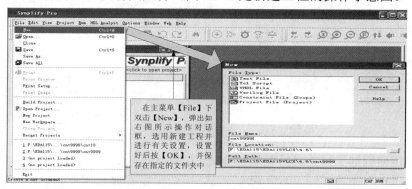

图 4.143　新建工程操作示意图

2．新建源程序并添加到工程

先运行主菜单下的【File】→【New】命令，在弹出的新建文件操作对话框中选择【Verilog HDL File】，并输入文件名和存盘位置等信息，按【OK】按钮，在弹出的源程序编辑窗口中输入源程序，输入完后存盘。在主窗口左端按【Add File…】按钮，在弹出的添加文件操作对话框中先后选择需添加的文件，并点击【Add】添加，添加完毕按【OK】按钮关闭该窗口。图 4.144 是添加文件到工程的操作示意图。

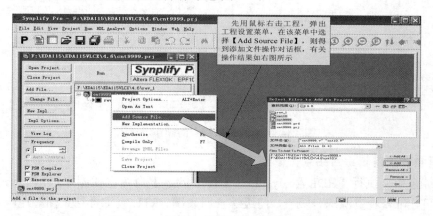

图 4.144　添加文件到工程的操作示意图

3. 工程实现设置选择

工程实现设置操作包括器件设置、综合优化选择、时序报告、程序设置、实现结果等项目。先运行主菜单下的【Project】→【Implementation Options ...】命令，在弹出的工程实现设置操作对话框上端的弹出式菜单项中先选择工程设置类别，再在弹出的该类别设置项目栏中进行有关选择设置，设置完后按【确定】按钮关闭该窗口。图 4.145 是工程实现设置操作示意图。

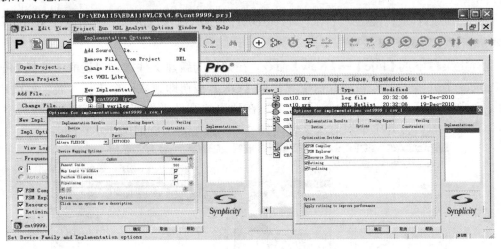

图 4.145　工程实现设置操作示意图

4. 选择需研究的工程并进行逻辑综合

在 Synplify Pro 中可以同时打开多个工程，因此需先选择要研究的工程，再执行【Run】→【Synthesize】命令进行逻辑综合。图 4.146 是进行逻辑综合时的操作示意图。

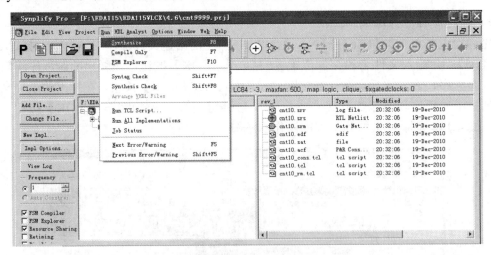

图 4.146　进行逻辑综合的操作示意图

5. 查看有关逻辑综合结果

逻辑综合后，执行【HDL Analyst】→【Technolgy】命令，如图 4.147 所示，再选择需查看的项目，可查看资源综合报告、门级综合网表图、RTL 级综合结果图等逻辑综合结果。图 4.148 是多窗口显示的逻辑综合结果。

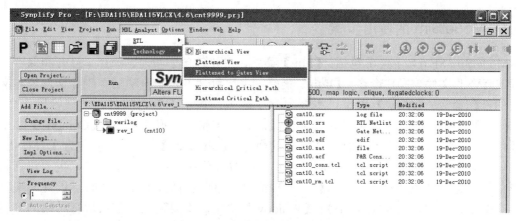

图 4.147　查看逻辑综合结果操作

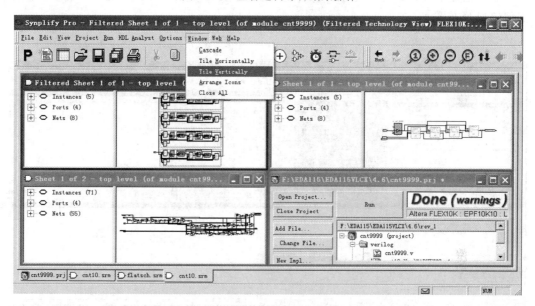

图 4.148　多窗口显示的逻辑综合结果

4.6　Mentor Graphics ModelSim 操作指南

ModelSim 是 Model Technology 公司(该公司现在是 Mentor Graphics 的子公司)的著名产品，支持 VHDL 和 Verilog 的混合仿真。使用它可以进行三个层次的仿真，即 RTL(寄存器传输层次)、Functional(功能)和 Gate-Level(门级)仿真。RTL 级仿真仅验证设计的功能，没有时序信息；Functional 级仿真是经过综合器逻辑综合后，针对特定目标器件生成的 VHDL 网表进行仿真；而 Gate-Level 级仿真是经过布线器、适配器后，对生成的门级 VHDL 网表进行的仿真，此时在 VHDL 网表中含有精确的时序延迟信息，因而可以得到与硬件相对应的时序仿真结果。ModelSim VHDL 支持 IEEE 1076—1987 和 IEEE 1076—1993 标准。ModelSim Verilog 基于 IEEE 1364—1995 标准，在此基础上针对 Open Verilog 标准进行了扩展。此外，ModelSim 支持 SDF1.0、SDF2.0 和 SDF2.1，以及 VITAL 2.2b 和 VITAL'95。

4.6.1 ModelSim 的使用步骤

ModelSim SE 6.0 主菜单包括:【File】菜单,主要包含了新建、添加、打开和保存一个工程或者资源文件等操作命令;【Edit】菜单,主要包含了复制、粘贴、删除文件等与文件有关的操作命令;【View】菜单,主要包含了隐藏或显示工具、项目、文件等操作命令;【Format】菜单,主要包含了设置波形的数制、数据格式等操作命令;【Compile】菜单,主要包含了一些对当前资源进行编译操作的命令;【Simulate】菜单,主要包含了设计优化、加载设计单元、运行仿真、中断仿真、结束仿真等操作命令;【Add】菜单,主要包括添加波形信号、运行断点等操作命令;【Tools】菜单,主要包括波形比较、断点设置、编辑设置、存储设置等各种工具操作命令;【Window】菜单,主要包括多窗口运行结果的分层显示、水平排列显示、垂直排列显示等操作命令。图 4.149 是 ModelSim SE 6.0 的主界面及部分工程信息分布图。

图 4.149 ModelSim SE 6.0 的主界面及部分工程信息分布图

使用 ModelSim SE 6.0 的基本步骤为:① 新建或打开工程;② 新建源程序并添加到工程;③ 编译源程序;④ 加载设计单元;⑤ 建立仿真波形;⑥ 运行仿真并观察结果。

4.6.2 ModelSim 的使用实例

【例 4.11】 使用 ModelSim 对例 4.1 中的 cnt9999 电路的 Verilog HDL 程序进行仿真,有关的仿真测试程序见例 4.3。

首先为该设计(工程)建立一目录,如 F:\EDA115\EDA115VLCX\4.7,然后运行 ModelSim SE 6.0。

1. 底层 cnt10.v 的仿真

1) 新建或打开工程

运行主菜单下的【File】→【New】→【Project...】命令,并依提示建立设计工程 cnt10,如图 4.150 所示。若工程已建立,运行主菜单下的【File】→【Open】命令,在弹出的文件类型选择窗口选择工程类型及对应的工程名，即可打开工程及有关文件。

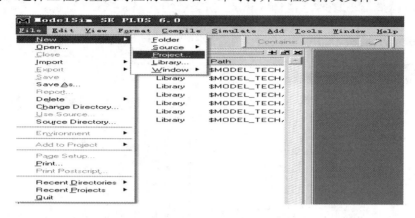

图 4.150 新建工程操作

2) 新建源程序并添加到工程

先运行主菜单下的【File】→【New】→【Source】→【选择源程序类型为 Verilog HDL】命令，在弹出的源程序编辑窗口中输入 cnt10.v，输入完后存盘。 再在【Project】窗口中右击源程序，在依次弹出的操作对话框中先后选择【Add to Project】、【Existing File…】，这时会出现一个【Add file to Project】对话框，点击其中的【Browse…】按钮，弹出添加文件的选择窗口，并选择需添加的源程序，添加完毕关闭该窗口。新建源程序和添加源程序的操作如图 4.151～图 4.153 所示。

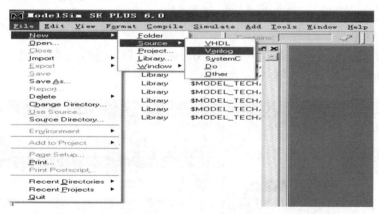

图 4.151 新建源程序操作

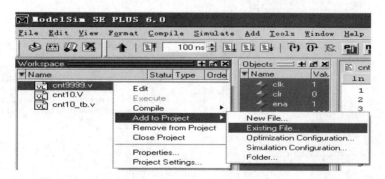

图 4.152 添加文件操作

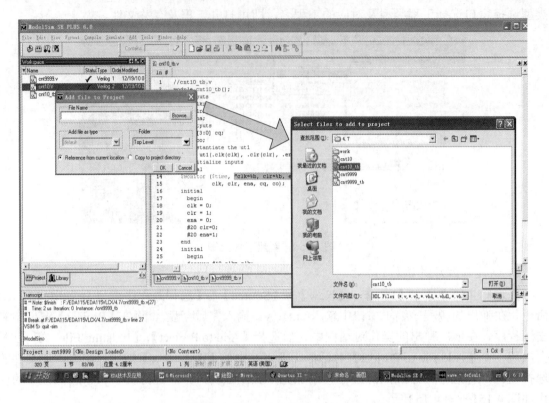

图 4.153　添加文件选择操作

3) 编译源程序

如图 4.154 所示，运行主菜单下的【Compile】→【Compile all】命令，对所有程序进行编译，编译结果如图 4.155 所示。

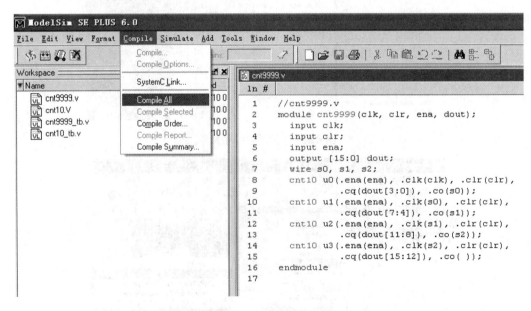

图 4.154　工程编译操作

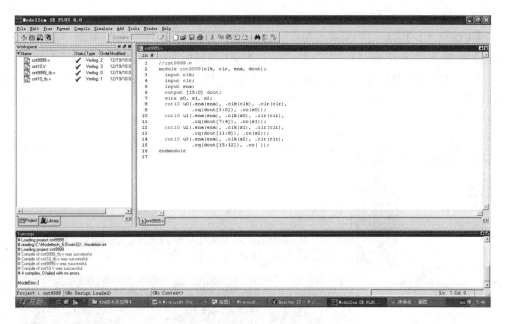

图 4.155　工程编译结果

4) 加载设计单元

运行主菜单下的【Simulate】→【Start Simulation】命令，在弹出的【Library】视图中，点击【work】库旁的"+"号将当前工作库【work】展开，并选择需要仿真的测试程序顶层文件 cnt10_tb.v，有关操作过程如图 4.156 所示。

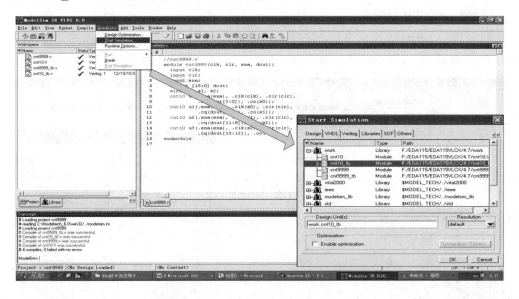

图 4.156　选择仿真测试文件 cnt10_tb.v

5) 建立仿真波形

在【Transcript】窗口中的【Modelsim>】/【VISM＊>】提示符后输入命令"view wave ✓"，即可打开仿真波形窗口，再在【VISM＊>】提示符后输入命令"add wave -hex ＊✓"以添加波形中的输入和输出信号，如图 4.157 所示。

6) 运行仿真并观察结果

在【VISM＊>】提示符后输入命令"run -all✓"运行仿真。选取主窗口或波形窗口的【Break】按钮可中断仿真。这时若【wave】波形窗口处于最小化状态，需最大化。同时需要点击放大或缩小按钮，移动波形显示窗口下端的移动工具条，直到能清晰地查看指定区间的波形位置为止。cnt10 的仿真结果如图 4.157 所示。

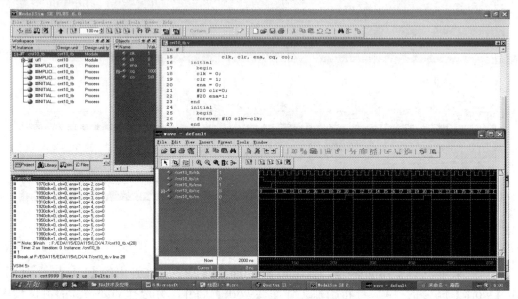

图 4.157　执行仿真测试及仿真结果

2．顶层 cnt9999 的仿真

按照前述的 cnt10 的仿真方法，进行 cnt9999 的仿真，只是选择仿真测试文件时应在当前工作目录 work 下选择 cnt9999_tb.v，如图 4.158 所示。图 4.159 是 cnt9999.v 的仿真结果。

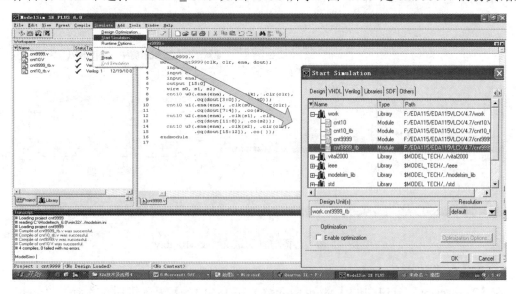

图 4.158　选择仿真测试文件 cnt9999_tb.v

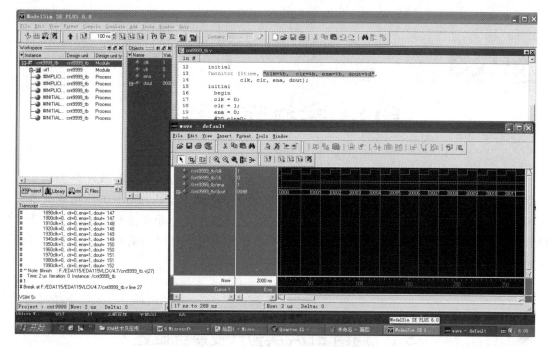

图 4.159　cnt9999.v 的仿真结果

习　题

4.1　将 Altera Quartus Ⅱ 8.0/Xilinx ISE Suite 10.1/Synplicity Synplify PRO 7.6/Mentor Graphics ModelSim SE 6.0 等软件实际安装一遍，直到该软件能完全正常使用。

4.2　根据 4.3.2 节 "Quartus Ⅱ的基本操作" 中的说明，将 4 位十进制计数器电路的设计和测试全过程实际做一遍，并记录遇到的问题及解决的办法。

4.3　根据 4.3.3 节 "Quartus Ⅱ的综合操作" 中的说明，将计数动态扫描显示电路的设计和测试全过程实际做一遍，并记录遇到的问题及解决的办法。

4.4　根据 4.4.2 节 "ISE Suite 的基本操作" 中的说明，将 4 位十进制计数器电路的设计和测试全过程实际做一遍，并记录遇到的问题及解决的办法。

4.5　根据 4.4.3 节 "ISE Suite 的综合操作" 中的说明，将计数动态扫描显示电路的设计和测试全过程实际做一遍，并记录遇到的问题及解决的办法。

4.6　根据第 4.5.2 节 Synplify PRO 的使用实例中的说明，将 4 位十进制计数器电路的逻辑综合全过程实际做一遍，并记录遇到的问题及解决的办法。

4.7　根据第 4.6.2 节 ModelSim 的使用实例中的说明，将 4 位十进制计数器电路的仿真测试全过程实际做一遍，并记录遇到的问题及解决的办法。

4.8　根据你对 Altera Quartus Ⅱ 8.0、Xilinx ISE Suite 10.1 的使用体验，比较这两个软件在 EDA 工程设计流程中各步骤的异同，并总结各自的优缺点。

第5章

EDA 实验开发系统

EDA 实验开发系统是利用 EDA 技术进行电子系统设计的下载工具及硬件验证工具。本章首先概括地阐述了通用 EDA 实验开发系统的基本组成、性能指标、工作原理及其一般使用方法。接着介绍了系统性能较好的 GW48 系列 EDA 实验开发系统的工作原理及其使用方法,以使读者能具体地了解基于某种 EDA 平台的逻辑设计所必需的硬件仿真和实验验证的方法与过程。

5.1　通用 EDA 实验开发系统概述

为了提供一个学习 EDA 技术的实验环境,各大院校在开设有关 EDA 技术课程的同时,相继研制开发了各种各样的在系统可编程实验板或实验装置,并逐渐完善为 EDA 实验开发系统。EDA 实验开发系统主要用于提供可编程逻辑器件的下载电路及 EDA 实验开发的外围资源(类似于用于单片机开发的仿真器),供硬件验证使用。

目前从事 EDA 实验开发系统研制的院校有清华大学、北京理工大学、复旦大学、杭州电子科技大学、西安电子科技大学、东南大学等。

各种 EDA 实验开发系统虽然表面看起来硬件组成和性能差异不大,但真正使用起来却有本质的差别,而不同的 EDA 实验开发系统的使用方法虽有差异,但却有其相同的本质。为了方便选用 EDA 实验开发系统和真正掌握 EDA 实验开发系统的使用本质,本节在总结各种 EDA 实验开发系统的工作原理与使用方法的基础上,概括地阐述了 EDA 实验开发系统的基本组成、性能指标、工作原理及其一般使用方法。

5.1.1　EDA 实验开发系统的基本组成

根据 EDA 实验开发系统的基本功能,其基本组成一般包括:① 实验开发所需的各类基本信号发生模块,如多组时钟信号、脉冲信号、高低电平信号等;② CPLD/FPGA 输出信号驱动显示模块,包括数码管或液晶显示、发光管显示、声响显示等;③ 监控程序模块,如提供“电路重构软配置”的单片机系统等;④ 目标芯片适配座以及 CPLD/FPGA 目标芯片和编程下载电路;⑤ 其他转换电路系统及各种扩展接口。

5.1.2　EDA 实验开发系统的性能指标

为了满足 EDA 实验和开发进行硬件验证或演示需要,作为一个比较好的 EDA 实验开发系统，其基本性能指标应满足如下要求：

(1) 能提供足够的实验开发所需的各类基本信号发生模块，如高频、中频、低频等各个频段的多组时钟信号，并且系统的最高工作频率应在 50 MHz 以上，具有多组正、负脉冲信号，具有 10 个以上的高、低电平开关，具有多组 BCD 编码开关等。

(2) 能提供足够的 CPLD/FPGA 输出信号驱动显示模块，包括数码管或液晶显示、发光管显示、声响显示等，对于数码管的显示应具有 7 段直显、外部译码后显示以及数据动态扫描显示。

(3) 主系统应用了"多任务重配置 Reconfiguration"技术，可通过控制按键随意改变系统的硬件连接结构，以满足不同实验和开发设计的应用需要。

(4) 系统具有通用编程能力，可通过单一编程线而不需作任何切换就可对 3～5 家主流公司的 FPGA/CPLD 进行识别和编程下载。

(5) 系统除具有丰富的实验资源外，还应有扩展的 A/D、D/A、VGA 视频、PS/2 接口、RS232 通信、单片机独立用户编程下载接口、100 MHz 高频时钟源等 EDA 实验接口。

(6) 具有焊接技术规范性、主板用料高速高密性、系统承受的上限频率高、电路抗干扰性强、电磁兼容性良好等。

5.1.3　通用 EDA 实验开发系统的工作原理

作为通用 EDA 实验开发系统，必须满足几个基本条件：① 能够使用多个世界主流厂家的 CPLD/FPGA 的芯片；② 具有"电路重构软配置"，能够利用在系统微处理器对 I/O 口进行任意定向设置和控制，从而实现 CPLD/FPGA 目标芯片 I/O 口与实验输入/输出资源可以以各种不同方式连接来构造形式各异的实验电路的目的；③ 具有万能通用插座；④ 具有通用编程能力。其中"电路重构软配置"和万能通用插座是关键。

通用 EDA 实验开发系统能满足使用不同厂家芯片进行各种 EDA 实验和开发的需要，其实现原理为：运用"电路重构软配置"的设计思想，实现 CPLD/FPGA 目标芯片 I/O 口与实验输入/输出资源可以各种不同方式连接来构造形式各异的实验电路的目的，而在不同的运行模式下，目标芯片 I/O 口与实验输入/输出资源对应的连接关系则通过实验电路结构图来表示。通过使用万能通用插座而建立不同厂家不同芯片管脚号与通用万能插座的插座号的对照表，建立变化的 I/O 资源与特定的芯片管脚编号的联系。其实现步骤为：变化的 I/O 资源→电路结构图→插座号→管脚对照表→特定的芯片管脚号，其中万能插座的插座号是二者联系的桥梁。

5.1.4　通用 EDA 实验开发系统的使用方法

根据前述的通用 EDA 实验开发系统的工作原理，我们可得到使用通用 EDA 实验开发系统的基本步骤如下：

(1) 根据所设计的实体的输入和输出要求，从实验电路结构图中选择合适的实验电路结构图，并记下对应的实验模式。

(2) 根据所选的实验电路结构图、拟采用的实验或开发芯片的型号以及系统结构图信号名与芯片引脚对照表，确定各个输入和输出所对应的芯片引脚号，并将有关信息填入芯片引脚的锁定过程表格中，以供设计中的有关步骤使用。

(3) 进入 EDA 设计中的编程下载步骤时，首先在 EDA 实验开发系统断电的情况下，将 EDA 实验开发系统的编程下载接口，通过实验开发系统提供的编程下载线(比如并行下载接口扁平电缆线、USB 下载线)与计算机的有关接口(比如打印机并行接口、USB 接口)连接好，并将有关选择开关置于所要求的位置，然后接通 EDA 实验开发系统的输入电源，打开 EDA 实验开发系统上的电源开关，这时即可进行编程下载的有关操作。

(4) 编程下载成功后，首先通过模式选择键将实验模式转换到前面选定的实验模式。若输入和输出涉及时钟、声音、视频等信号，还应将相应部分的短路帽或接口部分连接好。之后输入设计实体所规定的各种输入信号，即可进行相应的实验。

5.2　GW48 系列 EDA 实验开发系统的使用

GW48 系列 EDA 实验开发系统是杭州康芯电子有限公司开发与生产的性能较好的 EDA 实验开发系统。本节主要介绍 GW48 系列 EDA 实验开发系统的工作原理与使用方法，具体的技术细节请参阅厂家的产品说明书。

5.2.1　GW48 系列 EDA 实验开发系统介绍

1. 系统主要性能及特点

(1) GW48 系统设有通用的在系统编程下载电路，可对 Lattice、Xilinx、Altera、Vantis、Atmel 和 Cypress 等世界六大 PLD 公司的各种 ISP 编程下载方式或现场配置的 CPLD/FPGA 系列器件进行实验或开发。其主系统板与目标芯片板采用接插式结构，动态电路结构自动切换工作方式，含可自动切换的 12 种实验电路结构模式。

(2) GW48 系统基于"电路重构软配置"的设计思想，采用了 I/O 口可任意定向目标板的智能化电路结构设计方案，利用在系统微控制器对 I/O 口进行任意定向设置和控制，从而实现了 CPLD/FPGA 目标芯片 I/O 口与实验输入/输出资源以各种不同方式连接来构造形式各异的实验电路的目的。

(3) GW48 系统除丰富的实验资源外，还扩展了 A/D、D/A、VGA 视频、PS/2 接口、RS232 通信、单片机独立用户系统编程下载接口、48 MHz 高频时钟源及在板数字频率计，在其上可完成 200 多种基于 FPGA 和 CPLD 的各类电子设计和数字系统设计实验与开发项目，从而能使实验更接近实际的工程设计。

2. 系统工作原理

图 5.1 为 GW48 系列 EDA 实验开发系统的板面结构图；图 5.2 为 GW48 系统目标板插座引脚信号图；图 5.3 为其功能结构模块图。图 5.3 中所示的各主要功能模块对应于图 5.1 的器件位置恰好处于目标芯片适配座 B2 的下方，由一微控制器担任。图 5.2 所示的接口插座可适用于不同 PLD 公司的 FPGA/CPLD 的配置和编程下载，具体的引脚连接方式可参见表 5.1。

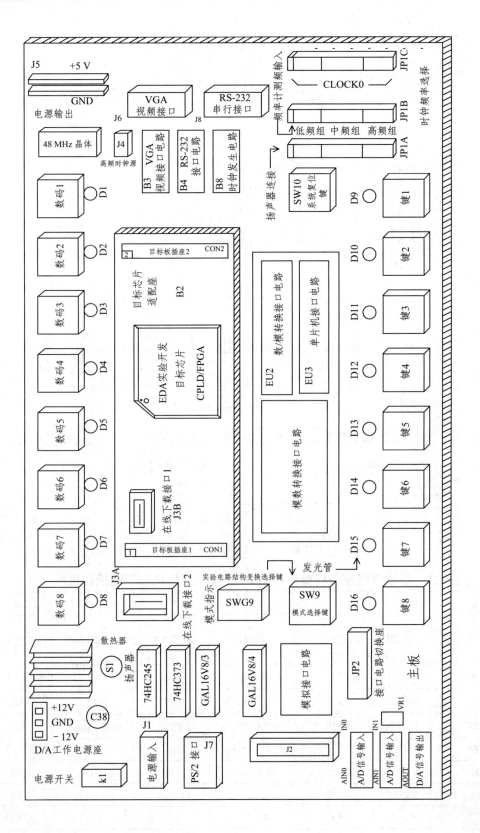

图 5.1 GW48 系列 EDA 实验开发系统的板面结构图

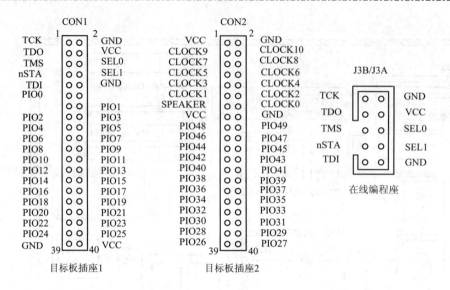

图 5.2　GW48 实验开发系统目标板插座引脚信号图

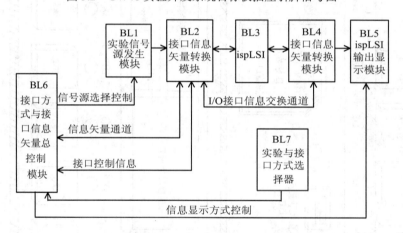

图 5.3　GW48 实验开发系统功能结构图

表 5.1　在线编程座各引脚与不同 PLD 公司器件编程下载接口说明

PLD 公司 在线编程座引脚	Lattice	Altera/Atmel		Xilinx		Vantis
	ispLSI	ispCPLD	FPGA	ispCPLD	FPGA	CPLD
TCK	SCLK	TCK	DCLK	TCK	CCLK	TCK
TDO	MODE	DO	CONF_DONE	TDO	DONE	TMS
TMS	ISPEN	TMS	NCONFIG	TMS	PROGRAM	TDI
NSTA	SDO		NSTATUS			TDO
TDI	SDI	TDI	DATA0	TDI	DIN	TRST
SEL0	GND	VCC	VCC	GND	GND	VCC
SEL1	GND	VCC	VCC	VCC	VCC	GND

5.2.2　GW48 实验电路结构图

1. 实验电路信号资源符号图说明

下面结合图 5.4，对实验电路结构图中出现的信号资源符号功能做出一些说明。

(1) 图 5.4 (a)是十六进制七段全译码器，它有 7 位输出，分别接七段数码管的七个显示输入端：a、b、c、d、e、f 和 g。它的输入端为 D、C、B、A，其中，D 为最高位，A 为最低位。例如，若所标输入的口线为 PIO19～PIO16，表示 PIO19 接 D，PIO18 接 C，PIO17 接 B，PIO16 接 A。

(2) 图 5.4 (b)是高低电平发生器，每按键一次，输出电平由高到低或由低到高变化一次，且输出为高电平时，所按键对应的发光管变亮，反之不亮。

(3) 图 5.4 (c)是十六进制码(8421 码)发生器，由对应的键控制输出 4 位二进制构成的 1 位十六进制码，数的范围是 0000～1111，即 H0～HF。每按键一次，输出递增 1，输出进入目标芯片的 4 位二进制数将显示在该键对应的数码管上。

(4) 直接与七段数码管相连的连接方式的设置是为了便于对七段显示译码器的设计学习。以图 5.7 为例，图中所标 PIO46～PIO40 接 g、f、e、d、c、b、a，表示 PIO46～PIO40 分别与数码管的七段输入 g、f、e、d、c、b、a 相接。

(5) 图 5.4 (d)是单次脉冲发生器，每按一次键，输出一个脉冲，与此键对应的发光管也会闪亮一次，时间为 20 ms。

(6) 实验电路结构图 NO.5、NO.5A、NO.5B、NO.5C 是同一种电路结构，只不过是为了清晰起见，将不同的接口方式分别画出而已。由此可见，它们的接线有一些是重合的，因此只能分别进行实验，而实验电路结构图模式都选 5。

(7) 图 5.4(e)是琴键式信号发生器，当按下键时，输出为高电平，对应的发光管发亮；当松开键时，输出为低电平。此键的功能可用于手动控制脉冲的宽度。

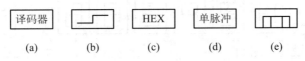

图 5.4　实验电路信号资源符号图

2. 各实验电路结构特点与适用范围简述

(1) 结构图 NO.0 (图 5.5)：目标芯片的 PIO16～PIO47 共八组 4 位二进制码输出，经译码器可显示于实验系统上的八个数码管。键 1 和键 2 可分别输出两个 4 位二进制码。一方面，这 4 位码输入目标芯片的 PIO11～PIO8 和 PIO15～PIO12；另一方面，可以观察发光管 D1～D8 来了解输入的数值。例如，当键 1 控制输入 PIO11～PIO8 的数为 HA 时，发光管 D4 和 D2 亮，D3 和 D1 灭。电路的键 8 至键 3 分别控制一个高/低电平信号发生器向目标芯片的 PIO7～PIO2 输入高电平或低电平。扬声器接在 SPEAKER 上，具体接在哪一引脚要看目标芯片的类型，这需要查阅 5.2.3 节。例如，目标芯片为 FLEX10K10，则扬声器接在 3 引脚上。目标芯片的时钟输入未在图上标出，也需查阅 5.2.3 节。例如，目标芯片为 XC95108，则输入此芯片的时钟信号有 CLOCK0～CLOCK10 共 11 个可选的输入端，对应引脚为 65～80，具体的信号输入方法可参阅产品说明书。此电路可用于设计频率计、周期计和计数器等。

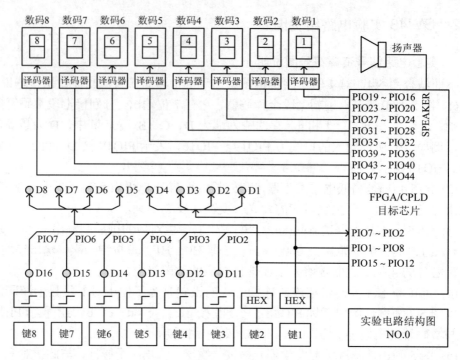

图 5.5 实验电路结构图 NO.0

(2) 结构图 NO.1 (图 5.6)：适用于作加法器、减法器、比较器或乘法器。如欲设计加法器，可利用键 4 和键 3 输入 8 位加数，键 2 和键 1 输入 8 位被加数，输入的加数和被加数将显示于键对应的数码管 4～数码管 1，相加的和显示于数码管 6 和数码管 5。可令键 8 控制此加法器的最低位进位。

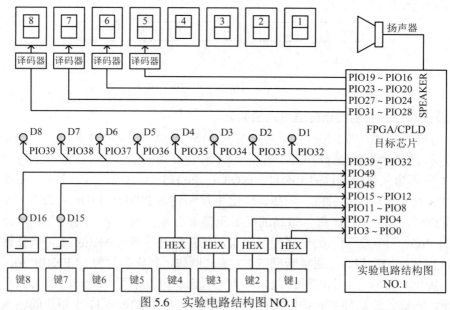

图 5.6 实验电路结构图 NO.1

(3) 结构图 NO.2 (图 5.7)：可用于 VGA 视频接口逻辑设计，或使用数码管 8 至数码管 5 作七段显示译码方面的实验。

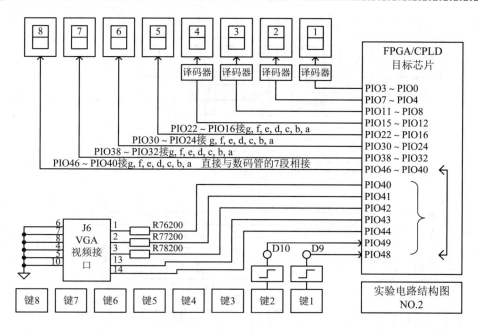

图 5.7　实验电路结构图 NO.2

(4) 结构图 NO.3 (图 5.8)：特点是有 8 个琴键式键控发生器，可用于设计八音琴等电路系统。

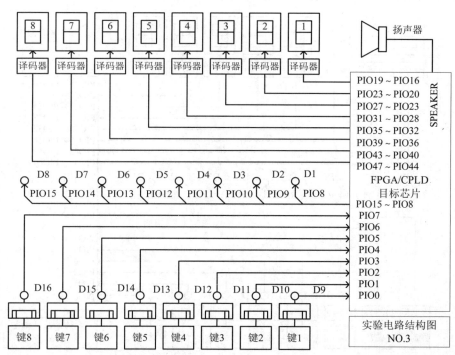

图 5.8　实验电路结构图 NO.3

(5) 结构图 NO.4 (图 5.9)：适合于设计移位寄存器、环形计数器等。电路特点是：当在所设计的逻辑中有串行二进制数从 PIO10 输出时，若利用键 7 作为串行输出时钟信号，则

PIO10 的串行输出数码可以在发光管 D8～D1 上逐位显示出来,这能很直观地看到串出的数值。

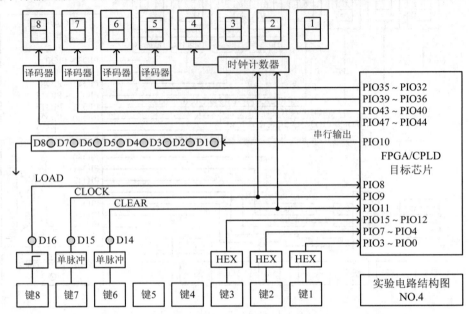

图 5.9　实验电路结构图 NO.4

(6) 结构图 NO.5 (图 5.10):特点是有三个单次脉冲发生器。

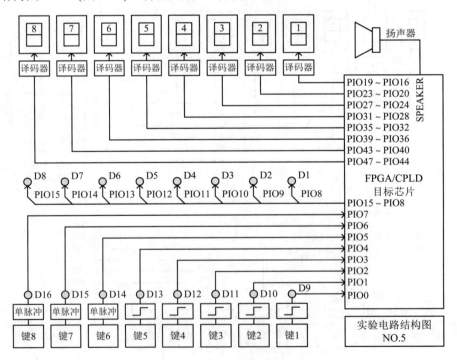

图 5.10　实验电路结构图 NO.5

(7) 结构图 NO.6 (图 5.11):此电路与图 5.7 相似,但增加了两个 4 位二进制发生器,数值分别输入目标芯片的 PIO7～PIO4 和 PIO3～PIO0。例如,当按键 2 时,输入 PIO7～PIO4

的数值将显示于对应的数码管 2 上，以便了解输入的数值。

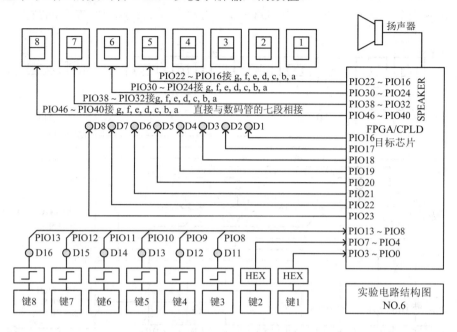

图 5.11　实验电路结构图 NO.6

(8) 结构图 NO.7(图 5.12)：此电路适合于设计时钟、定时器、秒表等。可利用键 8 和键 5 分别控制时钟的清零和设置时间的使能；利用键 7、键 4 和键 1 进行时、分、秒的设置。

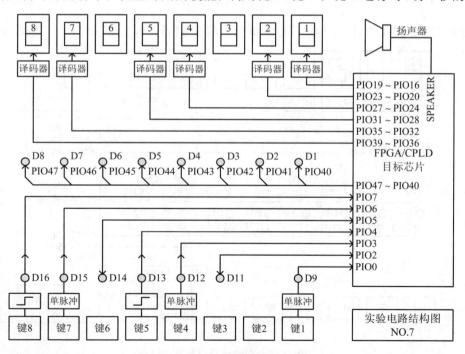

图 5.12　实验电路结构图 NO.7

(9) 结构图 NO.8 (图 5.13)：此电路适用于并进/串出或串进/并出等工作方式的寄存器、序列检测器、密码锁等逻辑设计。它的特点是利用键 2、键 1 能序置 8 位二进制数，而键

6 能发出串行输入脉冲。每按键一次，即发出一个单脉冲，则此 8 位序置数的高位在前，向 PIO10 串行输入一位，同时能从 D8~D1 的发光管上看到串行左移的数据，十分形象直观。

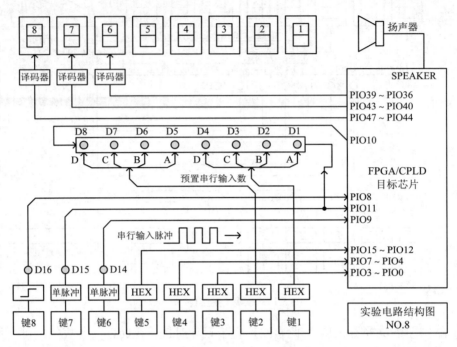

图 5.13　实验电路结构图 NO.8

(10) 结构图 NO.9 (图 5.14)：若欲验证交通灯控制等类似的逻辑电路,可选此电路结构。

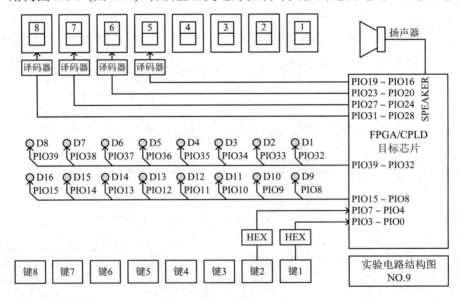

图 5.14　实验电路结构图 NO.9

(11) 结构图 NO.5A(图略)：此电路即为 NO.5 电路,可用于完成 A/D 转换方面的实验。

(12) 结构图 NO.5B (图略): 此电路可用于单片机接口逻辑方面的设计和 PS/2 键盘接口方面的逻辑设计(平时不要把单片机接上, 以防口线冲突)。

(13) 结构图 NO.5C (图略): 可用于 D/A 转换接口实验和比较器 LM311 的控制实验。

(14) 当系统上的"模式指示"数码管显示"A"时, 系统将变成一台频率计, 数码管 8 将显示"F", 数码管 6 至数码管 1 显示频率值, 最低位单位是 Hz。

(15) 结构图 NO.B(图略): 此电路适用于 8 位译码扫描显示电路方面的实验。

5.2.3　GW48 系统结构图信号名与芯片引脚对照表

GW48CK/GK/EK/PK2 系统结构图信号名与芯片引脚的关系如表 5.2 和表 5.3 所示。其中, 表中的"结构图上的信号名"是指实验开发系统板上插座的序号; "引脚号"是指芯片的管脚序号; "引脚名称"是指芯片的可用资源序号。

表 5.2　GW48 系统结构图信号名与芯片引脚对照表 1

结构图上的信号名	ispLSI1032E -PC84		XC95108 -PLCC84		FLEXEPF10K10 -PLCC84		XCS05/XCS10 -PLCC84		EPM7128S -PL84	
	引脚号	引脚名称	引脚号	引脚名称	引脚号	引脚名称	引脚号	引脚名称	引脚号	引脚名称
PIO0	26	I/O0	1	I/O0	5	I/O0	3	I/O0	4	I/O0
PIO1	27	I/O1	2	I/O1	6	I/O1	4	I/O1	5	I/O1
PIO2	28	I/O2	3	I/O2	7	I/O2	5	I/O2	6	I/O2
PIO3	29	I/O3	4	I/O3	8	I/O3	6	I/O3	8	I/O3
PIO4	30	I/O4	5	I/O4	9	I/O4	7	I/O4	9	I/O4
PIO5	31	I/O5	6	I/O5	10	I/O5	8	I/O5	10	I/O5
PIO6	32	I/O6	7	I/O6	11	I/O6	9	I/O6	11	I/O6
PIO7	33	I/O7	9	I/O7	16	I/O7	10	I/O7	12	I/O7
PIO8	34	I/O8	10	I/O8	17	I/O8	13	I/O8	15	I/O8
PIO9	35	I/O9	11	I/O9	18	I/O9	14	I/O9	16	I/O9
PIO10	36	I/O10	12	I/O10	19	I/O10	15	I/O10	17	I/O10
PIO11	37	I/O11	13	I/O11	21	I/O11	16	I/O11	18	I/O11
PIO12	38	I/O12	14	I/O12	22	I/O12	17	I/O12	20	I/O12
PIO13	39	I/O13	15	I/O13	23	I/O13	18	I/O13	21	I/O13
PIO14	40	I/O14	17	I/O14	24	I/O14	19	I/O14	22	I/O14
PIO15	41	I/O15	18	I/O15	25	I/O15	20	I/O15	24	I/O15
PIO16	45	I/O16	19	I/O16	27	I/O16	23	I/O16	25	I/O16
PIO17	46	I/O17	20	I/O17	28	I/O17	24	I/O17	27	I/O17
PIO18	47	I/O18	21	I/O18	29	I/O18	25	I/O18	28	I/O18
PIO19	48	I/O19	23	I/O19	30	I/O19	26	I/O19	29	I/O19
PIO20	49	I/O20	24	I/O20	35	I/O20	27	I/O20	30	I/O20
PIO21	50	I/O21	25	I/O21	36	I/O21	28	I/O21	31	I/O21
PIO22	51	I/O22	26	I/O22	37	I/O22	29	I/O22	33	I/O22
PIO23	52	I/O23	31	I/O23	38	I/O23	35	I/O23	34	I/O23

结构图上的信号名	ispLSI1032E-PC84		XC95108-PLCC84		FLEXEPF10K10-PLCC84		XCS05/XCS10-PLCC84		EPM7128S-PL84	
	引脚号	引脚名称	引脚号	引脚名称	引脚号	引脚名称	引脚号	引脚名称	引脚号	引脚名称
PIO24	53	I/O24	32	I/O24	39	I/O24	36	I/O24	35	I/O24
PIO25	54	I/O25	33	I/O25	47	I/O25	37	I/O25	36	I/O25
PIO26	55	I/O26	34	I/O26	48	I/O26	38	I/O26	37	I/O26
PIO27	56	I/O27	35	I/O27	49	I/O27	39	I/O27	39	I/O27
PIO28	57	I/O28	36	I/O28	50	I/O28	40	I/O28	40	I/O28
PIO29	58	I/O29	37	I/O29	51	I/O29	41	I/O29	41	I/O29
PIO30	59	I/O30	39	I/O30	52	I/O30	44	I/O30	44	I/O30
PIO31	60	I/O31	40	I/O31	53	I/O31	45	I/O31	45	I/O31
PIO32	68	I/O32	41	I/O32	54	I/O32	46	I/O32	46	I/O32
PIO33	69	I/O33	43	I/O33	58	I/O33	47	I/O33	48	I/O33
PIO34	70	I/O34	44	I/O34	59	I/O34	48	I/O34	49	I/O34
PIO35	71	I/O35	45	I/O35	60	I/O35	49	I/O35	50	I/O35
PIO36	72	I/O36	46	I/O36	61	I/O36	50	I/O36	51	I/O36
PIO37	73	I/O37	47	I/O37	62	I/O37	51	I/O37	52	I/O37
PIO38	74	I/O38	48	I/O38	64	I/O38	56	I/O38	54	I/O38
PIO39	75	I/O39	50	I/O39	65	I/O39	57	I/O39	55	I/O39
PIO40	76	I/O40	51	I/O40	66	I/O40	58	I/O40	56	I/O40
PIO41	77	I/O41	52	I/O41	67	I/O41	59	I/O41	57	I/O41
PIO42	78	I/O42	53	I/O42	70	I/O42	60	I/O42	58	I/O42
PIO43	79	I/O43	54	I/O43	71	I/O43	61	I/O43	60	I/O43
PIO44	80	I/O44	55	I/O44	72	I/O44	62	I/O44	61	I/O44
PIO45	81	I/O45	56	I/O45	73	I/O45	65	I/O45	63	I/O45
PIO46	82	I/O46	57	I/O46	78	I/O46	66	I/O46	64	I/O46
PIO47	83	I/O47	58	I/O47	79	I/O47	67	I/O47	65	I/O47
PIO48	3	I/O48	61	I/O48	80	I/O48	68	I/O48	67	I/O48
PIO49	4	I/O49	62	I/O49	81	I/O49	69	I/O49	68	I/O49
SPEAKER	5	I/O50	63	I/O50	3	CLRn	70	I/O50	81	I/O50
CLOCK0	6	I/O51	65	I/O51	2	IN1	72	I/O52	2	
CLOCK2	7	I/O52	67	I/O53	43	GCK2	78	I/O54	70	I/O51
CLOCK5	63	Y2	70	I/O56	83	OE	81	I/O57	75	I/O54
CLOCK9	12	I/O57	79	I/O63	1	GCK1	84	I/O60	83	IN1

表 5.3 GW48 系统结构图信号名与芯片引脚对照表 2

结构图上的信号名	GW48-CCP, GWAK100A EP1K100QC208		GW48-SOC+/ GW48-DSP EP20K200/ 300EQC240		GWAK30/50 EP1K30/20/50 TQC144		GWAC3 EP1C3TC144		GW48 -SOPC/DSP EP1C6/1C12 Q240	
	引脚号	引脚名称	引脚号	引脚名称	引脚号	引脚名称	引脚号	引脚名称	引脚号	引脚名称
PIO0	7	I/O	224	I/O0	8	I/O0	1	I/O0	233	I/O0
PIO1	8	I/O	225	I/O1	9	I/O1	2	I/O1	234	I/O1
PIO2	9	I/O	226	I/O2	10	I/O2	3	I/O2	235	I/O2
PIO3	11	I/O	231	I/O3	12	I/O3	4	I/O3	236	I/O3
PIO4	12	I/O	230	I/O4	13	I/O4	5	I/O4	237	I/O4
PIO5	13	I/O	232	I/O5	17	I/O5	6	I/O5	238	I/O5
PIO6	14	I/O	233	I/O6	18	I/O6	7	I/O6	239	I/O6
PIO7	15	I/O	234	I/O7	19	I/O7	10	I/O7	240	I/O7
PIO8	17	I/O	235	I/O8	20	I/O8	11	DPCLK1	1	I/O8
PIO9	18	I/O	236	I/O9	21	I/O9	32	VREF2B1	2	I/O9
PIO10	24	I/O	237	I/O10	22	I/O10	33	I/O10	3	I/O10
PIO11	25	I/O	238	I/O11	23	I/O11	34	I/O11	4	I/O11
PIO12	26	I/O	239	I/O12	26	I/O12	35	I/O12	6	I/O12
PIO13	27	I/O	2	I/O13	27	I/O13	36	I/O13	7	I/O13
PIO14	28	I/O	3	I/O14	28	I/O14	37	I/O14	8	I/O14
PIO15	29	I/O	4	I/O15	29	I/O15	38	I/O15	12	I/O15
PIO16	30	I/O	7	I/O16	30	I/O16	39	I/O16	13	I/O16
PIO17	31	I/O	8	I/O17	31	I/O17	40	I/O17	14	I/O17
PIO18	36	I/O	9	I/O18	32	I/O18	41	I/O18	15	I/O18
PIO19	37	I/O	10	I/O19	33	I/O19	42	I/O19	16	I/O19
PIO20	38	I/O	11	I/O20	36	I/O20	47	I/O20	17	I/O20
PIO21	39	I/O	13	I/O21	37	I/O21	48	I/O21	18	I/O21
PIO22	40	I/O	16	I/O22	38	I/O22	49	I/O22	19	I/O22
PIO23	41	I/O	17	I/O23	39	I/O23	50	I/O23	20	I/O23
PIO24	44	I/O	18	I/O24	41	I/O24	51	I/O24	21	I/O24
PIO25	45	I/O	20	I/O25	42	I/O25	52	I/O25	41	I/O25
PIO26	113	I/O	131	I/O26	65	I/O26	67	I/O26	128	I/O26
PIO27	114	I/O	133	I/O27	67	I/O27	68	I/O27	132	I/O27
PIO28	115	I/O	134	I/O28	68	I/O28	69	I/O28	133	I/O28
PIO29	116	I/O	135	I/O29	69	I/O29	70	I/O29	134	I/O29
PIO30	119	I/O	136	I/O30	70	I/O30	71	I/O30	135	I/O30
PIO31	120	I/O	138	I/O31	72	I/O31	72	I/O31	136	I/O31
PIO32	121	I/O	143	I/O32	73	I/O32	73	I/O32	137	I/O32
PIO33	122	I/O	156	I/O33	78	I/O33	74	I/O33	138	I/O33
PIO34	125	I/O	157	I/O34	79	I/O34	75	I/O34	139	I/O34
PIO35	126	I/O	160	I/O35	80	I/O35	76	I/O35	140	I/O35
PIO36	127	I/O	161	I/O36	81	I/O36	77	I/O36	141	I/O36

结构图上的信号名	GW48-CCP, GWAK100A EP1K100QC208		GW48-SOC+/ GW48-DSP EP20K200/ 300EQC240		GWAK30/50 EP1K30/20/ 50TQC144		GWAC3 EP1C3TC144		GW48 -SOPC/DSP EP1C6/1C12 Q240	
	引脚号	引脚名称	引脚号	引脚名称	引脚号	引脚名称	引脚号	引脚名称	引脚号	引脚名称
PIO37	128	I/O	163	I/O37	82	I/O37	78	I/O37	158	I/O37
PIO38	131	I/O	164	I/O38	83	I/O38	83	I/O38	159	I/O38
PIO39	132	I/O	166	I/O39	86	I/O39	84	I/O39	160	I/O39
PIO40	133	I/O	169	I/O40	87	I/O40	85	I/O40	161	I/O40
PIO41	134	I/O	170	I/O41	88	I/O41	96	I/O41	162	I/O41
PIO42	135	I/O	171	I/O42	89	I/O42	97	I/O42	163	I/O42
PIO43	136	I/O	172	I/O43	90	I/O43	98	I/O43	164	I/O43
PIO44	139	I/O	173	I/O44	91	I/O44	99	I/O44	165	I/O44
PIO45	140	I/O	174	I/O45	92	I/O45	103	I/O45	166	I/O45
PIO46	141	I/O	178	I/O46	95	I/O46	105	I/O46	167	I/O46
PIO47	142	I/O	180	I/O47	96	I/O47	106	I/O47	168	I/O47
PIO48	143	I/O	182	I/O48	97	I/O48	107	I/O48	169	I/O48
PIO49	144	I/O	183	I/O49	98	I/O49	108	I/O49	173	I/O49
PIO60	202	PIO60	223	PIO60	137	PIO60	131	PIO60	226	PIO60
PIO61	203	PIO61	222	PIO61	138	PIO61	132	PIO61	225	PIO61
PIO62	204	PIO62	221	PIO62	140	PIO62	133	PIO62	224	PIO62
PIO63	205	PIO63	220	PIO63	141	PIO63	134	PIO63	223	PIO63
PIO64	206	PIO64	219	PIO64	142	PIO64	139	PIO64	222	PIO64
PIO65	207	PIO65	217	PIO65	143	PIO65	140	PIO65	219	PIO65
PIO66	208	PIO66	216	PIO66	144	PIO66	141	PIO66	218	PIO66
PIO67	10	PIO67	215	PIO67	7	PIO67	142	PIO67	217	PIO67
PIO68	99	PIO68	197	PIO68	119	PIO68	122	PIO68	180	PIO68
PIO69	100	PIO69	198	PIO69	118	PIO69	121	PIO69	181	PIO69
PIO70	101	PIO70	200	PIO70	117	PIO70	120	PIO70	182	PIO70
PIO71	102	PIO71	201	PIO71	116	PIO71	119	PIO71	183	PIO71
PIO72	103	PIO72	202	PIO72	114	PIO72	114	PIO72	184	PIO72
PIO73	104	PIO73	203	PIO73	113	PIO73	113	PIO73	185	PIO73
PIO74	111	PIO74	204	PIO74	112	PIO74	112	PIO74	186	PIO74
PIO75	112	PIO75	205	PIO75	111	PIO75	111	PIO75	187	PIO75
PIO76	16	PIO76	212	PIO76	11	PIO76	143	PIO76	216	PIO76
PIO77	19	PIO77	209	PIO77	14	PIO77	144	PIO77	215	PIO77
PIO78	147	PIO78	206	PIO78	110	PIO78	110	PIO78	188	PIO78
PIO79	149	PIO79	207	PIO79	109	PIO79	109	PIO79	195	PIO79
SPEAKER	148	I/O	184	I/O	99	I/O50	129	I/O	174	I/O
CLOCK0	182	I/O	185	I/O	126	INPUT1	123	I/O	179	I/O
CLOCK2	184	I/O	181	I/O	54	INPUT3	124	I/O	178	I/O
CLOCK5	78	I/O	151	CLKIN	56	I/O53	125	I/O	177	I/O
CLOCK9	80	I/O	154	CLKIN	124	GCLOK2	128	I/O	175	I/O

说明：本表中 PIO60～PIO79 所在行的引脚仅适用于 GW48-GK 和 GW48-PK2 系统。

5.2.4 GW48 系列 EDA 实验开发系统使用实例

综合前面介绍的情况，我们可知使用 GW48 系列 EDA 实验开发系统的基本步骤如下：

(1) 根据所设计的实体的输入和输出的要求，根据 5.2 节介绍的实验电路结构图选择合适的实验电路结构图，并记下对应的实验模式。

(2) 根据所选的实验电路结构图、拟采用的实验芯片的型号以及 5.2 节介绍的 GW48 系统结构图信号名与芯片引脚对照表，确定各个输入和输出所对应的芯片引脚号，并根据所采用的开发软件工具，编写符合要求的管脚锁定文件，以供设计中的有关步骤使用。

(3) 进入 Verilog HDL 的 EDA 设计中的编程下载步骤时，首先将实验开发系统的下载接口通过实验开发系统提供的并行下载接口扁平电缆线与计算机的并行接口(打印机接口)连接好，将实验开发系统提供的实验电源输入端接上 220 V 的交流电，输出端与实验开发系统的+5 V 电源输入端相接，这时即可进行编程下载的有关操作。

(4) 编程下载成功后，首先通过模式选择键(SW9)将实验模式转换到前面选定的实验模式，若输入和输出涉及时钟、声音、视频等信号，还应将相应部分的短路帽或接口部分连接好，之后输入设计实体所规定的各种输入信号即可进行相应的实验。

为了加深对上面所述 GW48 系列 EDA 实验开发系统的使用基本步骤的理解，下面特给出两个使用实例。

【例 5.1】 用 Verilog HDL 设计一个计数范围为 0～9999 的四位十进制计数器电路 cnt9999，并使用 GW48 系列 EDA 实验开发系统进行硬件验证。

1) 系统原理框图

为了简化设计并便于显示，本计数器电路 cnt9999 的设计分为两个层次，其中底层电路包括四个十进制计数器模块 cnt10，再由这四个模块按照图 5.15 所示的原理图构成顶层电路 cnt9999。

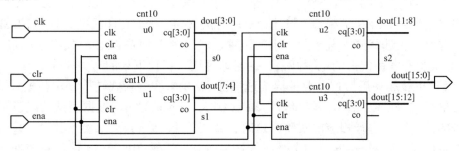

图 5.15 cnt9999 电路原理图

2) 有关 Verilog HDL 程序

计数器 cnt9999 的底层和顶层电路均采用 Verilog HDL 文本输入，有关 Verilog HDL 程序见第 4.2 节。

3) 硬件逻辑验证操作

(1) 根据图 5.15 所示的 cnt9999 电路原理图，本设计实体的输入有时钟信号 clk，清零信号 clr，计数使能信号 ena，输出为 dout[15:0]，据此可选实验电路结构图 NO.0，对应的实验模式为 0。

(2) 根据图 5.5 所示的实验电路结构图 NO.0 和图 5.15 确定引脚的锁定。若选用 ispLSI

1032E-PLCC84 或 EPM7128S-PL84 或 XCS05/XCS10-PLCC84 芯片，其引脚锁定过程如表 5.4 所示，其中 clk 接 clock2，clr 接键 3，ena 接键 4，计数结果 dout[3:0]、dout[7:4]、dout[11:8]、dout[15:12]经外部译码器译码后，分别在数码管 1、数码管 2、数码管 3、数码管 4 上显示。

表 5.4 cnt9999 管脚锁定过程表

设计实体 I/O 标识	设计实体 I/O 来源/去向	插座序号	ispLSI 1032E -PLCC84 I/O 号→管脚号	EPM7128S-PL84 I/O 号→管脚号	XCS05/XCS10 -PLCC84 I/O 号→管脚号
clk	时钟信号源	CLOCK2	IO52→7	IO51→70	IO54→78
clr	键 3	PIO2	IO2→28	IO2→6	IO2→5
ena	键 4	PIO3	IO3→29	IO3→8	IO3→6
dout[3:0]	经译码后接数码管 1	PIO19～PIO16	IO19～IO16 → 48、47、46、45	IO19～IO16 → 29、28、27、25	IO19～IO16 → 26、25、24、23
dout[7:4]	经译码后接数码管 2	PIO23～PIO20	IO23～IO20 → 52、51、50、49	IO23～IO20 → 34、33、31、30	IO23～IO20 → 35、29、28、27
dout[11:8]	经译码后接数码管 3	PIO27～PIO24	IO27～IO24 → 56、55、54、53	IO27～IO24 → 39、37、36、30	IO27～IO24 → 39、38、37、36
dout[15:12]	经译码后接数码管 4	PIO31～PIO28	IO31～IO28 → 60、59、58、57	IO31～IO28 → 45、44、41、40	IO31～IO28 → 45、44、41、40
备注	验证设备：GW48 系列；实验芯片：ispLSI1032E-70LJ84，或 EPM7128S-PL84，或 XCS05/XCS10-PLCC84；实验模式：NO.0；模式图及管脚对应表见图 5.5 和表 5.2				

(3) 进入 EDA 设计中的编程下载步骤时，首先在 EDA 实验开发系统断电的情况下，将 EDA 实验开发系统的编程下载接口，通过实验开发系统提供的编程下载线（比如并行下载接口扁平电缆线、USB 下载线）与计算机的有关接口（比如打印机并行接口、USB 接口）连接好，并将有关选择开关置于所要求的位置，然后接通 EDA 实验开发系统的输入电源，打开 EDA 实验开发系统上的电源开关，这时即可进行编程下载的有关操作。

(4) 编程下载成功后，首先通过模式选择键(SW9)将实验模式转换到实验模式 0，并将输入时钟信号 CLOCK2 的短路帽接好，clr 接键 3，ena 接键 4，根据测试功能设置好各个输入信号的值，即可进行相应的实验，这时在数码管 1、数码管 2、数码管 3、数码管 4 上显示的有关结果。当 clr=1 时，四个数码管均显示 0；当 clr=0，ena=1 时，系统处于计数状态，在每一个时钟的上升沿计数值加 1。

【例 5.2】 用 Verilog HDL 设计一个 8 位二进制并行加法器 adder8b，并使用 GW48 型 EDA 实验开发系统进行硬件验证。

1) 系统原理框图

综合考虑系统的速度与资源两个因素，本设计中的 8 位二进制并行加法器采用两个 4 位二进制并行加法器级联而成的，其电路原理图如图 5.16 所示。

2) 有关 Verilog HDL 程序

加法器电路 adder8b 的底层和顶层电路均采用 Verilog HDL 文本输入，有关 Verilog HDL 程序见第 6.1 节。

3) 硬件逻辑验证操作

(1) 根据图 5.16 所示的 8 位加法器电路 adder8b 原理图，本设计实体的输入有被加数 a8[7:0]，加数 b8[7:0]，低位来的进位 c8，输出为加法和 s8[7:0]，加法溢出进位 co8，据此可选择实验电路结构图 NO.1，对应的实验模式为 1。

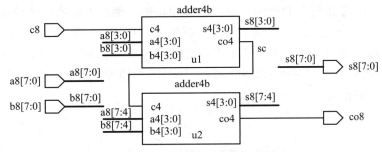

图 5.16　8 位加法器电路 ADDER8B 原理图

(2) 由图 5.6 所示的实验电路结构图 NO.1 和图 5.16 确定引脚的锁定。若分别选用 ispLSI 1032E-PLCC84、EPM7128S-PL84、XCS05/XCS10-PLCC84 芯片，其引脚锁定过程如表 5.5 所示，其中被加数 a8[7:4]和 a8[3:0]分别由键 2 与键 1 输入并显示于数码管 2 和数码管 1、加数 b8[7:4]和 b8[3:0]分别由键 4 与键 3 输入并显示于数码管 4 和数码管 3，低位来的进位 c8 由键 8 输入，加法结果将分别通过 PIO23～PIO20，PIO19～PIO16 输出并显示于数码管 6(高 4 位)和数码管 5(低 4 位)，溢出进位由 PIO39 输出并显示于发光管 D8。

表 5.5　adder8b 管脚锁定过程表

设计实体 I/O 标识	设计实体 I/O 来源/去向	插座序号	ispLSI 1032E -PLCC84 IO 号→管脚号	EPM7128S-PL84 I/O 号→管脚号	XCS05/XCS10 -PLCC84 I/O 号→管脚号
a8[3:0]	键 1	PIO3～PIO0	IO3～IO0 → 29、28、27、26	IO3～IO0 → 8、6、5、4	IO3～IO0 → 6、5、4、3
a8[7:4]	键 2	PIO7～PIO4	IO7～IO4 → 33、32、31、30	IO7～IO4 → 12、11、10、9	IO7～IO4 → 10、9、8、7
b8[3:0]	键 3	PIO11～PIO8	IO11～IO8 → 37、36、35、34	IO11～IO8 → 18、17、16、15	IO11～IO8 → 16、15、14、13
b8[7:4]	键 4	PIO15～PIO12	IO15～IO12 → 41、40、39、38	IO15～IO12 → 24、22、21、20	IO15～IO12 → 20、19、18、17
c8	键 8	PIO49	IO49→4	IO49→68	IO49→69
s8[3:0]	数码管 5	PIO19～PIO16	IO19～IO16 → 48、47、46、45	IO19～IO16 → 29、28、27、25	IO19～IO16 → 26、25、24、23
s8[7:4]	数码管 6	PIO23～PIO20	IO23～IO20 → 52、51、50、49	IO23～IO20 → 34、33、31、30	IO23～IO20 → 35、29、28、27
co8	D8	PIO39	IO39→75	IO39→55	IO39→57
备注	验证设备：GW48 系列；实验芯片：ispLSI1032E-70LJ84 或 EPM7128S-PL84 或 XCS05/XCS10-PLCC84；实验模式：NO.1；模式图及管脚对应表见图 5.6 和表 5.2				

(3) 进入 EDA 设计中的编程下载步骤时，首先在 EDA 实验开发系统断电的情况下，将 EDA 实验开发系统的编程下载接口，通过实验开发系统提供的编程下载线(比如并行下载接口扁平电缆线、USB 下载线)与计算机的有关接口(比如打印机并行接口、USB 接口)连接好，并将有关选择开关置于所要求的位置，然后接通 EDA 实验开发系统的输入电源，打开 EDA 实验开发系统上的电源开关，这时即可进行编程下载的有关操作。

(4) 编程下载成功后，首先通过模式选择键(SW9)将实验模式转换到实验模式 1，并将键 1～4 输入被加数和加数，通过键 8 输入低位来的进位，即可进行相应的实验，这时可看到数码管 1～数码管 6 显示被加数和加数，数码管 5 和数码管 6 显示加法结果，在发光管 D8 上看到进位溢出信号。

习 题

5.1 EDA 实验开发系统主要起什么作用？它一般包括几个组成部分？各部分的作用是什么？

5.2 作为一个比较好的 EDA 实验开发系统，其基本性能指标一般应满足什么要求？

5.3 阐述一下通用 EDA 实验开发系统的工作原理和使用步骤。

5.4 简单介绍一下 GW48 系列 EDA 实验开发系统的组成及各组成部分的功能。

5.5 介绍一下 GW48 系列 EDA 实验开发系统的"电路重构软配置"的设计思想。在实际使用时，是如何实现"电路重构软配置"的？实验开发系统上的"模式选择键"起什么作用？

5.6 表 5.3 中的"结构图上的信号名"、"引脚号"、"引脚名称"分别指什么？

5.7 试述使用 GW48 系列 EDA 实验开发系统的基本步骤。

第 6 章

Verilog HDL 设计应用实例

在掌握了 EDA 技术的基础知识和基本操作后，学习 EDA 技术最有效的方法就是进行 EDA 技术的综合应用设计。本章阐述了 12 个非常实用的 Verilog HDL 综合应用设计实例的系统设计思路、主要 Verilog HDL 源程序、部分时序仿真和逻辑综合结果及分析，以及硬件的逻辑验证方法。这些综合应用设计实例包括 8 位加法器、8 位乘法器、8 位除法器等基本运算电路，数字频率计、数字秒表、交通灯信号控制器、可调信号发生电路、闹钟系统等常用应用电路，PWM 信号发生器、高速 PID 控制器、FIR 滤波器、CORDIC 算法的应用等电机控制、数字信号处理、模糊控制、神经网络中经常用到的基本电路。

6.1　8 位加法器的设计

1．系统设计思路

加法器是数字系统中的基本逻辑器件，减法器和硬件乘法器都可由加法器来构成。多位加法器的构成有两种方式：并行进位和串行进位。

并行进位方式设有进位产生逻辑，运算速度较快；串行进位方式是将全加器级联构成多位加法器。

并行进位加法器通常比串行级联加法器占用更多的资源。随着位数的增加，相同位数的并行加法器与串行加法器的资源占用差距也越来越大。因此，在工程中使用加法器时，要在速度和容量之间寻找平衡点。

实践证明，4 位二进制并行加法器和串行级联加法器占用几乎相同的资源。这样，多位加法器由 4 位二进制并行加法器级联构成是较好的折中选择。本设计中的 8 位二进制并行加法器即是由两个 4 位二进制并行加法器级联而成的，其电路原理图如图 6.1 所示。

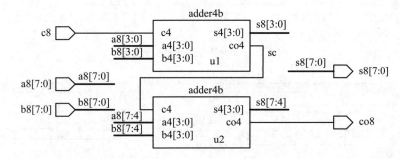

图 6.1　8 位加法器电路原理图

2．Verilog HDL 源程序

1）4 位二进制并行加法器的源程序 adder4b.v

```verilog
//4 位二进制并行加法器 adder4b.v
module adder4b(a4, b4, c4, s4, co4);
    input [3:0] a4, b4;
    input c4;
    output [3:0] s4;
    output co4;
    assign {co4, s4} = a4 + b4 + c4;
endmodule
```

2）8 位二进制加法器的源程序 adder8b.v

```verilog
//8 位二进制并行加法器 adder8b.v
module adder8b(a8, b8, c8, s8, co8);
    input [7:0] a8, b8;
    input c8;
    output [7:0] s8;
    output co8;
    wire    sc;
    adder4b u1(.a4(a8[3:0]), .b4(b8[3:0]), .c4(c8), .s4(s8[3:0]), .co4(sc));
    adder4b u2(.a4(a8[7:4]), .b4(b8[7:4]), .c4(sc), .s4(s8[7:4]), .co4(co8));
endmodule
```

3．仿真结果验证

在程序调试和仿真时，要使用自底向上的方法进行，也就是对于含有多个模块的设计，要先从底层模块进行调试和仿真，再进行更高层次模块的调试和仿真，最后进行顶层模块的调试与仿真。图 6.2 和图 6.3 分别是使用 Quartus Ⅱ 8.0 对 adder4b 和 adder8b 进行时序仿真的结果。从仿真结果可以看出，从输入到输出有一个时延，时间大概为几个纳秒。同时要经过一个大概几个纳秒的不稳定状态或过渡过程，系统才达到一个稳定而正确的结果。经过对各组输入与输出数据的分析，确认仿真结果是正确的。

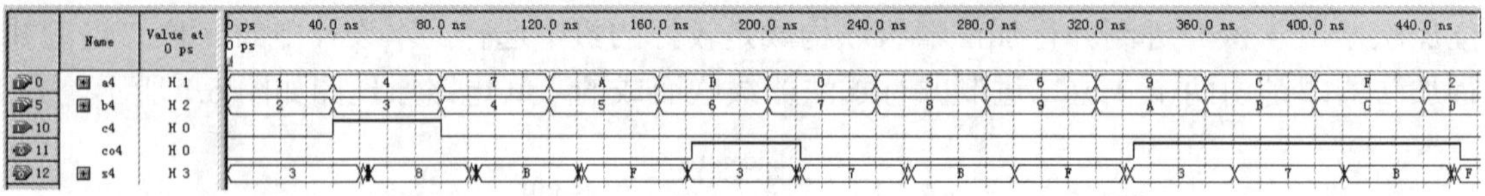

图 6.2　adder4b 的时序仿真结果

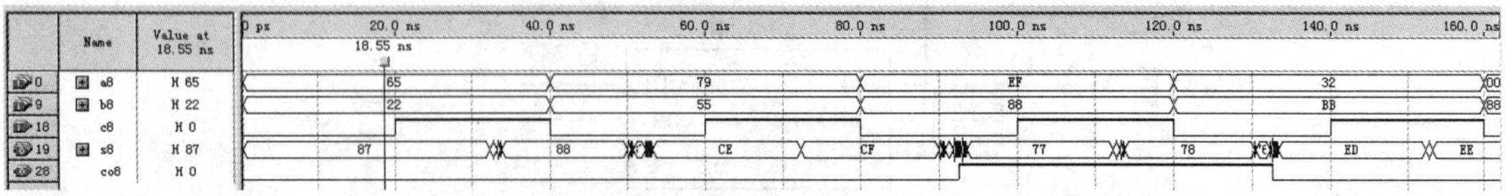

图 6.3　adder8b 的时序仿真结果

4. 逻辑综合分析

图 6.4 是使用 Quartus Ⅱ 8.0 进行逻辑综合后 adder8b 的 RTL 视图，图 6.5 是对 adder8b 的 RTL 视图中的 adder4b 进行展开后的视图。图 6.6 是使用 Quartus Ⅱ 8.0 对 adder8b 进行逻辑综合后的资源使用情况。

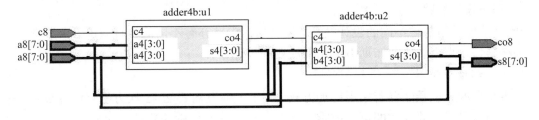

图 6.4　adder8b 综合后的 RTL 视图

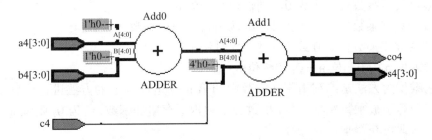

图 6.5　adder8b 的 RTL 视图中的 adder4b 展开后的视图

```
Flow Status                    Successful - Thu Apr 28 21:24:47 2011
Quartus II Version             8.0 Build 215 05/29/2008 SJ Full Version
Revision Name                  adder8b
Top-level Entity Name          adder8b
Family                         FLEX10K
Device                         EPF10K10TC144-3
Timing Models                  Final
Met timing requirements        Yes
Total logic elements           10 / 576 ( 2 % )
Total pins                     26 / 102 ( 25 % )
Total memory bits              0 / 6,144 ( 0 % )
```

图 6.6　adder8b 逻辑综合后的资源使用情况

5. 硬件逻辑验证

若使用 GW48 系列 EDA 实验开发系统进行硬件逻辑验证，可选择实验电路结构图 NO.1，由 5.2 节的实验电路结构图 NO.1 和图 6.1 确定引脚的锁定。如可取实验电路结构图的 PIO3～PIO0 接 a8[3:0]、PIO7～PIO4 接 a8[7:4]、PIO11～PIO8 接 b8[3:0]、PIO15～PIO12 接 b8[7:4]、PIO49 接 c8。此加法器的被加数 a8 和加数 b8 分别由键 2 与键 1、键 4 与键 3 输入，加法器的最低位进位 c8 由键 8 输入，计算结果将分别通过 PIO23～PIO20、PIO19～PIO16 输出，并显示于数码管 6(高 4 位)和数码管 5(低 4 位)，溢出进位由 PIO39 输出，当有进位时，结果显示于发光管 D8。

6.2 8 位乘法器的设计

1. 系统设计思路

一般乘法器采用各种不同的设计技巧，综合后的电路亦有不同的执行效能。本节将介绍移位乘法器、定点乘法器及布斯(booth)乘法器的设计。

1) 8 位移位乘法器

不带符号的 8 位乘法器若采用连加方式，则最差情况需要 2^8-1 次方能完成计算；而采用移位式则最多仅需要 8 次即可完成乘法计算。移位式 8 位乘法器计算流程如下：

(1) 输入 8 位被乘数 a 及乘数 b 时，程序会先判断输入值：

- 若乘数及被乘数有一个为 0，则输出乘积为 0；
- 若被乘数与乘数中有一个为 1，则输出乘积为被乘数或乘数；
- 若被乘数或乘数皆非 0 或 1，则利用算法求得乘积。

先预设乘积 p 为 0，位 n = 0，0 ≤ 位 n < 8。

算法求乘积的方法是：利用判断乘数中的第 n 位是否为 1 的方法进行计算。若为 1，则乘积缓存器等于被乘数左移 n 位，积数等于乘积缓存器加积数；若为 0，则位 n = 位 n + 1。如此判断 8 次即可获得乘积。

(2) 当乘数和被乘数均为 8 位时，以 for 循环执行 8 次即可完成乘法计算。

2) 8 位定点乘法器

一般作乘法运算时，均以乘数的每一位数乘以被乘数后，所得部分乘积再与乘数每一位数的位置对齐后相加。经过对二进制乘法运算规律的总结，定点乘法运算中进行相加的运算规则为：

(1) 当乘数的位数字为 1 时，可将被乘数的值放置适当的位置作为部分乘积。

(2) 当乘数的位数字为 0 时，可将 0 放置适当的位置作为部分乘积。

(3) 在硬件中可利用 and 门做判断，如 1010 × 1，乘数 1 和每一个被乘数的位都作 and 运算，其结果为 1010，只需用 and 门就可得到部分乘积。

(4) 当部分乘积都求得后，再用加法器将上述部分乘积相加完成乘积运算。

3) 8 位布斯乘法器

布斯(booth)乘法算法，是先将被乘数的最低位加设一虚拟位，开始时虚拟位设为 0，并存放于被乘数中。根据最低位与虚拟位构成的布斯编码的不同，分别执行如下四种运算：

(1) 00：不执行运算，乘积缓存器直接右移 1 位。

(2) 01：将乘积加上被乘数后右移 1 位。

(3) 10：将乘积减去被乘数后右移 1 位。

(4) 11：不执行运算，乘积缓存器直接右移 1 位。

2. Verilog HDL 源程序

1) 8 位移位乘法器

```
//8 位移位乘法器 mult8s.v

module mult8s(p, a, b);
```

```
        input [7:0] a, b;                //a 为被乘数，b 为乘数
        output [15:0] p;                 //16 位乘积
        reg [15:0] rp, temp;
        reg [7:0] ra, rb;
        reg [3:0] rbn;
        always @(a or b)
          begin
            ra = a; rb = b;
            if (a==0 || b==0)            //当 a=0 或 b=0 时，rp=0
              rp = 16'b0;
            else if (a==1)               //当 a=1 时，rp=rb
              rp = rb;
            else if (b==1)               //当 b=1 时，rp=ra
              rp = ra;
            else
              begin
              rp = 15'b0;
              for (rbn=0; rbn<8; rbn = rbn + 1)
                if   (rb[rbn] == 1'b1)
                  begin
                  temp = ra << rbn;      //左移 rbn 位
                  rp = rp + temp;
                  end
              end
          end
        assign p = rp;
    endmodule
```

2) 8 位定点乘法器

```
    //8 位定点乘法器 mult8_fp.v
    module mult8_fp(p, a, b);
        parameter width = 8;                 //设定数据宽度为 8 位
        input [width-1:0] a;                 //被乘数
        input [width-1:0] b;                 //乘数
        output [width+width-1:0] p;          //乘积
        reg [width-1:0] pp;                  //设定乘积的暂存器
        reg [width-1:0] ps;                  //设定和的暂存器
        reg [width-1:0] pc;                  //设定进位的暂存器
        reg [width-1:0] ps1, pc1;
        reg [width-1:0] ppram [width-1:0];   //设定乘积的暂存器
        reg [width-1:0] psram [width:0];     //设定和的暂存器
```

```verilog
reg [width-1:0] pcram [width:0];                    //设定进位的暂存器
reg [width+width-1:0] temp;                          //设定乘积的暂存器
integer j, k;
always @(a or b)                                     //读取乘数与被乘数
   begin
     for(j=0; j<width; j=j+1)
       begin
       for(k=0; k<width; k=k+1)
         pp[k] = a[k]&b[j];                          //利用 and 完成部分乘积
         ppram[j] = pp[width-1:0];                   //存入乘积缓存器中
         pc[j] = 0;                                  //将进位 pc 设定为 0
       end
       pcram[0] = pc[width-1:0];
       psram[0] = ppram[0];                          //将 ppram 的列设定给 pp
       pp = ppram[0];
       temp[0] = pp[0];
       for(j=1; j<width; j=j+1)
        begin
         pp = ppram[j];                              //将 ppram 的列设定给 pp
         ps = psram[j-1];
         pc = pcram[j-1];
         for(k=0; k<width-1; k=k+1)
           begin
           ps1[k] = pp[k] ^ pc[k] ^ ps[k+1];         //全加器之和与进位运算
           pc1[k] = pp[k] & pc[k] | pp[k] & ps[k+1] | pc[k] & ps[k+1];  //
           end
         ps1[width-1] = pp[width-1];                 //将 pp 乘积指定给 ps1
         pc1[width-1] = 0;                           //设定每列的最后一个进位都为 0
         temp[j] = ps1[0];                           //将每个 ps1(0)设定给乘积
         psram[j] = ps1[width-1:0];                  //将 ps1 存到 psram 数组中
         pcram[j] = pc1[width-1:0];
         end
       ps = psram[width-1];
       pc = pcram[width-1];
       pc1[0] = 0;
       ps1[0] = 0;
       for (k=1; k<width; k=k+1)
          begin
          ps1[k] = pc1[k-1]^pc[k-1]^ps[k];           //全加器之和与进位运算
          pc1[k] = pc1[k-1]&pc[k-1]|pc1[k-1]&ps[k]|pc[k-1]&ps[k];
```

```
                end
            temp[width+width-1] = pc1[width-1];        //将 ps1 的值设定给乘积结果
            temp[width+width-2:width] = ps1[width-1:1];
        end
    assign p = temp[width+width-1:0];              //乘积结果的输出
endmodule
```

3) 8 位布斯乘法器

```
//8 位布斯乘法器 booth.v
module booth(a, b, p);
    parameter width=8;                          //设定为 8 位
    input [width-1:0] a, b;                      //a 为被乘数，b 为乘数
    output [width+width-1:0] p;                  //乘积结果
    reg [width+width-1:0] p;
    integer cnt;                                 //右移次数
    reg [width+width:0] pa, right;               //暂存乘数
    always @ (a or b)
        begin
        pa[width+width:0]={16'b0, a, 1'b0}; //{p, a, 1'b0}
        for(cnt = 0; cnt < width; cnt = cnt+1)
            begin
            case(pa[1:0])                        //pa 最后两位 pa[1:0]用于 case 选择函数
                2'b10:
                    begin
                    //pa=pa-b
                    pa[width+width:width+1] = pa[width+width:width+1] - b[width-1:0];
                    rshift(pa, right);            //执行算术右移 task 子程序
                    end
                2'b01:
                    begin
                    //pa=pa+b
                    pa[width+width:width+1] = pa[width+width:width+1] + b[width-1:0];
                    rshift(pa, right);            //执行算术右移 task 子程序
                    end
                default:
                    rshift(pa, right);            //直接执行算术右移 task 子程序
            endcase
            pa=right;
            end
        p[width+width-1:0] = pa[width+width:1];   //将乘积指定给输出端
    end
```

```
//右移 task 子程序
task rshift;
    input [width+width:0] pa;                        //输入为 pa
    output [width+width:0] right;                    //输出为 right
    case (pa[width+width])
      //最高位为 0 的算术右移
      1'b0: right[width+width:0] = {1'b0, pa[width+width:1]};
      //最高位为 1 的算术右移
      1'b1: right[width+width:0] = {1'b1, pa[width+width:1]};
    endcase
  endtask
endmodule
```

3．仿真结果验证

图 6.7 是使用 Quartus Ⅱ 8.0 对移位乘法器 mult8s 进行时序仿真的结果。当输入 a=36、b=12 时，乘积输出 p 应为 $36 \times 12 = 432$，实际仿真输出为 432，因此仿真结果是正确的。同理可验证其余的仿真结果也是正确的。定点乘法器 mult8_fp 和布斯乘法器 booth 的时序仿真和结果分析，请读者自己完成。

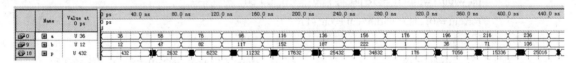

图 6.7   移位乘法器 mult8s 的时序仿真结果

4．逻辑综合分析

根据第 6.1 节所述的方法，请读者自己进行逻辑综合，查看并分析有关综合结果。

5．硬件逻辑验证

若使用 GW48 系列 EDA 实验开发系统进行硬件逻辑验证，可选择实验电路结构图 NO.1，由 5.2 节的实验电路结构图 NO.1 和对应程序的输入输出端口定义确定引脚的锁定。被乘数 a[7:0]接 PIO15～PIO8(由键 4、键 3 输入 8 位二进制数)，乘数 b[7:0]接 PIO7～PIO0(由键 2、键 1 输入 8 位二进制数)，乘积输出 p[15:0]接 PIO31～PIO16。

进行硬件验证的方法为：键 4 和键 3 分别输入被乘数的高 4 位和低 4 位(输入值显示于数码 4 和数码 3)，键 2 和键 1 分别输入乘数的高 4 位和低 4 位(输入值显示于数码 2 和数码 1)；乘积显示于数码管 8～数码管 5，高位在左。

6.3   8 位除法器的设计

1．系统设计思路

1) 8 位移位除法器

(1) 输入被除数 a 及除数 b 时，程序会先判断输入值：

● 若除数及被除数均为 0，则此表达式无意义，商数输出记为 0，余数输出记为 0，因为溢位输出为 1，所以商数无意义；

● 若除数为 0 且被除数大于 0，则此表达式溢位输出，商数输出为 0，余数输出为 0，溢位输出为 1；

● 若被除数及除数相等，则输出商数为 1，余数输出为 0，溢位输出为 0；

● 若被除数小于除数，则输出商数为 0，余位输出为被除数，溢位输出为 0；

● 若除数为 1，则输出商数为被除数，余数输出为 0，溢位输出为 0；

● 若被除数大于除数，则利用下列算法求出商数。

预设商数 q 为 0，余数 r 为 0，位 c_n=8(为 8 位除法器)。

此算法先判断位 c_n 是否大于 0，若大于 0，则余数左移一位，余数则等于余数加上被除数第 c_n-1 位的值，商数左移一位。再判断余数是否大于或等于除数，若大于或等于除数，商数则等于商数加 1，余数等于余数减除数；若小于除数，则 $c_n=c_n-1$。再判断 c_n 是否大于 0，如此来回判断 8 次，即可获得商数、余数。

(2) 此算法的优点是 n 位除法器仅需判断 n 次即可获得商数、余数，无需进行庞大的运算。

2) 8 位重存除法器

已知被除数 a、除数 b，则商数 q 及余数 r 与 a、b 的关系定义为：a=q*b+r。在进行除法运算时，商数 q 中的每一位均可通过执行一连串的减法 $2r_i-b$ 确定。对于重存除法，在每一步骤中均执行 $r_{i+1}=2r_i-b$。当相减结果为负时，必须执行重存加法算法，即 $r_{i+1}=2r_i+b$。换言之，若对应商数 q_i 为 0，则部分的余数将由修正值重新存回。其执行步骤为：

(1) 将被除数存入缓存器 a(亦为商数)中，除数放在缓存器 b 中，接着将余数缓存器 r 清除为 0，然后开始作 n 次除法步骤(n 是商数的位长度)。

(2) 将{r，a}所组成的缓存器向左移一位。

(3) 余数缓存器 r 减掉除数缓存器 b，并把差值再存回余数缓存器 r。

(4) 如果差值是负的，则被除数缓存器 a 最低位设为 0，否则为 1。

(5) 差值是负值确定之后，把 r 加回 b 以恢复旧的 r 值。

3) 8 位非重存除法器

已知被除数 a、除数 b，则商数 q 及余数 r 与 a、b 的关系定义为：a=q*b+r。在进行除法运算时，商数 q 中的每一位均可通过执行一连串的减法 $2r_i-b$ 确定。非重存除法算法，是由重存除法算法演变而来的。对于非重存除法，在每一步骤中均执行 $r_{i+1}=2r_i-b$。当相减结果为负时(对应商数 q_i 为 0)，不做重存操作，而是继续左移一位，如此可节省重存除法中的加法器。非重存除法的执行步骤为：

(1) 将被除数存入缓存器 a(亦为商数)中，除数放在缓存器 b 中，接着将余数缓存器 r 清除为 0，然后开始作 n 次除法步骤(n 是商数的位长度)。

(2) 将{r，a}所组成的缓存器向左移一位。

(3) 检查余数缓存器 r，若为负数，则将除数缓存器 b 加入余数缓存器 r；若为正值，则由余数缓存器 r 减去除数缓存器 b。

(4) 如果余数缓存器 r 为负值，则设 a 的最低位 0，反之设为 1。

(5) 若最后一次的余数为负，则须将除数 b 重新加回余数 r。

2. Verilog HDL 源程序

1) 8 位移位除法器

```verilog
// 8 位移位式除法器 div8s.v
module div8s(q, r, o, a, b);
    parameter bitl = 8;                    //数据位长
    input [bitl-1:0] a, b;                 //a 为被除数, b 为除数
    output [bitl-1:0] q,r;                 //q 为商, r 为余数
    output o;                              //溢出标志
    reg [bitl-1:0] rq, rr;
    reg over;
    reg [bitl-1:0] ra, rb;
    reg [bitl-1:0] cnt;                    //位计数器
    always@(a or b)
      begin
        over = 0; ra = a; rb = b;
        if (rb == 0)                       //当 rb=0 时, 使 rq=0, rr=0
          begin
            rq = 0; rr = 0;
            if (ra == 0)                   //当 ra=0 时, 使 over=1
              over=1;
            else
              begin
                rq = -1; rr = -1; over = 1;
              end
          end
        else if (ra == rb)                 //当 ra=rb 时, 使 rq=1, rr=0
          begin
            rq = 1; rr = 0;
          end
        else if (ra < rb)                  //当 ra<rb 时, 使 rq=0, rr=a
          begin
            rq = 0; rr = ra;
          end
        else if (rb == 1)                  //当 b=1 时, 使 rq=a, rr=0
          begin
            rq = ra; rr = 0;
          end
        else                               //当 a>b 时, 使 rq=0, rr=0
          begin
            rq = 0; rr = 0;                //初始化 rq 和 rr
```

```
            for (cnt = bitl-1; cnt > 0; cnt = cnt-1)
                begin
                    rr = {rr[bitl-2:0], ra[cnt-1]};  rq = rq << 1;
                    if (rr >= rb)                    //当 rr≥rb 时，使 rq = rq + 1，rr = rr - rb
                        begin
                            rq = rq + 1; rr = rr - rb;
                        end
                end
            end
        end
    assign q = rq;
    assign r = rr;
    assign o = over;
endmodule
```

2)　8 位重存除法器

```
// 8 位重存除法器 divrd8.v
module divrd8(q, r, o, a, b);
    parameter width = 8 ;            //设定 8 位
    output    [width-1:0] q;         //商
    output    [width-1:0] r;         //余数
    output    o;                     //溢出标志
    input    [width-1:0] a;          //被除数
    input    [width-1:0] b;          //除数
    reg    [width:0] p;
    reg    [width-1:0] q, div, r;
    integer   i;
    always@(a or b)
        begin
        q = a;
        div = b;
        p = {8'h00, 1'b0};
        for(i=0; i<width; i=i+1)
            begin
            p = {p[width-1:0], q[width-1]};
            q = {q[width-2:0], 1'b0};
            p =p + {~{1'b0,div} + 1'b1};
            case(p[width])
                1'b0 : q[0] = 1'b1;          //正的余数
                1'b1 : begin                 //负的余数
                        p =p + div;          //恢复加法
```

```
                    q[0] = 1'b0;
                end
            endcase
        end
        r = p[width-1:0];
    end
    assign o= (b==8'h00) ? 1'b1 : 1'b0;      //溢出检测
endmodule
```

3) 8 位非重存除法器

```
// 8 位非重存除法器 divnrd8.v
module divnrd8(a, b, q, r, o);
    parameter width = 8;                //设定 8 位
    input [width-1:0] a, b;             //a 为被除数，b 为除数
    output [width-1:0] q, r;            //q 为商，r 为余数
    output o;                           //溢出标志
    reg   [width:0] p;
    reg   [width-1:0] q, div, r;
    reg   sign;                         //余数符号位
    integer i;
    always@(a or b)
        begin
        sign = 1'b0; q = a; div = b;
        p = {8'h00,1'b0};
        for(i=0;i<width;i=i+1)
            begin
            p = {p[width-1:0], q[width-1]};
            q = {q[width-2:0], 1'b0};
            if(sign == 1'b1)
                p = p + {1'b0,div};
            else
                p = p + {~{1'b0,div} + 1'b1};
                case(p[width])
                    1'b0: begin sign = 1'b0; q[0] = 1'b1; end
                    1'b1: begin sign = 1'b1; q[0] = 1'b0; end
                endcase
            end
        //若余数为负数，则修正余数
        if(p[width] == 1'b1)
            begin
```

```
            p = p + {1'b0,div}; r = p[width-1:0];            //余数输出
         end
      else
         r = p[width-1:0];
      end
      assign o = (b==8'h00) ? 1'b1 : 1'b0;                   //溢出检测
   endmodule
```

3. 仿真结果验证

图 6.8 是使用 Quartus Ⅱ 8.0 对移位除法器 div8s 进行时序仿真的结果。当被除数 a=122，除数 b=20 时，商 q 应为 122/20=6，余数 r=2，溢出标志 o=0，此时实际仿真输出与此完全相同。同理可验证其余值运算的仿真结果也是正确的。8 位重存除法器 divrd8s 和非重存除法器 divnrd8s 的时序仿真和结果分析请读者自己完成。

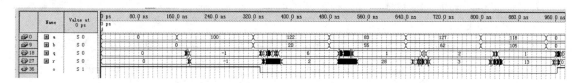

图 6.8　8 位移位除法器 div8s 的时序仿真结果

4. 逻辑综合分析

根据第 6.1 节所述的方法，请读者自己进行逻辑综合，查看并分析有关综合结果。

5. 硬件逻辑验证

若使用 GW48 系列 EDA 实验开发系统进行硬件逻辑验证，可选择实验电路结构图 NO.1，由 5.2 节的实验电路结构图 NO.1 和对应程序的输入输出端口定义确定引脚的锁定。如被除数 a[7:0]接 PIO15～PIO8(由键 4、键 3 输入 8 位二进制数)，除数 b[7:0]接 PIO7～PIO0(由键 2、键 1 输入 6 位二进制数)，商输出 q[7:0]接 PIO31～PIO24，余数输出 r[7:0]接 PIO23～PIO16，溢出信号 o 接 PIO32。

进行硬件验证时方法为：键 4 和键 3 分别输入被除数的高 4 位和低 4 位(输入值显示于数码管 4 和数码管 3)，键 2 和键 1 分别输入除数的高 2 位和低 4 位(输入值显示于数码管 2 和数码管 1)；商显示于数码管 8 和数码管 7，余数显示于数码管 6 和数码管 5，高位在左，溢出信号显示于 D1。

6.4　可调信号发生器的设计

1. 系统设计思路

设计一个可调信号发生器，可产生正弦波、方波、三角波和锯齿波四种信号，能够实现信号的转换，并具有频率可调的功能。

可调信号发生器由三部分构成：地址指针、数据 ROM 和 D/A。地址指针用来产生地址；数据 ROM 中存放波形数据，包括正弦波、方波、三角波和锯齿波；D/A 用来将波形

数据转换为模拟波形。

2. Verilog HDL 源程序

1) 顶层模块 signalgen 的设计

```verilog
//顶层模块 signalgen.v
module signalgen(clk, control, i, q_out);
    input clk;
    input[1:0] control;
    input[3:0] i;                      //读取数据间隔，调整频率
    output [7:0] q_out;                //输出数据
    reg [8:0] addr;
    reg [7:0] q_out, m, k;
    datarom u1(.address(addr), .clock(clk), .q(q_out));
    always @(posedge clk)
        begin
        case(control)          //根据 control 的不同控制产生正弦波、锯齿波、方波和三角波
        0:begin                //产生正弦波
            if(addr>=127)
                addr<=0;
            else
                begin
                if(i==0||i==1)
                    addr<=addr+1;
                else
                    begin
                    k<=127/i; m<=i*k;  addr<=addr+i;
                    if(addr>=m) addr<=0;
                    end
                end
            end
        1:begin                //产生锯齿波
            if((addr<128)||(addr>=255))
                addr<=128;
            else
                begin
                if(i==0||i==1)
                    addr <= addr+1;
                else
                    begin
                    k<= 127/i; m<=i*k; addr<=addr+i;
                    if(addr>=(m+128)) addr<=128;
```

```
                    end
                  end
                end
          2:begin                    //产生方波
             if((addr<256)||(addr>=383))
                addr<=256;
              else
                begin
                if(i==0||i==1)
                   addr<=addr+1;
                else
                  begin
                  k<=127/i; m<=i* k; addr<= addr+i;
                  if(addr>=(m+256))  addr<=256;
                  end
                end
              end
          3:begin                //产生三角波
             if(( addr<384)||(addr>=511))
                addr<=384;
              else
                begin
                if (i==0||i==1)
                   addr<= addr+1;
                else
                  begin
                  k<=127/i; m<=i*k;  addr<=addr+i;
                  if(addr>=(m+384)) addr<=384;
                  end
                end
              end
          endcase
        end
      endmodule
```

2) 底层 datarom 模块的设计

(1) 建立 ROM 初始化文件。ROM 的初始化文件用来完成对数据的初始化，即将所有
将要显示的波形数据存放到 ROM 里。下面是常用的两种初始化设计方法：

● 建立 .mf 格式文件。首先选择 ROM 数据文件编辑窗口，即在【File】菜单中选择
【New】，并在【New】对话框中选择【Other files】标签，选择【Memory Initization file】，
单击【OK】按钮后产生 ROM 数据文件大小选择对话框。这里采用 512 点 8 位数据的情况，

可选 ROM 的数据数(Numer)为 512，数据宽(Word size)为 8 位。单击【OK】按钮，将出现空的 mif 数据表格，表格中的数据为十进制表达方式，任一数据对应的地址为左列与顶行数之和。将波形数据填入表中，完成后在【file】菜单中单击【Save as】，保存此数据。

- 建立 hex 格式文件。建立 .hex 格式文件的方法有两种：第一种方法与建立 .mif 格式文件的方法相同，只是在【New】对话框中选择【Other files】标签，然后选择 H，最后生成 hex 格式文件；第二种方法是用 C 语言或者使用 MATLAB 等工具生成 .hex 格式的波形数据。

datarom 的数据如下：

```
128 134 140 146 152 159 165 171 176 182 188 193 199 204 209 213
218 222 226 230 234 237 240 243 246 248 250 252 253 254 255 255
255 255 255 254 253 252 250 248 246 243 240 237 234 230 226 222
218 213 209 204 199 193 188 182 176 171 165 159 152 146 140 134
128 122 116 110 104 97 91 85 80 74 68 63 57 52 47 43 38 34 30
26 22 19 16 13 10 10 8 6 4 3 2 1 1 1 1 1 2 3 4 6 8 10 13 16
19 22 26 30 34 38 43 47 52 57 63 68 74 80 85 91 97 104 110
116 122 0 1 2 3 4 5 6 7 8 9 10 11 12 13 14 15 16 17 18 19
20 21 22 23 24 25 26 27 28 29 30 31 32 33 34 35 36 37 38 39
40 41 42 43 44 45 46 47 48 49 50 51 52 53 54 55 56 57 58 59
60 61 62 63 64 65 66 67 68 69 70 71 72 73 74 75 76 77 78 79
80 81 82 83 84 85 86 87 88 89 90 91 92 93 94 95 96 97 98 99
100 101 102 103 104 105 106 107 108 109 110 111 112 113 114 115
116 117 118 119 120 121 122 123 124 125 126 127 255 255 255 255
255 255 255 255 255 255 255 255 255 255 255 255 255 255 255 255
255 255 255 255 255 255 255 255 255 255 255 255 255 255 255 255
255 255 255 255 255 255 255 255 255 255 255 255 255 0 0 0 0 0 0
0 0 0 0 0 0 0 0 0 0 0 0 0 0 0 0 0 0 0 0 0 0 0 0 0 0 0 0 0 0 0
0 0 0 0 0 0 0 0 0 0 0 0 0 0 0 0 0 0 0 0 0 0 0 0 0 0 0 0 0 0 0 0
0 0 0 0 2 4 6 8 10 12 14 16 18 20 22 24 26 28 30 32 34 36
38 40 42 44 46 48 50 52 54 56 58 60 62 64 66 68 70 72 74 76
78 80 82 84 86 88 90 92 94 96 98 100 102 104 106 108 110 112
114 116 118 120 122 124 126 124 122 120 118 116 114 112 110
108 106 104 102 100 98 96 94 92 90 88 86 84 82 80 78 76 74 72
70 68 66 64 62 60 58 56 54 52 50 48 46 44 42 40 38 36 34 32
30 28 26 24 22 20 18 16 14 12 10 8 6 4 2 0
```

(2) 利用 MegaWizard Plug-In Manager 定制正弦信号数据 datarom。在【Tools】菜单中选择【MegaWizard Plug-In Manager】，弹出对话框。选择【Create a new custom megafunction variation】，即定制一个新的模块。单击该对话框的【Next】按钮后，新出现的操作对话框如图 6.9 所示，选择【Memory Compiler】项下的【ROM：1-PORT】，再选目标器件为 Cyclone II 器件和 Verilog HDL 语言方式，最后键入 ROM 文件存放的路径和文件名。

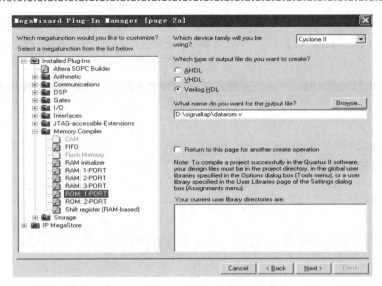

图 6.9　定制模块选择及输出文件的选择与设置选择

　　根据依次弹出的操作设置对话框，依次选择设置 ROM 控制线、地址、数据线，选择设置输出端口，选择设置 ROM 初始文件，声明元器件库，直至完成 datarom 的定制。其中，dataromde1 初始文件设置如图 6.10 所示。

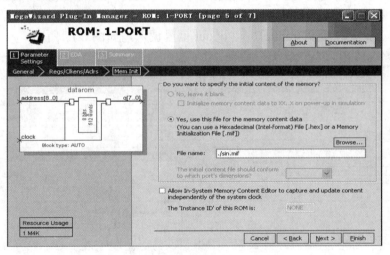

图 6.10　选择设置 ROM 初始文件 datarom.mf

3．仿真结果验证

　　这里使用 SignalTap II 嵌入式逻辑分析仪进行实时测试。SignalTap II 嵌入式逻辑分析仪集成在 Quartus II 设计软件中，能够捕获和显示可编程片上系统(SOPC)设计中实时信号的状态，还可以实时测试 FPGA 中的信号波形。目前，SignalTap II 嵌入式逻辑分析仪支持的器件系列包括 APEXT II\APEX20KE\APEX20KC\APEX20K\CYCLONE\EXCALIBUR\MERCURY\STRATIX GX\STRATIX 等。使用 SignalTap II 的一般流程是：设计人员在完成设计并编译工程后，建立 SignalTap II(.stp)文件并加入工程→配置 STP 文件→编译并下载设计到 FPGA→在 Quartus II 中显示被测信号的波形→测试完毕后将该逻辑分析仪从项目中删除。本设计中使用 SignalTap II 进行波形实时测试的步骤如下：

(1) 选择【File】菜单中的【New】，在【New】对话框中选择【Other Files】标签中的【SignalTap Ⅱ Logic Analyzer File】，单击【OK】按钮，即出现如图 6.11 所示的 SignalTap Ⅱ 编辑器。

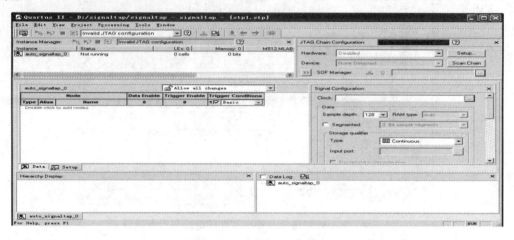

图 6.11　signaltap Ⅱ 编辑器

(2) 调入待测信号及保存文件。首先单击上排的【Instance】栏内的【auto-signaltap_0】，根据自己的意愿将其改名，这是其中一组待测信号。为了调入待测信号，在下栏的空白处双击，即弹出【Node Finder】对话框，单击【List】即在左栏出现与此工程相关的所有信号，包括内部信号。此例中要将 control、i、q_out 信号调入，如图 6.12 所示。

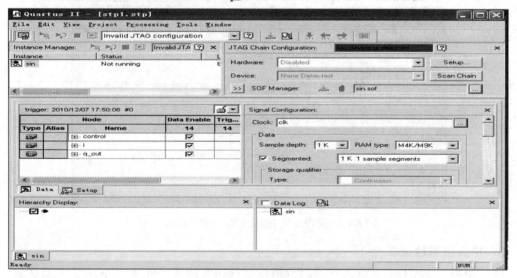

图 6.12　调入待测信号

不能将工程的主频时钟信号调入信号观察窗。如果有总线信号，只需调入总线信号即可，而慢速信号可不调入。调入信号的数量应根据实际需要来决定，不可随意调入过多的没有实际意义的信号，这会导致 SignalTap Ⅱ 无谓地占用芯片内过多的资源。最后，保存 SignalTap Ⅱ 文件。

选择【File】菜单中的【Save As】命令，键入此 SignalTap Ⅱ 文件的文件名，扩展名是默认的 "stp"。单击保存按钮后将出现一个提示："Do you want to enable SignalTap Ⅱ …"，应该单击【Yes】按钮，表示同意再次编译时将此 SignalTap II 文件(核)与工程(sindt)捆绑在一起综合/适配，以便一同被下载进 FPGA 芯片中去。如果单击【No】按钮，则必须自己去设置，方法是，选择菜单【Assignments】中的【Settings】命令，在【Category】栏中选择【SignalTap II Logic Analyzer】。在【SignalTap II File】栏选择已保存的 SignalTap II 文件名，并选择【Enable SignalTap II Logic Analyzer】，单击【OK】按钮即可。但应该特别注意，当利用 SignalTap II 将芯片中的信号全部测试结束后，如在构成产品前，不要忘了将 SignalTap II 从芯片中除去。方法是在此窗口中关闭【Enable SignalTap II Logic Analyzer】，再编译一次即可。

(3) SignalTap II 的参数设置。单击最大化按钮和窗口左下角的【Setup】，即出现如图 6.13 所示的全屏编辑窗口。首先选择输入逻辑分析仪的工作时钟信号 Clock，单击 Clock 栏左侧的 "…" 按钮，选择工程的主频时钟信号。接着在【Data】框的【Sample】栏选择此组信号的采样深度(sample depth)为 1 kbit。注意，这个深度一旦确定，信号组的每一位信号就将获得同样的采样深度。然后设置观察信号的要求，在【Buffer acquisition mode】框的【Circulate】栏设置既定的采样深度中起始触发的位置，比如选择中点触发(Center trigger position)。最后设置触发信号和触发方式，这可以根据具体需求来选置。在【Trigger】框的【Trigger level】栏选择 1；选择【Trigger In】复选框，并在【Source】栏选择触发信号。在这里选择 sin 工程的内部计数器最高位输出信号 address[6]作为触发信号，在【Pattern】栏选择上升沿触发方式(Rising Edges)，即当 address[6]为上升沿时，Signal Tap II 在 CLK 的驱动下对信号组的信号进行连续或单次采样(根据设置决定)。设置完毕后保存。

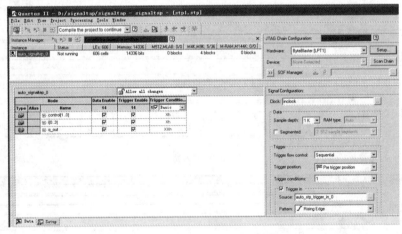

图 6.13　Signaltap II 编辑器设置

(4) 编译下载。首先选择【Processing】菜单的【Start Compilation】项，启动全程编译。编译结束后，SignalTap II 的观察窗口通常会自动打开，若没有打开，可选择【Tools】菜单中的【SignalTap II Analyzer】，以打开 SignalTap II。通过右上角的【Setup】按钮选择硬件通信模式；然后单击下方【Device】栏的【scan Chain】按钮，对实验板进行扫描。如果在栏中出现板上 FPGA 的型号名，表示系统 JTAG 通信情况正常，可以进行下载。最后在【File】栏选择下载文件，单击下载标号，观察左下角下载信息。

(5) 启动 SignalTap II 进行测试与分析。单击【Intance】，再单击【Autorun Analysis】，启动 SignalTap II，然后单击左下角的【Data】和全屏控制钮，这时就能在 SignalTap II 数据窗口通过 JTAG 接口观察到来自实验板上的 FPGA 内部实时信号。数据窗口的上沿坐标是采样深度的二进制位数，全程是 1 kbit。如果单击总线名(如 q_out)左侧的"+"号，可以展开此总线信号，同时可用左、右键控制数据的展开。如果要观察相应的模拟波形，右键单击 q_out 左侧的端口标号，在弹出的下拉栏中选择【Bus Display Format】的【Unsigned Line Chart】，即可得到如图 6.14～图 6.17 所示波形。

(6) 对于各种波形，通过 i 设置频率的大小。

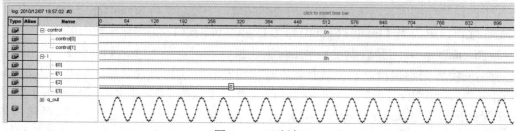

图 6.14   正弦波

图 6.15   锯齿波

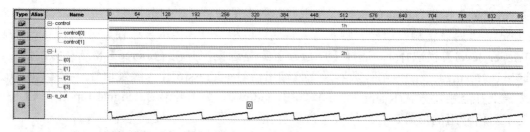

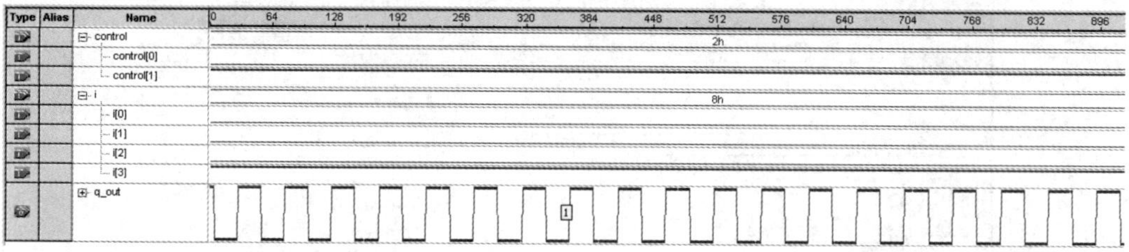

图 6.16   方波

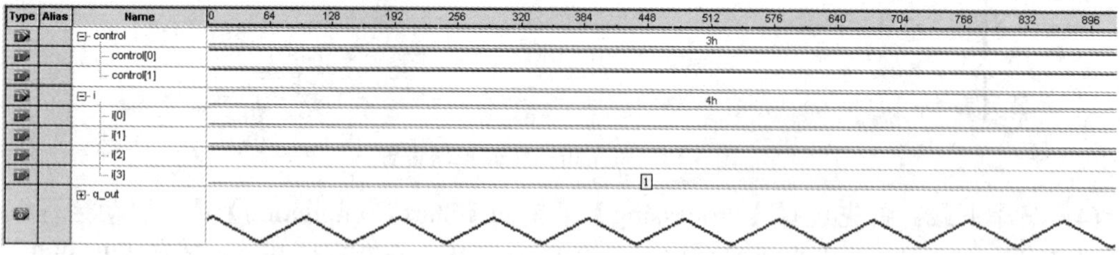

图 6.17   三角波

4．逻辑综合分析

使用 Quartus Ⅱ 8.0 对 signalgen 进行逻辑综合后可查看 RTL 视图。图 6.18(a)和(b)分别是选用 EPF10K10TC144-3 和选用 EP2C8T144C6 芯片、使用 Quartus Ⅱ 8.0 对 signalgen 进行逻辑综合后的资源使用情况。图 6.19 是 signalgen 的时钟性能分析结果，从结果可以看出，若选用 EPF10K10TC144-3 芯片，该系统的最高频率可达到 35.34 MHz；若选用 EP2C8T144C6 芯片，该系统的最高频率可达到 170.88 MHz。从这里可以看出，对于相同的一个 Verilog HDL 设计，若采用不同的芯片，该系统的最高频率是不相同的。

```
Flow Status            Successful - Thu Apr 28 23:17:43 2011
Quartus II Version     8.0 Build 215 05/29/2008 SJ Full Version
Revision Name          signalgen
Top-level Entity Name  signalgen
Family                 FLEX10K
Device                 EPF10K10TC144-3
Timing Models          Final
Met timing requirements Yes
Total logic elements   220 / 576 ( 38 % )
Total pins             15 / 102 ( 15 % )
Total memory bits      4,096 / 6,144 ( 67 % )
```

```
Flow Status                        Successful - Thu Apr 28 23:22:11 2011
Quartus II Version                 8.0 Build 215 05/29/2008 SJ Full Version
Revision Name                      signalgen
Top-level Entity Name              signalgen
Family                             Cyclone II
Device                             EP2C8T144C6
Timing Models                      Final
Met timing requirements            Yes
Total logic elements               142 / 8,256 ( 2 % )
    Total combinational functions  142 / 8,256 ( 2 % )
    Dedicated logic registers      24 / 8,256 ( < 1 % )
Total registers                    24
Total pins                         15 / 85 ( 18 % )
Total virtual pins                 0
Total memory bits                  4,096 / 165,888 ( 2 % )
Embedded Multiplier 9-bit elements 0 / 36 ( 0 % )
Total PLLs                         0 / 2 ( 0 % )
```

(a) 选用 EPF10K10TC144-3 的资源使用情况　　　　　(b) 选用 EP2C8T144C6 的资源使用情况

图 6.18　signalgen.v 逻辑综合后的资源使用情况

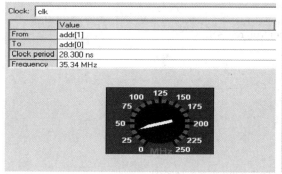

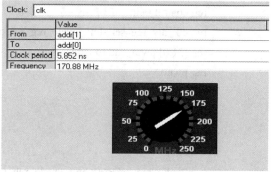

(a) 选用 EPF10K10TC144-3 的时钟性能　　　　　(b) 选用 EP2C8T144C6 的时钟性能

图 6.19　signalgen 的时钟性能分析结果

5．硬件逻辑验证

请读者根据前述方法自行完成硬件逻辑验证工作。

6.5　PWM 信号发生器的设计

1．系统设计思路

PWM 即脉冲宽度调制，是利用微处理器的数字输出来对模拟电路进行控制的一种非常有效的技术。PWM 从处理器到被控系统信号都是数字式的，无需进行数/模转换。让信号保持为数字形式可将噪声影响降到最小，因此广泛应用在从测量、通信到功率控制与变换的许多领域中。

采用 FPGA 产生 PWM 波形的方法很多，常用的有计数器法、存储查表法等。其中，计数器法设计的基本原理是：根据 PWM 输出周期计数值和 PWM 输出占空比控制计数值，通过控制对应的计数段的高、低电平输出，来产生一个周期可调、占空比可调的 PWM 信号。

现欲设计一个控制计数值为 32 位的 PWM 信号发生器，采用计数器法进行设计，主要包括六个处理过程块：写 PWM 输出周期的时钟数寄存器、写 PWM 周期占空比寄存器、写控制寄存器、读寄存器、PWM 信号产生计数控制和 PWM 信号输出控制等过程块。

2. Verilog HDL 源程序

```verilog
//PWM 信号发生器 pwmgen.v
module pwmgen(clk, rst, ce, addr, write, wrdata, read, bytesel, rddata, pwm);
    input clk, rst, ce;
    input [1:0]addr;
    input write, read;
    input [31:0] wrdata;
    output [31:0] rddata;
    input [3:0] bytesel;
    output pwm;
    reg [31:0] clk_div_reg, duty_cycle_reg;
    reg control_reg;
    reg clk_div_reg_sel, duty_cycle_reg_sel, control_reg_sel;
    reg [31:0] pwm_cnt, rddata;
    reg pwm;
    wire pwm_ena;
    //地址译码
    always @ (addr)
        begin
        clk_div_reg_sel <=0; duty_cycle_reg_sel<=0; control_reg_sel<=0;
        case(addr)
            2'b00: clk_div_reg_sel <=1;
            2'b01:duty_cycle_reg_sel<=1;
            2'b10:control_reg_sel<=1;
            default:
                begin
                clk_div_reg_sel <=0;
                duty_cycle_reg_sel<=0;
                control_reg_sel<=0;
                end
            endcase
        end

    //写 PWM 输出周期的时钟数寄存器
    always @ (posedge clk or negedge rst)
        begin
        if(rst==1'b0)
            clk_div_reg=0;
        else
            begin
            if(write & ce & clk_div_reg_sel)
```

```verilog
          begin
             if(bytesel[0])
                 clk_div_reg[7:0]=wrdata[7:0];
                 if(bytesel[1])
                     clk_div_reg [15:8]=wrdata[15:8];
                 if(bytesel[2])
                     clk_div_reg [23:16]=wrdata[23:16];
                 if(bytesel[3])
                     clk_div_reg [31:24]=wrdata[31:24];
             end
          end
       end
//写 PWM 周期占空比寄存器
  always @ (posedge clk or negedge rst)
    begin
    if(rst==1'b0)
       duty_cycle_reg=0;
    else
       begin
       if(write & ce & duty_cycle_reg_sel)
          begin
          if(bytesel[0])
             duty_cycle_reg[7:0]=wrdata[7:0];
          if(bytesel[1])
             duty_cycle_reg[15:8]=wrdata[15:8];
          if(bytesel[2])
             duty_cycle_reg[23:16]=wrdata[23:16];
          if(bytesel[3])
             duty_cycle_reg[31:24]=wrdata[31:24];
          end
       end
    end
//写控制寄存器
  always @ (posedge clk or negedge rst)
    begin
    if(rst==1'b0)
       control_reg=0;
    else
       begin
       if(write & ce & control_reg_sel)
          begin
```

```
                    if(bytesel[0]) control_reg=wrdata[0];
                end
            end
        end
    //读寄存器
    always @ (addr or read or clk_div_reg or duty_cycle_reg or control_reg or ce)
        begin
        if(read & ce)
            case(addr)
                2'b00:rddata<=clk_div_reg;
                2'b01:rddata<=duty_cycle_reg;
                2'b10:rddata<=control_reg;
                default:rddata=32'h8888;
            endcase
        end
    //PWM 输出使能的赋值
    assign pwm_en=control_reg;
    //PWM 信号产生计数控制电路
    always @ (posedge clk or negedge rst)
        begin
        if(rst==1'b0)
            pwm_cnt=0;
        else
            begin
            if(pwm_en)
                begin
                if(pwm_cnt>=clk_div_reg)
                    pwm_cnt<=0;
                else
                    pwm_cnt<=pwm_cnt+1;
                end
            else
                pwm_cnt<=0;
            end
        end
    //PWM 信号输出控制电路
    always @ (posedge clk or negedge rst)
        begin
        if(rst==1'b0)
            pwm<=1'b0;
        else
```

```
            begin
              if(pwm_en)
                begin
                  if(pwm_cnt<=duty_cycle_reg)
                    pwm<=1'b1;
                  else
                    pwm<=1'b0;
                end
              else
                pwm<=1'b0;
            end
          end
        endmodule
```

3．仿真结果验证

图 6.20 是使用 Quartus Ⅱ 8.0 对 PWM 进行时序仿真的结果。从输入和输出数据的分析可知，仿真结果是正确的。各个模块的时序仿真和结果分析请读者自己完成。

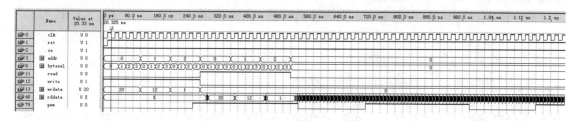

图 6.20　PWM 的时序仿真结果

4．逻辑综合分析

根据第 6.1 节，请读者自己进行逻辑综合，查看并分析有关综合结果。

5．硬件逻辑验证

请读者根据前述方法自行完成硬件逻辑验证工作。其中，根据 EDA 实验开发装置的实际资源情况，有关控制计数值可修改为 16 位或 8 位，而随预置数的变化而变化的输出波形可利用示波器进行观察。在没有示波器时，clk 可接不同的低频率信号，然后接通扬声器，通过声音音调的变化来了解输出频率的变化。

6.6　数字频率计的设计

1．系统设计思路

图 6.21 是 8 位十进制数字频率计的电路逻辑图，它由一个测频控制信号发生器 testctl、八个有时钟使能的十进制计数器 cnt10、一个 32 位锁存器 reg32b 组成。以下分别叙述频率计各逻辑模块的功能与设计方法。

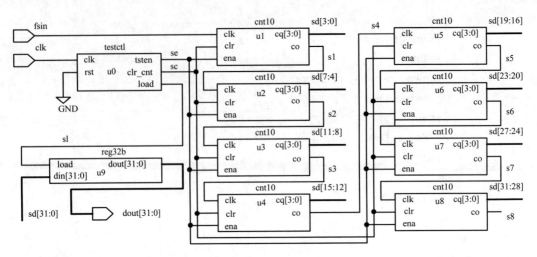

图 6.21　8 位十进制数字频率计电路逻辑图

1) 测频控制信号发生器设计

频率测量的基本原理是计算每秒钟内待测信号的脉冲个数。这就要求 testctl 的计数使能信号 tsten 能产生一个 1 s 脉宽的周期信号，并对频率计的每一计数器 cnt10 的 ena 使能端进行同步控制。当 tsten 高电平时，允许计数；低电平时，停止计数，并保持其所计的数。在停止计数期间，首先需要一个锁存信号 load 的上跳沿将计数器在前 1 秒钟的计数值锁存进 32 位锁存器 reg32b 中，由外部的七段译码器译出并稳定显示。锁存信号之后，必须有一清零信号 clr_cnt 对计数器进行清零，为下一秒钟的计数操作做准备。

测频控制信号发生器的工作时序如图 6.22 所示。为了产生这个时序图，需首先建立一个由 D 触发器构成的二分频器，在每次时钟 clk 上升沿到来时其值翻转。其中，控制信号时钟 clk 的频率取 1 Hz，而信号 tsten 的脉宽恰好为 1 s，可以用作闸门信号。此时，根据测频的时序要求，可得出信号 load 和 clr_cnt 的逻辑描述。由图 6.22 可见，在计数完成后，即计数使能信号 tsten 在 1 s 的高电平后，利用其反相值的上跳沿产生一个锁存信号 load，0.5 s 后，clr_cnt 产生一个清零信号上跳沿。

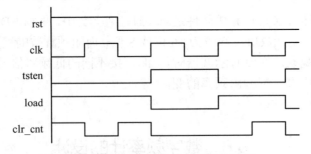

图 6.22　测频控制信号发生器工作时序

高质量的测频控制信号发生器的设计十分重要，设计中要对其进行仔细的实时仿真 (timing simulation)，防止可能产生的毛刺。

2) 寄存器 reg32b 的设计

设置锁存器的好处是，显示的数据稳定，不会由于周期性的清零信号而不断闪烁。若已有 32 位 BCD 码存在于此模块的输入口，则在信号 load 的上升沿后即被锁存到寄存器

reg32b 的内部，并由 reg32b 的输出端输出，然后由实验板上的七段译码器译成能在数码管上显示的相对应的数值。

3) 十进制计数器 cnt10 的设计

如图 6.21 所示，此十进制计数器的特殊之处是，有一时钟使能输入端 ena，用于锁定计数值。当高电平时计数允许，低电平时计数禁止。

2．Verilog HDL 源程序

1) 有时钟使能的十进制计数器的源程序 cnt10.v

```verilog
module cnt10(ena, clk, clr, co, cq);
    input ena, clk, clr;
    output co;
    output [3:0] cq;
    reg [3:0] cnt;
    reg co;
    always @(posedge clk or posedge clr)
      begin
      if (clr)
        cnt <= 4'b0;
      else
        if (ena)
          if (cnt==4'h9)
            cnt <= 4'h0;
          else
            cnt <= cnt + 1;
      end
    assign cq = cnt;
    always @(posedge clk )
      begin
      if (cnt==4'h9)
        co = 4'h1;
      else
        co= 4'h0;
      end
  endmodule
```

2) 32 位锁存器的源程序 reg32b.v

```verilog
module reg32b(load, din, dout);
    input load;
    input [31:0] din;
    output [31:0] dout;
    wire load;
```

```
            wire [31:0] din;
            reg [3:0] dout;
            always @(posedge load)
                begin
                    dout = din;
                end
        endmodule
```

3) 测频控制信号发生器的源程序 testctl.v

```
        module testctl(clk, tsten, clr_cnt, load);
            input   clk;
            output tsten, clr_cnt, load;
            reg div2clk, clr_cnt;
            always @(posedge clk)
                begin
                    div2clk<=~div2clk;
                end
            assign load = ~div2clk;
            assign tsten = div2clk;
            always @(clk or div2clk)
                begin
                if (~div2clk)
                    if (~clk) clr_cnt<=1; else    clr_cnt<=0;
                else
                    clr_cnt<=0;
                end
        endmodule
```

4) 数字频率计的源程序 freq.v

```
        module freq(fsin, clk, dout);
            input fsin, clk;
            output [31:0] dout;
            wire fsin, clk;
            wire [31:0] dout;
            wire se, sc, sl;
            wire s1, s2, s3, s4, s5, s6, s7, s8;
            wire [31:0] sd;
            testctl u0 (.clk(clk), .tsten(se), .clr_cnt(sc), .load(sl));
            cnt10 u1 (.ena(se), .clk(fsin), .clr(sc), .co(s1), .cq (sd[3:0]));
            cnt10 u2 (.ena(se), .clk(s1), .clr(sc), .co(s2), .cq (sd[7:4]));
            cnt10 u3 (.ena(se), .clk(s2), .clr(sc), .co(s3), .cq (sd[11:8]));
```

cnt10 u4 (.ena(se), .clk(s3), .clr(sc), .co(s4), .cq (sd[15:12]));

cnt10 u5 (.ena(se), .clk(s4), .clr(sc), .co(s5), .cq (sd[19:16]));

cnt10 u6 (.ena(se), .clk(s5), .clr(sc), .co(s6), .cq (sd[23:20]));

cnt10 u7 (.ena(se), .clk(s6), .clr(sc), .co(s7), .cq (sd[27:24]));

cnt10 u8 (.ena(se), .clk(s7), .clr(sc), .co(s8), .cq (sd[31:28]));

reg32b u9 (.load(sl), .din(sd), .dout(dout));

endmodule

3．仿真结果验证

图 6.23 和图 6.24 分别是使用 Quartus Ⅱ 8.0 对 cnt10 和 freq 进行时序仿真的结果。从输入和输出数据的分析可知，仿真结果是正确的。其余模块的时序仿真和结果分析请读者自己完成。

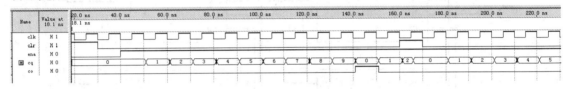

图 6.23　cnt10 的时序仿真结果

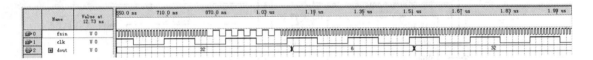

图 6.24　freq 的时序仿真结果

4．逻辑综合分析

根据第 6.1 节所述的方法，请读者自己进行逻辑综合，查看并分析有关综合结果。

5．硬件逻辑验证

若使用 GW48 系列 EDA 实验开发系统进行硬件逻辑验证，可选择实验电路结构图 NO.0，由 5.2 节的实验电路结构图 NO.0 和图 6.21 确定引脚的锁定。测频控制器时钟信号 clk 可通过低频组中的 CLOCK2 将来自信号源的 1 Hz 信号接入，待测频率输入端 fsin 可接全频信号 CLOCK0，8 位数码显示输出 DOUT[31..0]接 PIO47～PIO16。

进行硬件验证的方法为：选择实验模式 0，测频控制器时钟信号 clk 可通过 CLOCK2 将 1 Hz 的信号接入，待测频率输入端 fsin 与 CLOCK0 中的某个频率信号相接，数码管应显示来自 CLOCK0 的频率。

6.7　数字秒表的设计

1．系统设计思路

今需设计一个计时范围为 0.01 s～1 h 的数字秒表，首先需要获得一个比较精确的计时基准信号，这里采用周期为 1/100 s 的计时脉冲。其次，除了对每一计数器需设置清零信号输入外，还需在六个计数器中设置时钟使能信号，即计时允许信号，以便作为秒表的计时起、停控制开关。因此，数字秒表可由一个分频器、四个十进制计数器(分别按 1/100 s、1/10 s、1 s、1 min 的周期进行计数)以及两个六进制计数器(分别按 10 s、10 min 的周期进行计数)组成，如图 6.25 所示。六个计数器中的每一计数器的 4 位输出，通过外设的 BCD 译码器输出显示。图 6.25 中六个 4 位二进制计数输出的最小显示值分别为：dout[3:0]→1/100 s，dout[7:4]→1/10 s，dout[11:8]→1 s，dout[15:12]→10 s，dout[19:16]→1 min，dout[23:20]→10 min。

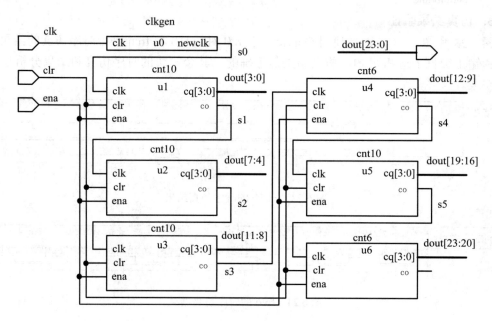

图 6.25　数字秒表电路逻辑图

2．Verilog HDL 源程序

1) 3 MHz→100 Hz 分频器的源程序 clkgen.v

```verilog
module clkgen(clk, newclk);
    input   clk;
    output newclk;
    reg newclk;
    integer cnt=0;
    always @(posedge clk)
      begin
      //if(cnt<29999)        //实际系统分频值
      if(cnt < 29)           //仿真时的分频值
        begin
        newclk <= 1'b0;
        cnt = cnt + 1;
        end
      else
```

```verilog
        begin
            newclk <= 1'b1;
            cnt = 0;
        end
    end
endmodule
```

2) 六进制计数器的源程序 cnt6.v(十进制计数器 cnt10.v 与此类似)

```verilog
module cnt6(clk,clr,ena,cq,co);
    input clk, clr, ena;
    output [3:0] cq;
    output co;
    reg [3:0] cnt;
    reg co;
    always @(posedge clk or posedge clr)
        begin
        if (clr)
            cnt <= 4'b0;
        else
            if (ena)
                if (cnt==4'h5)
                    cnt <= 4'h0;
                else
                    cnt <= cnt + 1;
        end
    assign cq = cnt;
    always @(posedge clk )
        begin
            if (cnt==4'h5)
                co = 4'h1;
            else
                co= 4'h0;
        end
endmodule
```

3) 数字秒表的源程序 times.v

```verilog
module times(clk, clr, ena, dout);
    input clk, clr, ena;
    output [23:0] dout;
    wire clk, clr, ena;
    wire [23:0] dout;
    wire s0, s1, s2, s3, s4, s5, s6, s7, s8;
```

```
clkgen u0 (.clk(clk), .newclk(s0));
cnt10 u1 ( .clk(s0), .clr(clr),.ena(ena), .cq (dout[3:0]),.co (s1));
cnt10 u2 ( .clk(s1), .clr(clr),.ena(ena), .cq (dout[7:4]),.co (s2));
cnt10 u3 ( .clk(s2), .clr(clr),.ena(ena), .cq (dout[11:8]),.co (s3));
cnt6 u4 ( .clk(s3), .clr(clr),.ena(ena), .cq (dout[15:12]),.co (s4));
cnt10 u5 ( .clk(s4), .clr(clr),.ena(ena), .cq (dout[19:16]),.co (s5));
cnt6 u6 ( .clk(s5), .clr(clr),.ena(ena), .cq (dout[23:20]),.co ( ));
endmodule
```

3. 仿真结果验证

在程序的调试和仿真中，由于程序中有关参数的原因，要观察有关输出的变化，需要运行较长的时间，或在一个给定的时间内，可能看不到有关输出的变化。这时可采取调整有关参数的方法进行仿真，待仿真证明程序正确后再复原原程序。调整参数的具体方法是：先将需修改的内容用"//"注释掉并添加新的内容，而调试完后复原的方法就是将修改后的内容注释掉，而将原内容去掉注释。比如本设计中的分频电路程序，分频常数为 30000，其输出需要计数 30000 次才发生一次变化，因此在设定的时间间隔内，根本看不到输出的变化，也无法判断该程序的正确与错误。这时若将分频常数修改为 30，如图 6.26 所示，就能很容易地观察有关仿真结果，仿真结果如图 6.27 所示。图 6.27 和图 6.28 分别是使用 Quartus Ⅱ 8.0 对 clkgen 和 times 进行时序仿真的结果。从输入和输出数据的分析可知，仿真结果是正确的。其余模块的时序仿真和结果分析，请读者自己完成。

```
1    //3 MHz→100 Hz分频器的源程序clkgen.v
2  module clkgen(clk, newclk);
3     input  clk;
4     output newclk;
5     reg newclk;
6     integer cnt=0;
7     always @ (posedge clk)
8       begin
9       //if(cnt <29999)    //实际系统分频值
10      if(cnt < 29)   //仿真时的分频值
11        begin
12        newclk <= 1'b0;
13        cnt = cnt + 1;
14        end
15      else
16        begin
17        newclk <= 1'b1;
18        cnt = 0;
19        end
20      end
21   endmodule
```

图 6.26   使用注释的方法进行程序有关仿真参数的调整

	Name	Value at 0 ps	
0	clk	U 0	
1	newclk	U 0	

图 6.27   clkgen 的时序仿真结果(分频常数修改为 30)

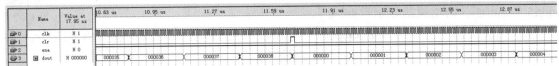

图 6.28　times 的时序仿真结果

4．逻辑综合分析

根据第 6.1 节所述的方法，请读者自己进行逻辑综合，查看并分析有关综合结果。

5．硬件逻辑验证

若使用 GW48 系列 EDA 实验开发系统进行硬件逻辑验证，可选择实验电路结构图 NO.0，由 5.2 节的实验电路结构图 NO.0 和图 6.25 确定引脚的锁定。时钟信号 clk 可接 CLOCK0，计数清零信号接键 3，计数使能信号接键 4，数码管 1～数码管 6 分别显示以 1/100 s、1/10 s、1 s、10 s、1 min、10 min 为计时基准的计数值。

进行硬件验证的方法为：选择实验模式 0，时钟信号 clk 与 CLOCK0 信号组中的 3 MHz 信号相接，键 3 和键 4 分别为计数清零信号和计数使能信号，计数开始后时间显示在六个数码管上。

6.8　交通灯信号控制器的设计

1．系统设计思路

欲设计一个十字交叉路口的交通灯信号控制器，具体要求为：

(1) 为了控制的方便，设置了两个开关 SW1 和 SW2。其中固定开关 SW1 实现交通警察人为监督交通秩序和无人自动控制交通秩序之间的切换，默认开关置于高电平端，为自动控制模式——交通灯按照事先的规定工作，开关置于低电平端时，则为人为监督控制模式(交通灯不再工作)；点动开关 SW2 用于整个系统的总复位，如系统出现故障时，就需要总复位。

(2) 当交通灯处于无人自动控制工作状态时，若方向 1 绿灯亮，则方向 2 红灯亮；计数 55 s 后，方向 1 的绿灯熄灭、黄灯亮；再计数 5 s 后，方向 1 的黄灯熄灭、红灯亮，同时方向 2 的绿灯亮；然后方向 2 重复方向 1 的过程，这样就实现了无人自动控制交通灯。有关控制的定时使用倒计时方式，计时过程用数码管进行显示。

交通控制器拟由单片的 CPLD/FPGA 来实现，经分析设计要求，确定整个系统可由六个模块组成，如图 6.29 所示。

(1) 主控制模块 control：根据外部输入控制信号及来自内部计时模块的控制信号，控制两个方向道路信号灯的亮与灭。

(2) 55 s 倒计时模块 cnt55：实现 55 s 绿灯点亮时间的倒计时。

(3) 5 s 倒计时模块 cnt05：进行 5 s 黄灯点亮时间的倒计时。

(4) 时钟信号分频模块 fdiv：将给定的主频时钟信号经分频得到频率分别为 1 kHz 和 1 Hz 的两种时钟信号。

(5) 显示数据多路选择模块 datasel：根据来自 control 模块的控制信号进行倒计时模块

cnt55 和 cnt05 计时结果的显示数据选择。

(6) 数据动态显示驱动模块 display：使用动态扫描的方式，进行显示数据的选择及显示驱动译码。

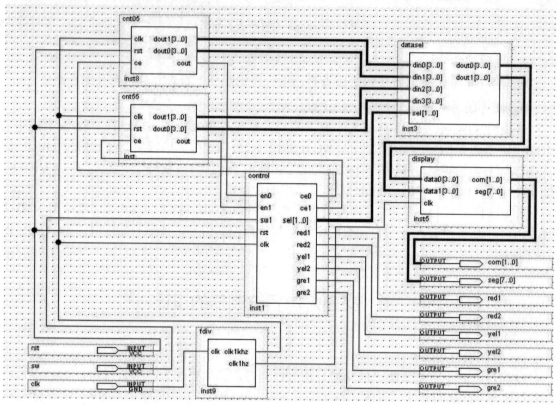

图 6.29 交通控制器的总体组成原理图

2. Verilog HDL 源程序

1) 交通灯控制模块源程序 control.v

```verilog
//交通灯控制模块源程序 control.v
module control(en0, en1, sw1, rst, ce0, ce1, sel, red1, red2, yel1, yel2, gre1, gre2);
    input    en0, en1;     //en0 和 en1 分别来自 cnt55 和 cnt05 的定时溢出信号
    input    sw1, rst;     //sw1 为交通控制转换开关，1 为自动方式，0 为人为方式
    output ce0, ce1;       //输出信号，用于 cnt05 和 cnt55 模块是否定时的控制信号
    output [1:0] sel;      //输出信号，用于 datasel 模块进行数据选择的控制信号
    output red1, red2, yel1, yel2, gre1, gre2;   //两条道路的红、黄、绿灯控制信号
    wire en;
    reg ce1, ce0;
    reg [1:0] sel;
    reg red1, red2, yel1, yel2, gre1, gre2, dout;
    assign en = en1 | en0;
    always @(posedge en)    //实现倒计时时间长短的选择
      begin
```

```verilog
            sel<= sel + 2'b01;
        end
    always                              //实现 55 s 倒计时和 5 s 倒计时的选择
        begin
        case(sel)
            2'b00 : {ce1,ce0} <= 2'b10;
            2'b01 : {ce1,ce0} <= 2'b01;
            2'b10 : {ce1,ce0} <= 2'b10;
            2'b11 : {ce1,ce0} <= 2'b01;
            default : {ce1,ce0} <= 2'b00;
        endcase
        end
    always @(sel,rst,sw1)               //实现交通灯总体工作的控制
        begin
        if(sw1==0||rst==0)
            {red1,red2,yel1,yel2,gre1,gre2}=6'b0;   //复位,两方向灯 1 和灯 2 全灭
        else
            begin
            case(sel)
                2'b00 : {red1, red2, yel1, yel2, gre1, gre2}=6'b010010;   //绿灯 1 亮,红灯 2 亮
                2'b01 : {red1, red2, yel1, yel2, gre1, gre2}=6'b011000;   //黄灯 1 亮,红灯 2 亮
                2'b10 : {red1, red2, yel1, yel2, gre1, gre2}=6'b100001;   //红灯 1 亮,绿灯 2 亮
                2'b11 : {red1, red2, yel1, yel2, gre1, gre2}=6'b100100;   //红灯 1 亮,黄灯 2 亮
                default : {red1, red2, yel1, yel2, gre1, gre2}=6'b0;        //两方向灯 1 和灯 2 全灭
            endcase
            end
        end
endmodule
```

2) 55 s 定时模块源程序 cnt55s.v

```verilog
//55 s 定时模块源程序 cnt55s.v
module cnt55(clk, rst, ce, dout1, dout0, cout);
    input   clk, rst, ce;           //ce 为来自控制模块 control 的计数使能信号
    output [3:0] dout1, dout0;      // dout1、dout0 分别为定时值的高 4 位和低 4 位
    output cout;                    //定时计数溢出信号
    reg [3:0] dout1, dout0;
    reg cout;
    reg [3:0] cdata1, cdata0;
    reg [7:0] data;
    always @(posedge clk)           //实现 55 s 的自动循环加计时
        begin
```

```verilog
      if(rst==0||ce==0)
          begin cdata1 <= 4'b0000; cdata0 <= 4'b0000; cout <= 1'b0; end
      else
          begin
          if(cdata0 == 4'b0101 && cdata1 == 4'b0101)
              begin cdata1 <= 4'b0000; cdata0 <= 4'b0000; cout = 1'b1; end
          else if(cdata0 != 4'b1001)
              begin cdata0 <= cdata0 + 1; cout <= 1'b0; end
          else if(cdata0 == 4'b1001 && cdata1 != 4'b0110)
              begin cdata1 <= cdata1 + 1; cdata0 <= 4'b0000; cout <= 1'b0; end
          else
              begin cdata1 <= 4'b0000; cdata0 <= 4'b0000; cout = 1'b1; end
          end
      end
  always                    //实现 55 s 加计时值到倒计时值的数值转换
      begin
      data <= 8'b01010101-((cdata1<<4)+cdata0);
      if(((data>>4)&4'b1111)>4'b0101)
          dout1 <= (data>>4)&4'b1111-4'b1111;
      else
          dout1 <= (data>>4)&4'b1111;
      if((data&4'b1111)>4'b1001)
          dout0 <= (data&4'b1111)-4'b0110;
      else
          dout0 <= data&4'b1111;
      end
endmodule
```

3) 5 s 定时模块源程序 cnt05s.v

```verilog
//5 s 定时模块源程序 cnt05s.v
module cnt05(clk, rst, ce, dout1, dout0, cout);
    input   clk, rst, ce;            //ce 为来自控制模块 control 的计数使能信号
    output [3:0] dout1, dout0;       //dout1、dout0 分别为定时值的高 4 位和低 4 位
    output cout;                     //定时计数溢出信号
    reg [3:0] dout1, dout0;
    reg cout;
    reg [3:0] cdata1, cdata0;
    reg [7:0] data;
    always @(posedge clk)            //实现 5 s 的自动循环加计时
        begin
        if(rst==0||ce==0)
```

```
                begin cout <= 1'b0; cdata1 <= 4'b0000; cdata0 <= 4'b0000; end
            else
                begin
                if(cdata0 != 4'b0101)
                    begin cdata0 <= cdata0 + 1; cout <= 1'b0; end
                else
                    begin cdata1 <= 4'b0000; cdata0 <= 4'b0000; cout = 1'b1; end
                end
            end
    always                              //实现 5 s 加计数器的计数值到倒计时的数值转换过程
        begin
        data <= 8'b00000101-((cdata1<<4)+cdata0);
        dout1 <= 4'b0000;
        if((data&4'b1111)>4'b0101)
            dout0 <= data&4'b1111-4'b1011;
        else
            dout0 <= data&4'b1111;
        end
    endmodule
```

4) 分频器模块源程序 fdiv.v

```
    //分频器模块源程序 fdiv.v
    module fdiv(clk, clk1khz, clk1hz);
        input    clk;                      //输入主频时钟信号，并假设为 10 MHz
        output clk1khz, clk1hz;            //分频后为 1 kHz 和 1 Hz 的输出信号
        reg clk1khz, clk1hz;
        integer cnt1=0;
        integer cnt2=0;
        always @(posedge clk)              //主频信号到 1 kHz 的分频
            begin
            //if(cnt1<9999)                 //实际系统分频值 10000/1=10000
            if(cnt1<19)                      //仿真时的分频值
                begin
                cnt1 = cnt1 + 1; clk1khz <= 1'b0;
                end
            else
                begin
                cnt1 = 0;clk1khz <= 1'b1;
                end
            end
        always @(posedge clk1khz)           //1 kHz 信号到 1 Hz 的分频
```

```verilog
      begin
        //if(cnt2<999)                    //实际系统的分频值 1000/1=1000
        if(cnt2<9)                        //仿真时采用的分频值
          begin
          cnt2 = cnt2 + 1; clk1hz <= 1'b0;
          end
        else
          begin
          cnt2 = 0; clk1hz <= 1'b1;
          end
      end
endmodule
```

5) 显示控制模块源程序 display.v

```verilog
//显示控制模块源程序 display.v
module display(data0, data1, clk, com, seg);
    input [3:0] data0, data1;          //输入，欲显示数据的低 4 位和高 4 位
    input clk;                         //输出，用于产生动态扫描显示控制的时钟信号
    output [7:0] seg;                  //用于数码管显示的驱动控制信号 d_pgfedcba
    output [1:0] com;                  //用于数码管显示的公共段控制信号
    reg [1:0] com;
    reg [3:0] data;
    reg [7:0] seg;
    always @(posedge clk)              //产生动态扫描显示控制信号过程
      begin
      if(com < 2'b10)
        com <= com + 2'b01;
      else
        com <= 2'b01;
      end
    always                             //根据动态扫描显示控制信号进行显示数据的选择过程
      begin
      case(com)
        2'b01 : data <= data0;
        2'b10 : data <= data1;
        default : data <= 4'b0000;
      endcase
      end
    always @(data)                     //显示数据译码过程
      begin
      case(data)
```

```
4'b0000 : seg = 8'b00111111;    //0—>dpgfedcba
4'b0001 : seg = 8'b00000110;    //1—>dpgfedcba
4'b0010 : seg = 8'b01011011;    //2
4'b0011 : seg = 8'b01001111;    //3
4'b0100 : seg = 8'b01100110;    //4
4'b0101 : seg = 8'b01101101;    //5
4'b0110 : seg = 8'b01111101;    //6
4'b0111 : seg = 8'b00000111;    //7
4'b1000 : seg = 8'b01111111;    //8
4'b1001 : seg = 8'b01101111;    //9
default : seg = 8'b00000000;
endcase
    end
endmodule
```

6) 其余源程序

显示数据多路选择模块 dispsel 和顶层源程序 trafficlight 请读者自行完成。其中，顶层源程序 trafficlight 可根据系统总体组成原理图以 Verilog HDL 程序或原理图形式进行设计。

3. 仿真结果验证

图 6.30 是使用 Quartus II 8.0 对 control 进行时序仿真的结果。其余模块和系统的时序仿真和结果分析，请读者自己完成。

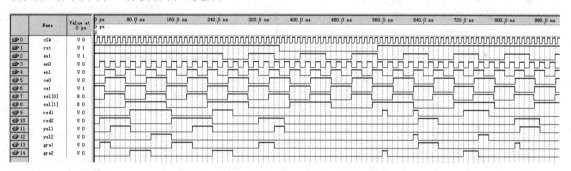

图 6.30　control 的时序仿真结果

4. 逻辑综合分析

根据第 6.1 节，请读者自己进行逻辑综合，查看并分析有关综合结果。

5. 硬件逻辑验证

请读者根据前述方法自行完成硬件逻辑验证工作。

6.9　高速 PID 控制器的设计

1. 系统设计思路

作为一种控制方法，PID 控制具有结构典型、参数整定方便、结构改变灵活、控制效果较佳等诸多优点，因而在工业控制中得到了广泛的应用。在传统的数字 PID 控制器中，计算占据了大量的时间，因此在很多场合需要一种运算速度很高而同时又具有高性能价格比的硬件形式。本课题就是研究一种基于 FPGA 的高速数字 PID 控制器的设计与实现。

设采样周期为 T，初始时刻为 0，第 n 次采样误差为 e_n，控制输出为 MV_n，则一般数字 PID 的控制算法可由下式表示：

$$MV_n = K_p \left[e_n + \frac{T}{T_i} \sum_{i=0}^{n} e_i + T_d \frac{e_n - e_{n-1}}{T} \right] \qquad (6.1)$$

其中，K_P 为比例系数；T_i 为积分时间；T_d 为微分时间；e_n 为第 n 次采样偏差；e_{n-1} 为第 n−1 次采样偏差。若设 $K_I = K_P \frac{T}{T_i}$，$K_D = K_P \frac{T_d}{T_i}$，则可得：

$$\begin{aligned} MV_n &= K_P e_n + K_I \sum_{i=0}^{n} e_i + K_D (e_n - e_{n-1}) \\ &= K_P e_n + K_I e_n + K_I \sum_{i=0}^{n-1} e_i + K_D (e_n - e_{n-1}) \end{aligned} \qquad (6.2)$$

根据公式(6.2)，可得到图 6.31 所示的系统实现原理框图。

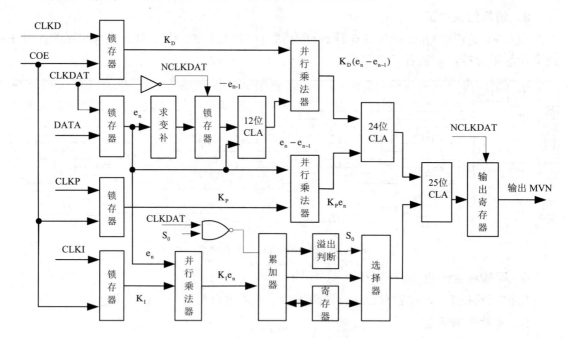

图 6.31　高速 PID 控制器原理框图

图中的 CLKDAT 为控制器时钟信号，芯片在 CLKDAT 上升沿将误差信号 e 锁存，在 CLKDAT 下降沿输出控制信号 MVN；CLKP、CLKD 和 CLKI 分别为 PID 控制系数时钟信号，芯片在它的上升沿分别将 K_P、K_D、K_I 锁存；DATA 为误差信号 e 输入端，12 位补码输入；COE 为 PID 控制系数输入端，12 位补码输入；MVN 为 PID 控制信号输出端，12 位补码输入。

在本设计中，为了提高处理速度，对于其中的乘法运算采用了并行计算的处理方法。本设计中的并行乘法器采用修改的布斯算法进行设计，其运算包括两个独立的过程：① 布斯编码，就是将乘数进行重编码后再与被乘数相乘，以产生部分积。② 实现部分积相加，超前进位加法实现部分积的相加。图 6.32 是一个布斯乘法编码表及运算过程示例。

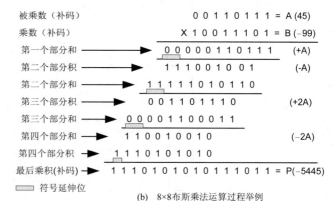

输　入			被乘数
B_{i+1}	B_i	B_{i-1}	运　算
0	0	0	0
0	0	1	+A
0	1	0	+A
0	1	1	+2A
1	0	0	−2A
1	0	1	−A
1	1	0	−A
1	1	1	0

(a) 布斯乘法编码表　　　　　　　　　　　　　(b) 8×8布斯乘法运算过程举例

图 6.32　布斯乘法编码表及运算过程示例

如图 6.32 所示，先对乘数进行编码，再根据编码对被乘数进行处理并输出部分积。图中，乘数"10011101"为偶数位，因此要在最后扩展一位"0"，扩展后为"10011101<u>0</u>"。当乘数中的布斯编码为"010"、"110"、"111"、"100"时，对应布斯乘法编码表中的被乘数运算操作为"+A"、"−A"、"+2A"、"−2A"。其中，"+A"表示加被乘数；"−A"表示将被乘数取反加"1"；"+2A"表示将被乘数左移一位；"−2A"表示先将被乘数取反加"1"再左移一位。当进行"+A"、"−A"操作时，其最高位(第九位，新符号位)与其第八位(原符号位)相同。本例中各部分积分别为"000110111"、"111001001"、"001101110"和"110010010"。部分积相加时，其和的最高两位(扩展符号位)与其和的第九位(左移了两位)相同，故产生了图 6.32 中的部分和，使用 13 位的超前进位加法器(舍弃进位)相加后得结果。

同时，为了防止普通数字 PID 常常出现的积分饱和问题，此设计采用了过限消弱积分法，即对于控制变量，一旦进入饱和区，就只进行消弱积分项的运算，亦即如溢出，则只

输出 $\sum_{i=1}^{n-1} K_I e_i$，如不溢出，则输出 $\sum_{i=1}^{n} K_I e_i$。具体实现办法是将用补码表示的 $\sum_{i=1}^{n-1} K_I e_i$ 与 $K_I e_n$

相加，设 C_S 表征最高位(符号位)的进位，C_P 表征数值部分的进位，则溢出信号 OVF 等于 $C_S \oplus C_P$。而对于减法运算，则采用求变补的方法，具体方法是：对于一个用补码表示的 12 位数 $Y = Y_{12} Y_{11} Y_{10} \cdots Y_3 Y_2 Y_1$，有

$$[Y]_{变补} = [-Y]_补 = A_{12} A_{11} A_{10} \cdots A_3 A_2 A_1$$
$$A_i = Y_i \oplus (Y_{i-1} + Y_{i-2} + Y_{i-3} + \cdots + Y_2 + Y_1)$$

2. Verilog HDL 源程序

图 6.33 是高速 PID 控制器的顶层原理图。其中，booth_mul12 是 12 位的修改布斯乘法器，reg12b 为数据寄存器，reg26_12b 为数据截尾器，adder_cla12cb、adder_cla24cb、adder_cla25cb 为超前进位加法器，buma1 为补码器，sum24b 为加法器，mux0 为选择器。

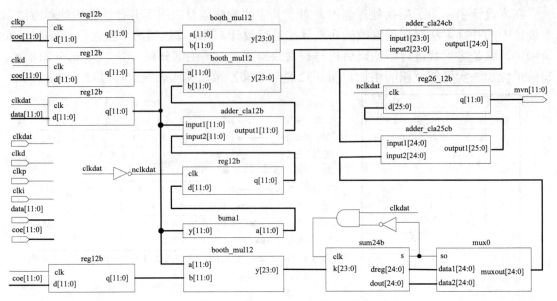

图 6.33　高速 PID 控制器顶层原理图

下面给出 12×12 的修改布斯乘法器的三个有关 Verilog HDL 源程序，包括底层的修改布斯乘法编码器 encoders1.v、超前进位加法器 adder_cla13b.v 和顶层的修改布斯乘法器 booth_mul12.v。本设计的其余源程序请读者根据图 6.31 的高速 PID 控制器原理框图和图 6.33 的顶层原理图自己完成。

1) 修改布斯编码器 encoders1.v

```verilog
module encoders1(a, b, p);
    parameter n=12;
    input [n-1:0] a;
    input [2:0] b;
    output [n:0] p;
    wire qf, yw, ql;
    reg [n-1:0] jj;
    reg [n:0] p;
    assign ql=(~(b[2]^b[1]))&( ~(b[2]^b[0]));    //清零信号
    assign qf=b[2]&(~(b[1]&b[0]));               //取反信号
    assign yw=(b[2]^b[1])&(b[2]^b[0]);           //移位信号
    always@(qf or a )
        begin                                    //使用卡诺图编码后输出控制信号
        if (qf)                                  //取反信号有?
            jj=(~a)+1'b1;                         //将被乘数信号取反加 1
        else
            jj=a;                                //否则直接输出
        end
    always@(ql or yw or jj)
        begin
```

```
        if (ql)                                     //清零信号有?
            p=13'b0000000000000;                     //输出 00..00
        else if (yw)                                 //移位信号有?
            begin p={jj,1'b0}; end                   //左移一位
        else
            begin
            if (!yw)
            p={jj[n-1],jj};                          //否则移位并置最高位
            end
        end
    endmodule
```

2) 超前进位加法器 adder_cla13b.v

```
    //adder_cla13b.vhd 13 位的超前进位加法器，13 位输入、13 位输出、舍弃最高进位
    module adder_cla13b(input1,input2,output1);
        parameter n=13;
        input [n-1:0] input1, input2;
        output [n:0] output1;
        reg [n-1:0] generat, propagate, sum;
        reg carry1;
        reg [n:0] output1;
        integer i;
        always @(input1 or input2)
            begin
            carry1 = 1'b0;
            i = 0;
            for(i=0; i<n; i=i+1)
                begin
                generat[i]=input1[i]& input2[i];          //gi=in1.in2
                propagate[i]=input1[i]^input2[i];         //p=in1+in2
                sum[i]=propagate[i]^carry1;               //si=pi+ci
                carry1=generat[i]|(propagate[i] & carry1);   //ci=gi+(pi.c(i-1))
                end
            output1 = sum ;                              //输出和
            end
        endmodule
```

3) 修改布斯乘法器 booth_mul12.v

```
    //booth_mul121.v 布斯乘法器，先采用布斯编码再用超前进位加法器相加
    module booth_mul12(a, b, y);
        parameter n=12;
        parameter m=24;                      //因最高位两位为符号位，故可减少两位输出
        input [n-1:0] a,b;                   //被乘数输入，乘数输入
```

```
output [m-1:0] y;                              //积输出
wire [2:0]    bb0,bb1,bb2,bb3,bb4,bb5;         //编码信号
wire [n:0] p0,p1,p2,p3,p4,p5;                  //部分积信号
wire [n:0] pp1,pp2,pp3,pp4;                    //部分和信号
wire [n:0] sp1,sp2,sp3,sp4,sp5;                //选择部分和 14 位信号
wire [n:0] pp5;                                //最后部分和信号
assign bb0={b[1], b[0],1'b0};                  //对乘数进行布斯编码
assign bb1={b[3],b[2],b[1]};
assign bb2={b[5],b[4], b[3]};
assign bb3={b[7], b[6],b[5]};
assign bb4={b[9],b[8],b[7]};
assign bb5={b[11],b[10],b[9]};
encoders1 eu0(.a(a), .b(bb0), .p(p0));         //例化编码器输出
encoders1 eu1 (.a(a),.b(bb1),.p(p1));          //六个部分积
encoders1 eu2 (.a(a),.b(bb2),.p(p2));
encoders1 eu3 (.a(a),.b(bb3),.p(p3));
encoders1 eu4 (.a(a),.b(bb4),.p(p4));
encoders1 eu5 (.a(a),.b(bb5),.p(p5));
assign sp1={p0[n], p0[n] , p0[n:2]};           //为方便相加对部分积进行移位
adder_cla13b au1 (sp1,p1,pp1[n:0]);            //将部分积相加
assign sp2={pp1[n],pp1[n] , pp1[n:2]};
adder_cla13b   au2 (sp2,p2,pp2[n:0]);
assign sp3={pp2[n],pp2[n] , pp2[n:2]};
adder_cla13b au3(sp3,p3,pp3[n:0]);
assign sp4={pp3[n],pp3[n] ,pp3[n:2]};
adder_cla13b   au4(sp4,p4,pp4[n:0]);
assign sp5={pp4[n],pp4[n] ,pp4[n:2]};
adder_cla13b   au5(sp5,p5,pp5[n:0]);
assign y={pp5[n],pp5,pp4[1:0], pp3[1:0],pp2[1:0],pp1[1:0],p0[1:0]};
//最后输出乘积 24 位
//assign y=pp5[m-1: 0]; //只截取后 12 位，关于精度误差在输入误差时予以考虑
endmodule
```

3. 仿真结果验证

图 6.34 是使用 Quartus Ⅱ 8.0 对 booth_mul12 进行时序仿真的结果。从仿真结果可以看出，仿真结果是正确的。其余模块和整个系统的时序仿真和结果分析，请读者自己完成。

图 6.34　booth_mul12 的时序仿真结果

4．逻辑综合分析

根据第 6.1 节所述的方法，请读者自己进行逻辑综合，查看并分析有关综合结果。

5．硬件逻辑验证

请读者根据前述方法自行完成硬件逻辑验证工作。

6.10　FIR 滤波器的设计

1．系统设计思路

数字滤波器通常用于修正或改变时域/频域中信号的属性。最为普通的数字滤波器就是线性时间不变量(LTI)滤波器。线性时间不变量滤波器又分为两大类：有限脉冲响应(FIR)滤波器和无线脉冲响应(IIR)滤波器。FIR 滤波器的电路结构形式有多种，其中，转置结构的 FIR 滤波器如图 6.35 所示。该滤波器的优点是不再需要给 x[n]提供额外的移位寄存器，而且也没有必要为达到高吞吐量给乘积的加法器(树)添加额外的流水线级。

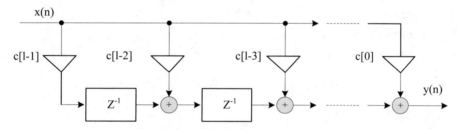

图 6.35　转置结构的 FIR 滤波器

根据图 6.35 所示的转置 FIR 滤波器的原理，完成一个长度为 4 的 DaubechiesDB4 转置 FIR 滤波器的设计。该滤波器的系数为 $G(Z)=0.48301+0.8365Z^{-1}+0.2241Z^{-2}-0.1294Z^{-3}$。若将系数设为 8 位(加上符号位)精度模式，则 $G(Z)=124/256+214Z^{-1}/256+57Z^{-2}/256-33Z^{-3}/256$，因此 $y(n) = 124 x(n)/256+214x(n-1)/256+57x(n-2)/256-33x(n-3)/256$，这时需注意，变换后的结果要除以 256 才是实际的输出。

2．Verilog HDL 源程序

```
//FIR 滤波器 fir.v
module fir(clk, load_x, x_in, c_in, y_out);
    parameter w1 = 9,               //输入位宽
              w2 = 18,              //乘法器的位宽为 2×W1
              w3 = 19,              //加法器的位宽为 W2+LOG2(L)−1
              w4 = 11,              //输出位宽
              l = 4,                //滤波器的长度
              mpipe = 3;            //流水线的级数
    input clk, load_x;              //输入控制信号
    input [w1-1:0] x_in, c_in;      //输入数据
    output [w3-1:0] y_out;          //输出结果
    reg [w1-1:0]   x;
```

```verilog
wire [w3-1:0]    y;
//因有的软件不支持 2d 矩阵，故使用单个的矢量
reg   [w1-1:0] c0, c1, c2, c3;          //系数矩阵
wire [w2-1:0] p0, p1, p2, p3;           //乘积矩阵
reg   [w3-1:0] a0, a1, a2, a3;          //加法矩阵
wire  [w2-1:0] sum;                     //辅助信号
wire   clken, aclr;
assign sum=0; assign aclr=0;            //乘法的默认值
assign clken=0;
//装载数据或系数
always @(posedge clk)
   begin: load
   if (!load_x)
     begin
     c3 <= c_in;                        //在寄存器中存储系数
     c2 <= c3;                          //系数移位
     c1 <= c2;
     c0 <= c1;
     end
   else
     begin
     x <= x_in;                         //同时获得一个采样数据
     end
   end
//进行乘加运算
always @(posedge clk)
   begin: sop
   //计算转置滤波器的加法
   a0 <= {p0[w2-1], p0} + a1;
   a1 <= {p1[w2-1], p1} + a2;
   a2 <= {p2[w2-1], p2} + a3;
   a3 <= {p3[w2-1], p3};                //第一级抽头只有一个寄存器
   end
assign y = a0;
// 例化一个流水线乘法器
lpm_mult mul_0                          //乘法运算 x × c0 = p0
   (.clock(clk), .dataa(x), .datab(c0), .result(p0));
   //.sum(sum), .clken(clken), .aclr(aclr));   //未用端口
   defparam mul_0.lpm_widtha = w1;
   defparam mul_0.lpm_widthb = w1;
   defparam mul_0.lpm_widthp = w2;
```

```
            defparam mul_0.lpm_widths = w2;
            defparam mul_0.lpm_pipeline = mpipe;
            defparam mul_0.lpm_representation = "signed";
        lpm_mult mul_1                                    //乘法运算 x × c1 = p1
            (.clock(clk), .dataa(x), .datab(c1), .result(p1));
            // .sum(sum), .clken(clken), .aclr(aclr));     //未用端口
            defparam mul_1.lpm_widtha = w1;
            defparam mul_1.lpm_widthb = w1;
            defparam mul_1.lpm_widthp = w2;
            defparam mul_1.lpm_widths = w2;
            defparam mul_1.lpm_pipeline = mpipe;
            defparam mul_1.lpm_representation = "signed";
        lpm_mult mul_2                                    //乘法运算 x × c2 = p2
            (.clock(clk), .dataa(x), .datab(c2), .result(p2));
            //.sum(sum), .clken(clken), .aclr(aclr));      //未用端口
            defparam mul_2.lpm_widtha = w1;
            defparam mul_2.lpm_widthb = w1;
            defparam mul_2.lpm_widthp = w2;
            defparam mul_2.lpm_widths = w2;
            defparam mul_2.lpm_pipeline = mpipe;
            defparam mul_2.lpm_representation = "signed";
        lpm_mult mul_3                                    //乘法运算 x × c3 = p3
            (.clock(clk), .dataa(x), .datab(c3), .result(p3));
            //.sum(sum), .clken(clken), .aclr(aclr));      //未用端口
            defparam mul_3.lpm_widtha = w1;
            defparam mul_3.lpm_widthb = w1;
            defparam mul_3.lpm_widthp = w2;
            defparam mul_3.lpm_widths = w2;
            defparam mul_3.lpm_pipeline = mpipe;
            defparam mul_3.lpm_representation = "signed";
        assign y_out = y[w3-1:w3-w4];
    endmodule
```

3．仿真结果验证

图 6.36 是使用 Quartus Ⅱ 8.0 对 FIR 进行时序仿真的结果。

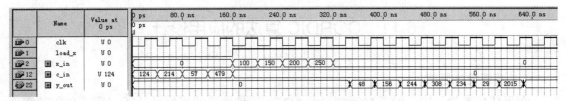

图 6.36　FIR 的时序仿真结果

当输入数据 x_in(0)、x_in(1)、x_in(2)、x_in(3)、x_in(4)分别为 100、150、200、250、0 时，输出 y_out(0)、y_out(1)、y_out(2)、y_out(3)、y_out(4)应该为

$$y\_out(0) = \frac{124 \times x\_in(0) + 214 \times x\_in(-1) + 57 \times x\_in(-2) - 33 \times x\_in(-3)}{256}$$

$$= \frac{124 \times 100 + 214 \times 0 + 57 \times 0 - 33 \times 0}{256}$$

$$= 48$$

$$y\_out(1) = \frac{124 \times x\_in(1) + 214 \times x\_in(0) + 57 \times x\_in(-1) - 33 \times x\_in(-2)}{256}$$

$$= \frac{124 \times 150 + 214 \times 100 + 57 \times 0 - 33 \times 0}{256}$$

$$= 156$$

$$y\_out(2) = \frac{124 \times x\_in(2) + 214 \times x\_in(1) + 57 \times x\_in(0) - 33 \times x\_in(-1)}{256}$$

$$= \frac{124 \times 200 + 214 \times 150 + 57 \times 100 - 33 \times 0}{256}$$

$$= 244$$

$$y\_out(3) = \frac{124 \times x\_in(3) + 214 \times x\_in(2) + 57 \times x\_in(1) - 33 \times x\_in(0)}{256}$$

$$= \frac{124 \times 250 + 214 \times 200 + 57 \times 150 - 33 \times 100}{256}$$

$$= 308$$

$$y\_out(4) = \frac{124 \times x\_in(4) + 214 \times x\_in(3) + 57 \times x\_in(2) - 33 \times x\_in(1)}{256}$$

$$= \frac{124 \times 0 + 214 \times 250 + 57 \times 200 - 33 \times 150}{256}$$

$$= 234$$

从图 6.36 可以看出，系统的仿真结果完全符合上述要求，因此仿真结果是正确的。

4. 逻辑综合分析

根据第 6.1 节所述的方法，请读者自己进行逻辑综合，查看并分析有关综合结果。

5. 硬件逻辑验证

请读者根据前述方法自行完成硬件逻辑验证工作。

6.11 CORDIC 算法的应用设计

1. 系统设计思路

在现代信号处理中，经常会遇到三角函数、超越函数和坐标转化等问题。传统的实现方法有查找表、多项式展开等方法。这些方法在精度、速度、简单性和效率方面往往不能

兼顾，而 CORDIC 算法则可以很好地兼顾这几方面的要求。

　　CORDIC 是坐标旋转数字计算机(Coordinate Rotations Digital Computer)的英文字头缩写。CORDIC 算法 1959 年由 J.Volder 提出，并首先应用于导航系统，使得矢量的旋转和定向运算不需要做查三角函数表、乘法、开方及反三角函数等复杂运算。CORDIC 算法的基本思想是通过一系列固定的、与运算基数相关的角度偏摆以逼近所需的旋转角度。可通过该算法不同的实现模式(如圆周模式、双曲线模式、线性模式)来计算的函数包括乘除、平方根、正弦、余弦、反正切向量旋转(即复数乘法)以及指数运算等。由于基本运算单元只有移位与加减法，这就为 CORDIC 算法的 FPGA 实现打下了良好的基础。1971 年，J.Walther 提出了统一的 CORDIC 算法(The Unified CORDIC Algorithms)，把圆周旋转、双曲线旋转、线性旋转统一到同一个 CORDIC 迭代方程中，为用统一的硬件实现多功能 CORDIC 算法奠定了理论基础。

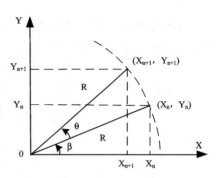

图 6.37　坐标旋转图

　　CORDIC 算法包含圆周系统、线性系统、双曲系统三种旋转系统。本文采用圆周系统完成平面坐标旋转，如图 6.37 所示。

　　从图中可以看出，将向量(X_n, Y_n)旋转 θ 角，可得到新向量(X_{n+1}, Y_{n+1})，那么有：

$$\begin{cases} X_{n+1} = R\cos(\theta+\beta) = R\cos\theta\cos\beta - R\sin\theta\sin\beta = X_n\cos\theta - Y_n\sin\theta \\ Y_{n+1} = R\sin((\theta+\beta) = R\sin\theta\cos\beta + R\cos\theta\sin\beta = X_n\sin\theta + Y_n\cos\theta \end{cases} \quad (6.3)$$

其中，R 为圆周的半径；θ 为旋转角度。使用迭代的方法，旋转的角度可以在多步之内完成，每一步的旋转完成其中的一小部分。消除 $\cos\theta_n$ 因子得到单步旋转等式(6.4)，即把式(6.3)转化为矩阵表示形式。

$$\begin{bmatrix} X_{n+1} \\ Y_{n+1} \end{bmatrix} = \begin{bmatrix} \cos\theta_n & -\sin\theta_n \\ \sin\theta_n & \cos\theta_n \end{bmatrix} \begin{bmatrix} X_n \\ Y_n \end{bmatrix} = \cos\theta_n \begin{bmatrix} 1 & -\tan\theta_n \\ \tan\theta_n & 1 \end{bmatrix} \begin{bmatrix} X_n \\ Y_n \end{bmatrix} \quad (6.4)$$

式(6.4)中每一步的旋转角度为：

$$\theta_n = \arctan\left(\frac{1}{2^n}\right), \quad \sum_{n=0}^{\infty} S_n\theta_n = \theta, \quad S_n = \{-1, +1\}$$

即所有迭代角之和必须等于旋转角度。对于每一步旋转角度 Z_n，S_n 为 Z_n 的符号函数，即

$$Z_n = \theta - \sum_{i=0}^{n-1} S_i\theta_i$$

$$S_n = \begin{cases} -1 & \text{if } Z_n < 0 \\ +1 & \text{if } Z_n \geqslant 0 \end{cases}, \quad \begin{bmatrix} X_{n+1} \\ Y_{n+1} \end{bmatrix} = \cos\theta_n \begin{bmatrix} 1 & -S_n 2^{-n} \\ S_n 2^{-n} & 1 \end{bmatrix} \begin{bmatrix} X_n \\ Y_n \end{bmatrix} \quad (6.5)$$

　　经过 N 次迭代后，有

$$\begin{bmatrix} X_N \\ Y_N \end{bmatrix} = \prod_{n=0}^{N} \cos\theta_n \begin{bmatrix} 1 & -S_n 2^{-n} \\ S_n 2^{-n} & 1 \end{bmatrix} \times \begin{bmatrix} X_0 \\ Y_0 \end{bmatrix} = K \times \prod_{n=0}^{N} \begin{bmatrix} 1 & -S_n 2^{-n} \\ S_n 2^{-n} & 1 \end{bmatrix} \times \begin{bmatrix} X_0 \\ Y_0 \end{bmatrix} \qquad (6.6)$$

将比例因子从迭代公式中提出来，定义 K 为增益因子，则 N = +∞ 有：

$$K = \frac{1}{P} = \prod_{n=0}^{\infty} \cos\left(\arctan\left(\frac{1}{2^n}\right)\right) \approx 0.607\,253 \qquad (6.7)$$

具体增益 K 取决于迭代次数 N。对于所有的初始向量和所有的旋转角度而言，K 是一个常数。通常把 K 称做聚焦常数，式(6.7)中常数 P 为 K 的倒数。

CORDIC 算法有旋转模式和向量模式两种计算模式，这里使用旋转模式。在旋转模式中，Z 为初始化需要旋转的角，当 Z 旋转变为 0 时，公式变化如下：

$$\begin{cases} X_{n+1} = X_n - S_n 2^{-2n} Y_n \\ Y_{n+1} = Y_n + S_n 2^{-2n} X_n \\ Z_{n+1} = Z_n - S_n \arctan(2^{-n}) \end{cases} \qquad (6.8)$$

经过 N 次迭代后，CORDIC 公式的输出变为

$$[X_j, Y_j, Z_j] = [P(X_i \cos(Z_i) - Y_i \sin(Z_i)),\ P(Y_i \cos(Z_i) + X_i \sin(Z_i)),\ 0] \qquad (6.9)$$

其中，$P = \prod_{n=0}^{N} \sqrt{1 + 2^{-2n}}$ 。

如果 $X_i = \frac{1}{P} = K \approx 0.607\,25$，$Y_i = 0$，$Z_i = \theta$，则 N 次迭代后有

$$[X_j, Y_j, Z_j] = [\cos\theta, \sin\theta, 0] \qquad (6.10)$$

从式(6.10)的分析可以看出，CORDIC算法在圆周系统的旋转模式可以用来计算一个输入角度的正弦值、余弦值和正切值，此外还可将极坐标变换为平面坐标。

CORDIC 算法的实现有两种结构方案：迭代结构和流水线结构。基于迭代结构的 CORDIC 算法实现方案只需要一组移位及加减运算的单元，硬件开销很小，但控制比较复杂，而且完成一次 CORDIC 运算需要多个时钟周期，当对速度要求较高时很难满足要求。基于流水线结构的实现方案，每级 CORDIC 迭代运算都使用单独的一套运算单元，与基于迭代结构的实现方案相比，流水线结构的处理速度非常快，当流水线填满之后每个时钟周期就会计算出一组结果。本设计采用流水线结构进行设计，图 6.38 是流水线结构的设计原理框图。

根据以上对 CORDIC 算法求解正弦和余弦函数原理和实现结构的阐述，本设计利用 CORDIC 算法求解正弦和余弦函数的程序分为三个层次：先设计一个根据已知的(x_{n-1}, y_{n-1}, z_{n-1})求解(x_n, y_n, z_n)的通用流水单元电路程序 cordicpipe.v；再利用 n 个流水单元电路构成流水线实现由(x_0, y_0, z_0)求解(x_n, y_n, z_n)的 CORDIC 算法实现电路程序 cordic.v；最后设计给 CORDIC 算法实现电路赋予确定的初值(0.607 25, 0, θ)构建一个求解正弦和余弦函数的顶层电路程序 sinandcos_cordic.v。

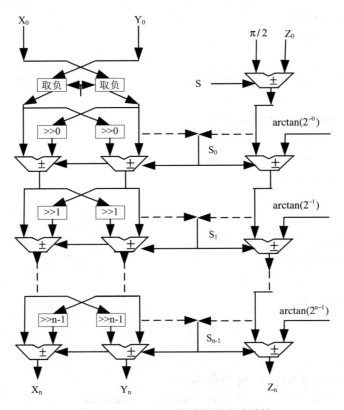

图 6.38　CORDIC 算法的流水线结构

2．Verilog HDL 源程序

1) 实现 CORDIC 算法的流水线单元电路 cordicpipe.v

```
//实现 CORDIC 算法的流水线单元电路 cordicpipe.v
module cordicpipe(clk, ena, xi, yi, zi, xo, yo, zo);
    parameter width=16;
    parameter pipeid=1;
    input clk, ena;
    input [width-1:0] xi, yi;
    input [19:0] zi;
    output [19:0] zo;
    output [width-1: 0] xo, yo;
    wire [width-1:0 ] dx, dy, xcatan, ycatan;
    wire [19:0] atan, zcatan;
    wire zneg, zpos;
    reg [width-1:0] xo, yo;
    reg [19:0] zo;
    assign dx=delta(xi,pipeid);
    assign dy=delta(yi,pipeid);
    assign atan=catan(pipeid);
    // generate adder structures
```

```verilog
assign zneg=zi[19];
assign zpos=!zi[19];
//xadd
assign xcatan=addsub(xi, dy, zneg);
//yadd
assign ycatan=addsub(yi, dx, zpos);
// zadd
assign zcatan=addsub(zi, atan, zneg);
always @(posedge clk)
    begin
    if (ena)
      begin
       xo = xcatan;
       yo = ycatan;
       zo = zcatan;
       end
    end


//function catan (constante arc-tangent).
// this is a lookup table containing pre-calculated arc-tangents.
// 'n' is the number of the pipe, returned is a 20bit arc-tangent value.
// the numbers are calculated as follows: z(n) = atan(1/2^n)
// examples:
// 20bit values => 2^20 = 2pi(rad)
//                      1(rad) = 2^20/2pi = 166886.053....
// n:0, atan(1/1) = 0.7853...(rad)
//       0.7853... * 166886.053... = 131072(dec) = 20000(hex)
// n:1, atan(1/2) = 0.4636...(rad)
//       0.4636... * 166886.053... = 77376.32(dec) = 12e40(hex)
// n:2, atan(1/4) = 0.2449...(rad)
//       0.2449... * 166886.053... = 40883.52(dec) = 9fb3(hex)
// n:3, atan(1/8) = 0.1243...(rad)
//       0.1243... * 166886.053... = 20753.11(dec) = 5111(hex)
//
function [19:0] catan;
   input n;
    begin
    case (n)
      0:  catan=20'h20000;
      1:  catan=20'h12e40;
      2:  catan=20'h9fb4;
```

```
    3:    catan=20'h5111;
    4:    catan=20'h28b1;
    5:    catan=20'h145d;
    6:    catan=20'h0a2f;
    7:    catan=20'h0518;
    8:    catan=20'h028c;
    9:    catan=20'h0146;
    10: catan=20'h0a3;
    11: catan=20'h0051;
    12: catan=20'h0029;
    13: catan=20'h0014;
    14: catan=20'h000a;
    15: catan=20'h0005;
    16: catan=20'h0003;
    17: catan=20'h0001;
    default:catan=20'h0000;
  endcase
  end
endfunction
//function delta is actually an arithmatic shift right
function [15:0] delta;
    parameter w1=16;
    parameter w2=4;
    parameter lo=12;//w1-w2+1-1;
    input [15:0] arg;
    input [3:0] cnt;
    reg [15:0] tmp;
    integer n;
    //variable tmp: signed(arg'range);
    //constant lo: integer:=arg'high-cnt+1;
    begin
    for (n=15; n>lo; n=n-1)
      begin
      tmp[n]=arg[w1-1];
      end
    for (n=11; n>0; n=n-1)
      begin
      tmp[n]=arg[n+4];
      end
    delta=tmp;
    end
```

```
            endfunction
            function [19:0] addsub;
               input [19:0] dataa,datab;
               input add_sub;
               begin
                if (add_sub)
                   addsub=dataa+datab;
                else
                   addsub=dataa-datab;
               end
            endfunction
         endmodule
```

2) 基于流水线实现 CORDIC 算法的电路 cordic.v

```
//基于流水线实现 CORDIC 算法的电路 cordic.v
module cordic(clk, ena, xi, yi, zi, xo, yo);
    parameter pipeline=15;
    parameter width=16;
    input clk, ena;
    input [width-1:0] xi, yi, zi;
    output [width-1:0] xo, yo;
    wire [width-1:0] xo,yo;
    wire [width-1:0] x0,x1,x2,x3,x4,x5,x6,x7,x8,x9,x10,x11,x12,x13,x14,x15,x16;
    wire [width-1:0] y0,y1,y2,y3,y4,y5,y6,y7,y8,y9,y10,y11,y12,y13,y14,y15,y16;
    wire [19:0] z0,z1,z2,z3,z4,z5,z6,z7,z8,z9,z10,z11,z12,z13,z14,z15,z16 ;
    //fill first nodes
    //fill x
    assign x0 = xi;
    // fill y
    assign y0 = yi;
    // fill z
    assign z0= {zi,4'b0000};
    //generate pipeline
    cordicpipe    uu0(clk, ena, x0, y0, z0, x1, y1, z1);
       defparam uu0.width=width;
       defparam uu0.pipeid=1;
    cordicpipe    uu1(clk, ena, x1, y1, z1, x2, y2, z2);
       defparam uu1.width=width;
       defparam uu1.pipeid=1;
    cordicpipe    uu2(clk, ena, x2, y2, z2, x3, y3, z3);
       defparam uu2.width=width;
       defparam uu2.pipeid=1;
```

```verilog
    cordicpipe    uu3(clk, ena, x3, y3, z3, x4, y4, z4);
        defparam uu3.width=width;
        defparam uu3.pipeid=1;
    cordicpipe    uu4(clk, ena, x4, y4, z4, x5, y5, z5);
        defparam uu4.width=width;
        defparam uu4.pipeid=1;
    cordicpipe    uu5(clk, ena, x5, y5, z5, x6, y6, z6);
        defparam uu5.width=width;
        defparam uu5.pipeid=1;
    cordicpipe    uu6(clk, ena, x6, y6, z6, x7, y7, z7);
        defparam uu6.width=width;
        defparam uu6.pipeid=1;
    cordicpipe    uu7(clk, ena, x7, y7, z7, x8, y8, z8);
        defparam uu7.width=width;
        defparam uu7.pipeid=1;
    cordicpipe    uu8(clk, ena, x8, y8, z8, x9, y9, z9);
        defparam uu8.width=width;
        defparam uu8.pipeid=1;
    cordicpipe    uu9(clk, ena, x9, y9, z9, x10, y10, z10);
        defparam uu9.width=width;
        defparam uu9.pipeid=1;
    cordicpipe    uu10(clk, ena, x10, y10, z10, x11, y11, z11);
        defparam uu10.width=width;
        defparam uu10.pipeid=1;
    cordicpipe    uu11(clk, ena, x11, y11, z11, x12, y12, z12);
        defparam uu11.width=width;
        defparam uu11.pipeid=1;
    cordicpipe    uu12(clk, ena, x12, y12, z12, x13, y13, z13);
        defparam uu12.width=width;
        defparam uu12.pipeid=1;
    cordicpipe    uu13(clk, ena, x13, y13, z13, x14, y14, z14);
        defparam uu13.width=width;
        defparam uu13.pipeid=1;
    cordicpipe    uu14(clk, ena, x14, y14, z14, x15, y15, z15);
        defparam uu14.width=width;
        defparam uu14.pipeid=1;
    cordicpipe    uu15(clk, ena, x15, y15, z15, x16, y16, z16);
        defparam uu15.width=width;
        defparam uu15.pipeid=1;
    // assign outputs
    assign xo=x16;
```

```
        assign yo=y16;
    endmodule
```

3) CORDIC 算法求正余弦函数值顶层电路 sinandcos_cordic.v

```
//CORDIC 算法求正余弦函数值顶层电路 sinandcos_cordic.vhd
module sinandcos_cordic(clk, ena, ain, sin, cos);
    parameter pipelength=15;
    parameter p=19898;//16'h4dba;
    input clk,ena;
    input [15:0] ain;
    output [15:0] sin,cos;
    cordic u1(.clk(clk), .ena(ena), .xi(p), .zi(ain), .xo(cos), .yo(sin));
        defparam u1. pipeline=pipelength;
        defparam u1.width=16;
    endmodule
```

3. 仿真结果验证

本设计输入和输出数据均采用 16 位二进制表示,因此进行仿真和分析前,首先需对输入数据和应该产生的输出数据进行量化计算。

角度 DEG 的度数与量化后的 16 位弧度数的换算关系举例为:因为 $360° \equiv 2^{16}$,所以 $30° \equiv 2^{16} \times 30/360 = 5416(\text{dec}) = 1555(\text{hex})$。

正弦和余弦函数值与量化后的 16 位数的换算关系为:因为输出值在 $-1 \sim +1$ 之间,故 $2^{15} \equiv 1$,所以 $\sin 30° = 0.499\,98 \equiv 0.499\,98 \times 2^{15} = 16\,380(\text{dec}) = 3\text{FFC}(\text{hex})$。表 6.1 是正弦和余弦函数求解过程中有关参数及量化值对照表。

表 6.1 正弦和余弦函数求解过程中有关参数及量化值对照表

deg(度数)	0	30	45	60	90	40
deg(量化弧度数)	0X0000	0X1555	0X2000	0X2AAA	0X3FFF	0X1C71
sin(实际值)	0.014 03	0.499 98	0.707 09	0.866 09	1.000 00	0.642 78
cos(实际值)	1.0000	0.866 12	0.707 12	0.500 00	0.014 03	0.766 03
sin(量化值)	0X01CC	0X3FFC	0X5A82	0X6EDC	0X8000	0X5244
cos(量化值)	0X8000	0X6EDD	0X5A83	0X4000	0X01CC	0X6211

图 6.39 是使用 Quartus II 8.0 对 sinandcos_cordic 进行时序仿真的结果。从图 6.35 可以看出,仿真结果完全正确。

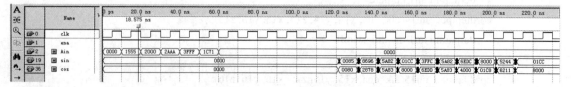

图 6.39 sinandcos_cordic 的时序仿真结果

4. 逻辑综合分析

根据第 6.1 节所述的方法,请读者自己进行逻辑综合,查看并分析有关综合结果。

5．硬件逻辑验证

请读者根据前述方法自行完成硬件逻辑验证工作。

6.12　闹钟系统的设计

6.12.1　系统设计思路

多功能数字闹钟系统包括四个功能：时间显示与设置、数字秒表、数字闹钟和日期显示与设置。多功能数字闹钟系统不同功能的转换通过功能键实现，有关参数的调整通过两个调整键实现。

1．时间、状态等显示

用数码管或点阵字符型 LCD 来显示时间，在控制按钮的配合下，可以实现日期的显示、时间设置与调整的闪烁显示、日期设置与调整的闪烁显示、闹钟设置与查看，还可以显示秒表信息。

2．功能键

功能键用来选择不同的功能模式，分别是：1 号功能——时间正常显示功能模式；2 号功能——时间调整与设置；3 号功能——数字秒表功能；4 号功能——闹钟设置与查看；5 号功能——日期显示；6 号功能——日期调整与设置。

3．调整键 1

调整键 1 主要用于闹钟设置、日期显示与调整、数字秒表、时间调整与设置中的位置选择按钮，与功能键配合使用，具体功能为：

(1) 2 号功能模式，即时间调整与设置时，用作时、分、秒的移位，按一下，将会实现“时—分—秒”的依次移位，便于在特定位置进行调整。

(2) 4 号功能模式，即闹钟设置与查看时，用作时、分、秒的移位，按一下，将会实现“时—分—秒”的依次移位，便于在特定位置进行调整。

(3) 6 号功能模式，即日期调整与设置时，用作月、日的移位，按一下，将会实现“月—日”的依次移位，便于在特定位置进行调整。

4．调整键 2

调整键 2 主要用于闹钟设置、日期显示与调整、数字秒表、时间调整与设置中的调整按钮，与功能键配合使用，具体功能为：

(1) 2 号功能模式，即时间调整与设置时，用作时、分、秒数字的调整，按一下，将会使得当前调整键 1 选择的位置数字增加 1。

(2) 4 号功能模式，即闹钟设置与查看时，用作时、分、秒数字的调整，按一下，将会使得当前调整键 1 选择的位置数字增加 1。

(3) 6 号功能模式，即日期调整与设置时，用作月、日数字的调整，按一下，将会使得当前调整键 1 选择的位置数字增加 1。

根据以上对多功能数字闹钟系统的功能描述要求，可将该系统分为八个大的模块，其总体组成原理图如图 6.40 所示。

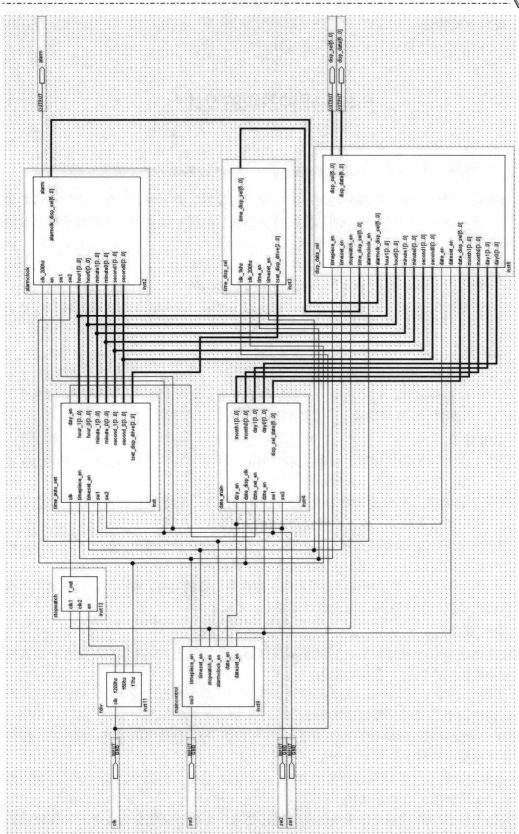

图 6.40　闹钟系统总体组成原理图

八个大的模块及其功能如下：闹钟系统主控模块 maincontrol，用于实现对各个功能模块的整体控制；时间及其设置模块 time_auto_set，主要完成时间的自动正常运行与显示，以及在相应的功能号下，实现时间的调整与设置；时间显示动态位选择模块 time_disp_sel，用来产生分时显示时间数据位控制信号；显示数据选择及译码模块 disp_data_sel，是时间、日期等数据用数码管显示的控制与数据传输模块，包括数据的传输以及 BCD 码的显示译码等；数字秒表模块 stopwatch，用于实现数字秒表的功能；日期显示与设置模块 date_main，实现日期的显示和日期的调整与设置；数字闹钟模块 alarmclock，实现闹钟的设置以及闹钟时间到后的提示；系统时钟分频模块 fdiv，用于实现将全局时钟信号分频后输出 200 Hz、60 Hz 和 1 Hz 三种时钟信号。

6.12.2 Verilog HDL 源程序

1. 闹钟系统主控模块的设计

1) 设计说明

闹钟系统主控模块 maincontrol 用于实现对各个功能模块的整体控制，包括对时间显示与调整、日期的显示与调整、闹钟显示与调整、数字秒表操作等的控制。

2) Verilog HDL 源程序

```verilog
//闹钟系统主控模块 maincontrol.v
module maincontrol(sw3, timepiece_en, timeset_en, stopwatch_en,
                   alarmclock_en, date_en, dateset_en);
    input   sw3;                              //功能号选择按钮
    output timepiece_en,timeset_en;           //分别为时间自动显示使能、时间调整与设置使能
    output stopwatch_en,alarmclock_en;        //分别为数字秒表工作使能、闹钟时间设置使能
    output date_en,dateset_en;                //分别为日期显示使能、日期调整与设置使能
    reg timepiece_en,timeset_en,stopwatch_en,alarmclock_en,date_en,dateset_en;
    reg [2:0] func;                           //存放功能号
    always @(posedge sw3)                     //实现对各功能操作的控制
      begin
      //功能号的产生及其自动循环
      if(func < 3'b101)   func <= func + 3'b1; else   func <= 3'b0;
      //各个分功能的控制与实现
      case(func)
        //时钟自动显示
        3'b000: begin
                    timepiece_en <= 1'b1;   timeset_en <= 1'b0;
                    stopwatch_en <= 1'b0;   alarmclock_en <= 1'b0;
                    date_en <= 1'b0;   dateset_en <= 1'b0;
                end
        //时钟调整与设置
        3'b001: begin
```

```
                        timepiece_en <= 1'b0;    timeset_en <= 1'b1;
                        stopwatch_en <= 1'b0;    alarmclock_en <= 1'b0;
                        date_en <= 1'b0;    dateset_en <= 1'b0;
                    end
        //数字秒表使能
        3'b010: begin
                        timepiece_en <= 1'b0;    timeset_en <= 1'b0;
                        stopwatch_en <= 1'b1;    alarmclock_en <= 1'b0;
                        date_en <= 1'b0;    dateset_en <= 1'b0;
                    end
         //闹钟时间设置
        3'b011: begin
                        timepiece_en <= 1'b0;    timeset_en <= 1'b0;
                        stopwatch_en <= 1'b0;    alarmclock_en <= 1'b1;
                        date_en <= 1'b0;    dateset_en <= 1'b0;
                    end
        //日期显示使能
        3'b100: begin
                        timepiece_en <= 1'b0;    timeset_en<= 1'b0;
                        stopwatch_en <= 1'b0;    alarmclock_en <= 1'b0;
                        date_en <= 1'b1;    dateset_en <= 1'b0;
                    end
         //日期设置使能
         3'b101: begin
                        timepiece_en <= 1'b0;    timeset_en <= 1'b0;
                        stopwatch_en <= 1'b0;    alarmclock_en <= 1'b0;
                        date_en <= 1'b0;    dateset_en <= 1'b1;
                    end
        default:begin
                        timepiece_en <= 1'b0;    timeset_en <= 1'b0;
                        stopwatch_en <= 1'b0;    alarmclock_en <= 1'b0;
                        date_en <= 1'b0;    dateset_en <= 1'b0;
                    end
            endcase
        end
    endmodule
```

2. 时间及其设置模块的设计

1) 设计说明

时间及其设置模块 time_auto_set 主要完成时间的自动正常运行与显示，以及在相应的功能号下，实现时间的调整与设置，它可分为三个子模块，如图 6.41 所示。这三个子模块分别是时间子模块 timepiece_main、时间设置子模块 timeset、时间数据与时间设置数据多路选择子模块 time_mux。其中，timepiece_main 子模块主要完成时间的自动增加与显示功能，即为正常的自动模式运行；timeset 子模块主要完成对与时间设置相关的闪烁显示的控制以及时间中的小时、分钟、秒等数据的改变；time_mux 子模块用来分时向显示单元传输显示数据。时间子模块 timepiece_main 又分为三个更小的模块：计时子模块 hour_cnt、计分子模块 minute_cnt 和计秒子模块 second_cnt。

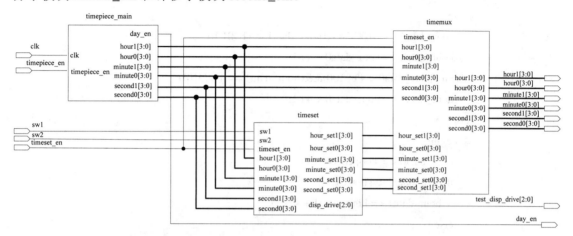

图 6.41　时间及其设置模块 time_auto_set 内部组成原理图

2) Verilog HDL 源程序

//时间自动工作控制模块 timepiece_main.v

```
module timepiece_main(clk, timepiece_en, day_en,
            hour0, hour1, minute0, minute1, second0, second1 );
    input    clk, timepiece_en;
    output day_en;
    output [3:0] hour1,hour0, minute1, minute0, second1, second0;
    wire     wire0, wire1;
    hour_cnt u0(.clk(wire0), .en(timepiece_en),.eo(day_en),
                 .hour_data0(hour0),.hour_data1(hour1)); //计时子模块实例化
    minute_cnt u1(.clk(wire1),.en(timepiece_en),.eo(wire0), .minute_data0(minute0),
                 .minute_data1(minute1)); //计分子模块实例化
    second_cnt u2(.clk(clk),.en(timepiece_en),.eo(wire1), .second_data0(second0),
                 .second_data1(second1));   //计秒子模块实例化
endmodule

//小时自动计数子模块 hour_cnt.v
module hour_cnt(en, clk, hour_data1, hour_data0, eo);
    input    clk, en;
    output [3:0] hour_data1, hour_data0;
    output eo;
```

```verilog
    reg [3:0] hour_data1, hour_data0;
    reg eo;
    //实现 24 小时的计时，并且计到 24 小时后自动进位
    always @(posedge clk)
        begin
        if(en == 1'b1)
            begin
            if((hour_data0 < 4'b1001)&&(hour_data1 < 4'b0010))
                hour_data0 <= hour_data0 + 4'b1;
            else if((hour_data0 < 4'b0100)&&(hour_data1 == 4'b0010))
                hour_data0 <= hour_data0 + 4'b1;
            else
                begin
                hour_data0 <= 4'b0; eo <= 1'b0;
                if(hour_data1 < 4'b0010)
                    hour_data1 <= hour_data1 + 4'b1;
                else
                    begin
                    hour_data1 <= 4'b0; eo <= 1'b1;
                    end
                end
            end
        end
endmodule

//分自动计数子模块 minute _cnt.v(秒自动计时模块 second_cnt.v 与此类似)
module minute_cnt(en, clk, minute_data1, minute_data0, eo);
    input    clk, en;
    output [3:0] minute_data1, minute_data0;
    output eo;
    reg [3:0] minute_data1, minute_data0;
    reg eo;
    //实现 60 分钟的计时，并且计到 60 分钟后自动进位
    always @(posedge clk)
        begin
        if(en == 1'b1)
            begin
            if(minute_data0 < 4'b1001)
                minute_data0 <= minute_data0 + 4'b1;
            else
```

```verilog
                begin
                  eo <= 1'b0; minute_data0 <= 4'b0;
                  if(minute_data1 < 4'b0101)
                      minute_data1 <= minute_data1 + 4'b1;
                  else
                      begin
                      minute_data1 <= 4'b0; eo <= 1'b1;
                      end
                end
            end
        end
endmodule


//时间设置子模块 timeset.v
module timeset(timeset_en, sw1, sw2, hour1, hour0, minute1, minute0,
    second1, second0, hour_set1, hour_set0, minute_set1,
    minute_set0, second_set1, second_set0, disp_drive);
    input    timeset_en, sw1, sw2; //sw1 为调整键 1，sw2 为调整键 2
    input    [3:0] hour1, hour0, minute1, minute0, second1, second0;
    output [3:0] hour_set1, hour_set0, minute_set1, minute_set0, second_set1, second_set0;
    output [2:0] disp_drive;
    reg [3:0] hour_set1, hour_set0, minute_set1, minute_set0, second_set1, second_set0;
    reg [2:0] disp_drive;
    //初始化
    initial    //初始设置
        begin
        hour_set1 <= hour1; hour_set0 <= hour0;
        minute_set1 <= minute1; minute_set0 <= minute0;
        second_set1 <= second1; second_set0 <= second0;
        end
    always @(posedge sw1)          //手动设置使能
        begin
        if(timeset_en == 1'b1)
          begin
          if(disp_drive < 3'b101)
              disp_drive <= disp_drive + 3'b1;
          else
              disp_drive <= 3'b0;
          end
        end
```

```
        always @(posedge sw2)              //实现时间调整与设置中数值的调整
          begin
          case(disp_drive)
          //小时的高位
          3'b000: begin
                    if(hour_set1 < 4'b0010)
                        hour_set1 <= hour_set1 + 4'b1;
                    else
                        hour_set1 <= 4'b0;
                 end
          //小时的低位
          3'b001: begin
                    if(hour_set0 < 4'b1001)
                        hour_set0 <= hour_set0 + 4'b1;
                    else
                        hour_set0 <= 4'b0;
                 end
          //分的高位
          3'b010: begin
                    if(minute_set1 < 4'b0101)
                        minute_set1 <= minute_set1 + 4'b1;
                    else
                        minute_set1 <= 4'b0;
                 end
          //分的低位
          3'b011: begin
                    if(minute_set0 < 4'b1001)
                        minute_set0 <= minute_set0 + 4'b1;
                    else
                        minute_set0 <= 4'b0;
                 end
          //秒的高位
          3'b100: begin
                    if(second_set1 < 4'b0101)
                        second_set1 <= second_set1 + 4'b1;
                    else
                        second_set1 <= 4'b0;
                 end
          //秒的低位
          3'b101: begin
                    if(second_set0 < 4'b1001)
```

```verilog
                    second_set0 <= second_set0 + 4'b1;
                else
                    second_set0 <= 4'b0;
              end
        default: begin
              end
        endcase
      end
endmodule


//时间数据与时间设置数据多路选择子模块 time_mux.v
module time_mux(timeset_en, hour1, hour0, minute1, minute0, second1, second0,
      hour_set1, hour_set0, minute_set1, minute_set0, second_set1, second_set0,
      hour_1, hour_0, minute_1, minute_0, second_1, second_0);
   input   timeset_en;   //时间设置使能
   input   [3:0] hour1, hour0, minute1, minute0, second1, second0;
   input   [3:0] hour_set1, hour_set0, minute_set1, minute_set0, second_set1, second_set0;
   output [3:0] hour_1, hour_0, minute_1,minute_0, second_1, second_0;
   reg [3:0] hour_1, hour_0, minute_1, minute_0, second_1, second_0;
   //实现时间自动显示和时间调整与设置中显示数据的多路选择
   always @(timeset_en, hour1, hour0, minute1, minute0, second1, second0,
      hour_set1, hour_set0, minute_set1, minute_set0, second_set1, second_set0)
      begin
      if(timeset_en == 1'b1)
        begin
        hour_1 <= hour_set1;    hour_0 <= hour_set0;
        minute_1 <= minute_set1;    minute_0 <= minute_set0;
        second_1 <= second_set1;    second_0 <= second_set0;
        end
      else
        begin
        hour_1 <= hour1;    hour_0 <= hour0;
        minute_1 <= minute1;    minute_0 <= minute0;
        second_1 <= second1;    second_0 <= second0;
        end
      end
endmodule
```

3. 时间显示动态位选择模块的设计

1) 设计说明

时间显示动态位选择模块 time_disp_sel 用来分时显示时间数据，但是在合适的时间间隔下，人眼并不能分辨出是分时显示的，这种显示方式可以降低功耗。该模块实际上就是根据显示数码管的数量，设置一个计数器，产生周期性变化的控制信号，用于选通控制数码管公共段 COM 的信号。

2) Verilog HDL 源程序

```verilog
//时间显示动态位选择模块 time_disp_sel.v
module time_disp_sel(clk_1khz, clk_200hz, time_en, timeset_en,
                     tset_disp_drive, time_disp_sel);
    input   clk_1khz, clk_200hz;   //动态和闪烁显示时间的 1 kHz 和 200 Hz 的时钟信号
    input   time_en, timeset_en;   //自动工作使能，时间设置使能
    input   [2:0] tset_disp_drive; //时间设置数据显示的同步信号
    output [5:0] time_disp_sel;
    reg [5:0] time_disp_sel;
    reg [2:0] auto_disp_drive, disp_drive;
    reg clk;
    always @(posedge clk_1khz)  //实现自动运行模式中时间动态显示位选择驱动
        begin
        if(auto_disp_drive < 3'b101)
            auto_disp_drive <= auto_disp_drive + 3'b1;
        else
            auto_disp_drive <= 3'b0;
        end
    always  //实现自动运行与时间设置模式中时间动态显示位选择驱动的选择
        begin
        if(time_en == 1'b1)
            begin
            clk <= clk_1khz;
            disp_drive <= auto_disp_drive;
            end
        else if(timeset_en == 1'b1)
            begin
            clk <= clk_200hz;
            disp_drive <= tset_disp_drive;
            end
        end
    always @(posedge clk)   //实现时间的动态位选择
        begin
        case(disp_drive)
            3'b000:   time_disp_sel <= 6'b100000;
            3'b001:   time_disp_sel <= 6'b010000;
            3'b010:   time_disp_sel <= 6'b001000;
```

```
                3'b011:    time_disp_sel <= 6'b000100;
                3'b100:    time_disp_sel <= 6'b000010;
                3'b101:    time_disp_sel <= 6'b000001;
                default:   time_disp_sel <= 6'b000000;
            endcase
        end
    endmodule
```

4. 显示数据选择及译码模块的设计

1) 设计说明

显示数据选择及译码模块 disp_data_sel 是时间、日期等数据用数码管显示的控制与数据传输模块，包括数据的传输以及 BCD 码的显示译码等。

2) Verilog HDL 源程序

```
//显示数据选择及译码模块 disp_data_sel.v
module disp_data_sel(timepiece_en, timeset_en, stopwatch_en, time_disp_sel,
        alarmclock_en, alarmclk_disp_sel, hour1, hour0,
        minute1, minute0, second1, second0, date_en, dateset_en,
        date_disp_sel, month1, month0, day1, day0, disp_sel, disp_data);
    input   timepiece_en,timeset_en,stopwatch_en;          //自动工作、时间设置、秒表使能
    input   [5:0] time_disp_sel;               //时间显示位选信号输入
    input   alarmclock_en;                     //闹钟设置使能信号
    input   [5:0] alarmclk_disp_sel;           //闹钟设置中的显示位选信号
    input   [3:0] hour1,hour0,minute1,minute0,second1,second0;   //需显示的时、分、秒
    input   date_en, dateset_en;               //日期显示、日期设置使能
    input   [5:0] date_disp_sel;               //日期显示位选信号
    input   [3:0] month1,month0,day1,day0;     //需要显示的分钟、秒
    output  [5:0] disp_sel;                    //显示位选信号输出
    output  [6:0] disp_data;                   //显示的数据
    reg [5:0] disp_sel;
    reg [6:0] disp_data;
    reg [3:0] data;
    always @(timepiece_en, timeset_en, stopwatch_en, time_disp_sel,
                alarmclock_en, alarmclk_disp_sel, hour1, hour0,
                minute1, minute0, second1, second0, date_en, dateset_en,
                date_disp_sel, month1, month0, day1, day0,disp_sel)
    begin
    //时钟，秒表显示
    if((timepiece_en || timeset_en || stopwatch_en) == 1'b1)
        begin
        disp_sel <= time_disp_sel;
        case(time_disp_sel)
```

```
                6'b100000: data <= hour1;
                6'b010000: data <= hour0;
                6'b001000: data <= minute1;
                6'b000100: data <= minute0;
                6'b000010: data <= second1;
                6'b000001: data <= second0;
                default:    data <= 4'b0;
            endcase
            end
    //闹钟设置显示
    else if(alarmclock_en == 1'b1)
            begin
            disp_sel <= alarmclk_disp_sel;
            case(alarmclk_disp_sel)
                6'b100000: data <= hour1;
                6'b010000: data <= hour0;
                6'b001000: data <= minute1;
                6'b000100: data <= minute0;
                6'b000010: data <= second1;
                6'b000001: data <= second0;
                default:    data <= 4'b0;
            endcase
            end
    //日期以及日期设置显示
    else if((date_en || dateset_en) == 1'b1)
            begin
            disp_sel <= date_disp_sel;
            case(date_disp_sel)
                6'b100000: data <= month1;
                6'b010000: data <= month0;
                6'b001000: data <= day1;
                6'b000100: data <= day0;
                default:    data <= 4'b0;
            endcase
            end
    //显示数据译码
    case(data)
        4'b0000 : disp_data = 7'b0111111;     //0—>gfedcba
        4'b0001 : disp_data = 7'b0000110;     //1—>gfedcba
        4'b0010 : disp_data = 7'b1011011;     //2
```

```
        4'b0011 : disp_data = 7'b1001111;      //3
        4'b0100 : disp_data = 7'b1100110;      //4
        4'b0101 : disp_data = 7'b1101101;      //5
        4'b0110 : disp_data = 7'b1111101;      //6
        4'b0111 : disp_data = 7'b0000111;      //7
        4'b1000 : disp_data = 7'b1111111;      //8
        4'b1001 : disp_data = 7'b1101111;      //9
        default:   disp_data = 7'b0000000;
        endcase
      end
    endmodule
```

5. 数字秒表模块的设计

1) 设计说明

数字秒表模块 stopwatch 用于实现数字秒表的功能。在实际的实现设计中，通过改变自动工作模式下时间的计数时钟频率来实现秒表的功能。

2) Verilog HDL 源程序

```
//数字秒表模块 stopwatch.v
module stopwatch(clk1, clk2, en, f_out);
    input   clk1, clk2;        //时间自动工作模式的时钟信号、秒表工作模式的时钟信号
    input   en;                //秒表使能控制，1 表示工作在秒表状态，0 表示时间自动模式
    output f_out;              //数字钟的工作时钟
    reg f_out;
    always @(en,clk1,clk2)
      begin
      case(en)
        1'b0: f_out <= clk1;
        1'b1: f_out <= clk2;
        default: f_out <= 1'b0;
      endcase
      end
    endmodule
```

6. 日期显示与设置模块的设计

1) 设计说明

日期显示与设置模块 date_main 实现日期的显示和日期的调整与设置。它又分为三个子模块，如图 6.42 所示。这三个子模块分别为日期自动工作模块 autodate、日期设置模块 setdate 和日期自动工作与设置的控制模块 datecontrol。其中，autodate 模块实现在时间自动模式下，日期中的天数在小时计数器计数到 24 后自动加 "1" 功能，即与时间一起自动正常工作；setdate 模块实现日期的调整与设置；datecontrol 模块实现日期自动工作模式与设置模式的控制。

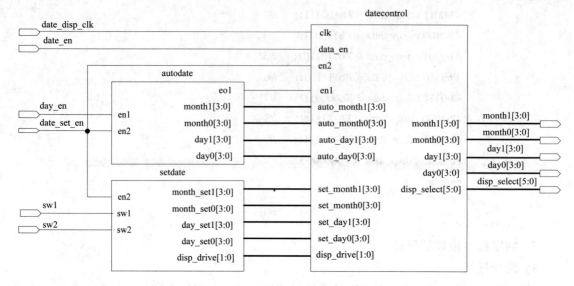

图 6.42　日期显示与设置模块 date_main 内部组成原理图

2) Verilog HDL 源程序

//日期自动工作模块 autodate.v

```verilog
module autodate(en1, en2, month1, month0, day1, day0, eo1);
    output [3:0] month1, month0, day1, day0;   //当前的月份
    output eo1;                                //自动模式时为高，其他为低
    input   en1, en2;                          //自动模式下的递增使能，手动设置或调整日期使能
    reg eo1;
    reg [3:0] month1, month0, day1, day0;
    always @(posedge en1)
      begin
      if(en2 == 1'b0)                          //手动设置使能无效，则自动按照正常时间递增日期
        begin
        eo1 <= 1'b1;
        //1,3,5,7,8,10,12 等大月的天数是 31
        if(((month0 <= 4'b0001)&&(month1 < 4'b0001))||      //1
           ((month0 == 4'b0011)&&(month1 < 4'b0001))||      //3
           ((month0 == 4'b0101)&&(month1 < 4'b0001))||      //5
           ((month0 == 4'b0111)&&(month1 < 4'b0001))||      //7
           ((month0 == 4'b1000)&&(month1 < 4'b0001))||      //8
           ((month0 == 4'b0000)&&(month1 == 4'b0001))||     //10
           ((month0 == 4'b0010)&&(month1 == 4'b0001))       //12
           )
        begin
         if((day0 < 4'b1001)&&(day1 < 4'b0011))
            day0 <= day0 + 4'b1;
```

```verilog
else if((day0 < 4'b0001)&&(day1 == 4'b0011))
  day0 <= day0 + 4'b1;
else
  begin
  day0 <= 4'b0;
  if(day1 < 4'b0011)
    day1 <= day1 + 4'b1;
  else
    begin
    day1 <= 4'b0;
    if((month0 < 4'b1001)&&(month1 < 4'b0001))
      month0 <= month0 + 4'b1;
    else if((month0 < 4'b0010)&&(month1 == 4'b0001))
      month0 <= month0 + 4'b1;
    else
      begin
      month0 <= 4'b0;
      if(month1 < 4'b0001)
        month1 <= month1 + 4'b1;
      else
        month1 <= 4'b0;
      end
    end
  end
end
//4,6,9,11 等大月的天数是 30
else if(
  ((month0 == 4'b0100)&&(month1 < 4'b0001))||      //4 月
  ((month0 == 4'b0110)&&(month1 < 4'b0001))||      //6 月
  ((month0 == 4'b1001)&&(month1 < 4'b0001))||      //9 月
  ((month0 == 4'b0001)&&(month1 == 4'b0001))       //11 月
  )
  begin
  if((day0 < 4'b1001)&&(day1 < 4'b0011))
    day0 <= day0 + 4'b1;
  else
    begin
    day0 <= 4'b0;
    if(day1 < 4'b0011)
      day1 <= day1 + 4'b1;
```

```
                   else
                     begin
                     day1 <= 4'b0;
                     if((month0 < 4'b1001)&&(month1 < 4'b0001))
                       month0 <= month0 + 4'b1;
                     else if((month0 < 4'b0010)&&(month1 == 4'b0001))
                       month0 <= month0 + 4'b1;
                     else
                       begin
                       month0 <= 4'b0;
                       if(month1 < 4'b0001)
                         month1 <= month1 + 4'b1;
                       else
                         month1 <= 4'b0;
                       end
                     end
                   end
                 end
          //2 月
          else if(((month0 == 4'b0010)&&(month1 < 4'b0001)))      //2 月
            begin
            if(((day0 < 4'b1001)&&(day1 < 4'b0010))||
            ((day0 < 4'b1000)&&(day1 < 4'b0011)))
               day0 <= day0 + 4'b1;
             else
               begin
               day0 <= 4'b0;
               if(day1 < 4'b0010)
                 day1 <= day1 + 4'b1;
               else
                 begin    day1 <= 4'b0;    month0 <= month0 + 4'b1;   end
               end
             end
          end
        else
          eo1 <= 1'b0;
      end
endmodule


//日期设置模块 setdate.v
```

```verilog
module setdate(en2, sw1, sw2, disp_drive, month_set1, month_set0, day_set1, day_set0);
    input    en2;                          //en2 为手动设置日期使能
    input    sw1, sw2;                     //调整键 1 和调整键 2
    output [1:0] disp_drive;               //设置中的闪烁显示驱动信号
    output [3:0] month_set1, month_set0, day_set1, day_set0;    //设置的月份和日期
    reg [1:0] disp_drive;
    reg [3:0] month_set1, month_set0, day_set1, day_set0;        //存放设置的日期值
    //实现日期的调整与设置
always @(posedge sw1)
    //手动设置使能
    begin
    if(en2 == 1'b1)
      begin
       if(disp_drive < 2'b11)
          disp_drive <= disp_drive + 2'b1;
       else
          disp_drive <= 2'b0;
      end
    end
    always @(posedge sw2)
      begin
      case(disp_drive)
       2'b00: begin if(month_set1 < 4'b0010) month_set1 <= month_set1 + 4'b1;
               else month_set1 <= 4'b0; end
       2'b01: begin if(month_set0 < 4'b1001) month_set0 <= month_set0 + 4'b1;
               else    month_set0 <= 4'b0; end
       2'b10: begin if(day_set1 < 4'b0011) day_set1 <= day_set1 + 4'b1;
               else day_set1 <= 4'b0; end
       2'b11: begin if(day_set0 < 4'b1001) day_set0 <= day_set0 + 4'b1;
               else day_set0 <= 4'b0;    end
      endcase
      end
endmodule


//日期自动工作与设置的控制模块 datecontrol.v
module datecontrol(clk, date_en, en1, auto_month1, auto_month0,
auto_day1, auto_day0, en2, set_month1, set_month0, set_day1,
set_day0, disp_drive, month1,month0,day1,day0,disp_select);
    input    clk;                    //输入时钟
    input    date_en, en1, en2;      //日期显示、自动工作模式、日期设置与调整使能
```

```verilog
    input   [3:0] auto_month1, auto_month0, auto_day1, auto_day0;    //自动模式日期
    input   [3:0] set_month1, set_month0, set_day1, set_day0;        //设置的日期
    input   [1:0] disp_drive;          //设置过程中的闪烁显示驱动
    output [3:0] month1, month0, day1, day0;   //需要显示的日期
    output [5:0] disp_select;          //显示的位选择信号
    reg [3:0] month1, month0, day1, day0;
    reg [5:0] disp_select;
    reg [1:0] auto_disp_drive;
    //实现日期自动运行模式与日期设置模式的切换控制
    always @(posedge clk)
      begin
      if((en1 == 1'b1)&&(date_en == 1'b1))
        begin
        month1 <= auto_month1; month0 <= auto_month0;
        day1 <= auto_day1; day0 <= auto_day0;
        if(auto_disp_drive != 2'b11)
            auto_disp_drive = auto_disp_drive + 2'b1;
          case(auto_disp_drive)
            2'b00:   disp_select <= 6'b100000;
            2'b01:   disp_select <= 6'b010000;
            2'b10:   disp_select <= 6'b001000;
            2'b11:   disp_select <= 6'b000100;
            default:  disp_select <= 6'b000000;
          endcase
        end
      else if(en2 == 1'b1)
        begin
        month1 <= set_month1; month0 <= set_month0;
        day1 <= set_day1; day0 <= set_day0;
        case(disp_drive)
            2'b00:   disp_select <= 6'b100000;
            2'b01:   disp_select <= 6'b010000;
            2'b10:   disp_select <= 6'b001000;
            2'b11:   disp_select <= 6'b000100;
            default:  disp_select <= 6'b000000;
          endcase
        end
      end
endmodule
```

7．数字闹钟模块的设计

1）设计说明

数字闹钟模块 alarmclock 实现闹钟的设置以及闹钟时间到后的提示。

2）Verilog HDL 源程序

```
//数字闹钟模块 alarmclock.v
module alarmclock(clk_200hz, en, sw1, sw2, hour1, hour0, minute1, minute0,
                  second1, second0, alarm, alarmclk_disp_sel);
    output alarm;                          //闹钟时间到的提示信号输出
    output [5:0] alarmclk_disp_sel;        //闹钟设置中的位选择信号
    input   en, sw1, sw2;                  //闹钟设置使能，调整键 1，调整键 2
    input   clk_200hz;                     //用于设置中的闪烁显示时钟
    input   [3:0] hour1, hour0, minute1, minute0, second1, second0; //当前时、分、秒
    reg [5:0] alarmclk_disp_sel;
    reg alarm;
    reg [3:0] hour_set1, hour_set0;        //存放设置的小时
    reg [3:0] minute_set1, minute_set0;    //存放设置的分
    reg [3:0] second_set1, second_set0;    //存放设置的秒
    reg [2:0] disp_drive;                  //设置闹钟时间时，数码管显示的动态位选择
//闹钟一直工作(设置的闹钟时间与当前时间比较)
    always
      begin
      if((hour_set1 == hour1)&&(hour_set0 == hour0)
        &&(minute_set1 == minute1)&&(minute_set0 == minute0)
        &&(second_set1 == second1)&&(second_set0 == second0))
        alarm <= 1'b1;
      else
        alarm <= 1'b0;
      end
//闹钟设置中，按 sw1 一次，将移位一次，显示当前设置位
    always @(posedge sw1)
      begin
      if(en == 1'b1)
        begin
        if(disp_drive != 3'b101)
          disp_drive <= disp_drive + 3'b1;
        else
          disp_drive <= 3'b000;
        end
      end
//当前位的闹钟数字设置，按 sw2 一次，数字增加 1
```

```verilog
always @(posedge sw2)
  begin
  case(disp_drive)
  3'b000: begin
              //disp_select <= 6'b100000;
              if(hour_set1 < 4'b0010)
                  hour_set1 <= hour_set1 + 4'b1;
              else
                  hour_set1 <= 4'b0;
          end
  3'b001: begin
          //disp_select <= 6'b010000;
          if((hour_set1 < 4'b0010)&&(hour_set0 < 4'b1001))
              hour_set0 <= hour_set0 + 4'b1;
          else if((hour_set1 == 4'b0010)&&(hour_set0 < 4'b0100))
              hour_set0 <= hour_set0 + 4'b1;
          else
              hour_set0 <= 4'b0;
          end
  3'b010: begin
          //disp_select <= 6'b001000;
          if(minute_set1 < 4'b0101)
                  minute_set1 <= minute_set1 + 4'b1;
              else
                  minute_set1 <= 4'b0;
              end
  3'b011: begin
              //disp_select <= 6'b000100;
              if(minute_set0 < 4'b1001)
                  minute_set0 <= minute_set0 + 4'b1;
              else
                  minute_set0 <= 4'b0;
              end
  3'b100: begin
              //disp_select <= 6'b000010;
              if(second_set1 < 4'b0101)
                  second_set1 <= second_set1 + 4'b1;
              else
                  second_set1 <= 4'b0;
              end
  3'b101: begin
```

```
                //disp_select <= 6'b000001;
                if(second_set0 < 4'b1001)
                    second_set0 <= second_set0 + 4'b1;
                else
                    second_set0 <= 4'b0;
                end
        default: begin    end
        endcase
        end
    //闪烁显示
    always @(posedge clk_200hz)
        begin
        case(disp_drive)
            3'b000:   alarmclk_disp_sel <= 6'b100000;
            3'b001:   alarmclk_disp_sel <= 6'b010000;
            3'b010:   alarmclk_disp_sel <= 6'b001000;
            3'b011:   alarmclk_disp_sel <= 6'b000100;
            3'b100:   alarmclk_disp_sel <= 6'b000010;
            3'b101:   alarmclk_disp_sel <= 6'b000001;
            default: alarmclk_disp_sel <= 6'b000000;
            endcase
        end
    endmodule
```

8．系统时钟分频模块的设计

系统时钟分频模块 fdiv 用于实现将全局时钟信号分频输出 200 Hz、60 Hz 和 1 Hz 三种时钟信号。Verilog HDL 源程序请读者自行完成。

9．系统的整体组装

根据图 6.40 数字闹钟系统的总体设计原理图，请读者用原理图或 Verilog HDL 文本输入方式自行完成数字闹钟的顶层总装设计。

6.12.3　仿真结果验证

请读者自己完成时序仿真和结果分析。

6.12.4　逻辑综合分析

根据第 6.1 节所述的方法，请读者自己进行逻辑综合，查看并分析有关综合结果。

6.12.5　硬件逻辑验证

请读者根据前述方法自行完成硬件逻辑验证工作。

习　题　✍

6.1　补充完成第 6.1 节～第 6.12 节中各个 Verilog HDL 综合应用设计实例中缺省的有关程序，进行程序调试，对时序仿真和逻辑综合的有关结果进行分析，并进行硬件验证。

6.2　查找和阅读乘法器的有关参考文献，分别完成一个修改布斯乘法器、华莱士树乘法器、阵列乘法器的 Verilog HDL 程序设计与调试，对时序仿真和逻辑综合的有关结果进行分析。

6.3　参照 6.3 节的 8 位移位除法器、8 位重存除法器、8 位非重存除法器的 Verilog HDL 程序，分别设计一个 16 位的移位除法器、重存除法器、非重存除法器，要求画出程序设计框图，编写 Verilog HDL 程序，进行时序仿真和逻辑综合及结果分析。

6.4　对 6.4 节的可调信号发生器进行调试，并使用 Quartus Ⅱ 8.0 中的 SignalTap Ⅱ 嵌入式逻辑分析仪进行输出波形的实时测试，熟悉 SignalTap Ⅱ 的使用。

6.5　查找和阅读 PWM 的有关参考文献，完成一个用于交流电机驱动用的、三相脉冲中心对称、PWM 周期和死区时间可编程的三相 PWM 发生器的 Verilog HDL 程序设计与调试，对时序仿真和逻辑综合的有关结果进行分析。

6.6　查找和阅读 PID 控制器的有关参考文献，完成一个增量式 PID 控制器的 Verilog HDL 程序设计与调试，对时序仿真和逻辑综合的有关结果进行分析。

6.7　查找和阅读 CORDIC 算法及其应用的有关参考文献，完成一个求解 $1/e^x$ 硬件电路的 Verilog HDL 程序的设计与调试，对时序仿真和逻辑综合的有关结果进行分析。

第 7 章

EDA 技术实验

　　EDA 技术实验是学习 EDA 技术非常重要的一个环节。EDA 技术的有关概念要通过实践才能真正理解，有关操作要通过实践才能熟悉，有关技巧要通过实践才能积累。本章阐述了计数器电路、算术运算电路、可调信号发生器、数字频率计、数字秒表、交通灯信号控制器、FIR 滤波器和 CORDIC 算法的应用等 8 个设计性和综合性的 EDA 技术实验，并给出了含有许多实践经验总结、用于撰写实验报告参考的实验报告范例。

7.1　实验一：计数器电路的设计

1．实验目的
(1) 学习 Quartus Ⅱ/ISE Design Suite 软件的基本使用方法。
(2) 学习 GW48 系列或其他 EDA 实验开发系统的基本使用方法。
(3) 学习 Verilog HDL 程序的基本结构和基本语句的使用。

2．实验内容
　　设计并调试好一个计数范围为 0～9999 的 4 位十进制计数器电路 cnt9999，并用 GW48 系列或其他 EDA 实验开发系统(可选用的芯片为 ispLSI 1032E-PLCC84，或 EPM7128S-PL84，或 XCS05/XCS10-PLCC84 芯片)进行硬件验证。

3．实验要求
(1) 画出系统的原理框图，说明系统中各主要组成部分的功能。
(2) 编写各个 Verilog HDL 源程序。
(3) 根据系统的功能，选好测试用例，画出测试输入信号波形或编好测试程序。
(4) 根据选用的 EDA 实验开发装置编好用于硬件验证的管脚锁定表格或文件。
(5) 记录系统仿真、逻辑综合及硬件验证结果。
(6) 记录实验过程中出现的问题及解决办法。

4．参考资料
本书第 4.2 节、第 4.3 节、第 4.4 节、第 5.1 节和第 5.2 节。

7.2　实验二：算术运算电路的设计

1．实验目的
(1) 学习 Quartus Ⅱ/ISE Design Suite 软件的基本使用方法。

(2) 进一步熟悉和掌握 GW48 系列或其他 EDA 实验开发系统的使用。

(3) 学习和掌握 Verilog HDL 各种基本语句的综合使用。

2．实验内容

进行加法器、乘法器与除法器等算术运算电路的设计与调试：① 设计并调试好一个由两个 4 位二进制并行加法器级联而成的 8 位二进制并行加法器；② 设计并调试一个 8 位的移位乘法器/定点乘法器/布斯乘法器；③ 设计并调试一个 8 位的移位除法器/重存除法器/非重存除法器。并用 GW48 系列或其他 EDA 实验开发系统(事先应选定拟采用的实验芯片的型号)进行硬件验证。

3．实验要求

(1) 画出系统的原理框图，说明系统中各主要组成部分的功能。

(2) 编写各个 Verilog HDL 源程序。

(3) 根据系统的功能，选好测试用例，画出测试输入信号波形或编好测试程序。

(4) 根据选用的 EDA 实验开发装置编好用于硬件验证的管脚锁定表格或文件。

(5) 记录系统仿真、逻辑综合及硬件验证结果。

(6) 记录实验过程中出现的问题及解决办法。

4．参考资料

本书第 4.3 节、第 4.4 节、第 5.1 节、第 5.2 节和第 6.1～6.3 节。

7.3 实验三：可调信号发生器的设计

1．实验目的

(1) 学习 Quartus Ⅱ/ISE Design Suite 软件的基本使用方法。

(2) 熟悉 GW48 系列或其他 EDA 实验开发系统的基本使用方法。

(3) 学习和掌握 Verilog HDL 各种基本语句的综合使用。

(4) 学习 LPM 兆功能只读存储块 ROM 的使用及存储器模块的初始化方法。

(5) 学习使用 Quartus Ⅱ 8.0 中的 SignalTap Ⅱ 嵌入式逻辑分析仪的使用。

2．实验内容

设计一个可调信号发生器，可产生正弦波、方波、三角波和锯齿波四种信号，能够实现信号的转换，并具有频率可调的功能。

用 GW48 系列或其他 EDA 实验开发系统(事先应选定拟采用的实验芯片的型号)进行硬件验证。

3．实验要求

(1) 画出系统的原理框图，说明系统中各主要组成部分的功能。

(2) 编写各个 Verilog HDL 源程序。

(3) 根据系统的功能，选好测试用例，画出测试输入信号波形或编好测试程序。

(4) 根据选用的 EDA 实验开发装置编好用于硬件验证的管脚锁定表格或文件。

(5) 记录系统仿真、逻辑综合及硬件验证结果。

(6) 记录实验过程中出现的问题及解决办法。

4．参考资料

本书第 4.3 节、第 4.4 节、第 5.1 节、第 5.2 节和第 6.4 节。

7.4　实验四：数字频率计的设计

1．实验目的

(1) 学习 Quartus Ⅱ/ISE Design Suite 软件的基本使用方法。

(2) 熟悉 GW48 系列或其他 EDA 实验开发系统的基本使用方法。

(3) 学习和掌握 Verilog HDL 各种基本语句的综合使用。

(4) 学习计数器、寄存器等 Verilog HDL 基本逻辑电路的综合设计应用。

2．实验内容

设计并调试好 8 位十进制数字频率计，用 GW48 系列或其他 EDA 实验开发系统(事先应选定拟采用的实验芯片的型号)进行硬件验证。

3．实验要求

(1) 画出系统的原理框图，说明系统中各主要组成部分的功能。

(2) 编写各个 Verilog HDL 源程序。

(3) 根据系统的功能，选好测试用例，画出测试输入信号波形或编好测试程序。

(4) 根据选用的 EDA 实验开发装置编好用于硬件验证的管脚锁定表格或文件。

(5) 记录系统仿真、逻辑综合及硬件验证结果。

(6) 记录实验过程中出现的问题及解决办法。

4．参考资料

本书第 4.3 节、第 4.4 节、第 5.1 节、第 5.2 节和第 6.6 节。

7.5　实验五：数字秒表的设计

1．实验目的

(1) 学习 Quartus Ⅱ/ISE Design Suite 软件的基本使用方法。

(2) 熟悉 GW48 系列或其他 EDA 实验开发系统的基本使用方法。

(3) 学习和掌握 Verilog HDL 各种基本语句的综合使用。

(4) 熟悉计数器、分频器等 Verilog HDL 基本逻辑电路的综合设计应用，掌握程序仿真时根据实际情况进行有关参数调整的方法。

2．实验内容

设计并调试好一个计时范围为 0.01 s～1 h 的数字秒表，用 GW48 系列或其他 EDA 实验开发系统(事先应选定拟采用的实验芯片的型号)进行硬件验证。

3．实验要求

(1) 画出系统的原理框图，说明系统中各主要组成部分的功能。

(2) 编写各个 Verilog HDL 源程序。

(3) 根据系统的功能，选好测试用例，画出测试输入信号波形或编好测试程序。

(4) 根据选用的 EDA 实验开发装置编好用于硬件验证的管脚锁定表格或文件。

(5) 记录系统仿真、逻辑综合及硬件验证结果。

(6) 记录实验过程中出现的问题及解决办法。

4. 参考资料

本书第 4.3 节、第 4.4 节、第 5.1 节、第 5.2 节和第 6.7 节。

7.6　实验六：交通灯信号控制器的设计

1. 实验目的

(1) 学习 Quartus Ⅱ/ISE Design Suite 软件的基本使用方法。

(2) 熟悉 GW48 系列或其他 EDA 实验开发系统的基本使用方法。

(3) 学习和掌握 Verilog HDL 各种基本语句的综合使用。

(4) 学习计数器、分频器、选择器等 Verilog HDL 基本逻辑电路、动态扫描显示电路和状态机控制电路的综合设计应用。

2. 实验内容

设计并调试好一个十字交叉路口的交通灯信号控制器，具体要求为：

(1) 为了控制的方便，设置了两个开关 SW1 和 SW2，其中固定开关 SW1 实现交通警察人为监督交通秩序和无人自动控制交通秩序之间的切换：默认开关置于高电平端，为自动控制模式——交通灯按照事先的规定工作；开关置于低电平端时，为人为监督控制模式(交通灯不再工作)。点动开关 SW2 用于整个系统的总复位，如系统出现故障时，就需要总复位。

(2) 当交通灯处于无人自动控制工作状态时，若方向 1 绿灯亮，则方向 2 红灯亮。计数 55 s 后，方向 1 的绿灯熄灭、黄灯亮，再计数 5 s 后，方向 1 的黄灯熄灭、红灯亮，同时方向 2 的绿灯亮，然后方向 2 重复方向 1 的过程，这样就实现了无人自动控制交通灯。有关控制的定时使用倒计时方式，计时过程用数码管进行显示。

交通控制器拟由单片的 CPLD/FPGA 来实现，经分析设计要求，整个系统可由 6 个模块组成：① 主控制模块 control；② 55 s 倒计时模块 cnt55；③ 5 s 倒计时模块 cnt05；④ 时钟信号分频模块 fdiv；⑤ 显示数据多路选择模块 datasel；⑥ 数据动态显示驱动模块 display。详见第 6.8 节的图 6.29。

用 GW48 系列或其他 EDA 实验开发系统(事先应选定拟采用的实验芯片的型号)进行硬件验证。

3. 实验要求

(1) 画出系统的原理框图，说明系统中各主要组成部分的功能。

(2) 编写各个 Verilog HDL 源程序。

(3) 根据系统的功能，选好测试用例，画出测试输入信号波形或编好测试程序。

(4) 根据选用的 EDA 实验开发装置编好用于硬件验证的管脚锁定表格或文件。

(5) 记录系统仿真、逻辑综合及硬件验证结果。

(6) 记录实验过程中出现的问题及解决办法。

4. 参考资料

本书第 4.3 节、第 4.4 节、第 5.1 节、第 5.2 节和第 6.8 节。

7.7　实验七：FIR 滤波器的设计

1. 实验目的

(1) 学习 Quartus Ⅱ/ISE Design Suite 软件的基本使用方法。

(2) 掌握 GW48 系列或其他 EDA 实验开发系统的基本使用方法。

(3) 学习 Verilog HDL 程序设计中 LPM 兆功能块的程序调用及参数传递方法。

(4) 学习数字信号处理算法的分析、设计、编程与调试方法，包括参数的量化、数据的延迟、流水线的使用、仿真数据的输入、仿真结果的分析等。

2. 实验内容

根据第 6.10 节图 6.35 所示的转置 FIR 滤波器的原理，设计并调试一个滤波器长度为 4 的 DaubechiesDB4 转置 FIR 滤波器，该滤波器的系数为 $G(Z)=0.48301+0.8365Z^{-1}+0.2241Z^{-2}-0.1294Z^{-3}$。若将系数变换成 8 位(加上符号位)精度模式，则 $G(Z)=124/256+214Z^{-1}/256+57Z^{-2}/256-33 Z^{-3}/256$，因此 $y(n)= 124 x(n)/256+214x(n-1)/256+57x(n-2)/256-33x(n-3)/256$。并用 GW48 系列或其他 EDA 实验开发系统(事先应选定拟采用的实验芯片的型号)进行硬件验证。

3. 实验要求

(1) 画出系统的原理框图，说明系统中各主要组成部分的功能。

(2) 编写各个 Verilog HDL 源程序。

(3) 根据系统的功能，选好测试用例，画出测试输入信号波形或编好测试程序。

(4) 根据选用的 EDA 实验开发装置编好用于硬件验证的管脚锁定表格或文件。

(5) 记录系统仿真、逻辑综合及硬件验证结果。

(6) 记录实验过程中出现的问题及解决办法。

4. 参考资料

本书第 4.3 节、第 4.4 节、第 5.1 节、第 5.2 节和第 6.10 节。

7.8　实验八：CORDIC 算法的应用设计

1. 实验目的

(1) 学习 Quartus Ⅱ/ISE Design Suite 软件的基本使用方法。

(2) 熟悉 GW48 系列或其他 EDA 实验开发系统的基本使用方法。

(3) 熟悉 CORDIC 算法的基本原理，掌握其应用设计的编程方法。

(4) 熟悉 Verilog HDL 中函数的设计与调用方法，学习元件实例化的参数传递方法。

(5) 学习数字信号处理算法的分析、设计、编程与调试方法，包括参数的量化、数据的延迟、流水线的使用、仿真数据的输入、仿真结果的分析等。

2. 实验内容

查找和阅读 CORDIC 算法及其应用的有关参考文献，完成一个求解 $1/e^x$ 硬件电路的 Verilog HDL 程序设计与调试。

用 GW48 系列或其他 EDA 实验开发系统(事先应选定拟采用的实验芯片的型号)进行硬件验证。

3. 实验要求

(1) 画出系统的原理框图，说明系统中各主要组成部分的功能。
(2) 编写各个 Verilog HDL 源程序。
(3) 根据系统的功能，选好测试用例，画出测试输入信号波形或编好测试程序。
(4) 根据选用的 EDA 实验开发装置编好用于硬件验证的管脚锁定表格或文件。
(5) 记录系统仿真、逻辑综合及硬件验证结果。
(6) 记录实验过程中出现的问题及解决办法。

4. 参考资料

本书第 4.3 节、第 4.4 节、第 5.1 节、第 5.2 节、第 6.11 节。

7.9 实验报告范例

下面以一个 0~9999 的计数器电路的设计为例，给出一个实验报告范例，以供参考。

实验 X　0~9999 的计数器电路的设计

1. 实验目的

(1) 学习 Quartus Ⅱ/ISE Design Suite 软件的基本使用方法。
(2) 学习 GW48 系列或其他 EDA 实验开发系统的基本使用方法。
(3) 学习 Verilog HDL 程序的基本结构和基本语句的使用。

2. 实验内容

设计并调试一个计数范围为 0~9999 的 4 位十进制计数器电路 cnt9999，并用 GW48 系列或其他 EDA 实验开发系统(可选用的芯片为 ispLSI 1032E-PLCC84，或 EPM7128S-PL84，或 XCS05/XCS10-PLCC84 芯片)进行硬件验证。

3. 实验条件

(1) 开发软件：Quartus Ⅱ 8.0。
(2) 实验设备：GW48 系列 EDA 实验开发系统。
(3) 拟用芯片：EPM7128S-PL84。

4. 实验设计

1) 系统原理框图

为了简化设计并便于显示，本计数器电路 cnt9999 的设计分为两个层次。其中，底层电路包括四个十进制计数器模块 cnt10，再由这四个模块按照图 7.1 所示的原理图构成顶层电路 cnt9999。

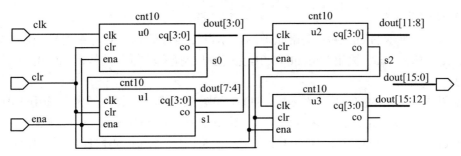

图 7.1　cnt9999 电路原理图

2) Verilog HDL 程序

计数器 cnt9999 的底层和顶层电路均采用 Verilog HDL 文本输入，有关 Verilog HDL 程序如下：

(1) cnt10 的 Verilog HDL 源程序：

```
//cnt10.v
module cnt10(clk, clr, ena, cq, co);
    input clk;
    input clr;
    input ena;
    output [3:0] cq;
    output co;
    ⋮
```

(2) cnt9999 的 Verilog HDL 源程序：

```
//cnt9999.v
module cnt9999(clk, clr, ena, dout);
    input clk;
    input clr;
    input ena;
    output [15:0] dout;
    ⋮
```

3) 仿真波形设置

本设计包括两个层次，因此先进行底层的十进制计数器 cnt10 的仿真，再进行顶层 cnt9999 的仿真。图 7.2 是 cnt10 仿真输入设置及可能结果估计图。同理可进行 cnt9999 仿真输入设置及可能结果估计(这里略)。

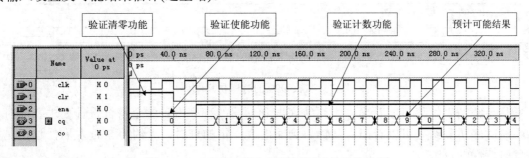

图 7.2　cnt10 仿真输入设置及可能结果估计图

4) 管脚锁定文件

根据图 7.1 所示的 cnt9999 电路原理图,本设计实体的输入有时钟信号 clk、清零信号 clr、计数使能信号 ena,输出为 dout[15:0],据此可选择实验电路结构图 NO.0,对应的实验模式为 0。

根据图 5.5 所示的实验电路结构图 NO.0 和图 7.1 确定引脚的锁定。选用 EPM7128S-PL84 芯片,其引脚锁定过程如表 5.5 所示。其中,clk 接 CLOCK2,clr 接键 3,ena 接键 4,计数结果 dout[3:0]、dout[7:4]、dout[11:8]、dout[15:12]经外部译码器译码后,分别在数码管 1、数码管 2、数码管 3、数码管 4 上显示。

表 7.1   cnt9999 管脚锁定过程表

设计实体 I/O 标识	设计实体 I/O 来源/去向	插座序号	EPM7128S-PL84 I/O 号→管脚号
clk	时钟信号源	CLOCK2	IO51→70
clr	键 3	PIO2	IO2→6
ena	键 4	PIO3	IO3→8
dout[3:0]	经译码后接数码管 1	PIO19~PIO16	IO19~IO16→29、28、27、25
dout[7:4]	经译码后接数码管 2	PIO23~PIO20	IO23~IO20→34、33、31、30
dout[11:8]	经译码后接数码管 3	PIO27~PIO24	IO27~IO24→39、37、36、35
dout[15:12]	经译码后接数码管 4	PIO31~PIO28	IO31~IO28→45、44、41、40
备 注	验证设备:GW48 系列;实验芯片:EPM7128S-PL84;实验模式:NO.0;模式图及管脚对应表见图 5.5 和表 5.2		

5. 实验结果及总结

1) 系统仿真情况

cnt10 和 cnt9999 的时序仿真结果分别如图 7.3 和图 7.4 所示。

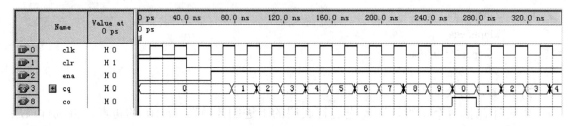

图 7.3   cnt10 的时序仿真结果

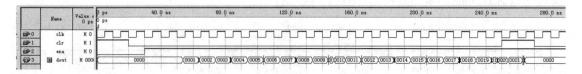

图 7.4   cnt9999 的时序仿真结果

从系统仿真结果可以看出,本系统底层和顶层的程序设计完全符合设计要求。同时,从系统时序仿真结果可以看出,从输入到输出有一定的延时,大约为 5 ns 左右,这正是器件延时特性的反映。

2) 逻辑综合结果

使用 Quartus Ⅱ 8.0 进行逻辑综合后，cnt9999 的 RTL 视图如图 7.5 所示，对 cnt9999 进行逻辑综合后的资源使用情况为：Family—MAX7000S；Device—EPM7128SLC84-10；Total macrocells—19/128(15%)；Total pins—23/68(34%)。

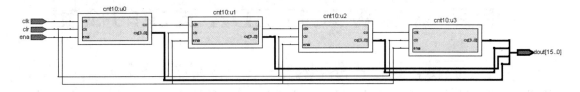

图 7.5　cnt9999 的逻辑综合结果

3) 硬件验证情况

clk 接 CLOCK2，clr 接键 3，ena 接键 4，计数结果 dout[3:0]、dout[7:4]、dout[11:8]、dout[15:12]经外部译码器译码后，分别在数码管 1、数码管 2、数码管 3、数码管 4 上显示。

4) 实验过程中出现的问题及解决办法

(1) 程序输入后进行编译时，发现有错误通不过，经查找主要原因为：文件名与实体名不一致；输入字符错误；源程序有语法错误，经过修改，最后程序通过了。

(2) 在进行仿真时，发现提示没有仿真文件，经老师指点发现是没进行新建波形文件的存盘或未进行仿真文件的设置，经过修改，最后程序通过了。

(3) 在进行器件选定时，发现找不到自己所需的器件型号，经查找是由于事先没有选定器件系列；在进行器件管脚锁定修改并重新编程下载后，发现所做的修改无效，经老师指点发现是管脚锁定修改后没有重新编译、综合、适配，经过修改，最后程序通过了。

附录

利用 WWW 进行 EDA 资源的检索

利用 WWW 网络检索相应的 EDA 资源，搜集最新的情报，对于有效合理使用 EDA 资源极其重要。对于一个普通用户，既可直接利用搜索引擎搜索 EDA 资源，也可通过其他报刊来收集并建立或丰富自己的 EDA 专用收藏夹。

1. 利用热门网站的搜索引擎

(1) 雅虎 http://www.yahoo.com/，输入"EDA"后，单击"Search"可搜索出一些与 EDA 有关的英文站点及文章。对于国外著名的生产 EDA 工具软件的公司，都可以先通过这种方法查找，然后再将常用的添加到个人收藏夹中备用。

(2) 北大天网 http://pccms.pku.edu.cn:8000/gbindex.htm。在"查询字串"中输入"EDA"后，单击"查询"按钮，即可搜索出最近与 EDA 有关的资源信息。

(3) 新浪网 http://home.sina.com.cn/。在"网页"搜索中输入"EDA"后，单击"搜索"按钮即可搜索出有关的 EDA 站点。

(4) 网易 http://www.163.com/。单击"搜索引擎"选项卡，输入"EDA"后，单击"搜索"按钮后，即可搜索出有关的 EDA 站点。

利用热门网站的搜索引擎的方法也有缺点：它只适用于用户完全不知道 EDA 资源的站点时。要提高这种方法的效率，应注意如下检索技术：

(1) 布尔逻辑组配。布尔逻辑组配，它通过"and"、"or"、"not"等将检索词连接起来。在雅虎检索式中，"and"表示寻找包括所有输入的单词或词组的页面，"or"表示寻找任何输入的单词的页面。在雅虎的高级检索中，"+"表示必须包含的检索词，"–"表示应该剔除的检索词。在 Altavista 输入的检索式中，用双引号把一个短语作为一个整体进行查询，用 +、– 号强制包含或排除特定的关键字。

(2) 截词检索。绝大多数的网络检索工具都支持截词功能，截词检索能提高检索的查全率。有的是自动截词，有的是在一定条件下才能截词。如 Altavista，在允许截词的检索中，一般采用右截词，用符号"？"或" "表示。如 Castor 的右截词 Cast，表示查找以此开头的词。

(3) 字段检索。WWW 检索工具设计了类似于字段的检索功能。如"t:"表示将检索词限制在题目中查找；"u:"表示将检索词限制在 URL 中查找。

(4) 词位限制检索。词位限制可以是相邻若干词，如 A(nW) B 表示检索词 A 与 B 相隔 n 词，且前后次序不变是检出要求；A(n N)B 表示 A 与 B 相隔 n 词，但前后次序不限是检出要求等。

(5) 概念检索。国际互联网检索工具目前所支持的概念检索，主要支持同义词和近义词的检索。

(6) 区分大小写检索。区分大小写有利于提高查准率，多数 WWW 检索工具用小写字母输入检索式后，对大写的单词也可以识别，反之不可。

2. 部分国外的与 EDA 有关的站点

http://www.lattice.com/：Lattice 公司的主页。

http://www.altera.com/：Altera 公司的主页。

http://www.Xilinx.com/：Xilinx 公司的主页。

http://www.analogy.com/home.htm 码：Analogy 公司的主页。

http://www.ovi.org/：该网站服务于 Verilog HDL 用户，其目的是提供与 Verilog(IEEE1364) 及其派生标准相关的新的形式、开发和批准信息。在此，您可以看到技术协调委员会关于 Verilog A-M/S、高级库模型、形式验证、结构语言和设计约束的工作成果。

http://www.hitex.com/chipdir/：该网站包含数字和功能订购芯片表、芯片引脚和芯片制造商一览表、控制器嵌入工具制造商、电子图书、CD_ROM、杂志和互联网址等。

http://www.eda.org/：该网站专门支持、开放交换和传播正在形成之中的标准，其中提供若干主要 EDA 工业工作组的连接网址。点击该网站可以获得最新的 EDA 标准。尽管 VHDL 活动的倾向比较严重，但主页上所列网站能够提示您哪些网站比较活跃。

http://www.actel.com/：反熔丝 PLD。

http://www.pld.freeservers.com/：PLD 世界。除了 BBS 速度较慢外，是一个不错的网站，尤其是可下载的教程相当好。

3. 部分著名国内 EDA 资源

http://www.ceiinet.com/(中国电子行业信息网，CEIINET)：它建有十大类 100 多个数据库，是国内唯一的权威性电子行业信息网。CEIINET 深圳分网主体反映：电子企业大全、电子产品世界、深圳电子配套市场、电子行业供求信息公告和电子行业网上出版物等。

http://www.21IC.com/(中国电子网，21IC)：它是面向广大中国电子设计工程师推出的网络服务站点，通过它可以阅读上千篇技术与应用文章，了解最新的行业动态和市场信息，同步获得世界上最新的 IC 产品信息，也可以查询到世界上 300 多家电子公司的联系方式和网址，包括这些公司在国内的联系方式和销售渠道。

http://ime.pku.edu.cn/intr_c.htm：它是北京大学微电子学研究所的主页。

http://iecad.xidian.edu.cn/iecad0/iecadl.htm：它是西安电子科技大学电路计算机辅助设计研究所的主页。

http://www.p&s.com：它是武汉力源公司主页。

http://www.gicom.com.cn：它是高立 2000 科技公司主页，是美国 ACCEL 公司 ACCEL EDA 系列软件的中国地区总代理。

http://www.a-ic.com：中国电子部件销售大全，通过它能免费查到很多芯片的销售情况。

主要参考文献

[1] 谭会生，张昌凡. EDA 技术及应用：Verilog HDL 版. 3 版. 西安：西安电子科技大学出版社，2011.

[2] 谭会生，张昌凡. EDA 技术及应用. 西安：西安电子科技大学出版社，2001.

[3] 谭会生. EDA 实验室建设探讨. 实验室建设与改革——湖南省高校实验室工作研究会'2000 年会论文集(韩理安主编，国防科技大学出版社)，2000 年 11 月：130~135.

[4] 谭会生. 现代电子设计技术研究. 株洲工学院学报，2002，(4)：111~112.

[5] 谭会生. 基于 EDA 技术的研究性教学探讨. 中国电力教育，2012，(17)：35~36，40.

[6] 谭会生，朱晓青，易吉良. 电子信息科学与技术专业建设的研究. 电气电子教学学报，2012，34(4)：13~14，23.

[7] 谭会生，瞿遂春. EDA 技术综合应用实例与分析. 西安：西安电子科技大学出版社，2004.

[8] (美)Keshab K. Parhi. VLSI 数字信号处理系统设计与实现. 陈弘毅，白国强，吴行军等，译. 北京：机械工业出版社，2004.

[9] Michael Keating, Pierre Bricaud. 片上系统：可重用设计方法学. 3 版. 沈戈，罗昱，张欣，等，译. 北京：电子工业出版社，2004.

[10] 杨海钢，孙嘉斌，王慰. FPGA 器件设计技术发展综述[J]. 电子与信息学报，2010，32(3)：714~45.

[11] 任爱锋，初秀琴，常存，等. 基于 FPGA 的嵌入式系统设计. 西安：西安电子科技大学出版社，2004.

[12] 王建校，危建国. SOPC 设计基础与实践. 西安：西安电子科技大学出版社，2006.

[13] 杨恒，李爱国，王辉，等. FPGA/CPLD 最新实用技术指南. 北京：清华大学出版社，2005.

[14] 王诚，薛晓刚，钟信潮. FPGA/CPLD 设计工具 Xilinx ISE 使用详解. 北京：人民邮电出版社，2005.

[15] http://www. latticesemi. com. DATA BOOK，Lattice Semiconductor Incorporation Remond. Washington SA，2001—2016.

[16] http://www. Altera. com. DATA BOOK，Altera Corporation San Jose Ca 95134 USA，2001—2010.

[17] http://www. xilinx. com. DATA BOOK，Xilinx Incorporation San Jose Use，2001—2010.

[18] 林灶生，刘绍汉. Verilog FPGA 芯片设计. 北京：北京航空航天大学出版社，2006.

[19] 冼进，戴仙金，潘懿萱. Verilog HDL 数字控制系统设计实例. 北京：中国水利水电出版社，2007.

[20] (美)Uwe Meyer-Baese. 数字信号处理的 FPGA 实现. 刘凌，胡永生，译. 北京：清华大学出版社，2002.

[21] 任艳颖，王彬. IC 设计基础. 西安：西安电子科技大学出版社，2003.

[22] 孙肖子，张健康，张梨，等. 专用集成电路设计基础. 西安：西安电子科技大学出版社，2003.

[23] 陈新华. EDA 技术与应用. 北京：机械工业出版社，2008.

[24] 谭会生. 基于 EDA 技术的单片交通控制器的设计. 中国包装工业，2002，5：163～165.

[25] 李竞，胡保生. 高速数字 PID 控制的 ASIC 设计. 电子仪器与测量学报，1999，10(3)：30～34.

[26] Rechard Herveille. CORDIC Core Specifications[EB/OL]. http/:www. opencores. org，2001.

[27] 金西. 基于 WWW 检索 EDA 资源信息的方法与技术. 计算机应用研究，2001，(4)：43～45.